Cytokine und Interferone

Holger Kirchner / Andrea Kruse /
Petra Neustock / Lothar Rink

Cytokine und Interferone

Botenstoffe des Immunsystems

Mit einem Vorwort
von Klaus Resch

Spektrum Akademischer Verlag Heidelberg · Berlin · Oxford

Anschrift der Autoren:

Prof. Dr. Holger Kirchner
Institut für Immunologie und Transfusionsmedizin
Medizinische Universität zu Lübeck
Ratzeburger Allee 160
23538 Lübeck

Die Deutsche Bibliothek – CIP-Einheitsaufnahme

Cytokine und Interferone : Botenstoffe des Immunsystems /   Holger Kirchner . . . –
Heidelberg ; Berlin ; Oxford : Spektrum, Akad. Verl., 1993
  ISBN 3-86025-108-2
NE: Kirchner, Holger

1. korrigierter Nachdruck 1994

Lektorat: Merlet Behncke-Braunbeck
Produktion: Brigitte Achauer, Susanne Tochtermann
Einbandgestaltung: Susanne Tochtermann
Illustrationen: Thomas Heinemann, Mannheim
Druck und Verarbeitung: Druckerei und Verlag Bitsch GmbH, Birkenau

Spektrum Akademischer Verlag   Heidelberg · Berlin · Oxford

EIN VERLAG DER   *SPEKTRUM FACHVERLAGE GMBH*

Inhalt

Vorwort

Ein im Mai 1993 in der Zeitschrift *Immunology Today* erschienener Artikel von Joost J. Oppenheim und Igal Gery über die Geschichte der Entdeckung des Cytokins Interleukin-1 trägt den Titel **From Lymphodrek to Interleukin-1**. Nichts könnte knapper die Entwicklung beleuchten, die Cytokine in rasanter Geschwindigkeit von der schlecht definierten biologischen Wirkung von Zellkulturüberständen – eben „Dreck" – bis zur strukturellen Aufklärung und Herstellung in Mengen genommen haben, die ihre klinische Anwendung ermöglicht.

Was sind Cytokine? Weil es in der Natur keine isolierten Systeme gibt, lassen sie sich nicht scharf von anderen biologischen Wirkstoffen, wie den Hormonen oder Wachstumsfaktoren, abgrenzen. Als brauchbar hat sich die Definition herausgebildet: Cytokine sind Protein-Mediatoren, die von Zellen des Immunsystems gebildet werden und die Differenzierung und Aktivierung von Zellen des Immunsystems steuern sowie für viele Effektorfunktionen dieser Zellen verantwortlich sind. Als Zellen des Immunsystems gelten alle Leukocyten; neben T- und B-Lymphocyten mononukleäre Phagocyten, Granulocyten und Blutplättchen. Stringent ist nur die Festlegung auf die Struktur als (oft glykosyliertes) Protein. Manche Cytokine können auch von vielen unterschiedlichen Zellen gebildet werden; die Immunoglobuline jedoch werden nicht zu den Cytokinen gerechnet.

Beobachtungen, die schon im letzten Jahrhundert und in der ersten Hälfte dieses Jahrhunderts gemacht wurden – bevor das Immunsystem vollständig bekannt war –, lassen sich im nachhinein als Erstbeschreibungen von Cytokinwirkungen deuten. Die eigentliche Cytokinforschung begann, als man versuchte, Entwicklung und Funktion von Zellen des Immunsystems in Gewebekultur nachzuahmen. Ende der fünfziger Jahre beschrieb Lindenmann einen Faktor, der andere Zellen vor einer Virusinfektion schützte und den er Interferon nannte. Etwas später begann Metcalf mit Versuchen, aus Zellen des Knochenmarks reife Leukocyten zu differenzieren. Er konnte die Bildung von Kolonien auslösen, die Granulocyten, Monocyten oder beides enthielten. Die koloniestimulierenden Faktoren (CSF) weisen noch heute auf diese Laborbeobachtung hin. Etwa zur selben Zeit griffen David und Bloom ältere Versuche auf, sensibilisierte Lymphocyten durch Zugabe ihres Antigens dazu zu bringen, die spontanen Wanderungsbewegungen von Granulocyten und Makrophagen zu hemmen, was zur Beschreibung eines Migrations-inhibierenden Faktors führte. Ende der sechziger Jahre gelang es, Lymphocyten im Reagenzglas zur Proliferation und Funktionsaufnahme zu stimulieren. Mehrere Arbeitsgruppen fanden danach die Synthese blastogener oder mitogener Faktoren in den Überständen stimulierter T-Lymphocyten; dies führte Mitte der siebziger Jahre zur Beschreibung des T-Zell-Wachstumsfaktors durch Morgan und Gallo. Zu dieser Zeit hatten Dutton sowie Schimpl und Wecker schon gezeigt, daß die Ausreifung von B-Lymphocyten zur Immunglobulinsynthese von einem in T-Lymphocyten gebildeten Faktor abhängt. Granger, Ruddle und Waksman fanden, daß aktivierte Lymphocyten auch einen Faktor bilden, der andere sensitive Zellen zerstören kann, und nannten ihn Lymphotoxin. Es stellte sich bald heraus, daß die Proliferation von Lymphocyten ohne Beteiligung anderer Zellen, vor allem Makrophagen, nicht zu bewerkstelligen ist; dies führte Anfang der siebziger Jahre zur Beschreibung eines „Lymphocyten-aktivierenden-Faktors" durch I. Gery.

Damit waren zu Beginn der siebziger Jahre viele der Faktoren bekannt, die wir heute unter dem Begriff **Cytokine** subsumieren. 1969 hatte Dumonde für die Faktoren, die von Lymphocyten gebildet werden, die Bezeichnung „Lymphokine" vorgeschlagen. Als klar wurde, daß auch nicht-lymphoide Zellen manche dieser Faktoren bilden können und andere nur von bestimmten Zellen, zum Beispiel die „Monokine" von den Monocyten, produziert werden, schlug S. Cohen 1974 die umfassende Bezeichnung **CYTOKINE** vor.

Alle Faktoren waren in den Überständen oft sehr heterogener Zellgemische gefunden worden, die in Gewebekultur in sehr komplexen Medien gehalten wurden, Serum enthielten und oftmals noch durch Inkubation mit anderen Zellen „konditioniert", das heißt mit Zellprodukten angereichert waren. Sehr bald waren über hundert biologische Aktivitäten bekannt, wobei die Struktur der zugrundeliegenden Stoffe nicht erkennbar war (außer daß es sich wahrscheinlich um Proteine handelte), von denen man nicht einmal wußte, ob sie jeweils einem eigenen Molekül entsprachen. Die Schwierigkeit, die Substanzen zu identifizieren und zu charakterisieren, lag darin, daß Cytokine an Rezeptoren mit außerordentlicher Affinität binden und sie daher schon in sehr geringen Konzentrationen – unterhalb eines milliardstel Gramm pro Milliliter – wirksam sind. Dies machte eine biochemische Reinigung nahezu unmöglich. Erst durch molekulare Klonierung, die damit mögliche Sequenzierung der Gene und der durch sie codierten Proteine konnten in den achtziger Jahren sehr viele Cytokine in ihrer Aminosäuresequenz aufgeklärt werden. Es ist bemerkenswert, daß dies für einen der am frühesten beschriebenen Faktoren, den Migrations-hemmenden Faktor für Granulocyten und Makrophagen, erst 1989 gelang. Zählt man die Interferone dazu, sind zur Zeit mehr als fünfzig Cytokine molekular kloniert, und jedes Jahr kommen einige neue hinzu. Für fast alle sind inzwischen auch die entsprechenden Zellrezeptoren kloniert und damit in ihrer Struktur bekannt.

Der Gentechnologie verdankt die Cytokinforschung das Vordringen in die Klinische Medizin. Die Herstellung monoklonaler Antikörper gegen Cytokine gelang erst nach Kenntnis ihrer Struktur. Gensonden und die Techniken, spezifische Genprodukte (mRNA) so zu amplifizieren, daß sie im Extremfall in einer einzelnen Zelle gemessen werden können, haben zu neuen diagnostischen Möglichkeiten geführt. Sie erlauben, die Beteiligung von Cytokinen bei Krankheiten des Menschen zu messen. Ihre Schlüsselrolle bei Allergien, Autoimmunkrankheiten und chronisch entzündlichen Krankheiten ist gesichert. Daß Cytokine an viel mehr Krankheiten beteiligt sind, von der Atheriosklerose bis hin zu psychischen Erkrankungen, beginnt man in Anfängen zu erkennen.

Mit Hilfe der Gentechnologie ließen sich so große Mengen einzelner Cytokine herstellen, daß sie als Medikamente eingesetzt werden konnten. Hier waren es zuerst die α–Interferone, die die Behandlung von Viruserkrankungen und die Therapie von einigen – nur seltenen – Tumoren verbesserten. Die koloniestimulierenden Faktoren und Erythropoietin entwickelten sich in kürzester Zeit zur unverzichtbaren Therapie bei der Behandlung von Leukopenien und Anämie. Mehrere Cytokine werden zumindest als adjuvante Therapien bei vielen malignen Tumoren geprüft. Spektakuläre Versuche, wie die genetische Manipulation von Zellen eines Patienten, die dann große Mengen eines tumorwirksamen Cytokins produzieren, dürfen aber nicht darüber hinwegtäuschen, daß nur der geduldige Weg sorgfältiger klinischer Studien erlauben wird, den therapeutischen Wert jedes einzelnen Cytokins festzulegen.

Die erkannten krankmachenden Wirkungen von zuviel gebildeten Cytokinen auf der anderen Seite rufen nach der Möglichkeit ihrer Hemmung. Die immunsuppressive Wirkung von Cyclosporin und die entzündungshemmende von Glucocorticoiden beruht auf der Hemmung der Synthese von Cytokinen. Regulierende Cytokine, blockierende Antikörper und Rezeptor-Antagonisten sind dabei, sich einen therapeutischen Platz zu sichern.

Holger Kirchner unternimmt es mit seinen drei jungen Mitarbeitern, Andrea Kruse, Petra Neustock und Lothar Rink, die Welt der Cytokine darzustellen. Dies ist ohne Einführung in das Immunsystem nicht möglich. Seine Zellen, ihre Funktion und ihr Zusammenwirken werden ausführlich beschrieben; dabei werden die physiologischen Funktionen der vielen Cytokine sichtbar. Hierauf baut die Herausarbeitung ihrer Rolle bei der Pathogenese einer zunehmenden Anzahl von Krankheiten auf und wird der therapeutische Nutzen von Cytokinen und ihrer Hemmung entwickelt. Der klare Aufbau erleichtert es auch dem wenig vorgebildeten Leser, sich mit den Cytokinen vertraut zu machen.

Holger Kirchner begann seine wissenschaftliche Laufbahn im Labor von Joost J. Oppenheim in der Ära des „Lymphodreck". Seit damals gilt den Botenstoffen des Immunsystems sein wissenschaftliches Interesse; auf seinem eigenen Gebiet der Interferone und inflammatorischen Cytokine hat er Wichtiges zu ihrer Erforschung beigetragen. Das Buch vermittelt den Atem des Beteiligten. Ich möchte ihm viele aufmerksame Leser wünschen.

Prof. Dr. K. Resch
Direktor des Instituts für Molekularpharmakologie
der Medizinischen Hochschule Hannover
Juli 1993

1. Das Immunsystem

Jeden Tag muß sich der menschliche Organismus mit Viren, Bakterien, Pilzen und Parasiten auseinandersetzen, die Luft, Wasser, Boden und die Nahrung besiedeln. Gemessen an der großen Zahl infektiöser Keime erkrankt der Mensch jedoch außerordentlich selten, und wenn, sind Infektionen meist zeitlich begrenzt und hinterlassen selten bleibende Schäden. Dies verdanken wir unserem Immunsystem, einem wirkungsvollen Netzwerk aus Organen, Zellen und löslichen Proteinen, das in der Lage ist, augenblicklich auf eindringende Krankheitserreger und Fremdstoffe zu reagieren und diese zu bekämpfen. Unterstützt wird das Immunsystem durch verschiedene biochemische und physikalische Schutzsysteme, die ein Eindringen der meisten Erreger in den Körper verhindern.

1. Äußere Schutzmechanismen

Eine wirkungsvolle äußere Barriere (Abbildung 1.1) ist die Haut. Sie ist das erste Schutzschild des Körpers und kann von den meisten Mikroorganismen nicht passiert werden. Erst Verletzungen tieferer Hautschichten ermöglichen es Krankheitserregern in den Körper einzudringen. Des weiteren beherbergt die Haut spezialisierte Zellen, die sogenannten Langerhans-Zellen. Ihre Aufgabe besteht darin, Fremdstoffe aufzunehmen, zu den lokalen Lymphknoten zu transportieren und dort spezifischen Zellen des Immunsystems, den T- und B-Zellen, zu präsentieren.

Weitere Schutzvorrichtungen stellen die Schleimhäute der Atemwege, der Lunge, des Magen-Darm-Traktes und des Urogenitalsystems dar. Obwohl hierüber die meisten Infektionen erfolgen, verfügen sie über wirksame Einrichtungen, die den größten Teil der Mikroorganismen und Fremdstoffe fernhalten.

Im Bereich der Atemwege wird die Luft zunächst in der Nase gefiltert, wo größere Partikel wie Staub, Ruß oder Schmutz von feinen Haaren zurückgehalten werden. Ein von der Nasenschleimhaut gebildetes Sekret enthält – wie Tränenflüssigkeit und Speichel – eine bakterizide Substanz, das Lysozym. Lysozym ist in der Lage, viele Bakterien durch Zerstörung ihrer Zellwand abzutöten. Kleinere Partikel und Mikroorganismen, die in die Bronchien gelangen, werden durch Schleime gebunden und über Flimmerhaare der Schleimhäute wieder nach außen transportiert. Reflexe wie Husten und Niesen unterstützen das Entfernen von Fremdstoffen.

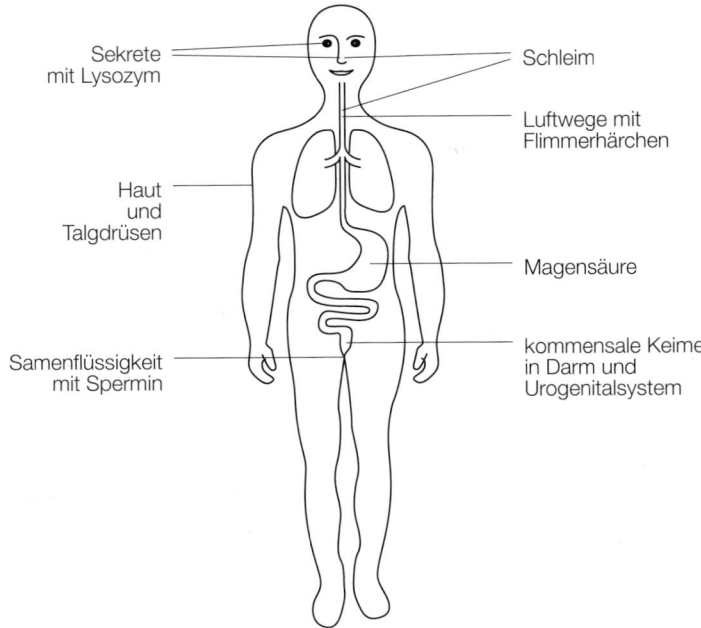

Sekrete
mit Lysozym

Schleim

Luftwege mit
Flimmerhärchen

Haut
und
Talgdrüsen

Magensäure

kommensale Keime
in Darm und
Urogenitalsystem

Samenflüssigkeit
mit Spermin

1.1 Zahlreiche äußere – physikalische und biochemische – Schutzmechanismen verhindern das Eindringen von Mikroorganismen in den Körper. Die größte äußere Barriere stellt die Haut dar. Aber auch die im Körper gelegenen Schleimhäute bilden ein wirksames Schutzschild. Schleime und Flimmerhärchen transportieren Fremdsubstanzen nach außen. Kommensale Mikroorganismen in Darm, Urogenitalsystem und auf der Haut hemmen das Wachstum von pathogenen Keimen. (Verändert nach Roitt et al., Georg Thieme Verlag, 1991.)

Mikroorganismen, die über die Nahrung oder den Speichel in das Verdauungssystem eingedrungen sind, können in der Regel im sauren Milieu des Magensaftes nicht überleben. Zudem wird der Darm wie auch das Urogenitalsystem und die Haut von einer Reihe harmloser Bakterien (kommensalen Organismen) besiedelt, die entweder mit krankheitserregenden (pathogenen) Mikroorganismen um Nahrung konkurrieren oder sie durch Produktion hemmender Substanzen oder Säuren an ihrer Vermehrung hindern. Gelangen diese kommensalen Mikroorganismen durch Verletzungen der Haut oder Schleimhaut in den Körper, können sie dort allerdings ebenfalls Infektionen hervorrufen.

In der Wand der Atemwege, des Urogenitaltraktes und des Verdauungstraktes befinden sich Ansammlungen lymphatischen Gewebes, zum Beispiel die Tonsillen („Mandeln") im Rachen und die Peyerschen-Plaques im Darm. Sie beherbergen Immunzellen, die in der Lage sind, eingedrungene Mikroorganismen zu vernichten.

2. Die immunologische Abwehr

Gelingt es Infektionserregern, die äußeren Schutzbarrieren zu durchbrechen und in den Körper einzudringen, wird unser Immunsystem aktiviert. Man unterscheidet innerhalb der immunologischen Abwehr unspezifische und spezifische Systeme, die im Kampf gegen infektiöse Partikel eng zusammenarbeiten (Tabelle 1.1). Zu beiden Systemen gehören Zellen und lösliche Faktoren, die über den ganzen Körper verteilt sind. Ihre Aufgabe besteht zum einen in der Vernichtung eingedrungener Krankheitserreger, zum anderen richten sie sich auch gegen verändertes oder geschädigtes körpereigenes Material und erhalten durch dessen Abbau die Funktionsfähigkeit des Organismus.

Tabelle 1.1: Die immunologische Abwehr läßt sich in unspezifische und spezifische Systeme untergliedern. Beide Systeme bestehen aus Zellen und löslichen Komponenten, die im Kampf gegen Tumoren und Infektionserregern eng zusammenarbeiten. (Verändert nach Roitt et al., Georg Thieme Verlag, 1991.)

	unspezifisches Immunsystem	spezifisches Immunsystem
Zellen	Monocyten, Makrophagen Granulocyten, NK-Zellen	T-Lymphocyten, B-Lymphocyten
lösliche Faktoren	Cytokine, Akute-Phase-Proteine, Komplementsystem, Enzyme	Antikörper

2.1 Die unspezifische Abwehr

Die unspezifische Immunabwehr stellt dabei die erste Verteidigungslinie dar. Sie versucht, eingedrungene Infektionserreger, aber auch im Körper entstandene entartete Zellen an ihrer weiteren Ausbreitung zu hindern und damit den Schaden möglichst gering zu halten. Die durch Viren, Bakterien oder Tumoren zerstörten oder angegriffenen Körperzellen und Immunzellen setzen Substanzen frei, welche die Durchblutung des geschädigten Gewebes erhöhen, die Gefäßwände für Blutplasmabestandteile und Zellen durchlässiger machen und die Einwanderung von Immunzellen in das entzündete Gewebe bewirken.

Die bedeutendsten Zellen der unspezifischen Abwehr sind Phagocyten, zu denen Blutzellen wie Granulocyten und Monocyten sowie Gewebemakrophagen gehören. Sie gelangen als erste an den Ort des Geschehens. Ihre Aufgabe ist es, körperfremdes Material zu phagocytieren, das heißt aufzunehmen und durch Abbau unschädlich zu machen. Monocyten und Makrophagen sind zudem hochaktive sekretorische Zellen, die eine Vielzahl löslicher Faktoren produzieren. Diese Proteine führen wiederum zur Einwanderung und Aktivierung anderer Immunzellen.

Eine weitere wichtige Zellpopulation, vor allem im Kampf gegen Tumorzellen und virusinfizierte Zellen, sind die Natürlichen Killerzellen (NK-Zellen). Sie binden an veränderte Oberflächenstrukturen auf diesen Zellen und töten sie mit Hilfe cytotoxischer Mechanismen.

Phagocytose und Cytotoxizität werden unterstützt durch lösliche (humorale) Faktoren wie Lysozym, Akute-Phase-Proteine, Cytokine und Proteine des Komplementsystems. Die Cytokine und einige Produkte des Komplementsystems dienen zudem der Kommunikation zwischen verschiedenen Zellsystemen und nehmen innerhalb des Immunsystems wichtige Koordinationsaufgaben wahr.

2.2 Die spezifische Abwehr

Nicht immer gelingt es den Zellen und löslichen Faktoren der unspezifischen Immunabwehr, Eindringlinge vollständig zu vernichten. Sie sind auch nicht in der Lage, ihre Reaktion der besonderen Natur der Krankheitserreger anzupassen oder diese nach wiederholtem Befall des Körpers wiederzuerkennen. Das ist die Aufgabe des spezifischen Immunsystems und dessen Hauptakteuren, den T- und B-Lymphocyten und den von den B-Lymphocyten produzierten löslichen Antikörpern. Sie vermögen über spezifische Rezeptoren und Bindungsstellen fast jede Fremdsubstanz zu erkennen. Diese wird, sofern sie eine Immunantwort auslöst, als Antigen bezeichnet. Ein einzelner Lymphocyt erkennt und bindet dabei nur ein ganz bestimmtes Antigen. Die Bindung des Antigens an einen Lymphocyten bewirkt dessen Teilung und Vermehrung (Proliferation), so daß viele Lymphocyten mit gleicher Antigenspezifität entstehen. Dies gilt sowohl für B- als auch für T-Lymphocyten. B-Lymphocyten reifen danach zu antikörperproduzierenden Plasmazellen. Die von ihnen gebildeten Antikörper zeigen die gleiche Antigenspezifität wie die ursprüngliche B-Zelle. Die T-Lymphocyten nehmen – je nach Subpopulation – Koordinationsaufgaben wahr (T-Helferzellen) oder sind an Erkennung und Zerstörung von Tumorzellen oder virusinfizierten Zellen beteiligt (cytotoxische T-Zellen). Die Reifung dieser weißen Blutzellen zu solchen mit bestimmten Funktionen bezeichnet man als Differenzierung.

Ein Teil der durch Antigene stimulierten Lymphocyten wandelt sich in Gedächtniszellen um. Sie verlassen das Blut und wandern in die lymphatischen Organe und Gewebe. Hier zirkulieren sie solange, bis sie erneut auf das spezielle Antigen treffen. Auf diesen Gedächtniszellen beruht die Immunität. Bei wiederholtem Kontakt mit dem gleichen Antigen kann der Organismus schneller und besser reagieren als bei der ersten Auseinandersetzung, so daß eine erneute Erkrankung ausbleibt oder wesentlich schwächer abläuft.

Des weiteren verfügen die Zellen des spezifischen Immunsystems über die Eigenschaft, körpereigene Komponenten als „Selbst" von körperfremdem oder entartetem Material als „Nicht-Selbst" zu unterscheiden. Jede Zelle des Körpers besitzt bestimmte Oberflächenstrukturen, deren Ausprägung genetisch festgelegt und für jedes Individuum einmalig ist. Sie werden von den Lymphocyten als „Selbst" erkannt und im Unterschied zu Fremdmaterial nicht angegriffen. Dieses Unvermögen, mit einer Immunantwort auf körpereigene Komponenten zu reagieren, wird als immunologische Toleranz bezeichnet. Sie ist Voraussetzung für eine erfolgreiche Abwehr und Vernichtung infektiöser Partikel oder entarteter Zellen, ohne körpereigene Zellen anzugreifen. Tritt die Toleranz jedoch gegenüber körperfremden Antigenen auf, kann es zu einer spezifischen Nichtreaktivität mit fatalen gesundheitlichen Folgen kommen. Umgekehrt führen der Angriff und die Zerstörung körpereigener Strukturen und Moleküle zu Autoimmunerkrankungen.

3. Die Haupt-Histokompatibilitätsantigene

Eine besondere Rolle bei der Erkennung von Fremdsubstanzen durch T-Zellen spielen spezielle körpereigene Gewebeantigene, die Haupt-Histokompatibilitätsantigene (MHC-Moleküle). Sie werden von einem Genkomplex codiert, den sogenannten Haupt-Histokompatibilitätskomplex (im Englischen *major histocompatibility complex*, MHC). Er kommt bei allen höheren Wirbeltieren vor und trägt je nach Tierart eine zusätzliche Bezeichnung. Die Genprodukte des MHC nennt man beim Menschen *humanes Leukocyten Antigen* (*HLA*). Die biologische Funktion der MHC-Moleküle besteht darin, den T-Zellen Antigene anzubieten, da diese Lymphocyten nur auf Antigene reagieren können, wenn sie an körpereigene MHC-Moleküle gebunden sind. Man unterscheidet zwei Klassen von MHC-Molekülen, die Klasse-I- und die Klasse-II-Moleküle. Die MHC-Klasse-I-Moleküle befinden sich auf allen kernhaltigen Zellen des Körpers, die MHC-Klasse-II-Moleküle kommen dagegen nur auf bestimmten Zellen des Immunsystems vor. Diese Zellen sind maßgeblich an der Immunregulation beteiligt.

4. Das lymphatische System

Die Überwachung des Körpers durch Immunzellen und deren schnelles und effektives Eingreifen im Falle eines Angriffs von außen oder innen, setzt nicht nur ein feinmaschiges Transportsystem voraus, sondern auch eine Organisation der Zellen in lymphatischen Organen (Abbildung 1.2). Man unterscheidet dabei aufgrund ihrer Funktion zwei Typen von lymphatischen Organen. Die sogenannten primären lymphatischen Organe dienen der Bildung, Entwicklung und Reifung der Immunzellen. Dazu gehören beim erwachsenen Men-

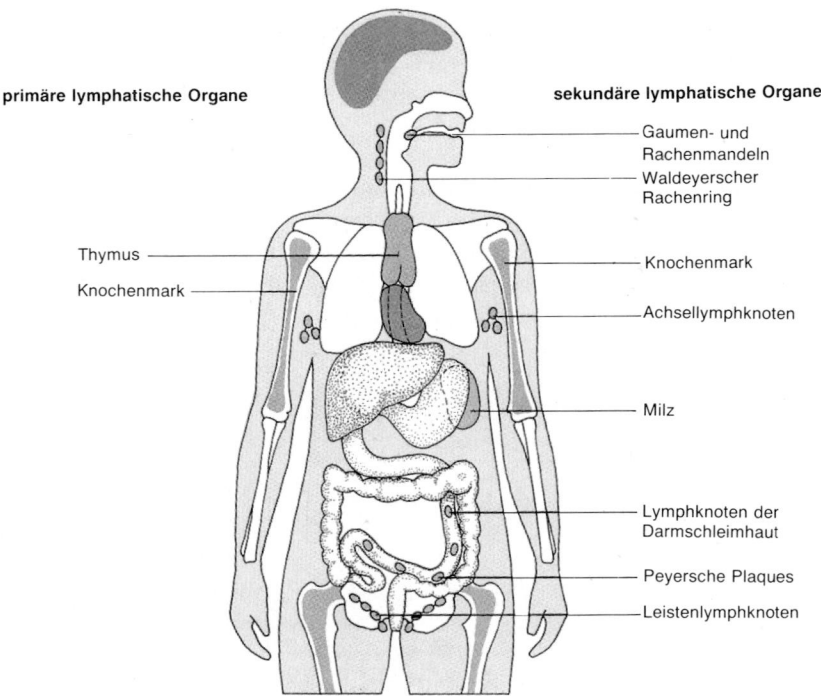

primäre lymphatische Organe

sekundäre lymphatische Organe

Gaumen- und
Rachenmandeln
Waldeyerscher
Rachenring

Thymus

Knochenmark

Knochenmark

Achsellymphknoten

Milz

Lymphknoten der
Darmschleimhaut

Peyersche Plaques

Leistenlymphknoten

1.2 Das lymphatische System gliedert man in primäre und sekundäre lymphatische Organe. Zu den primären gehören beim Menschen Knochenmark und Thymus. Im Knochenmark findet die Entwicklung und Reifung der Immunzellen statt. Die T-Zellen verlassen das Knochenmark auf einer frühen Vorläuferstufe und beenden ihre Entwicklung im Thymus. In den sekundären lymphatischen Organen bekämpfen die Immunzellen, vor allem die Lymphocyten, alle Arten von Fremdstoffen. (Mit freundlicher Genehmigung von van den Tweel et al., Spektrum der Wissenschaft/Natuur & Techniek, 1991.)

schen das Knochenmark und der Thymus. Im Knochenmark entstehen alle Zellen des Immunsystems und des Blutes aus einer gemeinsamen hämatopoetischen Stammzelle. Bis auf die T-Lymphocyten vollenden hier alle übrigen Zellen weitestgehend ihre Entwicklung. Die T-Lymphocyten dagegen reifen im Thymus und werden dort zu immunkompetenten Zellen erzogen, die in der Lage sind, körpereigene von körperfremden Strukturen zu unterscheiden. T-Zellen, die sich im Thymus befinden, bezeichnet man als Thymocyten.

Milz, Lymphknoten und die lymphatischen Gewebe der Schleimhäute, wie zum Beispiel die Tonsillen des Rachens und die Peyerschen-Plaques im Darm werden zu den sekundären lymphatischen Organen zusammengefaßt. In ihnen findet die Auseinandersetzung der Immunzellen, vor allem der Lymphocyten, mit Fremdstoffen statt. Die über den Körper verstreut liegenden lymphatischen Organe sind über ein Netzwerk von Blutgefäßen und Lymphgefäßen miteinander verbunden. Bakterien, Viren und Tumorzellen, die sich über den Infektions- oder Enstehungsort ausbreiten konnten, gelangen so zu den nächstgelegenen Lymphknoten, wo der Kampf gegen die Eindringlinge mit Unterstützung der Lymphocyten weitergeführt wird.

5. Wanderung der Lymphocyten

Die meisten Lymphocyten bleiben nicht auf Dauer in der Milz oder einem der Lymphknoten, sondern sind ständig auf Wanderschaft. Sie verlassen die sekundären lymphatischen Organe über Lymphgefäße und Blutkreislauf, passieren Gefäßwände, gelangen in verschiedene Gewebe und verlassen diese wieder, um in die Lymphknoten und die Milz zurückzukehren. Man spricht allgemein von einer Rezirkulation der Lymphocyten. Sowohl B- als auch T-Lymphocyten verlassen das Gefäßsystem vorwiegend an speziellen Stellen, den sogenannten postkapillären Venolen, die Übergangsstücke zwischen Venen und Blutkapillaren darstellen. Im Bereich der postkapillären Venolen ist das Gefäßendothel im Gegensatz zu anderen Venolen besonders hoch und zylindrisch. Daher rührt auch die englische Bezeichnung *high endothelial venules* (HEV). Man findet sie vor allem im lymphatischen Gewebe, ihre Bildung kann aber auch im Zuge von Immunreaktionen durch Cytokine in anderen Geweben induziert werden. Die HEV tragen auf ihrer Oberfläche bestimmte Adhäsionsmoleküle, die von entsprechenden Rezeptoren auf zirkulierenden Lymphocyten erkannt werden. Die Lymphocyten binden an die Moleküle der Endothelzellen, diese weichen auseinander und die Lymphocyten gelangen ins umgebende Gewebe. Der Vorgang wird als Homing (vom englischen Wort *to home* für heimfinden) bezeichnet. Interessant ist, daß verschiedene Lymphocyten verschiedene Homing-Rezeptoren tragen und dadurch unterschiedliche Organe besiedeln. Adhäsionsmoleküle auf Endothelzellen bewirken auch die Anheftung anderer Immunzellen an die Gefäßwand und deren Auswanderung in entzündetes Gewebe.

6. Antigene

Der Begiff „Antigen" wurde bereits in Zusammenhang mit Fremdsubstanzen, wie zum Beispiel eingedrungenen Infektionserregern oder entarteten Zellen, verwendet. Was versteht man nun genau unter einem Antigen?

Antigene sind Substanzen, die eine Immunantwort auslösen. Sie aktivieren T- und B-Lymphocyten, indem sie mit entsprechenden Rezeptoren auf der Oberfläche dieser Zellen reagieren. Eine Substanz muß dabei nicht in jeder Spezies immunogen wirken. Ist das Immunsystem nicht in der Lage, auf ein Antigen zu reagieren, spricht man von immunologischer Toleranz. Ob eine Substanz als Antigen wirkt, hängt auch von seiner Größe und chemischen Struktur ab. Kleine Moleküle wie einzelne Aminosäuren oder Monosaccharide mit einem Molekulargewicht unter 4000 Dalton lösen in der Regel keine oder nur eine sehr schwache Immunantwort aus. Dies gilt auch für einfach gebaute Antigene, die nur aus gleichen Untereinheiten bestehen. Komplexe Antigene mit vielen verschiedenen Molekülgruppen bewirken dagegen starke Reaktionen des Immunsystems. Zu den wirksamsten organischen Molekülen zählen die Proteine; Polysaccharide wirken weniger antigen. In der Regel tragen größere Antigene wie Mikroorganismen, Tumoren oder Parasiten viele verschiedene Moleküle auf ihrer Oberfläche, gegen die sich eine Immunantwort richten kann. Diese Moleküle werden dann als Determinanten oder Epitope bezeichnet.

7. Zellen des Immunsystems

Immunzellen haben nur eine begrenzte Lebensdauer und müssen ständig vom Organismus erneuert werden. Sie entstehen beim erwachsenen Menschen wie auch alle anderen Zellen des Blutes aus hämatopoetischen Stammzellen im Knochenmark. Von diesen leiten sich zwei Hauptlinien ab, die myeloische und die lymphatische Zellreihe (Abbildung 1.3). Unter der Kontrolle von Wachstumsfaktoren und Cytokinen entwickeln sich die Zellen der myeloischen Reihe zu Monocyten, Granulocyten, Megakaryocyten (und damit Thrombocyten), Mastzellen und Erythrocyten. Aus der lymphatischen Reihe entstehen T- und B-Lymphocyten. Während alle anderen Zellen ihre Entwicklung im Knochenmark durchlaufen, wandern T-Zellen auf einer frühen Vorläuferstufe in den Thymus und reifen dort zu immunkompetenten Zellen. Alle Zellen gelangen schließlich in den Blutkreislauf und erfüllen je nach Typ dort oder in Geweben ihre Funktion. Wie diese Zellen aussehen und welche Rolle ihnen im Immunsystem zukommt, soll im folgenden kurz erläutert werden.

7.1 Zellen des unspezifischen Immunsystems

Monocyten und Makrophagen

Monocyten und Makrophagen gehören zu den Zellen des mononukleären Phagocytensystems. Die Monocyten kommen zu zwei bis acht Prozent im menschlichen Blut vor und sind mit einem Durchmesser von etwa 15μm die größten Blutzellen. Im mikroskopischen Bild (Abbildung 1.3) zeigen sie einen relativ großen Anteil an Cytoplasma und einen ovalen bis nierenförmigen Zellkern. Ihr Cytoplasma ist charakterisiert durch einen gut ausgeprägten Golgi-Apparat und viele lysosomale Vesikel. Monocyten zirkulieren für etwa 20 bis 30 Stunden im Blut und wandern schließlich in verschiedene Organe und Gewebesysteme aus. Dort entwickeln sie sich zu Makrophagen.

   Die Aufgaben der Monocyten und Makrophagen sind vielfältig. Sie üben einerseits wichtige Effektorfunktionen bei der unspezifischen Immunantwort aus. Dazu gehören Phagocytose und intrazelluläre Abtötung von Bakterien,

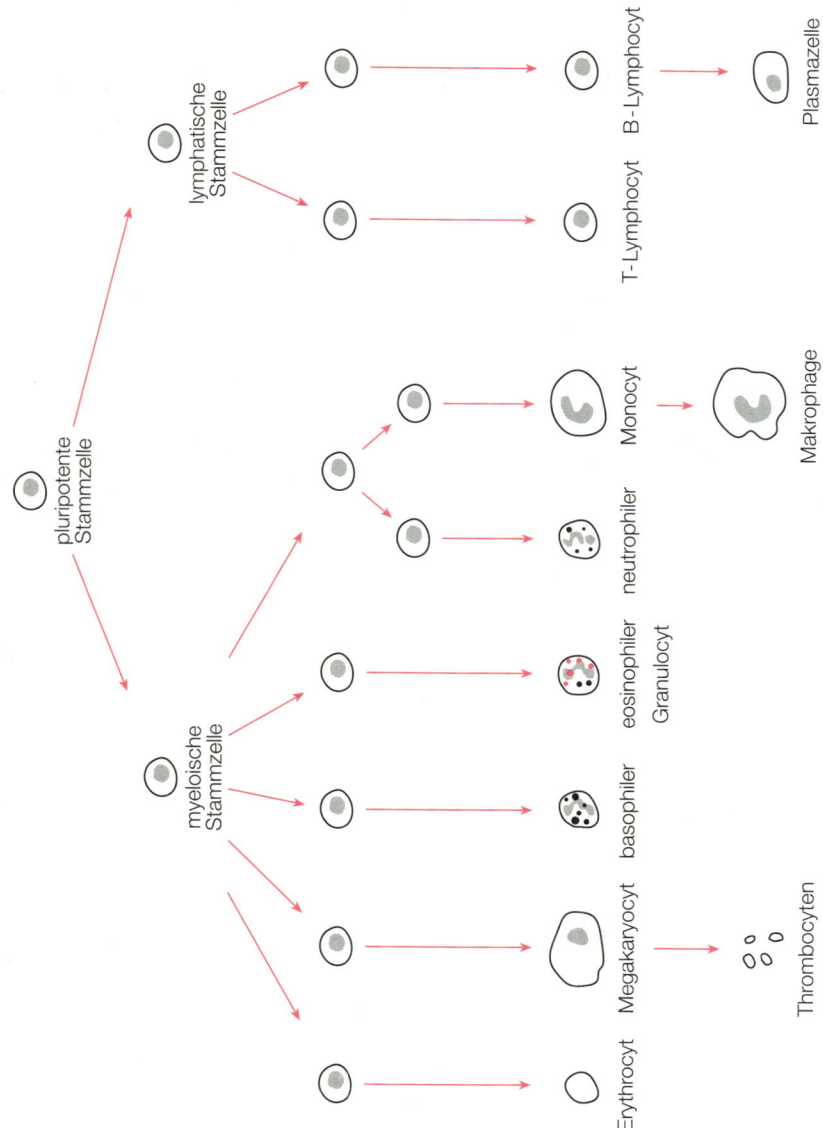

1.3 Zellen des Immunsystems. Die Immunzellen enstehen aus hämatopoetischen, pluripotenten Stammzellen im Knochenmark. Von diesen leiten sich zwei Hauptlinien ab, die myeloische und die lymphatische Zellinie. Die Zellen der myeloischen Reihe entwickeln sich zu Monocyten, Granulocyten, Megakaryocyten, Mastzellen und Erythrocyten. Aus der lymphatischen Reihe entstehen T- und B-Lymphocyten. (Verändert nach Golde und Gasson, Spektrum der Wissenschaft, 1988.)

Pilzen, Protozoen und geschädigten körpereigenen Zellen, aber auch Cytotoxizitätsreaktionen gegen Tumorzellen, virusinfizierte Zellen und Parasiten. Andererseits spielen Monocyten und Makrophagen eine zentrale Rolle bei der Auslösung (Induktion) und Regulation der spezifischen Immunantwort: Als antigenpräsentierende Zellen sind sie in der Lage, körperfremde Antigene in Assoziation mit MHC-Klasse-I- oder MHC-Klasse-II-Molekülen den T-Lymphocyten in geeigneter Form darzubieten. Sie schaffen dadurch die Voraussetzung für eine immunspezifische Antwort. Zudem sind Monocyten und Makrophagen hochaktive sekretorische Zellen, die durch die Freisetzung von Cytokinen, Wachstumsfaktoren, Komplementkomponenten und vielen anderen löslichen Faktoren regulierend in die Immunreaktion eingreifen.

Polymorphkernige Granulocyten

Granulocyten repräsentieren mit 60 bis 70 Prozent den Hauptanteil der zirkulierenden Leukocyten (weißen Blutzellen). Sie sind im Vergleich zu den Monocyten und Makrophagen sehr kurzlebig und werden nach ungefähr zwei Tagen vom Körper abgebaut. In Blutausstrichen lassen sich Granulocyten leicht an den in drei bis vier Segmente unterteilten Kern und an der reichhaltigen Granulierung des Cytoplasmas erkennen (Abbildung 1.3). Aufgrund der unterschiedlichen Anfärbbarkeit dieser Granula werden sie in neutrophile, eosinophile und basophile Granulocyten unterteilt.

Neutrophile Granulocyten

Sie stellen über 90 Prozent der zirkulierenden Granulocyten. Ihre Hauptfunktion besteht in der schnellen Abwehr und Eliminierung eingedrungener Mikroorganismen. Neutrophile Granulocyten gehören zu den Zellen, die als erste am Entzündungsort eintreffen. Dies wird zum einen begünstigt durch ihre Fähigkeit, sich über Adhäsionsmoleküle an Endothelzellen anzulagern – dadurch wird eine schnelle Passage durch die Gefäßwände ermöglicht. Zum anderen sind sie in der Lage, im Gewebe entlang von Konzentrationsgradienten chemotaktischer Substanzen zum Entzündungsort zu wandern. Hier erfolgt die Bekämpfung der Infektionserreger durch Phagocytose und intrazelluläre Abtötung oder durch Ausschüttung der intrazellulären Granula (Degranulation). Neben den präformierten Granulabestandteilen vermögen neutrophile Granulocyten nach Stimulation eine Vielzahl von entzündungsfördernden Faktoren zu bilden. Dazu gehört die Neusynthese von Prostaglandinen, Leukotrienen und Interleukin-8. Einige dieser Substanzen erzeugen Fieber, erhöhen das Schmerzempfinden oder fördern die Zusammenarbeit mit anderen Immunzellen.

Eosinophile Granulocyten

Eosinophile Granulocyten repräsentieren zwei bis fünf Prozent der Blutleukocyten. Obwohl sie ebenfalls zur Phagocytose und intrazellulären Abtötung befähigt sind, besteht ihre primäre Funktion in der Abwehr großer extrazellulärer Parasiten, etwa bei Infektionen mit Würmern. Sie binden die mit IgE- und

IgG-Antikörper beschichteten Parasiten und geben Granula ab. Ihre in großer Zahl vorhandenen eosinophilen Granula enthalten neben aggressiven Enzymen und Sauerstoffmetaboliten auch cytotoxisch wirkende Proteine, wie das *major basic protein* und ein eosinophiles kationisches Protein, welche die Membranen ihrer Zielzellen mit Poren durchsetzen.

Eosinophile besitzen neben basophilen Granulocyten und Mastzellen eine wichtige Schlüsselrolle bei allergischen Reaktionen. Nach Anlagerung IgE-haltiger Immunkomplexe setzen sie Faktoren wie Histaminase und Arylsulphatase frei. Durch diese Enzyme werden Mastzellprodukte wie Histamin und die *slow reactive substance of anaphylaxis* inaktiviert. Die Aufgabe der eosinophilen Granulocyten besteht somit in der Begrenzung allergischer Reaktionen.

Basophile Granulocyten

Basophile Granulocyten machen im menschlichen Blut nur einen Anteil von 0,2 Prozent aus. Sie sind an verschiedenen entzündlichen Reaktionen beteiligt und spielen eine Rolle bei der Abwehr von Parasiten. Daneben sind basophile Granulocyten auch an der Auslösung der allergischen Sofortreaktion beteiligt: Sie tragen IgE-Rezeptoren auf ihrer Oberfläche, mit denen sie freie IgE-Antikörper binden. Werden diese IgE-Moleküle auf der Zelloberfläche durch Allergene vernetzt, kommt es zur Freisetzung präformierter Mediatoren wie Serotonin, Heparin, Histamin und chemotaktischer Faktoren. Diese Stoffe führen zur Steigerung der Gefäßdurchlässigkeit, Kontraktion der glatten Muskulatur, Hemmung der Blutgerinnung und zur Einwanderung anderer Immunzellen. Bei allergischen Reaktionen kommt es im allgemeinen zu einer übermäßigen, unphysiologischen Mediatorfreisetzung, die in seltenen Fällen zum anaphylaktischen Schock führen kann.

Mastzellen

Mastzellen sind typische Zellen der Gewebe. Man unterscheidet zwei Arten von Mastzellen, die mukosaassoziierten Mastzellen der Schleimhäute und die Bindegewebsmastzellen. Neben ihrer ursprünglichen Aufgabe, Parasiten und über die Schleimhaut eingedrungene Mikroorganismen zu bekämpfen, verursachen sie zusammen mit den basophilen Granulocyten die Symptome der Allergie. Mastzellen sind ebenfalls in der Lage, freie IgE-Antikörper zu binden und nach Stimulation durch Antigene oder Allergene Granula abzugeben (Abbildung 1.4). Die daraus resultierenden Entzündungsreaktionen sind denen vergleichbar, die nach Degranulation basophiler Granulocyten auftreten.

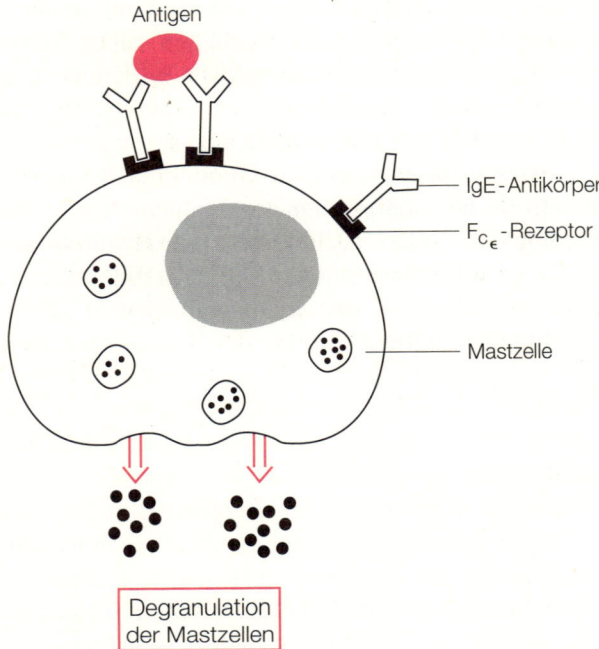

Antigen

IgE-Antikörper

F_{c_ϵ}-Rezeptor

Mastzelle

Degranulation
der Mastzellen

1.4 Mastzellen kommen in den Schleimhäuten und im Bindegewebe vor. Sie tragen auf ihrer Oberfläche Rezeptoren, mit denen sie freie IgE-Antikörper binden können. Werden die IgE-Moleküle durch Antigene vernetzt, kommt es zur Degranulation der Mastzellen und zur Freisetzung von Entzündungsmediatoren. (Verändert nach Roitt et al., Georg Thieme Verlag, 1991.)

Natürliche Killerzellen

Natürliche Killerzellen (NK-Zellen) repräsentieren fünf bis zwölf Prozent der zirkulierenden Leukocyten. Sie wurden als große granulierte Lymphocyten (*large granular lymphocytes*, LGL) charakterisiert, konnten aber lange Zeit weder den T-Zellen noch den Monocyten zugeordnet werden. Heute nimmt man aufgrund der Expression bestimmter Oberflächenmoleküle an, daß sich NK-Zellen und T-Zellen aus einer gemeinsamen Vorläuferstufe im Knochenmark entwickeln. In Abhängigkeit von den extrazellulären Signalen, die diese Vorläuferzelle erhält, wandert sie entweder in den Thymus und entwickelt sich dort zur T-Zelle oder sie wird im peripheren lymphatischen Gewebe zur NK-Zelle. Ein charakteristischer Marker für NK-Zellen beim Menschen ist das CD56-Antigen, das bei über 95 Prozent der NK-Zellen auftritt. Weiterhin exprimieren NK-Zellen CD16 (FcγRIII), einen Rezeptor für den Fc-Teil des Immunglobulins IgG.

Die Aufgaben der NK-Zellen sind vielfältig. Ihre Hauptfunktion besteht in der Abtötung von Tumorzellen und virusinfizierten Zellen. Sie spielen aber auch eine wichtige Rolle bei der Abwehr von Bakterien, Protozoen und Pilzen. Man nimmt an, daß NK-Zellen Antigene auf ihren Zielzellen mit Hilfe eines lectinähnlichen Rezeptors erkennen. Art und Beschaffenheit der erkannten Strukturen sowie die Erkennungsmechanismen sind nicht bekannt. Im Gegensatz zu den T-Zellen erfolgt die Antigenerkennung jedoch unspezifisch und ohne Beteiligung von MHC-Molekülen. Nach Anlagerung an die Zielzellen setzen NK-Zellen porenformierende Proteine (PFP), Serinesterasen und andere cytolytische Faktoren frei, welche die Zellmembran der Zielzelle mit Poren durchsetzen und zu deren Lyse führen. Die cytotoxische Aktivität der NK-Zellen wird durch die bei einer Entzündungsreaktion auftretenden Lymphokine Interleukin-2 (IL-2) und Interferon-γ (IFN-γ) verstärkt.

Neben der direkten Zerstörung von Tumorzellen und virusinfizierten Zellen spielen NK-Zellen eine wichtige Rolle bei der Regulation von Immunantworten. Durch die Produktion der Cytokine IL-1, Tumor Nekrose Faktor-α (TNF-α) und IFN-γ fördern NK-Zellen die Aktivierung von Immunzellen, die an Entzündungsprozessen beteiligt sind. Die biologische Bedeutung der NK-Zellen ist allerdings bis heute noch nicht vollständig geklärt.

7.2 Zellen des spezifischen Immunsystems

Die Zellen des spezifischen Immunsystems werden durch die Lymphocyten repräsentiert, deren Anteil etwa 20 Prozent der gesamten weißen Blutkörperchen (Leukocyten) beträgt. Die Bedeutung der Lymphocyten liegt vor allem in der spezifischen Erkennung von Antigenen und der Auslösung einer gerichteten Immunantwort. Man unterscheidet zwei Typen von Lymphocyten, die T-Zellen und die B-Zellen.

T-Zellen

Die T-Zellen stellen die zentralen und wichtigsten Zellen des Immunsystems dar. Sie sind nicht nur zu Effektorfunktionen wie der spezifischen Abtötung virusinfizierter Zellen oder Tumorzellen befähigt, sondern nehmen vor allem wichtige Koordinationsaufgaben wahr. Durch ihre Fähigkeit, Antigene spezifisch zu erkennen, und durch die Produktion zahlreicher Cytokine sind T-Zellen sowohl zur Ausbildung als auch zur Unterdrückung humoraler und zellulärer Immunreaktionen befähigt. Diese Lymphocyten sind durch bestimmte Oberflächenmoleküle charakterisiert: Sie tragen einen T-Zell-Rezeptor (TCR), der für die spezifische Bindung des Antigens in Kombination mit körpereigenen MHC-Molekülen verantwortlich ist (Abbildung 1.5). Mit dem TCR verbunden ist das CD3-Molekül; seine Aufgabe besteht darin, dem Inneren der Zelle eine erfolgte Antigenbindung mitzuteilen.

Des weiteren befinden sich sogenannte Hilfsrezeptoren auf der Zelloberfläche. Je nach T-Zell-Subpopulation handelt es sich dabei um CD8-Moleküle

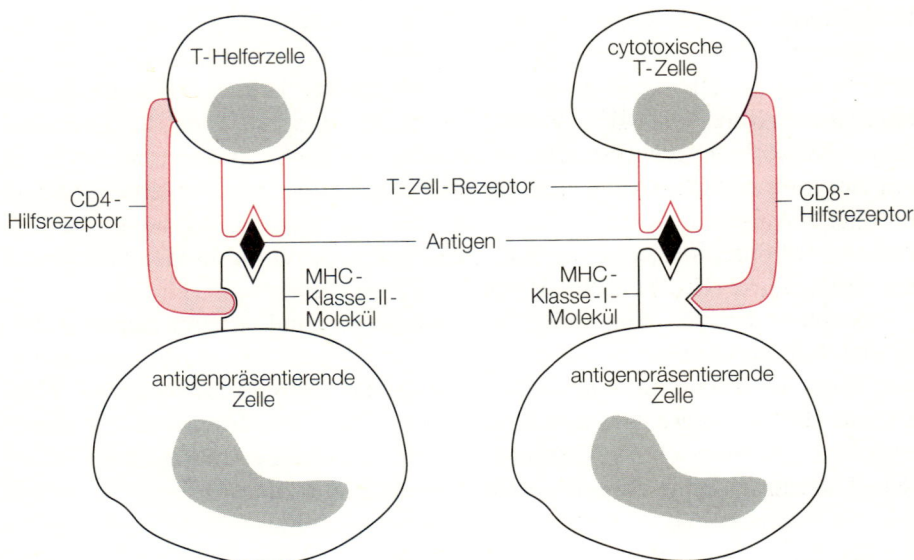

1.5 Antigenerkennung durch T-Zellen. T-Zellen tragen auf ihrer Oberfläche den sogenannten T-Zell-Rezeptor. Dieser erkennt ein Antigen in Kombination mit körpereigenen MHC-Molekülen, die auf der Oberfläche von Zellen präsentiert werden. Neben dem T-Zell-Rezeptor tragen T-Zellen auf ihrer Oberfläche sogenannte Hilfsrezeptoren (je nach Subpopulation CD4 oder CD8), mit denen eine zusätzliche Bindung an die MHC-Moleküle erfolgt. Cytotoxische T-Zellen erkennen Antigene in Kombination mit MHC-Klasse-I-Molekülen; eine zusätzliche Bindung erfolgt durch CD8. T-Helferzellen binden dagegen an Antigene, die von MHC-Klasse-II-Molekülen präsentiert werden; eine zusätzliche Bindung erfolgt in diesem Falle durch CD4. (Verändert nach Boehmer und Kisielow, Spektrum der Wissenschaft, 1992.)

(bei den cytotoxischen T-Zellen) oder um CD4-Moleküle (bei den T-Helfer-zellen). Diese verschiedenen Subpopulationen nehmen im Immunsystem auch unterschiedliche Aufgaben wahr. Die Abtötung infizierter oder entarteter Zellen obliegt den cytotoxischen T-Lymphocyten; sie erkennen Antigene in Kombination mit MHC-Klasse-I-Molekülen. T-Helferzellen besitzen dagegen keine unmittelbaren cytotoxischen Funktionen. Ihre Rolle liegt hauptsächlich in der Koordination der Immunantwort. Sie erkennen Fremdantigene in Kombination mit MHC-Klasse-II-Molekülen. Durch die Ausschüttung von Cytokinen beeinflussen sie die Entwicklung, Differenzierung und Aktivierung anderer Immunzellen. T-Zellen sind auch an der Unterdrückung und Beendigung einer Immunantwort beteiligt (T-Suppressorzellen). Es wird angenommen, daß diese Funktion sowohl von der CD4- als auch von der CD8-tragenden T-Zellsubpopulation übernommen wird.

B-Zellen

B-Zellen vermitteln die spezifische humorale Immunreaktion. Sie sind charakterisiert durch die Bildung von Antikörpern, die in ihre Oberflächenmembran eingebaut werden und dort als spezifische Antigenrezeptoren dienen. Alle Antikörper einer B-Zelle erkennen das gleiche Antigen. Bindet ein Antigen an die membranständigen Antikörper einer B-Zelle, kommt es zu deren Teilung und Vermehrung. Es entstehen also viele B-Zellen mit der gleichen Antigenspezifität. Ein Teil dieser Zellen wird zu Gedächtniszellen, die bei erneutem Antigenkontakt dem Organismus eine schnellere Reaktion ermöglichen. Der größte Teil der aktivierten B-Zellen differenziert sich jedoch zu Plasmazellen. Ihre Aufgabe besteht in der Produktion von Antikörpern, die in großen Mengen ins Blut abgegeben werden. Die Plasmazellen sind nicht mehr fähig, sich zu teilen oder weiter zu wachsen und sterben nach einigen Tagen ab. Die von der Plasmazelle freigesetzten Antikörper besitzen die gleiche Antigenspezifität wie die ursprüngliche B-Zelle. Mit der Bildung von Antikörpern werden zahlreiche andere Immunreaktionen verstärkt oder überhaupt erst ermöglicht: Freie Antigene werden durch Antikörper in Immunkomplexen gebunden und so der Phagocytose durch Zellen des unspezifischen Immunsystems zugänglich gemacht. Sie markieren Fremdantigene auf infizierten Zellen und ermöglichen auf diese Weise deren cytotoxische Abtötung durch Monocyten, Makrophagen oder Granulocyten. Darüber hinaus aktivieren an Antigene gebundene Antikörper eine Gruppe von cytotoxisch wirkenden Enzymen, das Komplementsystem.

8. Die humorale Immunantwort

Der humorale (lösliche) Teil des Immunsystems setzt sich ähnlich wie der zelluläre Teil aus spezifischen und unspezifischen Komponenten zusammen. Zu den spezifischen Faktoren gehören die von den B-Zellen produzierten Antikörper. Ihre Aufgabe ist es, sich spezifisch an Antigene zu binden, diese zu markieren und für Phagocytose, cytotoxische und lytische Reaktionen durch Immunzellen und Komplementproteine zugänglich zu machen.
Die unspezifischen Faktoren stellen eine sehr heterogene Gruppe dar. Dazu gehören einzelne Enzyme mit bakterienabtötendem Charakter, wie das erwähnte Lysozym, aber auch ganze Enzymkaskaden wie das Komplementsystem. Eine besondere Bedeutung kommt den Cytokinen zu, die eine Zusammenarbeit zwischen verschiedenen Zellen gewährleisten.

8.1 Antikörper

Antikörper sind hinsichtlich ihrer chemischen Struktur Glykoproteine und werden von Plasmazellen in großen Mengen in die umgebende Körperflüssigkeit abgeschieden. Man kann die Antikörper hinsichtlich ihrer Größe, ihres Kohlenhydratanteils und ihrer Aminosäuresequenz in fünf Klassen unterteilen: IgM, IgG, IgA, IgD und IgE. Trotz ihrer strukturellen Unterschiede gehen alle Antikörper auf ein gemeinsames Grundmodell zurück (Abbildung 1.6): Sie besitzen eine Y-förmige Struktur, die aus zwei leichten und zwei schweren Ketten aufgebaut ist. Die Arme des Y weisen an ihren Enden die spezifischen Antigenbindungsstellen auf. Jeder Arm bindet an ein Antigen, beide Arme erkennen das gleiche Antigen. Der Stamm des Y, der auch als Fc-Teil bezeichnet wird, vermittelt die je nach Antikörperklasse unterschiedliche biologische Funktion des Antikörpers. Mit ihm erfolgt die Bindung an Phagocyten oder Mastzellen und die Aktivierung des Komplementsystems.

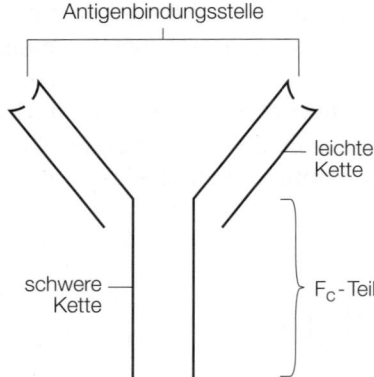

1.6 Schematische Darstellung eines Antikörpers. Antikörper besitzen eine Y-förmige Struktur, die aus zwei leichten und zwei schweren Ketten aufgebaut ist. Die Arme des Antikörpers tragen die spezifischen Antigenbindungsstellen. Der Fc-Teil vermittelt dagegen die biologische Funktion des Antikörpers.

IgM ist der vorherrschende Antikörper in der frühen Phase einer primären Immunantwort, also beim ersten Kontakt des Körpers mit einem Antigen. Es spielt eine wichtige Rolle bei der Aktivierung des klassischen Komplementsystems. IgM kommt auch membrangebunden auf der Oberfläche von B-Zellen vor und dient dort als Antigenrezeptor.

IgG ist der wichtigste Antikörper der sekundären Immunantwort, wenn sich der Körper wiederholt mit dem gleichen Antigen auseinandersetzen muß. Dieser Antikörper ist wie IgM in der Lage, das Komplementsystem zu aktivieren. Des weiteren bindet IgG mit seinem Fc-Teil an entsprechende Rezeptoren auf Monocyten, Makrophagen und Granulocyten und fördert die Phagocytose des gebundenen Antigens. Zur Klasse der IgG-Antikörper gehören alle Antitoxine, die in den Körper eingedrungene Gifte (Toxine) neutralisieren können.

IgA kommt außer im Serum auch in Körperflüssigkeiten wie Speichel, Milch, Bronchial- und Urogenitalsekreten vor. Hier stellt IgA die erste Verteidigungslinie bei der lokalen Infektabwehr dar.

IgD kommt vor allem membranständig auf B-Zellen vor und dient als Antigenrezeptor.

IgE findet sich hauptsächlich auf der Oberfläche von Mastzellen und basophilen Granulocyten. Ursprünglich war IgE an der Abwehr von Parasiten wie Wurminfektionen beteiligt, spielt aber nunmehr vor allem eine Rolle bei der Auslösung von Allergien.

8.2 Das Komplementsystem

Ein wichtiger Partner bei der Zusammenarbeit mit Antikörpern ist das Komplementsystem. Es gehört zu den wirkungsvollsten Effektorsystemen der unspezifischen Immunabwehr. Es bewirkt die Zerstörung von Tumorzellen, Bakterien, Viren und Parasiten mit Hilfe lytischer Prozesse. Zudem stellt es ein wichtiges Bindeglied zwischen dem humoralen und dem zellulären Immunsystem dar. In Folge der Aktivierung des Komplementsystems entstehen Peptide, die wiederum Immunzellen aktivieren, durch Anheftung an Mikroorganismen (Opsonisierung) die Phagocytose fördern, eine gerichtete Zellwanderung in entzündetes Gewebe bewirken (Chemotaxis) oder die Gefäßdurchlässigkeit am Reaktionsort fördern.

Das Komplementsystem besteht aus über 20 Komplement- und Regulatorproteinen, die im Serum zumeist in inaktiver Form vorliegen. Seine Aktivierung durch Immunkomplexe, Bakterien, Viren oder andere Faktoren bewirkt eine kaskadenartige Aktivierung der einzelnen, sequentiell folgenden Komplementkomponenten. Hinsichtlich der Aktivierung, des Reaktionsablaufs und der beteiligten Proteine unterscheidet man zwei Komplementwege, den klassischen Weg und den alternativen Weg. Die Endstrecke, der lytische Weg, mit der Zerstörung der Zielzelle, ist identisch.

Der klassische Weg

Die klassische Komplementreaktion (Abbildung 1.7) wird vor allem durch die Antikörper IgG und IgM aktiviert. Voraussetzung ist jedoch, daß IgG beziehungsweise IgM an Antigen gebunden ist, also in Form von Immunkomplexen vorliegt. Freie Antikörper können kein Komplement aktivieren.

Die Komplementkaskade beginnt mit der Aktivierung der ersten Komponente C1 durch Anlagerung ihrer drei Untereinheiten (C1q, C1r, C1s) an den

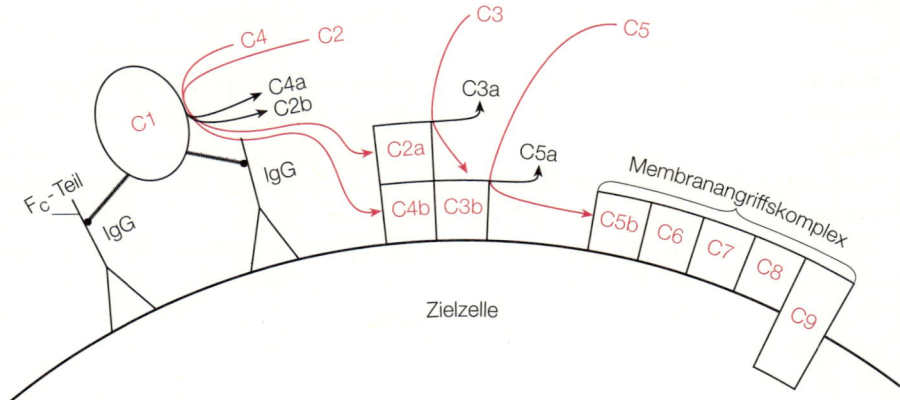

1.7 Der klassische Weg der Komplementaktivierung kann durch zwei auf der Zielzelle benachbarte IgG- oder einem IgM-Antikörper gestartet werden. Die erste Komplementkomponente (C1) lagert sich an den Fc-Teil der Antikörper und erlangt dadurch enzymatische Aktivität. Sie spaltet die Komponenten C4 und C2. Deren Spaltprodukte (C4b, C2a) lagern sich an die Zellmembran und bilden die C3-Konvertase. Dieses Enzym spaltet die Komponente C3. C3b bildet zusammen mit C4b und C2a die C5-Konvertase. Der lytische Weg beginnt mit der Spaltung von C5. Durch Anlagerung der Komponenten C6, C7, C8 und C9 wird der Membranangriffskomplex gebildet, der die Membran der Zielzelle perforiert. Die niedermolekularen Spaltprodukte (C4a, C2b, C3a, C5a) werden ins Plasma abgegeben, wo sie als Anaphylatoxine an der Entzündungsreaktion beteiligt sind.

Fc-Teil der Antikörper. Das aktivierte C1 ist ein Enzym, das durch Spaltung der nachfolgenden Komponenten (C4, dann C2) und der Anlagerung ihrer Spaltprodukte (C4b, C2a) an die Zellmembran ein neues Enzym bildet, die C3-Konvertase des klassischen Weges. Diese spaltet die Komponente C3 in einzelne Bruchstücke. Das Spaltprodukt C3b lagert sich an die Zielzelle und bildet zusammen mit den anderen Komponenten die C5-Konvertase. Dieses Enzym ermöglicht den lytischen Weg. Die niedermolekularen Spaltprodukte der Komponenten (C2b, C3a, C4a) werden nicht gebunden, sondern in das Serum abgegeben, wo sie andere Funktionen erfüllen.

Der alternative Weg

Der alternative Komplementweg ist stammesgeschichtlich gesehen der ältere Teil des Komplementsystems. Er benötigt zur Aktivierung nicht die Anwesenheit spezifischer Antikörper, sondern kann durch bestimmte Oberflächenstrukturen spontan angeschaltet werden und schon früh in die Immunreaktion eingreifen. Körpereigene Zellen besitzen deshalb zahlreiche Kontrollmechanismen, die eine Verstärkung der Reaktion verhindern. Aktivatoren der alternativen Komplementsequenz sind vor allem Bakterien, Viren, Pilze, Protozoen und Tumorzellen. Dieser Weg umgeht die Komplementkomponenten C1, C4 und C2 und beginnt mit der Aktivierung der Komplementkomponente C3. In weiteren Reaktionen kommt es ebenfalls zur Bildung einer C5-Konvertase.

Der lytische Weg

Die klassische und die alternative Komplementreaktion münden in die gleiche Endstrecke, den lytischen Weg, der schließlich zur Zerstörung der Zielzellen führt (Abbildung 1.7). Die C5-Konvertasen beider Wege spalten die Komponente C5 in C5a und C5b. C5a wird freigesetzt, C5b bleibt an die C3-Einheit der Konvertase gebunden. Durch Anlagerung der Komponenten C6, C7, C8 und C9 wird der Membranangriffskomplex gebildet. Dieser verursacht lytische Läsionen in der Zielzelle und führt zu deren Platzen.

Kontrollmechanismen

Um eine Schädigung des körpereigenen Gewebes durch eine ablaufende Komplementreaktion zu verhindern, besitzt der Körper zahlreiche Kontrollmechanismen, welche die Enzymkaskade und das Ausmaß der Aktivierung kontrollieren und regulieren. Diese Steuerung wird durch Regulatorproteine bewirkt, die sich sowohl im Serum als auch auf körpereigenen Zellen befinden. Die innerhalb der Komplementreaktion gebildeten Enzyme unterliegen einem natürlichen Zerfall und haben eine kurze Halbwertszeit. Dieser Abbau wird durch verschiedene Proteine, wie den C1-Inhibitor, Faktor I und Faktor H zusätzlich beschleunigt. Auch der lytische Weg wird durch Proteine wie Vitronektin (S-Protein) und C8-bindendes Protein kontrolliert. Sie verhindern die Bildung des Membranangriffskomplexes.

Anaphylatoxine

Im Laufe der Komplementreaktion kommt es zur Abspaltung und Freisetzung der biologisch hochaktiven Produkte C3a, C4a und C5a. Diese sogenannten Anaphylatoxine sind für die Infektabwehr und Entzündungsreaktion von zentraler Bedeutung. Alle drei Anaphylatoxine induzieren die Freisetzung von Histamin aus basophilen Granulocyten und Mastzellen, erhöhen die Durchlässigkeit der Gefäße und bewirken eine Kontraktion der glatten Muskulatur. Die größte biologische Bedeutung hat jedoch C5a. Es bewirkt zusätzlich die Wanderung von Immunzellen zum Ort der Entzündung (Chemotaxis), fördert die Enzym- und Cytokinfreisetzung aus Granulocyten und Monocyten und verstärkt den Arachidonsäuremetabolismus, der zur Bildung weiterer entzündungsfördernder Faktoren führt. Kontrolliert werden die Anaphylatoxine durch das Enzym Carboxypeptidase N, das in der Lage ist C3a, C4a und C5a weitgehend zu inaktivieren.

8.3 Die Akute-Phase-Antwort

Eine Entzündung, Infektion oder Gewebeverletzung ist oftmals durch eine systemische Reaktion des Körpers begleitet, die sogenannte Akute-Phase-Antwort. Sie ist charakterisiert durch eine Erhöhung der Leukocytenzahl (Leukocytose), Fieber, erhöhte Gefäßdurchlässigkeit, Veränderungen im Steroidhaushalt und durch eine starke Erhöhung der *Akute-Phase-Proteine*. Die Konzentration dieser Proteine kann auf das Hundertfache des Normalen ansteigen und bleibt während einer Entzündung erhöht. Die Akute-Phase-Proteine setzen sich aus einer Vielzahl löslicher Mediatoren zusammen, welche die Immunreaktion unterstützen. Dazu gehören beispielsweise C-reaktives Protein (CRP), Serum-Amyloid-A (SAA), Fibrinogen, Haptoglobin, α_1-Antitrypsin, Caeruloplasmin, α_2-Makroglobulin und einige Komplementkomponenten. Nicht von allen Proteinen kennt man die genaue Funktion und Bedeutung.

C-reaktives Protein, so genannt aufgrund seiner Fähigkeit, das C-Protein von Pneumokokken zu binden, aktiviert das Komplementsystem, steigert die Phagocytosefähigkeit und hemmt die Thrombocytenaggregation. Bei Caeruloplasmin handelt es sich um ein kupferbindendes Protein, das für einen erhöhten Kupferspiegel im Plasma verantwortlich ist. Kupfer wiederum spielt eine wichtige Rolle für die Aktivität verschiedener an der Immunantwort beteiligter Metallproteine. Die Plasmakomponente Fibrinogen ist die gelöste Vorstufe des bei der Blutgerinnung gebildeten Fibrins. Eine vermehrte Produktion von Fibrinogen unterstützt somit entscheidend die Wundheilung. Die Proteaseinhibitoren α_2-Makroglobulin und α_1-Antitrypsin kontrollieren eine Vielzahl aktivierter Proteinkaskaden, etwa das Gerinnungs- und Kininsystem. Die schnelle Synthese von Akute-Phase-Proteinen in Hepatocyten der Leber wird hauptsächlich durch die Cytokine IL-1 und IL-6 reguliert.

9. Cytokine

Auf sich allein gestellt ist keine der verschiedenen Zellen und humoralen Effektorsysteme des Immunsystems in der Lage, den Körper zu schützen. Erst die Zusammenarbeit und Koordination der verschiedenen Systeme ermöglichen Überwachen des Körpers, Auslösen und Beenden von Immunreaktionen. Diese Zusammenarbeit wird von einer Gruppe löslicher Faktoren, den sogenannten Cytokinen, gewährleistet. Sie steuern die Kommunikation zwischen Immunzellen, kontrollieren die Proliferation und Differenzierung von Leukocyten, unterstützen die Induktion von Immunreaktionen und können Entzündungsreaktionen sowohl verstärken als auch beenden.

Cytokine werden von vielen verschiedenen Zellen gebildet, die Hauptproduzenten sind jedoch die Immunzellen selbst. Trotz der großen Heterogenität in ihrer Wirkungsweise besitzen alle Cytokine einige charakteristische Gemeinsamkeiten: Sie werden nur in geringen Konzentrationen produziert, die jedoch eine große biologische Aktivität und Wirksamkeit aufweisen. Des weiteren vermitteln Cytokine ihre Botschaft über Rezeptoren auf der Oberfläche ihrer Zielzellen.

Zu den Cytokinen gehören Interleukine, Interferone (IFN), koloniestimulierende Faktoren, der Tumor-Nekrose-Faktor (TNF) und der Transforming-Growth-Faktor (TGF). Die Funktionen der verschiedenen Faktoren überschneiden sich vielfach. IL-1, IL-2, IL-4, IL-6, IFN-γ und TNF-α wirken vor allem immunregulatorisch; sie fördern die Freisetzung weiterer Cytokine, steigern aber auch die Effektorfunktionen von mononukleären Phagocyten, NK-Zellen und cytotoxischen T-Zellen. Die Interferone, vor allem IFN-α und IFN-β sind antiviral wirkende Proteine, welche die Vermehrung von Viren in Körperzellen hemmen. Sie unterdücken wie TGF-β aber auch die Vermehrung von Zellen und spielen eine wichtige Rolle bei der Inhibition der Blutbildung. TGF-β und IL-10 nehmen eine zentrale Stelle bei der Unterdrückung der Cytokinproduktion ein. IL-3 und die koloniestimulierenden Faktoren sind hämatopoetische Wachstumsfaktoren und bewirken die Blutbildung im Knochenmark; unterstützt werden sie durch zahlreiche Interleukine. Ohne diese Faktoren wäre zum Beispiel eine Bildung von roten und weißen Blutkörperchen im Knochenmark nicht möglich. Der Körper könnte weder gealterte Zellen ersetzen noch auf Notfallsituationen wie Blutverlust, Infektionen und Verletzungen reagieren.

Cytokine gewinnen eine zunehmende Bedeutung in der Therapie vieler Erkrankungen. Derzeit werden hämatopoetische Wachstumsfaktoren, Interferone, IL-2 und TNF-α in zahlreichen klinischen Studien zur Behandlung von Tumorerkrankungen, Knochenmarktransplantationen, Chemotherapie oder AIDS eingesetzt. Gute Erfolge wurden dabei hinsichtlich der Heilung der Haarzell-Leukämie durch Interferon-α und der chemotherapieinduzierten Cytopenien (Verminderung der Zahl der Blutzellen) durch Behandlung mit den koloniestimulierenden Faktoren GM-CSF und G-CSF erzielt.

Hinsichtlich dieser vielfältigen Funktionen wird deutlich, wie wichtig Cytokine für ein funktionierendes Immunsystem sind. Ohne sie könnte weder die Integrität des Organismus aufrecht erhalten werden, noch eine sinnvolle Immunantwort gegen Fremdantigene stattfinden. Um zu zeigen, welche Rolle die Cytokine im Immunsystem spielen und welche Bedeutung ihnen vor allem für die Therapie von Immundefekterkrankungen und Tumoren zukommt, sind die Cytokine das eigentliche Thema dieses Buches.

Die wichtigsten Cytokine, ihre Bedeutung und ihre Bildungszellen sind in Tabelle 1.2 aufgeführt.

Tabelle 1.2: Cytokine gewährleisten eine sinnvolle Zusammenarbeit der verschiedenen Komponenten des Immunsystems. Sie beeinflussen Entwicklung und Reifung von Immunzellen und spielen eine entscheidende Rolle bei der Auslösung, Regulation und Beendigung einer Immunantwort.

Cytokin	Funktion	Produzent
Interleukin-1 (IL-1) *2 Formen:* IL-1α IL-1β	• Freisetzung von Cytokinen aus Monocyten/Makrophagen, aktivierten T-Zellen, Endothelzellen, Fibroblasten, Granulocyten, Stromazellen des Knochenmarks u.a. • Freisetzung von Akute-Phase-Proteinen aus Hepatocyten • Freisetzung von Prostaglandinen aus verschiedenen Zelltypen • Proliferation von B-Zellen • Wachstum von Fibroblasten und Endothelzellen • Erhöhung der NK-Zell-Aktivität	Monocyten Makrophagen Endothelzellen Fibroblasten Granulocyten glatte Muskelzellen NK-Zellen lymphatische Zellen
Interleukin-2 (IL-2)	• Proliferation und Differenzierung von T-Zellen, B-Zellen und Thymocyten • Freisetzung von Cytokinen aus T-Zellen • Aktivierung von cytotoxischen T-Zellen und NK-Zellen • Regulation der Lymphocytenfunktion	T-Zellen
Interleukin-3 (IL-3)	• hämatopoetischer Wachtumsfaktor vor allem der myeloischen Zellreihe • Wachstum von Mastzellen	T-Zellen
Interleukin-4 (IL-4)	• Aktivierung ruhender B-Zellen • Wachstumsfaktor für T-Zellen und Thymocyten • Steigerung der Expression von MHC-Klasse-II-Antigenen • Aktivierung von Makrophagen • Proliferation und Reifung von Mastzellen • Förderung der Proliferation von hämatopoetischen Stammzellen	T-Zellen
Interleukin-5 (IL-5)	• Proliferation und Wachstum von B-Zellen • Wachstum und Differenzierung von eosinophilen Zellen • zusammen mit IL-2 Wirkung auf die Differenzierung von Thymuszellen zu cytotoxischen T-Zellen	T-Zellen

(Fortsetzung Tabelle 1.2)

Cytokin	Funktion	Produzent
Interleukin-6 (IL-6)	• Induktion der Differenzierung von B-Zellen in antikörperproduzierende Plasmazellen • Förderung der Produktion der Antikörper IgM, IgG und IgA • Steigerung der Phagocytosefähigkeit von Monocyten und Makrophagen • Induktion von Akute-Phase-Proteinen in Hepatocyten • zusammen mit IL-1 Wirkung auf die Proliferation und Cytokinproduktion von T-Helferzellen • zusammen mit IL-2 Wirkung auf die Teilung und Differenzierung von cytotoxischen T-Zellen • gemeinsam mit IL-3 Anregung der Stammzellen zur Proliferation	Monocyten/ Makrophagen T-Zellen Endothelzellen Fibroblasten B-Zellen Mesangiumzellen
Interleukin-7 (IL-7)	• Wachstumsfaktor für frühe B-Zellen und Thymocyten • Steigerung der Proliferation und Differenzierung cytotoxischer T-Zellen	Stromazellen des Knochenmarkes, Thymus und Milz
Interleukin-8 (IL-8)	• chemotaktisch für neutrophile Granulocyten und T-Zellen	Monocyten/ Makrophagen Granulocyten
Interleukin-9 (IL-9)	• Stimulation des Wachstums von Mastzellen und der Bildung erythropoetischer Kolonien • vermutlich, Rolle bei der antigeninduzierten T-Zell-Stimulation	T-Zellen
Interleukin-10 (IL-10)	• Hemmung der Cytokinproduktion durch Monocyten, Makrophagen und bestimmte Subpopulationen der T-Helferzellen • Hemmung der Produktion von Sauerstoffradikalen durch Makrophagen • Verminderung der Expression von MHC-Klasse-II-Molekülen auf Monocyten und Makrophagen • Verstärkung der Expression von MHC-Klasse-II-Molekülen auf B-Zellen • Förderung der Proliferation von B-Zellen und deren Differenzierung in Plasmazellen	T-Zellen B-Zellen Monocyten/ Makrophagen

(Fortsetzung)

(Fortsetzung Tabelle 1.2)

Cytokin	Funktion	Produzent
Tumor-Nekrose-Faktor-α (TNF-α)	• Steigerung der Phagocytose und Cytotoxizität bei Monocyten, Makrophagen und Granulocyten • Steigerung der Expression von Adhäsionsmolekülen auf Endothelzellen und Granulocyten • Verstärkung der Expression von MHC-Klasse-I-Molekülen auf Fibroblasten und Endothelzellen • zusammen mit IL-1 Unterstützung der Aktivierung antigenstimulierter T-Zellen und der Regulation der Antikörperproduktion • Induktion der Bildung von Cytokinen • Nekrosen in Tumoren	vorwiegend Monocyten/ Makrophagen
TNF-β	• siehe TNF-α	T-Zellen
Interferone (IFN) *3 Formen:* IFN-γ IFN-α IFN-β	• Hemmung der Virusvermehrung in virusinfizierten Zellen • Hemmung der Proliferation von Zellen • Induktion der Expression von MHC-Klasse-I-Molekülen • Induktion der Produktion von Cytokinen • immunregulative Wirkung von IFN-γ: Aktivierung von Makrophagen, NK-Zellen und T-Zellen Verstärkung der Expression von MHC-Klasse-II-Molekülen und Fc-Rezeptoren für IgG	IFN-γ: T-Zellen NK-Zellen IFN-α: Monocyten/ Makrophagen virusinfizierte Zellen IFN-β: Fibroblasten virusinfizierte Zellen
Transforming-Growth-Factor-β (TGF-β)	• Hemmung der Proliferation von T- und B-Zellen • Hemmung der Differenzierung von B-Zellen zu Plasmazellen • Hemmung der Wirkung verschiedener Cytokine • chemotaktisch für Monocyten • zusammen mit anderen Cytokinen Förderung der Proliferation von Fibroblasten und Endothelzellen	viele Zellen
koloniestimulierende Faktoren (CSF)	• Regulation der Hämatopoese der myeloischen Zellreihe • Beeinflussung der funktionellen Aktivitäten reifer Zellen	Monocyten T-Zellen Fibroblasten Endothelzellen

10. Mit dem Immunsystem assozierte Systeme

Das Immunsystem in seiner Komplexität darf nicht isoliert betrachtet werden. Zur Abwehr von Infektionserregern und Tumorzellen sowie für die Reparatur geschädigten Gewebes bedarf es einer engen Zusammenarbeit mit verschiedenen Zellen des Körpers, mit Organen, aber auch mit Plasmaproteinsystemen, wie der Blutgerinnung.

Bindegewebszellen (Fibroblasten) bilden im Laufe einer Entzündung Mediatoren, die Leukocyten anlocken und stimulieren. Leberparenchymzellen (Hepatocyten) setzen Akute-Phase-Proteine, bestimmte Komplementkomponenten und Gerinnungsfaktoren frei. Endothelzellen sind durch die Ausprägung von Adhäsionsmolekülen und der Produktion von Cytokinen maßgeblich an der Auswanderung von Leukocyten in das Gewebe beteiligt und aktivieren bei Verletzung die Blutgerinnung. Das Blutgerinnungssystem mit seinen löslichen Komponenten dient in Zusammenarbeit mit den Blutplättchen (Thrombocyten) der Wundschließung und verhindert starke Blutverluste. Die Thrombocyten bilden neben Entzündungsmediatoren auch einen Faktor, der das körpereigene Gewebe zum Wachstum anregt, wodurch Wundheilung und Narbenbildung gefördert werden.

Zudem wird das Immunsystem maßgeblich durch das Nervensystem beeinflußt. So ist bekannt, daß Streß und Depressionen das Immunsystem zu schwächen vermögen. Einige Immunzellen tragen auf ihrer Oberfläche Rezeptoren für Neuropeptide. Zu dieser Gruppe gehören die Endorphine, die bei Streß vermehrt freigesetzt werden und die Aktivität von Immunzellen beeinflussen. In Notfallsituationen wie Blutverlust, Absinken des Blutzuckers und Verbrennungen aber auch bei emotionaler Belastung werden aus der Nebenniere vermehrt Hormone ausgeschüttet, wie das Adrenalin und die Corticosteroide. Adrenalin bewirkt eine Verengung der peripheren Blutgefäße, fördert aber eine Erweiterung der Herzarterien und eine Steigerung des Herzvolumens. Corticosteroide wirken stark entzündungshemmend. Sie führen zu einer erniedrigten Zahl an Lymphocyten im Blut, verhindern die Auswanderung von Leukocyten ins Gewebe, hemmen die Gefäßerweiterung und vermindern die Antikörperproduktion. Aufgrund dieser Eigenschaften finden Corticosteroide Verwendung bei der Behandlung von überschießenden Immunreaktionen, wie Allergien.

11. Fehlgesteuerte Immunreaktionen

Das Immunsystem vermag den Körper vor Angriffen effektiv zu schützen. Gelegentlich treten jedoch fehlgesteuerte Immunreaktionen auf, die sich gegen harmlose Eindringlinge richten, zu unangemessenen und übersteigerten Reaktionen führen und Symptome von Allergien hervorrufen. In solchen Fällen mobilisiert das Immunsystem seine ganzen Kräfte, um beispielsweise Pollen, Nahrungsmittelbestandteile, Hausstaub oder Medikamente zu bekämpfen. Es kommt zu lästigen oder gar gefährlichen Erkrankungen der Atemwege wie Atemnot und Asthma, zu Schnupfen und Niesen oder zu juckendem Hautausschlag. In seltenen Fällen können Allergien auch zu Kreislaufkollaps und zum Tod führen.

Eine weitere Form der Fehlsteuerung stellt der Angriff und die Zerstörung körpereigener Gewebe dar. Man spricht in diesem Fall von einer Autoimmunkrankheit. Moleküle, Proteine und andere Komponenten des Körpers werden vom Immunsystem nicht mehr toleriert, sondern als fremd erkannt. Es kommt zur Bildung von Autoantikörpern und autoreaktiven T-Zellen, die körpereigene Zellen attackieren. Zu den Autoimmunerkrankungen zählen beispielsweise rheumatoide Arthritis der Gelenke und Myasthenia gravis. Bei Myasthenia gravis blockieren Autoantikörper die Acetylcholinrezeptoren der neuromuskulären Endplatte und stören die Erregungsübertragung vom Nerv auf den Muskel. Die Folge sind Lähmungen, die in schweren Fällen auch die Atemmuskulatur betreffen. Viele Autoimmunerkrankungen sind durch das Auftreten von Immunkomplexen gekennzeichnet. Die Ursache liegt in der ständigen Anwesenheit von Autoantikörpern, die gegen körpereigene Antigene gerichtet sind. Die große Zahl der Immunkomplexe kann durch die Phagocyten nicht mehr beseitigt werden und lagert sich im Gewebe ab. In diesen Bereichen kommt es zur Einwanderung von Immunzellen, Produktion von Cytokinen und Sauerstoffradikalen und zur Aktivierung des Komplementsystems. Es entwickeln sich entzündliche Prozesse, die chronisch verlaufen und das umliegende Gewebe zerstören.

Das Immunsystem kann allerdings auch unzureichend reagieren und somit seiner Aufgabe, Infektionserreger und Tumorzellen zu vernichten, nicht gerecht werden. Das ist bei den sogenannten Immundefekterkrankungen der Fall. Die Störung kann sowohl die Entwicklung von Zellen im Knochenmark als auch reife Immunzellen betreffen, sie kann angeboren oder wie im Fall von AIDS durch eine Virusinfektion erworben sein. Patienten mit schweren Immundefekten sterben zumeist an Infektionen, die im gesunden Individuum keine Erkrankung auslösen.

12. Zusammenfassung und Perspektiven

Der menschliche Körper wird ständig von Infektionserregern, aber auch durch die Entstehung bösartiger Tumoren bedroht. Daß wir trotzdem relativ selten erkranken und ein hohes Lebensalter erreichen, verdanken wir dem Immunsystem. Es ist ständig auf der Suche nach eingedrungenen „Feinden" oder entarteten Zellen, um diese augenblicklich anzugreifen und zu beseitigen. Das Immunsystem wird unterstützt durch äußere Schutzsysteme, die ein Eindringen der meisten Infektionserreger in den Körper verhindern. Eine besondere Rolle spielen dabei Haut und Schleimhäute, aber auch Reflexe wie Husten und Niesen. Sind Erreger dennoch in den Körper gelangt, werden sie vom Immunsystem bekämpft. Man unterscheidet innerhalb der immunologischen Abwehr unspezifische und spezifische Systeme. Beide bestehen aus Zellen und löslichen Mediatoren, die im Kampf gegen Tumore und Infektionserreger eng zusammenarbeiten.

Die unspezifische Immunabwehr bildet die erste Verteidigungslinie. Ihre bedeutendsten Zelltypen sind Granulocyten, Monocyten und Makrophagen. Sie gelangen als erste zum Ort des Geschehens und können in vielen Fällen die Ausbreitung einer Infektion oder eines Tumors verhindern. Sie phagocytieren den Gegner oder töten ihn durch Ausschüttung toxisch wirkender Enzyme und Sauerstoffradikale. Monocyten und Makrophagen produzieren außerdem zahlreiche Mediatoren, die weitere Immunzellen anlocken und aktivieren. Unterstützt werden diese Zellen durch das Komplementsystem, das beispielsweise durch Bakterien, Viren, Pilze und Parasiten angeschaltet werden kann. Es kommt zur sequentiellen Aktivierung einzelner Proteine im Serum, die sich auf der Oberfläche des Eindringlings festsetzen, Löcher in dessen Zellmembran stanzen und die Zelle zum Platzen bringen.

Gelingt es den Zellen und löslichen Faktoren der unspezifischen Abwehr nicht, Infektionserreger abzuwehren, greift das spezifische Immunsystem ein. Es besteht aus den T- und B-Lymphocyten und den von den B-Lymphocyten produzierten Antikörpern. Sie vermögen über spezifische Rezeptoren und Bindungsstellen fast jede Fremdsubstanz zu erkennen und von körpereigenen Komponenten zu unterscheiden. Eine besondere Rolle spielen dabei spezielle körpereigene Gewebeantigene, die Haupt-Histokompatibilitätsantigene (MHC-Moleküle). Die biologische Funktion der MHC-Moleküle besteht darin, den T-Zellen Fremdantigene anzubieten. Auf den Lymphocyten beruht auch das immunologische Gedächtnis, das dem Körper bei wiederholtem Kontakt mit der gleichen Substanz ein schnelleres und effektiveres Eingreifen ermöglicht. Die Lymphocyten sind in bestimmten Geweben organisiert, die als lymphatische Organe zusammengefaßt werden. Die sogenannten primären lymphatischen Organe, denen Knochenmark und Thymus angehören, dienen der Entstehung, Entwicklung und Reifung der Immunzellen. Zu den sekundären lymphatischen Organen gehören Lymphknoten, Milz und die lymphatischen Gewebe der Schleimhäute. Hier findet die Auseinandersetzung mit dem Antigen statt.

Die T-Lymphocyten stellen die zentralen und wichtigsten Zellen des Immunsystems dar. Sie nehmen, je nachdem zu welcher Subpopulation sie gehören, Koordinationsaufgaben wahr (T-Helferzellen) oder sind an Erkennung und Zerstörung von Tumorzellen oder virusinfizierten Zellen beteiligt (cytotoxische T-Zellen). Durch die Bildung zahlreicher Cytokine sind sie in der Lage, Immunantworten auszulösen, zu verstärken oder zu beenden.

B-Zellen vermitteln die spezifische humorale Immunreaktion. Sie erkennen Antigene über die in ihrer Membran verankerten Antikörper. Nach erfolgter

Antigenbindung differenziert sich die B-Zelle zur Plasmazelle. Ihre Aufgabe besteht in der Produktion von Antikörpern, wodurch auch andere Immunreaktionen unterstützt und verstärkt werden. Freie Antigene werden durch Antikörper markiert und dadurch der Phagocytose durch Granulocyten und Makrophagen zugänglich gemacht. Einige Antikörper vermögen auch den klassischen Weg des Komplementsystems zu aktivieren und führen dadurch zur Lyse des Eindringlings.

Eine Immunreaktion kann nur dann erfolgreich verlaufen, wenn alle Systeme zusammenarbeiten und aufeinander abgestimmt sind. Dies wird durch eine Gruppe löslicher Faktoren, die Cytokine, gewährleistet. Sie werden von verschiedenen Zellen des Körpers gebildet, die Hauptproduzenten sind jedoch die Immunzellen selbst. Cytokine sind sowohl an der Entwicklung und Reifung von Immunzellen beteiligt, spielen aber auch eine entscheidende Rolle bei der Auslösung, Regulation und Beendigung einer Immunantwort. Ohne sie könnte weder die Integrität des Körpers aufrecht erhalten werden, noch wäre das Immunsystem in der Lage, Infektionserreger abzuwehren. Aufgabe dieses Buches ist es, die Bedeutung der Cytokine sowohl für ein funktionierendes Immunsystem als auch für die Behandlung von Immundefekterkrankungen und Tumoren herauszustellen.

Fehler und Pannen in diesem komplexen Netzwerk können zu ernsten Konsequenzen für das Individuum führen. Allergien, Autoimmunerkrankungen, angeborene und erworbene Immundefekte vermindern nicht nur die Lebensqualität, sondern haben in schweren Fällen den Tod zur Folge.

Die Entwicklung neuer molekularbiologischer, biochemischer und gentechnologischer Methoden hat in den letzten Jahren zu einem immer besseren Verständnis der immunologischen Vorgänge im Körper geführt. Man ist heute in der Lage, auch die genetischen Hintergründe vieler Mechanismen zu verstehen. Besondere Bedeutung für die Medizin hat die gentechnologische Herstellung von Wachstumsfaktoren und Cytokinen erlangt. Einige von ihnen, allen voran die hämatopoetischen Wachstumsfaktoren, werden derzeit in zahlreichen klinischen Studien zur Therapie von verschiedenen Erkrankungen eingesetzt.

Literatur

Balkwill, F.R.; Burke, F. *The cytokine network.* In: *Immunology Today* 10 (1989). S. 299–304.

Bloom, B.R.; Salgame, P.; Diamond, B. *Revisiting and revising suppressor T cells.* In: *Immunology Today* 13 (1992). S. 131–135.

von Boehmer, H.; Kisielow, P. *Selbst-Erkenntnis des Immunsystems.* In: *Spektrum der Wissenschaft* Januar (1992). S. 36–44.

Boyd, R.L.; Hugo, P. *Towards an integrated view of thymopoiesis.* In: *Immunology Today* 12 (1991). S. 71–85.

Duijvestijn, A.; Hamann, A. *Mechanisms and regulation of lymphocyte migration.* In: *Immunology Today* 10 (1989). S. 23–28.

O'Garra, A.; Umland, S.; De France, T.; Christiansen, J. *B-cell factors are pleiotropic.* In: *Immunology Today* 9 (1988). S. 45–54.

Golde, D.W.; Gasson, J.C. *Blutbildende Hormone.* In: *Spektrum der Wissenschaft* 9 (1988) S. 70–78.

Harlan, J.M. *Leukocyte – endothelial interactions.* In: *Blood* 65 (1985). S. 513–525.

Kroemer, G.; Martinez-A., C. *Mechanisms of self tolerance.* In: *Immunology Today* 13 (1992). S. 401–404.

Lanier, L.L.; Spits, H.; Phillips, J.H. *The developmental relationship between NK cells and T cells.* In: *Immunology Today* 13 (1992). S. 392–395.

Wahl, S.M.; McCartney-Francis, N.; Mergenhagen, St.E. *Inflammatory and immunomodulatory roles of TGF-β.* In: *Immunology Today* 10 (1989). S. 258–261.

2. Geschichte der Cytokine

Der Begriff Cytokine wurde 1974 eingeführt. Würde man die Geschichte der Cytokine jedoch mit diesem Zeitpunkt beginnen, stiege man in die Phase der größten Entdeckungen der Cytokinforschung ein, ohne die lange Vorgeschichte zu beachten. Es wäre ungefähr so, als würde man die Luftfahrt mit den Gebrüdern Wright beginnen, ohne die Fesselballone und Zeppeline zu berücksichtigen.

Die ältesten Beobachtungen zu den Wirkungen von Cytokinen liegen im 19. Jahrhundert. Bereits 1866 wurde die Rückbildung von Tumoren nach bakteriellen Infektionen beschrieben. Erst über hundert Jahre später entdeckte man, daß diesem Effekt ein Cytokin zugrunde liegt: Carshwell und Mitarbeiter zeigten 1975, daß in Mäusen nach einer Behandlung mit BCG (*Bacillus Calmette-Guerin*, dem Tuberkuloseerreger) und LPS (*Lipopolysacchariden*) ein cytotoxischer Faktor induziert wird. Dieser Faktor befand sich im Serum und führte in Tumoren zu einer hämorrhagischen Nekrose. Aufgrund dieses Effekts wurde die lösliche Serumkomponente Tumor-Nekrose-Faktor (TNF) genannt. Dies veranschaulicht den langen Weg von der ersten Beschreibung einer Tumornekrose durch TNF bis zum experimentellen Nachweis des Faktors.

In den vierziger Jahren isolierte man eine fieberinduzierende Substanz aus Granulocyten. Erst 1972 wurde diese Substanz von Gery und Mitarbeitern erneut als ein Faktor beschrieben, der von adhärenten Leukocyten nach Stimulation mit *Phytohämagglutinin* (PHA, einem Lektin) oder LPS produziert wird und Thymocyten in Verbindung mit PHA zur Proliferation bringt. Der Stoff wurde Lymphocyten-aktivierender Faktor genannt; in der Folgezeit erhielt dasselbe Protein noch einige andere Namen, bis es 1979 schließlich als Interleukin-1 (IL-1) bezeichnet wurde.

Ähnlich verhält es sich bei der Entdeckung des ebenfalls im Jahre 1979 benannten Faktors, des Interleukin-2 (IL-2): In den sechziger Jahren entdeckte man zunächst die Mitogenität von pflanzlichen Lektinen für Leukocyten und später die des stimulierten Leukocytenkulturüberstands auf T-Zellen. 1976 beschrieben dann Morgan und Mitarbeiter den T-Zell-Wachstumsfaktor aus Kulturen von mononukleären Leukocyten, die mit T-Zellmitogenen stimuliert wurden.

Als weiteres Beispiel sei der 1981 als Interleukin-3 (IL-3) bezeichnete Wachstumsfaktor erwähnt. Seit den sechziger Jahren verwendete man mit Zellüberständen konditionierte Medien zur Wachstumsförderung von Zellen, ohne daß man die Ursache dieses Effekts kannte. 1974 wurde dann die kolo-niebildende-Einheit-stimulierende-Aktivität (CFU-SA), später besser bekannt als Multi-koloniestimulierender-Faktor (Multi-CSF), beschrieben.

Als letztes – vielleicht aber eines der besten Beispiele für die Etablierung der Cytokinforschung – sei die Entdeckung der Interferone durch Isaacs und Lindenmann im Jahr 1957 erwähnt. Sie beschrieben einen antiviral wirkenden Faktor, der Zellen vor einer Virusinfektion schützt. Die hierfür verantwortliche Substanz wurde mit Interferon (*Interfer* für „Interferenz" und die Endung *on* für „Hormon") bezeichnet. Die Existenz eines solchen Stoffes wurde von den Virologen stark bezweifelt, und da auch die Immunologen zu diesem Zeitpunkt den Cytokinen noch keine große Bedeutung zusprachen, hatten die Interferone „einen schweren Stand". Bereits in den sechziger Jahren wurden zwei Typen von Interferonen beschrieben, solche, die von Fibroblasten, und solche, die von Leukocyten produziert werden. Später untergliederte man die Interferone aufgrund ihrer Induzierbarkeit durch Viren oder Antigene und ihrer Säurestabilität in Typ-I- und Typ-II-Interferon. Typ-II-Interferon nannte man auch häufig Immuninterferon. 1978 setzte eine internationale Nomenklaturkommission die Bezeichnungen IFN-α für das säurestabile Leukocyteninterferon, IFN-β für das säurestabile Fibroblasteninterferon und IFN-γ für das säurelabile Leukocyteninterferon fest (Tabelle 2.1). Wie man später entdeckte, handelt es sich beim IFN-α um eine Multigenfamilie. Für IFN-β und IFN-γ wurde dahingegen nur jeweils ein Gen identifiziert. Neben der antiviralen Aktivität, spielt vor allem IFN-γ eine wichtige Rolle als immunregulatorisches Cytokin.

Tabelle 2.1: Zuordnung verschiedener, heute nicht mehr den Nomenklaturregeln entsprechende Namen zu den drei Interferontypen.

Interferone		
Leukocyteninterferon		Fibroblasteninterferon
Typ-II-Interferon (säurelabil und antigeninduziert)	Typ-I-Interferon (säurestabil und virusinduziert)	
Immuninterferon		
IFN-γ	IFN-α	IFN-β

Dies sind nur einige Beispiele, in ähnlicher Weise wurden bis 1979 über 100 solcher biologisch-immunologischer Aktivitäten beschrieben. Doch selbst zu diesem Zeitpunkt gab es noch namhafte Immunologen, die an der Existenz von immunologisch wirksamen, löslichen Faktoren zweifelten und sie für einen experimentellen Artefakt hielten. Der Grund dafür war, daß alle biologischen Effekte in Serum- oder Zellkulturüberständen nachgewiesen wurden, die diesen zugrundeliegenden Proteine jedoch noch nicht isoliert waren. Das Problem der Reinigung von biologisch aktiven Komponenten sollte lange Zeit das größte Problem der Immunologen und Proteinchemiker bleiben. Bereits in verschwindend geringen Mengen entfalten Cytokine ihre biologische Aktivität. Die geringen Wirkungsdosen und die regulatorische Funktion der Cytokine haben deswegen auch zu der Bezeichnung „Hormone des Immunsystems" geführt.

Weitere Schwierigkeiten bestanden darin, daß ein Nachweis der Cytokine im Serum praktisch nicht möglich war, sondern auf biologische Systeme (Bioassays) beschränkt blieb. Diese Probleme wurden erst durch die Möglichkeit der Herstellung von monoklonalen Antikörpern und durch die moderne Molekularbiologie überwunden. Besonders die Erstellung von Genbanken und damit verbunden die Isolation der Gene für die Cytokine sowie die Rekombinationstechniken, die erlauben, Stoffe in Bakterien zu synthetisieren, brachten einen großen Fortschritt. Spätestens seit diesem Zeitpunkt gab es keine Zweifel mehr an der Existenz der Cytokine als natürliche Genprodukte. Durch die verfeinerten Methoden ließen sich die Cytokine dann auch in Spuren im Serum und im Urin nachweisen.

Der Begriff „Lymphokine" wird – wie auch in diesem Buch für T-Zell Cytokine – heute noch häufig benutzt. Die Bezeichnung wurde 1969 für zellfreie, lösliche Faktoren eingeführt, die von sensibilisierten Lymphocyten auf einen spezifischen Reiz hin gebildet werden und eine von der immunologischen Spezifität dieser Zellen unabhängige Wirkung entfalten. In den siebziger Jahren wurde der Begriff weiter gefaßt und bezeichnete nunmehr auch Aktivitäten in Kulturüberständen von unspezifisch aktivierten (beispielsweise durch Lektine) Lymphocyten. Als man herausfand, daß einige Stoffe bevorzugt von Lymphocyten, andere von Monocyten gebildet werden, setzte man neben den Ausdruck der Lymphokine (von Lymphocyten) den der Monokine (von Monocyten). Aufgrund der nachträglichen Einschränkung des Begriffs auf von Lymphocyten produzierte Stoffe, hat dieser heute eine Doppelbedeutung: Im angelsächsischen Sprachraum wird der Terminus auch heute noch häufig synonym für Cytokine benutzt, während im deutschsprachigen Raum Lymphokine und Monokine als Teilgruppe der Cytokine angesehen werden. Es muß aber an dieser Stelle schon erwähnt werden, daß es eigentlich kaum „richtige" Lymphokine und Monokine gibt, da die meisten Cytokine gleichermaßen von Lymphocyten und Monocyten sowie auch von anderen Zellen produziert werden können. Heutzutage spricht man besser von Cytokinen und faßt systematisch einige als Lymphokine, andere als Monokine zusammen (Tabelle 2.2). Es muß jedoch nochmals betont werden, daß es für beide Begriffe keine festen Definitionen gibt.

Tatsächlich haben wir auch den Begriff Cytokine bis jetzt noch nicht definiert. Genau das ist ein Problem all derer, die sich mit diesen Stoffen beschäftigen. Es gibt keine offizielle Definition. Alle bisherigen Versuche, Cytokine klar abzugrenzen, wurden schnell durch neue Erkenntnisse widerlegt. Wenn

Tabelle 2.2: a) Überlappungen der Begriffe, die zur Untergliederung der Cytokine verwendet werden. Da viele Ausdrücke vor der Einführung des Begriffs Cytokine geprägt wurden, sind Doppelbedeutungen häufig. b) Die einzelnen Cytokine, geordnet nach den jeweiligen Unterbegriffen.

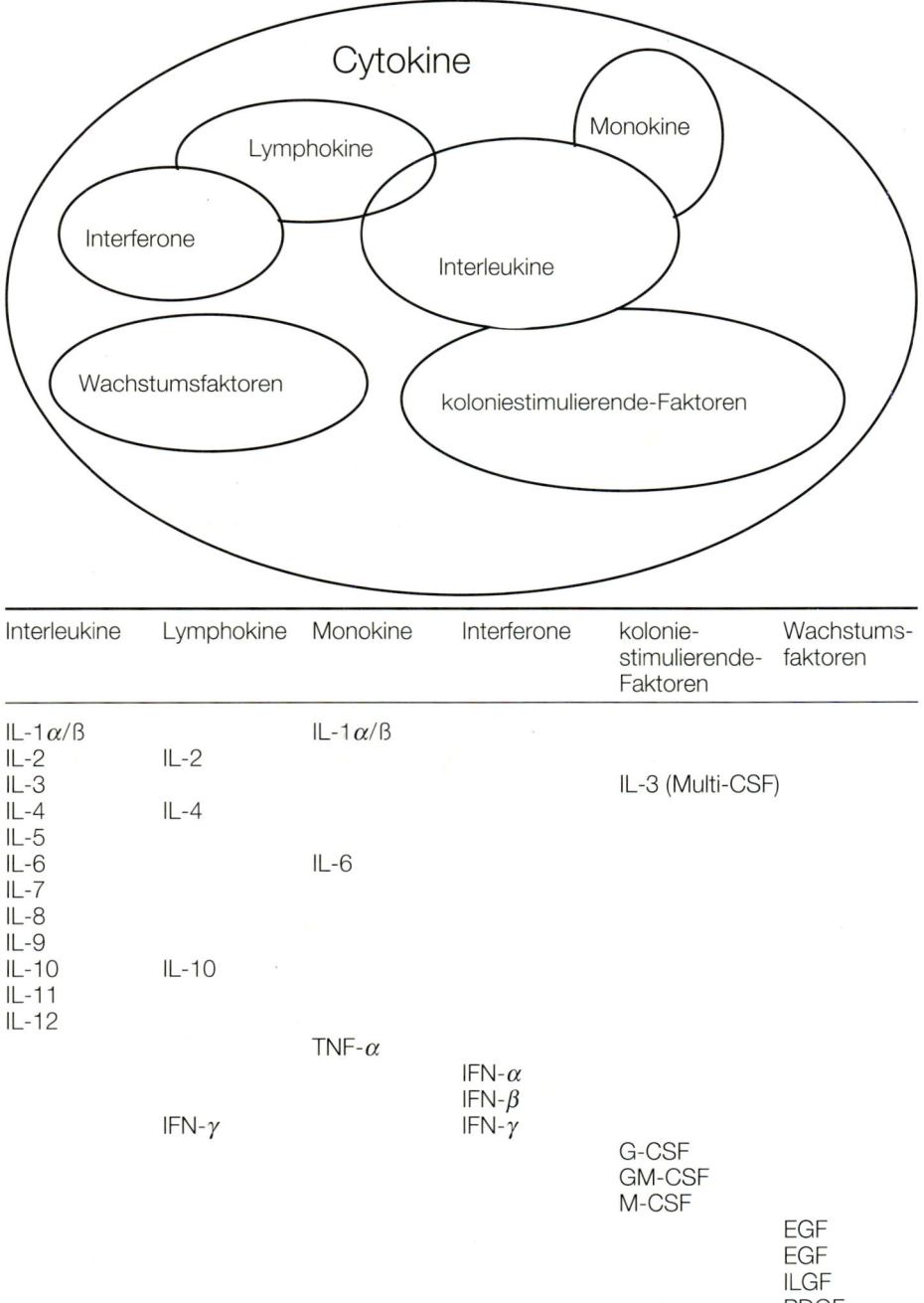

Interleukine	Lymphokine	Monokine	Interferone	kolonie-stimulierende-Faktoren	Wachstums-faktoren
IL-1 α/ß		IL-1 α/ß			
IL-2	IL-2				
IL-3				IL-3 (Multi-CSF)	
IL-4	IL-4				
IL-5					
IL-6		IL-6			
IL-7					
IL-8					
IL-9					
IL-10	IL-10				
IL-11					
IL-12					
		TNF-α			
			IFN-α		
			IFN-β		
	IFN-γ		IFN-γ		
				G-CSF	
				GM-CSF	
				M-CSF	
					EGF
					EGF
					ILGF
					PDGF
					TGF

man eine allgemeingültige Definition sucht, so wäre die einzige: **Cytokine sind Proteine, die von oder auf Zellen des Immunsytems wirken.** Damit spielen die als Cytokine bezeichneten Stoffe eine Rolle innerhalb des Immunsystems, sind aber nicht unbedingt auf das Immunsystem beschränkt. Um die Cytokine von Peptidhormonen zu unterscheiden, kann man folgende Parameter anführen: Cytokine sind Proteine von mehr als fünf Kilodalton. Sie werden von verschiedenen Zellen produziert und wirken in der Regel lokal. Desweiteren vermitteln sie ihre Botschaft über einen speziellen Rezeptor, der auf vielen verschiedenen Zellen vorkommen kann. Die Cytokine zeigen häufig überlappende biologische Aktivitäten (Tabelle 2.3).

Tabelle 2.3 Unterschiede und Gemeinsamkeiten von Peptidhormonen gegenüber Cytokinen.

Peptidhormone	Cytokine
sind kleine Peptide	sind Proteine größer als 5 kDa
werden nur von speziellen Zellen gebildet	werden von vielen verschiedenen Zellen gebildet
haben bestimmte Zielzellen	haben viele Zielzellen
haben eine spezifische Wirkung	haben teilweise überlappende Wirkungen

Wir müssen uns damit abfinden, daß der Begriff Cytokine nur schwer oder nicht genau definierbar ist. Aus solchen terminologischen Schwierigkeiten heraus – genauer genommen durch mehrfache Benennungen von identischen Substanzen – wurde der Ausdruck Interleukine entworfen. Zunächst benannte man alle Cytokine nach ihrer gefundenen biologischen Aktivität, wie dies die Bezeichnung T-Zell-Wachstumsfaktor (heute IL-2) veranschaulicht. Alle heutigen Interleukine wurden von verschiedenen Forschungsgruppen unabhängig voneinander aufgrund der jeweiligen Effekte beschrieben. Erst nachdem man die Stoffe isoliert und die Proteine sequenziert hatte, stellte man fest, daß hinter vielen Effekten und Namen ein und dieselbe Substanz stand. Für diese Faktoren mit verschiedenen Wirkungen innerhalb des Immunsystems wurde 1979 der Begriff Interleukine geprägt. Der Name bedeutet „zwischen Leukocyten etwas bewegen". Nunmehr wurden neue Cytokine in schneller Folge als Interleukine benannt. Dauerte es bis zum IL-3 noch sieben Jahre, so waren es bis zum IL-4 nur noch drei. 1991 wurden bereits IL-11 und IL-12 beschrieben. Dies gab 1992 den Anlaß, die Interleukinnomenklatur festzusetzen (Tabelle 2.4). Ein Cytokin darf nur Interleukin genannt werden, wenn es folgende Bedingungen erfüllt:

1. Es muß als Protein in isolierter, gereinigter Form vorliegen. Es wurde kloniert und als rekombinantes Protein exprimiert. Die Nucleotid- und

Tabelle 2.4: Voraussetzungen für die Bezeichnung als Interleukin nach den Forderungen der Nomenklatur-Kommission.

Interleukine
Protein gereinigt und sequenziert; Gen kloniert
natürliches Zellprodukt
Hauptfunktion im Immunsystem
Neubenennung nur bei wichtigem Grund

Aminosäurensequenz sollten nicht mit anderen bekannten Proteinen über-einstimmen. Nach Möglichkeit sollten neutralisierende Antikörper gegen das Protein vorhanden und die Lage des Gens auf den Chromosomen be-kannt sein.

2. Es sollte gezeigt werden, daß das Molekül ein natürliches Produkt von Zellen des Immunsystems ist.

3. Sollte das Molekül bereits bekannt sein und seine Hauptfunktion außerhalb des Immunsystems haben, so sollte es seine alte Bezeichnung behalten.

4. Durch diese Definition wird die Neubeschreibung von Cytokinen durch deskriptive Namen nicht eingeschränkt. Der Name Interleukin soll nur be-nutzt werden, wenn die genannten Bedingungen erfüllt sind und Gründe für die Bezeichnung als Interleukin bestehen.

Entsprechend dieser Definition akzeptierte die Nomenklatur-Subkommission die Interleukine IL-1α und IL-1β, IL-2, IL-3, IL-4, IL-5, IL-6, IL-7, IL-8, IL-9 und IL-10. Die 1991 neu beschriebenen Interleukine-11 und -12 wurden nicht als solche anerkannt. Mittlerweile ist es jedoch gelungen, auch diese beiden Cytokine zu klonieren, so daß sie die Voraussetzungen für ein Interleu-kin erfüllen, und wieder als IL-11 und IL-12 bezeichnet werden dürfen. Diese Nomenklatur wird in dem vorliegenden Buch berücksichtigt.

Die Geschichte der Cytokine war geprägt von einem Auf und Ab in der Anerkennung ihrer wissenschaftlichen Bedeutung oder gar ihrer Existenz. Aufgrund dieses wissenschaftlichen Disputs hielt man diese Stoffe für einen vermeintlichen Artefakt, für einen beschriebenen Nebeneffekt oder für ein zentrales System der Steuerung des Immunsystems. Heute wird der zentralen Rolle in der immunologischen und klinischen Forschung Rechnung getragen. Auf diese Einschätzung ist auch die Entstehung dieses Buches zurückzu-führen.

Literatur

O'Garra, A.; Umland, S.; De France, T.; Christiansen, J. *„B-Cell Factors"
are Pleiotropic*. In: *Immunology Today* 9 (1988). S. 45–54.

Rigby, W. F. C. *The Immunobiology of Vitamin D*. In: *Immunology Today* 9
(1988). S. 54–57.

Balkwill, F. R.; Burke, F. *The Cytokine Network*. In *Immunology Today* 10
(1989). S. 299–304.

Giovine, F. S. di; Duff, G. W. *Interleukin: The first Interleukin*. In: *Immunology Today* 11 (1990). S. 13–20.

WHO-IUIS Nomenclature Subcommittee on Interleukin Designation. *Nomenclature for Secreted Regulatory Proteins of the Immune System (Interleukins)*. In: *Immunology Today* 13 (1992). S. 118.

3. Monocyten und Makrophagen

1. Einleitung

Entzündungsreaktionen dienen dem Organismus zur Abwehr und Eliminierung krankheitserregender Substanzen. Klassische Auslöser einer Entzündung sind mikrobielle Infektionen, aber auch Schädigungen des Körpers durch Hitze, Kälte und Verletzungen. Eine zentrale Stellung innerhalb der Entzündungsreaktion nehmen die Zellen des mononukleären Phagocytensystems ein. Dazu gehören die Monocyten des Blutes und die aus ihnen hervorgehenden Makrophagen der Körperhöhlen und Gewebe. Dabei handelt es sich um Effektorzellen der unspezifischen Immunabwehr.

Monocyten entwickeln sich über mehrere Zwischenstufen aus einer pluripotenten hämatopoetischen Stammzelle im Knochenmark. Sie zirkulieren für etwa 20 bis 30 Stunden im Blut. Von dort wandern sie in die verschiedenen Organe und Gewebssysteme aus und entwickeln sich zu ortsspezifischen Makrophagen. Durch das umliegende Gewebe geprägt, entwickeln sie zusätzliche Funktionen. Je nach Gewebetyp unterscheidet man die Makrophagen der Lunge (Alveolarmakrophagen), der Bauchhöhle (Peritonealmakrophagen), der Milz (Milzmakrophagen), der Leber (Kupffer-Zellen), der Gelenke, des Knochens (Osteoklasten), des Bindegewebes, des Gehirns und der Niere.

Im nicht entzündeten Gewebe besteht die Aufgabe von Makrophagen in der Beseitigung gealteter Zellen. Sie produzieren aber auch eine große Zahl löslicher Faktoren, die für die Kommunikation innerhalb des Immunsystems wichtig sind. Im Gegensatz dazu befinden sich an Entzündungsprozessen beteiligte mononukleäre Phagocyten in einem aktivierten Zustand mit stark veränderten phänotypischen und funktionellen Eigenschaften. Aktivierte Makrophagen zeigen einen erhöhten Metabolismus und sind zu einer gesteigerten Phagocytose, Cytotoxizität und Adhärenz befähigt (Abbildung 3.1); vor allem handelt es sich aber um sekretorisch hochaktive Zellen, die durch die vermehrte Freisetzung von Cytokinen regulierend in die Immunreaktion eingreifen.

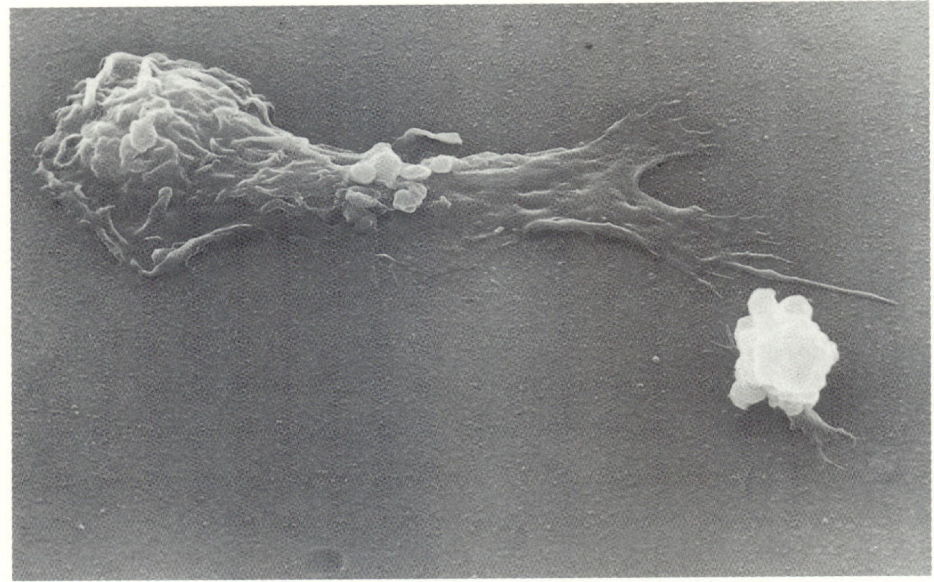

3.1 Rasterelektronenmikroskopische Aufnahme eines aktivierten Makrophagen mit Zellausläufern (Pseudopodien).

2. Morphologie und Zelloberflächenstrukturen

Monocyten und Makrophagen sind Zellen von 10 bis 18 µm Durchmesser mit einem relativ hohen Anteil an Cytoplasma und einem ovalen bis nierenförmigen Zellkern. Im elektronenmikroskopischen Bild zeigen sie einen gut ausgeprägten Golgi-Apparat und viele Lysosomen. Mittlerweile lassen sich diese Zellen aufgrund ihrer Oberflächenmoleküle recht genau charakterisieren. Die Expression bestimmter Oberflächenstrukturen steht aber auch in unmittelbaren Zusammenhang mit der immunregulatorischen Bedeutung von Monocyten und Makrophagen.

Körperfremdes Material muß von mononukleären Phagocyten erkannt werden, bevor es phagocytiert und vernichtet werden kann. Dabei handelt es sich um immunologisch unspezifische Erkennungsmechanismen. Monocyten und Makrophagen sind zum Beispiel in der Lage, über Rezeptoren an nicht verkapselte Mikroorganismen zu binden, die Kohlenhydrate wie Fucose und Mannose auf ihrer Zelloberfläche tragen. Anlagerung und Phagocytose werden jedoch beträchtlich gesteigert, wenn IgG-Antikörper oder Komplementkomponenten die körperfremde Substanz umhüllen. Mononukleäre Phagozyten tragen auf ihrer Oberfläche Rezeptoren für den Fc-Teil von IgG und für die Komplementkomponente C3b (CD35). Für IgG existieren drei verschiedene Fc-Rezeptoren mit unterschiedlicher Affinität: FcγRI (CD64), FcγRII (CD32) und FcγRIII (CD16).

Auch andere Rezeptoren, zum Beispiel solche für Laminin und Fibronectin sind an Adhäsion und Aktivierungsprozessen beteiligt. Mononukleäre Phagocyten exprimieren MHC-Klasse-I-Moleküle und 15 Prozent der ruhenden Makrophagen zusätzlich MHC-Klasse-II-Moleküle (MHC, *major histocompatibility complex*). Nach Aktivierung durch Lymphokine, insbesondere Interferon-γ (IFN-γ), kommt es zu einer gesteigerten Ausprägung von MHC-Klasse-II-Strukturen. Mit Hilfe dieser membranständigen Glykoproteine sind Makrophagen in der Lage Fremdsubstanzen den T-Zellen zu präsentieren. Weitere auf Monocyten und Makrophagen vorkommende Moleküle sind CD13, CD14 und CD68. Die genaue Funktion und immunologische Bedeutung dieser Moleküle auf Zellen des mononukleären Phagocytensystems ist jedoch noch nicht vollständig geklärt. Nach neueren Erkenntnissen handelt es sich bei CD14 um einen Rezeptor für Lipopolysaccharid (LPS), einer Zellwandkomponente gramnegativer Bakterien. CD14 erkennt LPS jedoch nur als Komplex mit dem im Serum enthaltenen Lipopolysaccharid-bindenden Protein. Zusätzlich zu all diesen Molekülen besitzen Monocyten und Makrophagen auch Rezeptoren für Cytokine, etwa für Interleukin-2 (IL-2) und IFN-γ. Die Tabelle 3.1 zeigt eine Übersicht der wichtigsten Zelloberflächenmarker von Monocyten und Makrophagen.

Tabelle 3.1: Die wichtigsten Zelloberflächenmarker von Monocyten und Makrophagen.

Zelloberflächenmarker CD Muster	Membrankomponenten und ihre Bedeutung
CD11a	leucocyte function antigen (LFA-1)
CD11b	Rezeptor für den Inhibitor der Komplementkomponente C3b (C3bi)
CD13	Aminopeptidase N
CD14	bindet den Komplex aus LPS und LPS-bindendem Protein
CD16	FcγRIII: Rezeptor für den Fc-Anteil von IgG (niedrige Affinität)
CD25	Rezeptor für IL-2
CD32	FcγRII: Rezeptor für den Fc-Anteil von IgG (mittlere Affinität)
CD35	Rezeptor für die Komplementkomponente C3b
CD64	FcγRI: Rezeptor für den Fc-Anteil von IgG (hohe Affinität)
CD68	befindet sich auf aktivierten Makrophagen
CD71	Transferrin-Rezeptor

MHC-Klasse-I-Moleküle
MHC-Klasse-II-Moleküle auf aktivierten Makrophagen
Rezeptoren für Cytokine zum Beispiel für IL-1 und IFN-γ

3. Funktion

Die Aufgaben der Makrophagen innerhalb einer Entzündungsreaktion sind vielfältig. Sie üben einerseits wichtige, den Krankheitsablauf beeinflussende Effektorfunktionen aus. Dazu gehören die Phagocytose und intrazelluläre Abtötung von Mikroorganismen, Immunkomplexen und geschädigten Zellen, aber auch die antikörperabhängigen und -unabhängigen Cytotoxizitätsreaktionen gegen Tumorzellen, Parasiten und virusinfizierten Zellen. Zudem spielen Monocyten und Makrophagen eine zentrale Rolle bei der Induktion und Regulation der Immunantwort.

Die Hauptfunktionen der Makrophagen, Phagocytose, Cytotoxizität, Antigenpräsentation, Immunregulation und Sekretion löslicher Faktoren, sollen im folgenden näher beschrieben werden.

3.1 Phagocytose und Cytotoxizität

Die Phagocytose und intrazelluläre Abtötung eingedrungener Mikroorganismen wie Bakterien, Pilze und Protozoen stellt eine wichtige Funktion der unspezifischen Immunabwehr dar. Der erste Schritt der Phagocytose besteht in der Anlagerung des Krankheitserregers an die Oberfläche des Phagocyten. Die Anlagerung erfolgt neben unspezifischen Bindungskräften vor allem über Rezeptormoleküle, die direkt mit dem Liganden auf der Oberfläche der Fremdsubstanz reagieren. Anlagerung und Phagocytose werden verstärkt, wenn der Mikroorganismus von Antikörpern oder der Komplementkomponente C3b umgeben ist. Diesen Vorgang bezeichnet man als Opsonisierung.

Die Bindung des Infektionserregers führt zu einer Aktivierung und Einstülpung der Cytoplasmamembran des Phagocyten. Es kommt zur Ausbildung von Pseudopodien, die den Erreger umgeben und ihn schließlich in ein sogenanntes Phagosom einschließen (Abbildung 3.2). Im Zellinneren verschmelzen die Phagosomen mit Lysosomen. Dieser Vorgang wird als Phagolysosomenbildung bezeichnet und ist Voraussetzung für verschiedene Abtötungsmechanismen. Zum einen kommt es im Phagosom nach der Fusion mit Lysosomen zu einem drastischen Abfall des pH-Wertes, der bereits für viele Bakterien toxisch ist. Weiterhin enthalten Lysosomen zahlreiche aggressive Substanzen wie Lactoferrin, kationische Proteine, Säurehydrolasen, Proteasen und Lysozym, die an der Abtötung und vor allem am Abbau von Mikroorganismen beteiligt sind. Neben diesen sauerstoffunabhängigen Mechanismen verfügen Monocyten und Makrophagen über ein Arsenal von reaktiven Sauerstoff- und Stickstoffmetaboliten, die ebenfalls von großer Bedeutung für die intrazelluläre Abtötung phagocytierter Mikroben sind.

Einige Bakterien und Protozoen sind in der Lage, der intrazellulären Abtötung zu entgehen, sei es durch Hemmung der Phagolysosomenbildung, durch

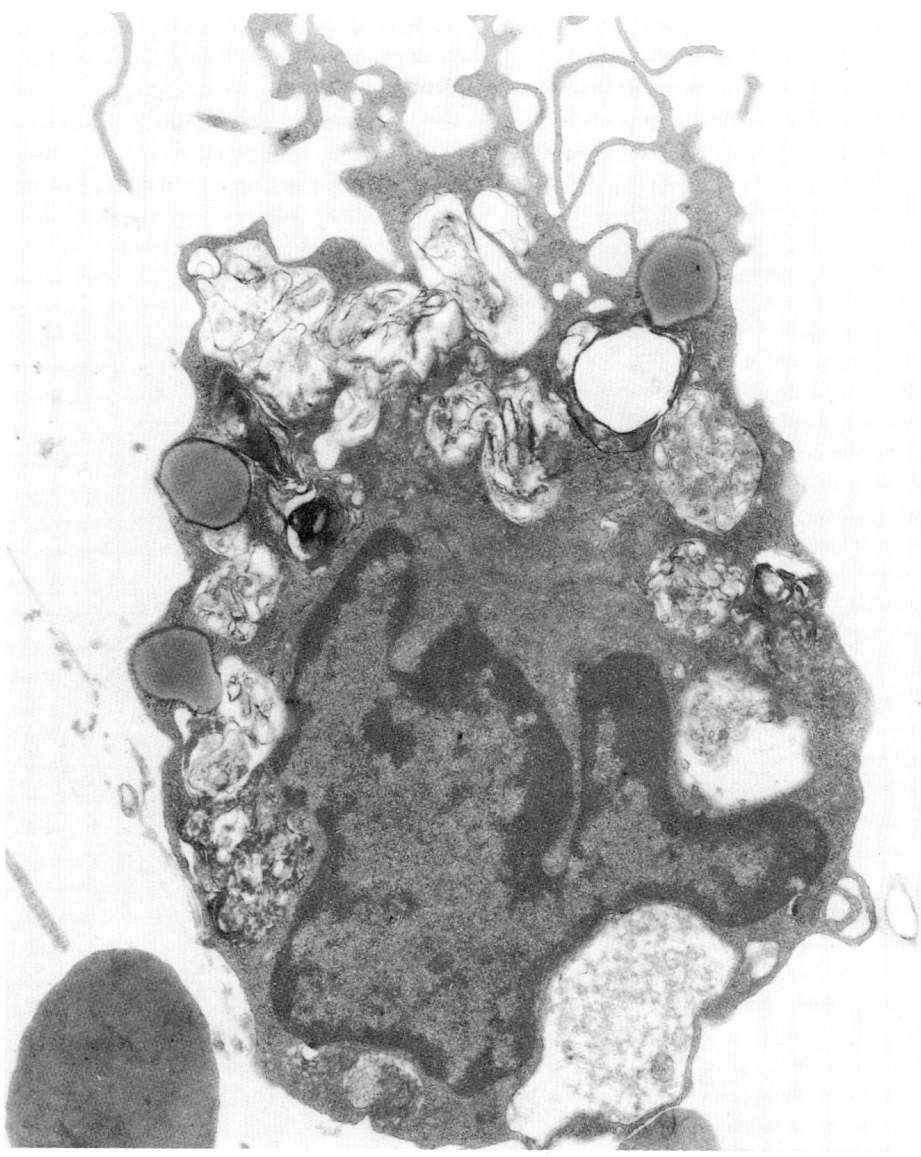

3.2 Transelektronenmikroskopische Aufnahme eines aktivierten Makrophagen. Der Makrophage wurde mit Viren stimuliert und zeigt starke Phagocytoseaktivität in Form zahlreicher intracytoplasmatischer Vakuolen.

Resistenz gegenüber lysosomalen Enzymen oder durch Auswanderung ins Cytoplasma des Phagocyten. Dies gilt insbesondere für fakultativ intrazellulär wachsende Mikroorganismen wie *Listeria monocytogenes*, *Toxoplasma gondii*, *Salmonella typhi* oder auch *Mycobacterium tuberculosis*. Eine Abtötung, zumindest aber eine Wachstumshemmung dieser Keime kann jedoch erfolgen, wenn die Makrophagen durch Cytokine, insbesondere IFN-γ zusätzlich aktiviert werden. Vom Phagocyten abgetötete und abgebaute Erreger werden schließlich aus dem Zellinneren entfernt (Abbildung 3.3).

Virusinfizierte Zellen, Tumorzellen oder Parasiten, die sich aufgrund ihrer Größe nicht phagocytieren lassen, werden von Makrophagen durch extrazellulär ablaufende Cytotoxizitätsreaktionen eliminiert. Eine solche extrazelluläre

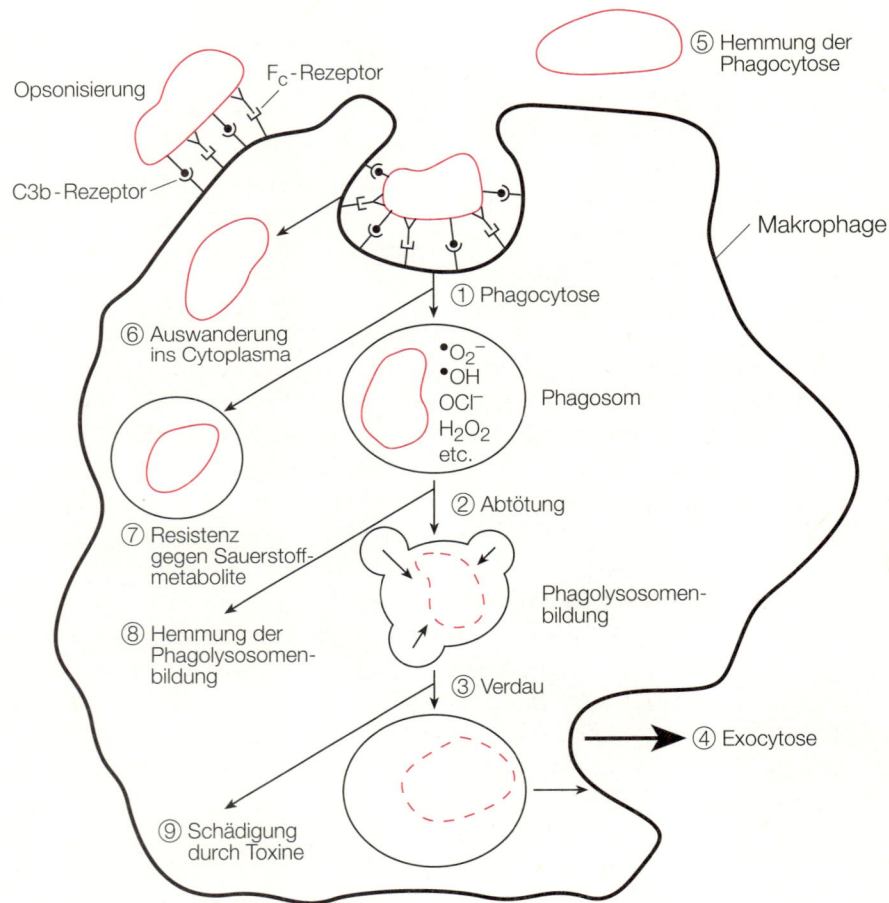

3.3 Phagocytose und intrazelluläre Abtötung. 1) Infektionserreger werden von Makrophagen phagocytiert. Opsonisierung der Mikroorganismen mit Antikörpern oder der Komplementkomponente C3b verstärken die Phagocytose. 2) Die Bildung von Sauerstoffradikalen und die Fusion mit enzymhaltigen Lysosomen führen zur intrazellulären Abtötung und zum Abbau des Erregers (3). 4) Verdaute Bestandteile der Erreger werden durch Exocytose aus der Zelle entfernt. Einige Bakterien und Protozoen sind in der Lage, der intrazellulären Abtötung zu entgehen, beispielsweise durch 5) Hemmung der Phagocytose (Opsonisierung ermöglicht die Phagocytose derartiger Keime). 6) Auswanderung ins Cytoplasma des Phagocyten. 7) Resistenz gegenüber lysosomalen Enzymen und Sauerstoffmetaboliten. 8) Hemmung der Phagolysosomen-Fusion. 9) Einige Erreger enthalten toxische Bestandteile, die den Phagocyten schädigen können. (Mit freundlicher Genehmigung von Kaufmann, Georg Thieme Verlag, 1991.)

Abtötung kann entweder antikörperabhängig oder ohne Beteiligung von Antikörpern ablaufen.

Bei der antikörperabhängigen, zellvermittelten Cytotoxizität (ADCC) werden die mit Antikörpern der Klasse IgG beladenen Zielzellen von Makrophagen über ihre Fc-Rezeptoren erkannt. Die Bindung der Antikörper an den Makrophagen bewirkt dessen Degranulation. Die Freisetzung von lysierenden Enzymen, Sauerstoffradikalen und Perforinen führen schließlich zur Lyse der Zielzelle. Makrophagen sind in der Lage, Zielzellen auch ohne Antikörperopsonisierung zu erkennen und zu zerstören. Dies spielt vor allem eine Rolle bei der Eliminierung neoplastisch transformierter Zellen. Welche Strukturen auf den Tumorzellen von den Makrophagen erkannt werden, ist noch weitgehend unbekannt. Die Zerstörung einer Tumorzelle erfolgt durch die Freisetzung von cytolytischen Faktoren, Enzymen, Sauerstoffmetaboliten und dem Cytokin Tumor-Nekrose-Faktor (TNF).

3.2 Antigenpräsentation

T-Zellen erkennen Fremdstoffe nur in Kombination mit körpereigenen MHC-Molekülen auf der Oberfläche von anderen Zellen. Bei diesen Zellen handelt es sich einerseits um virusinfizierte Zellen, die das Angriffsziel von cytotoxischen T-Zellen darstellen. In diesem Fall werden auf der Zelloberfläche exprimierte virale Antigene zusammen mit MHC-Molekülen der Klasse I erkannt. MHC-Klasse-I-Moleküle befinden sich auf allen kernhaltigen Zellen des Körpers.

Andererseits verfügt das Immunsystem über eine Gruppe von Leukocyten, die als spezialisierte antigenpräsentierende Zellen fungieren (*antigenpresenting cells*, APC). Die APC exprimieren neben MHC-Klasse-I-Molekülen auch MHC-Klasse-II-Moleküle auf ihrer Oberfläche. Mit Hilfe dieser Moleküle sind sie in der Lage, T-Helferzellen Antigene zu präsentieren. T-Helferzellen sind die zentralen Zellen der spezifischen zellulären Immunität. Sie kontrollieren die Ausbildung und Stärke einer Immunantwort.

Einige APC exprimieren dauernd MHC-Klasse-II-Moleküle und werden als konstitutiv antigenpräsentierende Zellen bezeichnet. Dazu gehören die Langerhans-Zellen der Haut, die interdigitierenden dendritischen Zellen der lymphatischen Gewebe, die B-Lymphocyten, aktivierte Monocyten beziehungsweise Makrophagen und 15 Prozent der ruhenden Makrophagen. Andere Zellen bedürfen erst der Aktivierung durch Lymphokine zum Beispiel durch IFN-γ, um MHC-Klasse-II-Moleküle exprimieren zu können. Man spricht in diesem Zusammenhang von fakultativ antigenpräsentierenden Zellen; dazu gehören follikuläre Zellen der Schilddrüse, Endothelzellen und Fibroblasten.

Antigene werden in der Regel nicht als gesamtes Molekül von den T-Zellen erkannt. Sie müssen von der APC in kleine Fragmente abgebaut werden.

Diesen Vorgang bezeichnet man als Antigenprozessierung. Bei Makrophagen geschieht dies durch Phagocytose und enzymatischen Abbau des Antigens im Inneren der Zellen, bevor kleine antigene Peptide aus 8 bis 24 Aminosäuren an der Zelloberfläche zusammen mit MHC-Klasse-I- oder -II-Molekülen präsentiert werden. Bei nicht phagocytierenden APC, wie den dendritischen Zellen und Langerhans-Zellen, findet die Prozessierung und Assoziation des Antigens mit MHC-Molekülen entweder an der Zelloberfläche oder nach Pinocytose im Zellinneren statt. Der genaue Ablauf dieser Vorgänge ist jedoch noch nicht geklärt.

3.3 Immunregulation und Sekretion löslicher Faktoren

Makrophagen gehören zu den sekretorisch aktivsten Zellen des Körpers. Durch die Freisetzung von über hundert zum Teil antagonistisch wirkenden Faktoren sind sie in der Lage, in alle Stadien der Entzündung einzugreifen. Sie zählen somit zu den vielseitigsten an Immunreaktionen beteiligten Zellen.
Da Makrophagen Cytokine, Komplementkomponenten und gewebezerstörende proteolytische Enzyme wie Elastase und Kollagenase bilden, tragen sie maßgeblich zur Induktion und Verstärkung von Entzündungsprozessen bei. Die Phagocytose begleitende Bildung von Sauerstoffradikalen und die in den Lysozymen lokalisierten Enzyme dienen der Abtötung invasiver Mikroorganismen. Neben entzündungsfördernden Produkten sezernieren Makrophagen auch entzündungshemmende Stoffe, wie beispielsweise den Transforming-Growth-Factor-β (TGF-β), der einen entscheidenden Einfluß auf die Suppression und Beendigung der Immunantwort ausübt. Weiterhin unterstützen Makrophagen durch Freisetzung von Gerinnungsfaktoren, Fibronectin und Wachstumsfaktoren für Fibroblasten und Endothelzellen die nach einer Entzündung notwendigen Heilungsprozesse der geschädigten Gewebe. Eine besondere Rolle innerhalb einer Immunreaktion spielen die von Monocyten und Makrophagen gebildeten Cytokine Interleukin-1, Interleukin-6 und Tumor-Nekrose-Faktor-α. Sie wirken auf eine Vielzahl von Zellen und sind maßgeblich an der Regulation der Immunantwort beteiligt.

3.4 Interleukin-1

Interleukin-1 (IL-1) wurde 1972 im Kulturüberstand von stimulierten adhärenten Blutleukocyten entdeckt und als leukocytenaktivierender Faktor (LAF) beschrieben.
Nach heutigem Kenntnisstand handelt es sich bei IL-1 um ein Polypeptid mit vielfachen biologischen Funktionen, das auf eine große Zahl verschiedener

Zelltypen wirkt und eine Vielzahl immunologischer Entzündungsreaktionen fördert. Man kennt zwei verschiedene Formen von IL-1, die als IL-1α und IL-1β bezeichnet werden. Beide Formen unterscheiden sich beträchtlich in ihrer Aminosäuresequenz, binden jedoch an denselben Rezeptor und zeigen identische biologische Eigenschaften.

Biologische Funktion von IL-1

IL-1 wird von verschiedenen Zellen gebildet, wie beispielsweise von Fibroblasten, Endothelzellen, Keratinocyten und Langerhans-Zellen der Haut, glatten Muskelzellen, Granulocyten und lymphatischen Zellen. Die Hauptquelle für IL-1 sind jedoch Blutmonocyten und die Makrophagen der verschiedenen Gewebe. Beim Menschen stellt IL-1β die Hauptform des IL-1 dar. Monocyten oder Makrophagen, die mit Lipopolysaccharid (LPS) stimuliert werden, produzieren ungefähr zehn bis fünfzehnmal mehr IL-1β als IL-1α. Während IL-1β hauptsächlich als löslicher Mediator ins Blut oder in die Gewebeflüssigkeit abgegeben wird, bleibt IL-1α meist an Zellen assoziiert und entfaltet seine biologische Aktivität bei direktem Kontakt zwischen zwei Zellen.

IL-1 wirkt auf ein breites Spektrum von Zielzellen, die alle an Immun- und Entzündungsreaktionen beteiligt sind. Es hilft bei der Regulation der Zellentwicklung im Knochenmark und im Thymus und fördert die funktionelle Aktivierung reifer Zellen.

Im Knochenmark wirkt IL-1 auf Stammzellen und frühe Vorläuferzellen und erhöht deren Sensitivität für koloniestimulierende Faktoren (CSF). Es wirkt auch auf Endothelzellen und Fibroblasten und induziert dort die Freisetzung von Wachstumsfaktoren und IL-6. Dies spielt eine besondere Rolle im Knochenmark, wo die sezernierten CSF direkt auf die Vorläuferzellen einwirken können. Im Thymus reguliert IL-1 ebenfalls die Reifung von T-Zellen. Weiterhin verstärkt es die Proliferation und Differenzierung von B-Vorläuferzellen.

Reife T-Zellen werden durch IL-1 zur Teilung und Bildung von Cytokinen angeregt. Bei T-Helferzellen, die durch Antigenkontakt aktiviert wurden, veranlaßt IL-1 die Bildung von IL-2, IL-4, IL-5, IL-6 und die Expression von IL-2-Rezeptoren. IL-1 ist in der Lage in Monocyten und Makrophagen seine eigene Produktion zu stimulieren, aber auch die Sekretion anderer Cytokine, wie TNF-α, IL-6, Interferone, CSF, Prostaglandine, Komplementkomponenten und Kollagenase zu fördern. Zusammen mit TNF-α induziert IL-1 die Expression von Adhäsionsmolekülen auf Endothelzellen und Granulocyten und reguliert die Antikörperproduktion von B-Zellen. In der Leber bewirkt IL-1 genau wie IL-6 die Bildung von Akute-Phase-Proteinen.

IL-1 gehört wie IL-6 und TNF-α zu den endogenen Pyrogenen, die entweder direkt oder über die Freisetzung von Prostaglandin E_2 auf das Temperatur-Regulationszentrum im Gehirn wirken und zu Fieber führen (Abbildung 3.4).

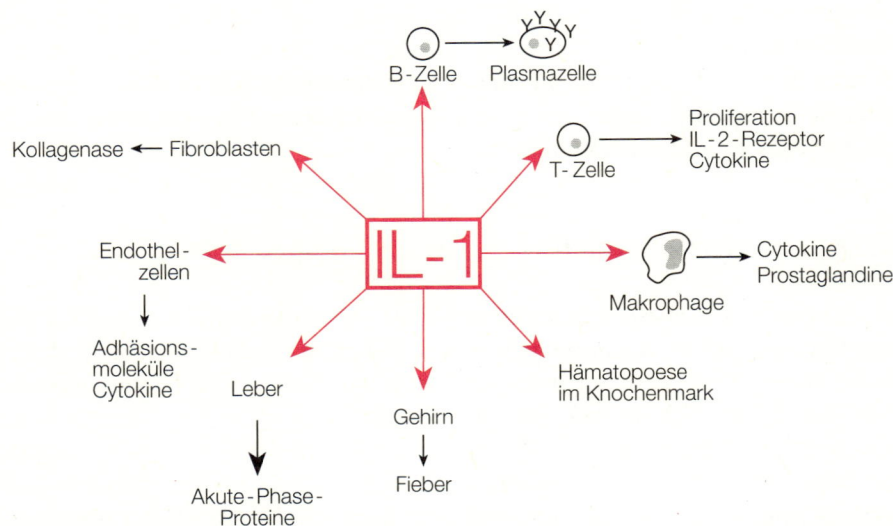

3.4 Biologische Aktivitäten von IL-1. IL-1 ist ein Polypeptid mit vielfachen biologischen Funktionen, das auf viele verschiedene Zelltypen wirkt und zahlreiche immunologische Reaktionen beeinflußt. (Verändert nach van der Meer, erschienen bei Endre und Gröttrup, Deutsches Ärzteblatt, 1992.)

Struktur und biochemische Eigenschaften von IL-1

Bei IL-1 handelt es sich um ein Polypeptid mit einem Molekulargewicht von ungefähr 17 Kilodalton. IL-1α und IL-1β, die beiden Formen von IL-1, haben dieselbe biologische Aktivität. Sie unterscheiden sich jedoch beträchtlich in ihrer Aminosäuresequenz und ihrem isoelektrischen Punkt (IP). Der IP von IL-1α liegt bei 5, der von IL-1β bei 6,8. Nur 22 bis 26 Prozent der Aminosäuren von humanem IL-1α und humanem IL-1β sind homolog. Die Gene, die für IL-1α und IL-1β codieren, liegen beim Menschen auf Chromosom 2.

IL-1-Rezeptoren

Rezeptoren für IL-1 findet man auf sehr vielen Zellen, wo sie in einer Zahl von 500 bis 5000 pro Zelle exprimiert werden. Für IL-1 existieren mindestens zwei verschiedene Rezeptortypen, die sich im Molekulargewicht unterscheiden. Beim Rezeptortyp I handelt es sich um ein 80 Kilodalton schweres Polypeptid. Er wird hauptsächlich von T-Zellen, Fibroblasten, Keratinocyten, Endothelzellen und Chondrocyten exprimiert. Der IL-1-Rezeptortyp II ist ein Protein von 65 Kilodalton und kommt auf B-Zellen, neutrophilen Granulocyten und Monocyten vor. Bindungsstudien haben gezeigt, daß IL-1α und IL-1β an beide Rezeptoren binden, wenngleich IL-1α eine höhere Affinität zum Rezeptortyp I, IL-1β dagegen zum Rezeptortyp II aufweist.

3.5 Interleukin-6

Interleukin-6 (IL-6) ist ein multifunktionelles Cytokin, das eine zentrale Rolle bei der immunologischen Abwehr spielt. Es war lange Zeit unter verschiedenen Namen bekannt, beispielsweise unter *B-cell stimulatory factor 2* (BSF-2), *hybridoma/plasmacytoma growth factor* (HPGF), *hepatocyte stimulating factor* (HSF), *monocyte granulocyte inducer type 2* (MGI-2) und Interferon-β_2 (IFN-β_2). Erst die molekulare Klonierung ergab, daß es sich bei diesen Faktoren um dasselbe Molekül handelt, um IL-6. Sie zeigte auch, daß die frühere Bezeichnung Interferon-β_2 nicht zutreffend ist. IL-6 wirkt weder antiviral, noch weist es in struktureller Hinsicht Gemeinsamkeiten mit den Interferonen auf.

Biologische Funktion von IL-6

IL-6 wird von einer Vielzahl von aktivierten lymphoiden und nicht lymphoiden Zellen, wie T-Zellen, B-Zellen, Monocyten, Makrophagen, Fibroblasten, Endothelzellen und von einigen Tumorzellen konstitutiv (dauernd) gebildet. T-Zellen können allerdings nur bei Anwesenheit von Monocyten IL-6 produzieren. Monocyten und T-Zellen unterscheiden sich auch hinsichtlich der Schnelligkeit der IL-6-Antwort. Wie man in Zellkulturen zeigen konnte, erreicht die IL-6-mRNA-Expression in Monocyten bereits nach fünf Stunden, in T-Zellen dagegen erst nach 24 bis 48 Stunden ihr Maximum. Diese Befunde weisen daraufhin, daß das von Monocyten und T-Zellen produzierte IL-6 auf verschiedene Phasen der Immunantwort wirkt.

IL-6 wird im Laufe von Entzündungsreaktionen gebildet und beeinflußt in verstärktem Maße Wachstum und Differenzierung von B- und T-Zellen. In B-Zellen induziert IL-6 die Reifung in antikörperproduzierende Plasmazellen und fördert dort die Produktion der Immunglobuline IgM, IgG und IgA. In vielen Fällen wirkt IL-6 gemeinsam mit anderen Cytokinen. So bewirken IL-6 und IL-1 die Proliferation, Cytokinproduktion und IL-2-Rezeptor-Expression bei T-Helferzellen, IL-6 zusammen mit IL-2 die Teilung und Differenzierung von cytotoxischen T-Zellen. Weiterhin steigert IL-6 die Phagocytosefähigkeit und Fc-Rezeptor Expression bei mononukleären Phagocyten. Im Knochenmark regt IL-6 gemeinsam mit IL-3 Stammzellen zur Proliferation an (Abbildung 3.5).

IL-6 und Akute-Phase-Proteine

Eine andere wichtige Aufgabe von IL-6 ist die Induktion von *Akute-Phase-Proteinen* in den Hepatocyten der Leber. Die *Akute-Phase-Antwort* ist eine systemische Reaktion des Körpers auf Entzündung und Geweberverletzung. Sie ist charakterisiert durch Erhöhung der Leukocytenzahl (Leukocytose), Fieber,

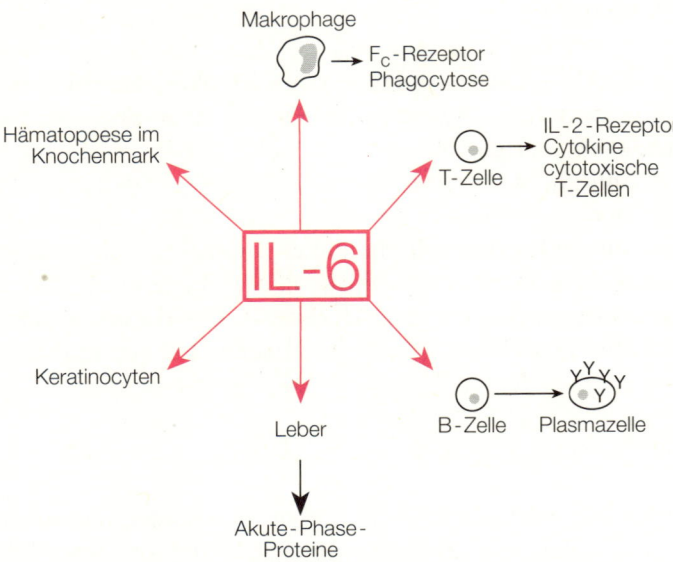

Makrophage
F_C-Rezeptor
Phagocytose

IL-2-Rezeptor
Cytokine
cytotoxische
T-Zellen

T-Zelle

Hämatopoese im
Knochenmark

IL-6

Keratinocyten

Leber

B-Zelle   Plasmazelle

Akute-Phase-
Proteine

3.5 IL-6 spielt eine zentrale Rolle bei der immunologischen Abwehr. Es fördert die Differenzierung von T- und B-Zellen und induziert die Bildung von Akute-Phase-Proteinen in der Leber. Im Knochenmark regt IL-6 gemeinsam mit anderen Cytokinen Stammzellen zur Proliferation an. (Verändert nach Hirano et al., Immunology Today, 1990.)

erhöhte Gefäßdurchlässigkeit, Veränderungen im Steroidhaushalt und durch eine starke Erhöhung der *Akute-Phase-Proteine*. Die Akute-Phase-Proteine bestehen aus vielen verschiedenen löslichen Faktoren. Dazu gehören C-reaktives Protein, Serum-Amyloid-A, Fibrinogen, Haptoglobin, α_1-Antitrypsin, Caeruloplasmin, α_2-Makroglobulin und einige Komplementkomponenten. Diese Proteine spielen eine wichtige Rolle im Verlauf einer Entzündung. Sie steigern die Phagocytosefähigkeit von Makrophagen, aktivieren das Komplementsystem, kontrollieren das Gerinnungssystem und unterstützen die Prozesse der Wundheilung. Die schnelle Synthese von Akute-Phase-Proteinen in Hepatocyten der Leber wird hauptsächlich reguliert durch die Cytokine IL-6 und IL-1. Inwieweit auch TNF-α in die Bildung von Akute-Phase-Proteinen einbezogen ist, oder ob es indirekt über die Induktion von IL-1 und IL-6 die *Akute-Phase-Antwort* reguliert, ist noch nicht geklärt. Auf die genaue Funktion der einzelnen Faktoren wurde bereits im Kapitel „Das Immunsystem" eingegangen.

Struktur und biochemische Eigenschaften

IL-6 ist ein Glykoprotein mit einem Molekulargewicht von 23 bis 30 Kilodalton – je nach Grad der Glykosylierung. Die Gene sind sowohl für humanes IL-6 als auch für Maus-IL-6 kloniert worden. Humanes IL-6 und Maus-IL-6 zeigen eine Homologie von 65 Prozent auf Nucleinsäureebene und von 42 Prozent auf Aminosäureebene. Das humane IL-6-Gen liegt auf Chromosom 7. Die Wirkung von IL-6 ist nicht speziesspezifisch: Humanes IL-6 wirkt aktivierend auf Mauszellen, Maus-IL-6 aktivierend auf Zellen des Menschen.

IL-6-Rezeptoren

IL-6 sensitive Zellen exprimieren niedrig- und hochaffine Rezeptoren für IL-6. Es handelt sich um Glykoproteine mit einem Molekulargewicht von 80 Kilodalton. Die Zahl der Rezeptoren pro Zelle varriiert je nach Zelltyp zwischen 300 bei ruhenden T-Zellen und 3000 bei einigen Zellinien.

3.6 Tumor-Nekrose-Faktor-α

Carshwell und Mitarbeiter führten Anfang der siebziger Jahre am Sloan-Kettering Cancer Center in New York Experimente an Mäusen mit Tumoren durch, denen eine abgeschwächte Form des Tuberkulose-Erregers (*Bacillus Calmette-Guerin*, BCG) und einige Tage später Lipopolysaccharid (LPS) injiziert wurde. Bei den mit BCG und LPS behandelten Tieren kam es zu einer Rückbildung des Tumors. Des weiteren löste das Serum dieser Mäuse bei anderen tumorbefallenen Artgenossen eine hämorrhagische Nekrose der Tumoren aus und wirkte ebenfalls toxisch auf Krebszellen, die in Zellkulturen gezüchtet wurden. BCG und LPS konnten als Ursache für die Tumorschädigung ausgeschlossen werden. 1975 führten diese Experimente zur Entdeckung eines antitumoral wirkenden Faktors, den man als Tumor-Nekrose-Faktor-α (TNF-α) bezeichnet. In den folgenden Jahren konnte TNF-α sowohl aus dem Überstand von Zellinien gereinigt als auch kloniert und gentechnisch hergestellt werden.

TNF-α und seine Funktion bei Entzündungen

TNF-α wird vorwiegend von aktivierten Monocyten und Makrophagen gebildet. Unstimulierte mononukleäre Phagozyten exprimieren zwar mRNA für TNF-α, die Bildung des Proteins erfolgt jedoch nicht. Erst die Aktivierung der Zellen durch verschiedene Auslöser wie Bestandteile von Bakterien (etwa LPS) und Protozoen, Lymphokine oder Phagocytose von Mikroorganismen führt zur Freisetzung des Proteins TNF-α und zur Transkription weiterer TNF-α-DNA. Die Bedeutung des TNF-α innerhalb des Immunsystems ist wohl weniger in der antitumoralen Wirkung als in seiner zentralen regulatorischen Rolle bei Entzündungs- und Immunreaktionen zu sehen. TNF-α wird bereits zu einem sehr frühen Zeitpunkt der Entzündung gebildet und beeinflußt allein oder zusammen mit anderen Cytokinen wie IL-1 und IL-6 an einer Entzündung beteiligte Immunzellen.

Bei neutrophilen Granulocyten und Makrophagen bewirkt es eine Steigerung der Phagocytose und der antikörperabhängigen zellvermittelten Cytotoxizität gegen Mikroorganismen, Parasiten und Tumorzellen, wobei TNF-α zusammen mit IL-1 wahrscheinlich das Auslösersignal der Interferon-γ-induzierten Makrophagenaktivierung darstellt. TNF-α und IL-1 wirken weiterhin auf lokale Endothelzellen und Granulocyten und führen dort zu einer verstärkten Expression von Adhäsionsmolekülen, wodurch eine Anlagerung von Granulocyten an die Gefäßwand und deren Wanderung in das geschädigte Gewebe gefördert wird. Gleichzeitig bewirkt TNF-α eine verstärkte Expression von MHC-Klasse-I-Molekülen auf Fibroblasten und Endothelzellen. Weiterhin beeinflußt TNF-α zusammen mit IL-1 auch T- und B-Lymphocyten und unterstützt die Aktivierung von antigenstimulierten T-Zellen und die Regulation der Antikörperproduktion. Eine wichtige Rolle spielt TNF-α vor allem bei der Induktion weiterer Cytokine. So stimuliert es die Bildung von IL-1, IL-6, koloniestimulierenden Faktoren, Prostaglandin E_2 und Kollagenase in Makrophagen und koloniestimulierenden Faktoren in Endothelzellen und Fibroblasten (Abbildung 3.6).

Wirkung von TNF-α auf Tumoren

Die genauen Mechanismen der antitumoralen Wirkung von TNF-α sind noch nicht bekannt. Einerseits ist TNF-α für die Aktivierung von Makrophagen, Granulocyten und cytotoxischen lymphatischen Zellen verantwortlich. Es steigert vor allem deren Phagocytosefähigkeit oder deren zellvermittelte Cytotoxizität – wichtige Funktionen bei der Abwehr von Tumorzellen. Andererseits konnte im Tierversuch auch eine direkte Wirkung von TNF-α auf Tumoren nachgewiesen werden. Die Gefäßzerstörung scheint dabei der wesentliche Wirkungsmechanismus von TNF-α zu sein. So treten innerhalb von wenigen Stunden nach Injektion von TNF massive Blutungen in Tumoren von Versuchstieren auf. Die Schädigung der Blutgefäße bewirkt eine mangelnde Blut- und Sauerstoffversorgung und dadurch ein Absterben der Tumorzellen. Darüber hinaus dürfte TNF-α in der Lage sein, im Körper auch direkt Krebszellen zu vernichten. Was letztlich den Tod der Zellen herbeiführt, ist noch nicht vollständig geklärt. Es wird vermutet, daß TNF die Bildung von Enzymen und freien Radikalen in den Tumorzellen bewirkt, die zu deren Zerstörung führen.

Bei chronischen Entzündungen und bei Tumorerkrankungen kann TNF-α allerdings auch zur Kachexie führen, weswegen man TNF auch als Cachectin bezeichnet hat. Unter einer Kachexie versteht man eine ausgeprägte allgemeine Auszehrung, die auf dem Verlust von Fettreserven und dem Schwund von Muskelmasse beruht. Die Ursache ist eine Hemmung der Lipoprotein-Lipase

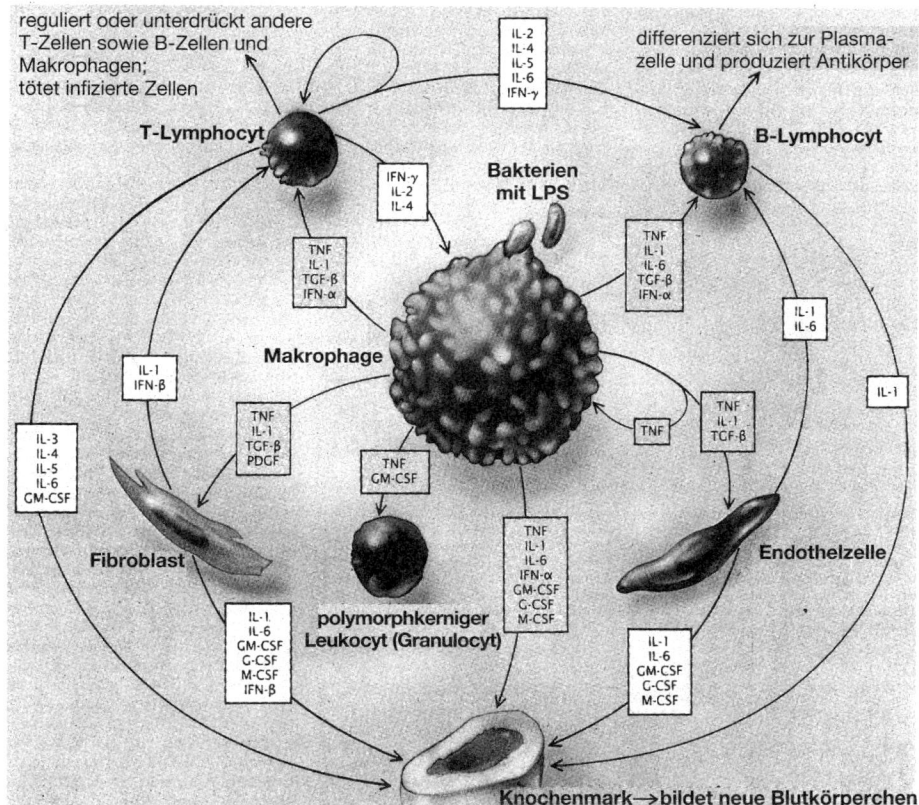

3.6 Biologische Wirkung von TNF. TNF wird von aktivierten Makrophagen (Zentrum) gebildet und beeinflußt zusammen mit anderen Cytokinen eine Vielzahl von Zellen, wie Granulocyten, T-Lymphocyten, B-Lymphocyten, Endothelzellen, Fibroblasten und die Stammzellen der Blutkörperchen im Knochenmark. Diese Zellen spielen nicht nur eine wichtige Rolle bei der Abwehr von Infektionen, sondern sind auch an der Beendigung von Immunreaktionen und an der Wundheilung beteiligt. (Mit freundlicher Genehmigung von Old, Spektrum der Wissenschaft, 1988.)

durch TNF-α; das Enzym ist für die normale Fettspeicherung verantwortlich. Weiterhin führt TNF-α zu einem Verbrauch von Proteinreserven und über die Induktion von IL-1 zu einer Proteolyse des Muskels.

Struktur und molekulare Eigenschaften

Bei TNF-α handelt es sich um ein 17 Kilodalton großes Polypeptid. Das biologisch aktive Molekül enthält 157 Aminosäuren. Das Gen, das für TNF-α codiert, ist beim Menschen auf dem Chromosom 6 innerhalb des MHC-Komplexes lokalisiert. Es befindet sich ungefähr 1200 Basenpaare vom TNF-β-Gen entfernt.

TNF-β

TNF-β ist ein Produkt aktivierter T-Lymphocyten und wurde früher als Lymphotoxin bezeichnet. TNF-α und TNF-β zeigen in der Aminosäuresequenz eine Homologie von 36 Prozent. Sie binden an die gleichen Rezeptoren, was auf eine ähnliche biologische Aktivität hinweist. Es existieren zwei Rezeptoren für TNF, der TNF-Rezeptor 1 mit einem Molekulargewicht von 55 Kilodalton und der TNF-Rezeptor 2 von 75 Kilodalton.

4. Zusammenfassung und Perspektiven

Makrophagen zeigen bei Entzündungen vielfältige Effektorfunktionen und zahlreiche Wechselwirkungen mit anderen Immunzellen. Wichtige Funktionen sind Phagocytose und intrazelluläre Abtötung eingedrungener Mikroorganismen sowie die zellvermittelte Cytotoxizität gegenüber Tumorzellen und virusinfizierten Zellen. Durch die Fähigkeit, Antigene in Assoziation mit MHC-Klasse-II-Molekülen den T-Helferzellen in geeigneter Form zu präsentieren, schaffen sie die Voraussetzung für eine spezifische Antwort. Sie gehören zu den sekretorisch aktivsten Zellen des Organismus. Durch die Freisetzung von über hundert löslichen Faktoren beeinflussen sie nicht nur die Proliferation und Aktivierung von Lymphocyten, sondern sind auch in der Lage, durch Sekretion von Komplementkomponenten und gewebezerstörender Kollagenase und Elastase eine Entzündungsreaktion zu verstärken. Eine besondere Rolle kommt dabei den Cytokinen IL-1, IL-6 und TNF-α zu. Diese Faktoren wirken auf eine Vielzahl von Zellen und führen neben deren Aktivierung auch zur Freisetzung weiterer, die Immunreaktion beeinflussender löslicher Mediatoren. Neben entzündungsfördernden Produkten sezernieren Makrophagen auch entzündungshemmende Substanzen und Wachstumsfaktoren, die eine entscheidende Rolle bei der Suppression der Immunantwort und der Wundheilung spielen. Durch die Produktion einer Vielzahl von Faktoren, greift der Makrophage in alle Stadien der Entzündung ein und ist maßgeblich an der Auslösung, Regulation und Suppression einer Immunantwort beteiligt.

Literatur

Balkwill, F.R.; Burke, F. *The cytokine network.* In: *Immunology Today* 10 (1989). S. 299–304.

Bauer, J.I; *Interleukin-6 and its receptor during homeostasis, inflammation and tumor growth.* In: *Klinische Wochenschrift* 67 (1989). S. 697– 706.

Bauer, J.; Lengyel, G.; Bauer, T.M.; Acs, G.; Gerok, W. *Regulation of interleukin-6 receptor expression in human monocytes and hepatocytes.* In: *FEBS Letters* 249 (1989). S. 27–30.

Dinarello, C.A.; Burton, C.D.; Puren. A.J.; Savage, N.; Rosoff, P.M. *The interleukin 1 receptor.* In: *Immunology Today* 10 (1989). S. 49–51.

Endres, St.; Gröttrup, E. *Interleukin-1-Rezeptor-Antagonist.* In: *Deutsches Ärzteblatt* 89 (1992). S. 1195–1200.

Di Giovine, F.S.; Duff, G.W. *Interleukin 1: the first interleukin.* In: *Immunology Today* 11 (1990). S. 13–20.

Hirano, T.; Akira, S.; Taga, T.; Kishimoto, T. *Biological and clinical aspects of interleukin 6.* In: *Immunology Today* 11 (1990). S. 443–449.

Kishimoto, T. *The biology of interleukin 6.* In: *Blood* 74 (1989). S. 1–10.

Mantovani, A.; Bottazzi, B.; Colotta, F.; Sozzani, S.; Ruco, L. *The origin and function of tumor-associated macrophages.* In: *Immunology Today* 13 (1992). S. 265–270.

Mizel, St.B. *The interleukins.* In: *The FASEB Journal* 3 (1989). S. 2379–2388.

Old, L.J. *Der Tumor-Nekrose-Faktor.* In: *Spektrum der Wissenschaft* Juli (1988). S. 42–51.

Schindler, R.; Ghezzi, P.; Dinarello, Ch. *IL-1 induces IL-1. IV. IFN-γ suppresses IL-1 but not lipopolysaccharide-induced transcription of IL-1.* In: *J.Immunol.* 144 (1990). S. 2216–2222.

Staren, E.D.; Essner, R.; Economou, J.S. *Overview of biological response modifiers.* In: *Seminars in Surgical Oncology* (1989). S. 379–384.

Unanue, E.R.; Cerottini, J.-C. *Antigen presentation.* In: *The FASEB Journal* 3 (1989). S. 2496–2502.

4. Granulocyten

1. Einführung

Granulocyten haben ihren Namen von Einschlußkörpern (Granula), die im Lichtmikroskop als dunkle Körnchen in der Zelle erkennbar sind. Da diese Zellen den größten Teil der weißen Blutkörperchen repräsentieren, spielten sie in den Anfängen der Immunologie eine sehr bedeutende Rolle. Als man im Laufe der immunologischen Forschung jedoch die Antikörper und die T-Zellen entdeckte, rückten diese in den Mittelpunkt der Forschung. Die Granulocyten wurden als unspezifische Freßzellen beiseite geschoben. Man dachte, das Immunsystem beruhe nur auf den hochspezifischen Reaktionen der B- und T-Zellen. Heute weiß man, daß die Granulocyten eine sehr wichtige Rolle bei der Abwehr von Infektionen spielen. Diese Funktion findet ihren Ausdruck in der großen Menge von Granulocyten im Blut. Personen mit einer erniedrigten Granulocytenzahl erkranken häufiger an Infektionen. Diese Blutkörperchen sind die erste zelluläre Abwehrfront des Körpers gegen Krankheitserreger. Sie können Erreger „fressen" (phagocytieren) und dann verdauen beziehungsweise durch Enzyme und chemische Radikale abtöten und zerstören.

Diese Reaktionen der Granulocyten bilden nach dem physikochemischen Schutz (zum Beispiel den Säureschutzmantel der Haut) und dem biologischen Schutz (etwa der Darmflora) die erste unspezifische, zelluläre Immunabwehr des Körpers. Erst wenn ein Erreger diese Hürde überwunden hat, kommt es zu einer Infektion, zu deren Eliminierung die spezifischen Reaktionen der B- und T-Zellen nötig sind. Um ihrer Aufgabe als primäre Abwehrfront gegen alle Arten von Erregern (Bakterien, Pilze und Parasiten) gerecht zu werden, gibt es drei Typen von Granulocyten: Neutrophile, Eosinophile und Basophile. Ihre Bezeichnung haben sie von ihrer Eigenschaft, sich mit sauren (Eosin) oder basischen Farbstoffen anzufärben beziehungsweise neutral zu reagieren. Neutrophile Granulocyten haben einen charakteristischen polymorphen Kern und ein relativ wenig anfärbbares Cytoplasma. Eosinophile Granulocyten besitzen einen gelappten Kern und stark gefärbte cytoplasmatische Granula. Basophile Granulocyten zeichnen sich durch dunkle, membranumgrenzte Granula aus.

Über 90 Prozent der Granulocyten sind neutrophil, zwei bis fünf Prozent eosinophil und nur 0,2 Prozent basophil. Bei Infektionen können sich die Anteile der Granulocytentypen verschieben. Die Zahl der Eosinophilen steigt zum Beispiel bei Wurminfektionen oder allergischen Reaktionen besonders stark an. Im Gegensatz zu anderen Immunzellen (beispielsweise Monocyten und B-Zellen) sind die im Blut zirkulierenden Granulocyten schon voll aus-differenziert, das heißt, die Zellen haben ihr Endstadium erreicht. Monocyten müssen erst durch einen Stimulus zu Makrophagen, B-Zellen erst zu Plasma-zellen ausreifen. Demgegenüber haben Granulocyten bereits ihre volle Funk-tionsfähigkeit. Dieser Vorteil der sofortigen Reaktionsfähigkeit hat allerdings auch einen Nachteil: Die Lebenszeit von ausdifferenzierten Zellen ist sehr begrenzt. Bei Granulocyten liegt sie zwischen zwei und drei Tagen. Dieses schnelle Absterben kompensiert der Körper durch eine unvorstellbar hohe Produktionsrate im Knochenmark: Pro Minute entstehen 80 Millionen Granu-locyten.

2. Neutrophile Granulocyten

Die Neutrophilen bilden den überwiegenden Anteil der Granulocyten. Sie phagocytieren Erreger und verdauen sie dann in den Phagolysosomen. Die Erreger werden dazu umschlossen und mit einer Membran umhüllt. Sie befin-den sich so in einem Extraraum (Kompartiment) innerhalb der Zelle, dem Phagosom, vergleichbar mit dem Darm in unserem Körper. Um den Inhalt eines Phagosomens zu verdauen, verschmilzt dieses mit den Granulae der Zelle (Lysosomen), die Verdauungssekrete (Säurehydrolasen, Lactoferrin und Muraminidase) enthalten. Es entstehen die sogenannten Phagolysosomen, in denen die Erreger abgebaut werden. (Abbildung 4.1). Die Phagocytose wird beträchtlich gesteigert, wenn die Zielzellen mit IgG-Antikörper beladen sind. Neutrophile Granulocyten tragen auf ihrer Oberfläche zahlreiche Rezeptoren für den Fc-Teil dieser Antikörper. Zu große, nicht phagocytierbare Partikel werden von neutrophilen Granulocyten durch Ausschüttung ihrer Granula (Degranulation) eliminiert. Erfolgt eine solche extrazelluläre Abtötung unter Beteiligung von Antikörpern, spricht man von der antikörperabhängigen, zell-vermittelten Cytotoxizität (*ADCC, antibody dependent cell cytotoxicity*).

3. Eosinophile Granulocyten

Eosinophile bilden zwar die zweitgrößte Population von Granulocyten, mit zwei bis fünf Prozent ist ihr Anteil verglichen mit Neutrophilen bei gesunden Menschen allerdings gering. Bei Allergien und Wurminfektionen kann die Eosinophilenanzahl stark erhöht sein.

Obwohl eosinophile Granulocyten ebenfalls zur Phagocytose befähigt sind, besteht ihre hauptsächliche Aufgabe in der Abwehr und extrazellulären Abtö-tung größerer Erreger. Diese Blutkörperchen lagern sich an die Zielzellen und schütten dann ihre chemische Bewaffnung aus. Die chemischen Substanzen

a)

b)

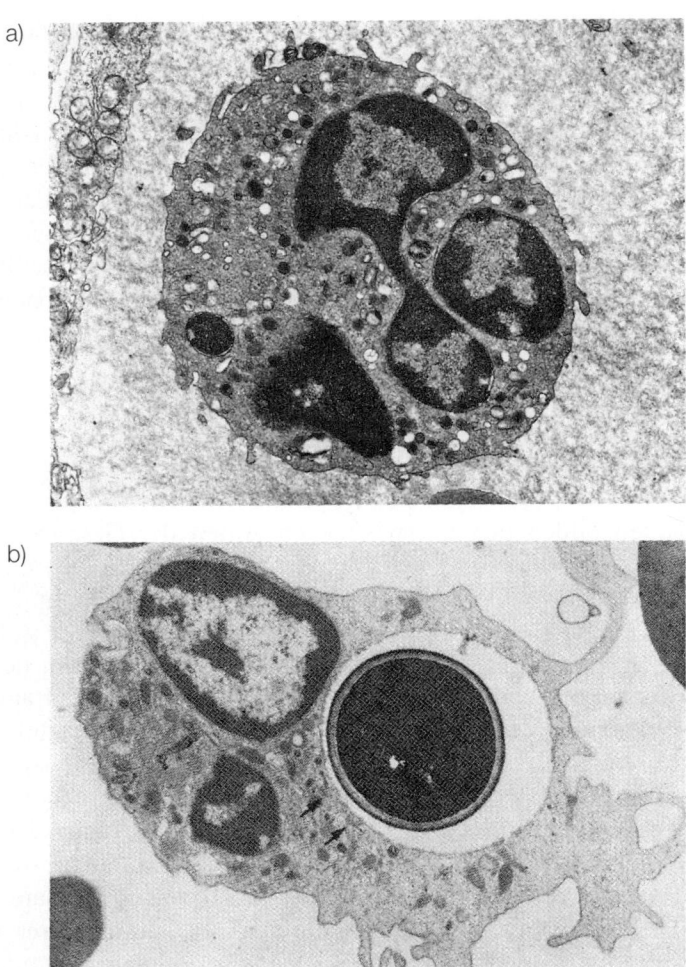

4.1 a) Elektronenmikroskopische Aufnahme eines Neutrophilen. b) Ähnliche Aufnahme nach Phagocytose des Pilzes *Candida albicans*. Die Aufnahme zeigt deutlich, wie die Neutrophilen die Erreger einschließen und sie anschließend verdauen. (Mit freundlicher Genehmigung von Roitt et al., Georg Thieme Verlag, 1991.)

(Enzyme und Radikale) sind wie bei den anderen Granulocyten in Granula gespeichert (Abbildung 4.2), die bei der Degranulation nach außen entleert werden (Abbildung 4.3). Die Eosinophilen können ebenso wie die Neutrophilen über Antikörper aktiviert werden, wodurch auch sie die spezifische Immunantwort durch ihr großes cytolytisches Potential unterstützen.

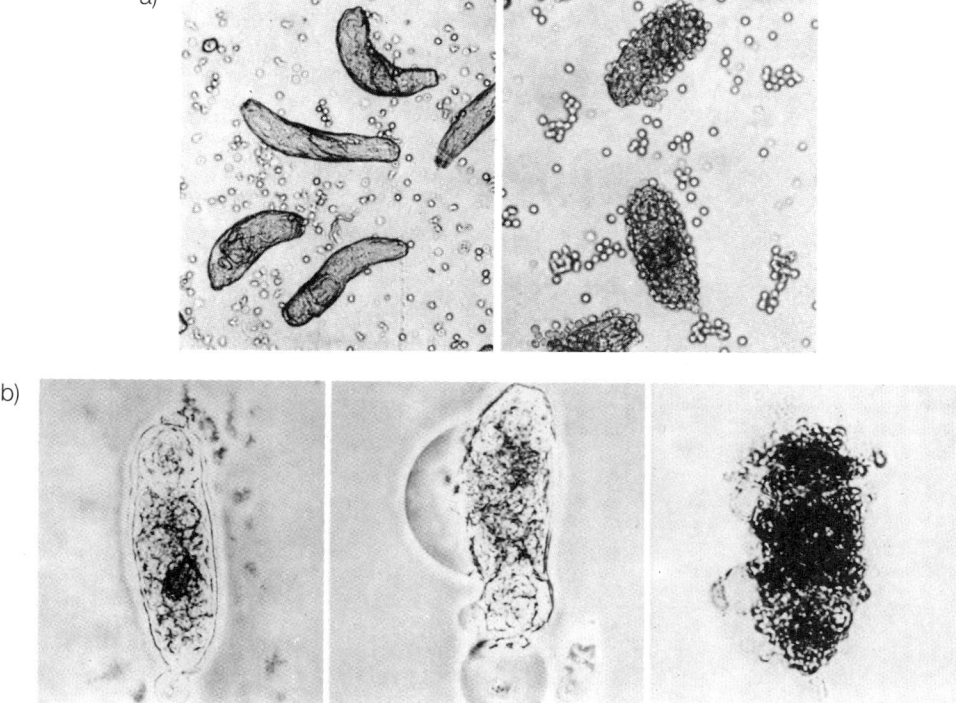

4.2 a) Larven von *Schistosoma mansoni*, dem Erreger der Tropenkrankheit Bilharziose, die von Granulocyten umlagert werden. b) Eine Larve wird durch den Granulainhalt (hier dem *major basic protein*) von Eosinophilen lysiert. (Mit freundlicher Genehmigung von Roitt et al., Georg Thieme Verlag, 1991.)

4. Basophile Granulocyten und Mastzellen

Die Basophilen (Abbildung 4.4) repräsentieren ungefähr 0,2 Prozent der Blutleukocyten. Mastzellen sind dagegen typische Zellen der Gewebe.

Beide Zelltypen reagieren wie die Eosinophilen mit einer Degranulation. Die normale Rolle von Basophilen besteht ähnlich wie die von Eosinophilen in der Abwehr von Parasiten. Unerwünschte Reaktionen zeigen diese beiden Zelltypen bei der Auslösung von Allergien, da sie Rezeptoren für Antikörper der Immunglobulinklasse E (IgE) besitzen. Werden die auf der Oberfläche dieser Zellen gebundenen IgE-Moleküle durch Allergene vernetzt, degranulieren Mastzellen und Basophile und schütten unter anderem Histamin aus, welches für die Quaddelbildung verantwortlich ist. Auf diese Problematik wird im Kapitel „Allergien" im Detail eingegangen.

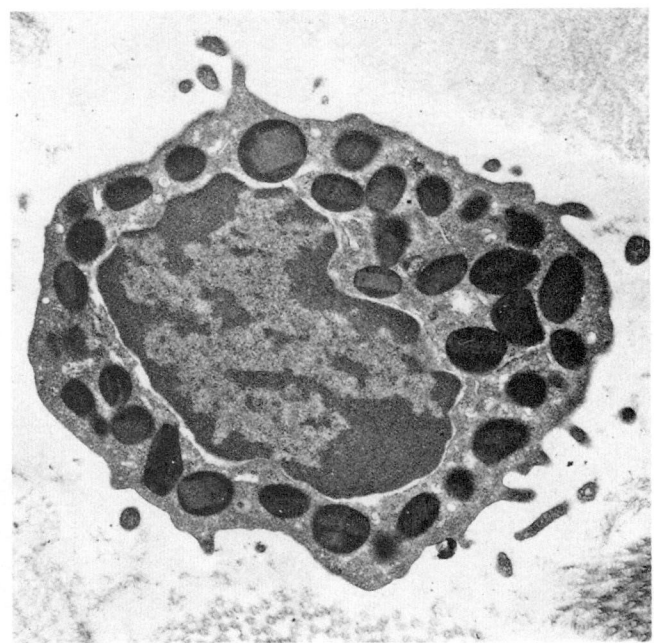

4.3 Elektronenmikroskopische Aufnahme eines Eosinophilen. Die großen, dunklen Granula verschmelzen bei der Aktivierung mit der Plasmamembran und entleeren ihren Inhalt nach außen. (Mit freundlicher Genehmigung von Roitt et al., Georg Thieme Verlag, 1991.)

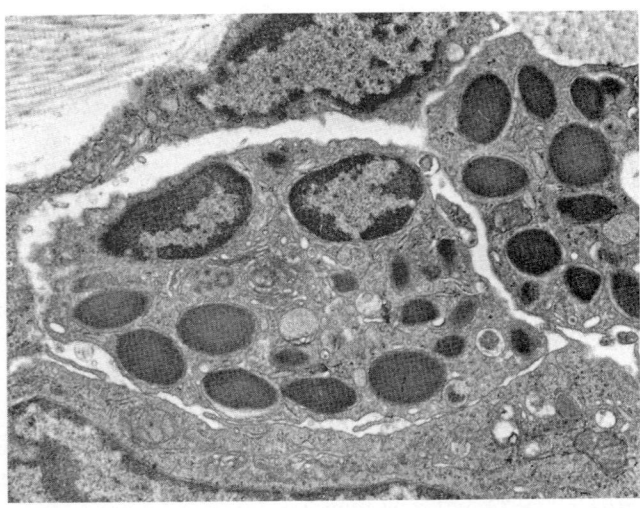

4.4 Basophile haben – ähnlich wie Eosinophile – große Granula in der Nähe der Zellmembran, die ihren Inhalt bei einer Aktivierung nach außen ergießen. (Mit freundlicher Genehmigung von Roitt et al., Georg Thieme Verlag, 1991.)

5. Cytokine und Granulocyten

Da Granulocyten ausdifferenzierte Zellen mit einer durchschnittlichen Lebensdauer von zwei bis drei Tagen sind, lassen sie sich nur schwer *in vitro* kultivieren und für längere Versuchsreihen einsetzen. Erschwerend kommt noch hinzu, daß Granulocyten sehr stark mit einer Degranulation auf mechanische Reize während der Zellpräparation reagieren. Daher gibt es nur wenige Daten über die Rolle von Cytokinen im granulocytären System. Bis vor wenigen Jahren war nur bekannt, daß Granulocyten auf einige Cytokine reagieren können. Erst seit kurzem weiß man, daß die kurzlebigen Granulocyten auch selbst Cytokine produzieren können. Damit sind Granulocyten nicht nur reine Effektorzellen, sondern greifen auch aktiv in die Immunregulation ein. Signale für die Granulocyten sind die an allen Entzündungsprozessen beteiligten Cytokine IL-1 und TNF-α sowie insbesondere IL-8.

Im folgenden werden nur die Wirkungen der verschiedenen Cytokine auf die Granulocyten beschrieben. Daneben gibt es eine Vielzahl anderer Faktoren, die Granulocyten stimulieren, wie Komplementfaktoren, Hitzeschockproteine, Leukotrien B4, Prostaglandin E2, Plasminogenaktivator und Fibronectin. Die meisten dieser Stoffe wirken chemotaktisch auf die Granulocyten.

5.1 Wirkung der koloniestimulierenden Faktoren auf Granulocyten

Die koloniestimulierenden Faktoren sind an der Bildung von Granulocyten beteiligt (siehe hierzu Kapitel Hämatopoetische Wachstumsfaktoren). Sie beeinflussen jedoch auch die Funktion der ausdifferenzierten Zellen. GM-CSF erhöht die Phagocytose und die antikörperabhängige, zellvermittelte Cytotoxizität von Granulocyten, das heißt, es verstärkt deren normale Funktionen. So steigert GM-CSF beispielsweise die Abtötungsrate von *Trypanosoma cruzi*, dem Erreger der Chagas-Krankheit, durch Granulocyten. Der hohe Stoffwechsel der Granulocyten beschleunigt gewissermaßen ihren Alterungsprozeß; zudem verbrauchen die Zellen ihren Vorrat an Baustoffen, da durch Exocytose der Granula ständig Zellmembran verlorengeht. Neben einer Steigerung der Granulocytenaktivität verlängert GM-CSF auch die Lebensdauer dieser Blutzellen, was eigentlich der erhöhten Stoffwechselrate widerspricht. Außerdem induziert GM-CSF in Granulocyten und Monocyten die Synthese und Ausschüttung von IL-1, IL-6, TNF-α, G-CSF und M-CSF, deren Spiegel bei Entzündung lokal erhöht ist. Dies zeigt auch, daß die Monocyten und Granulocyten sich gegenseitig aktivieren und durch die Ausschüttung von M-CSF die Einwanderung von Monocyten ins Gewebe verstärkt wird.

G-CSF wirkt auf die Vorläuferzellen der Granulocyten im Knochenmark und sorgt so für die Neubildung dieser Zellen (Abbildung 4.5). Außerdem

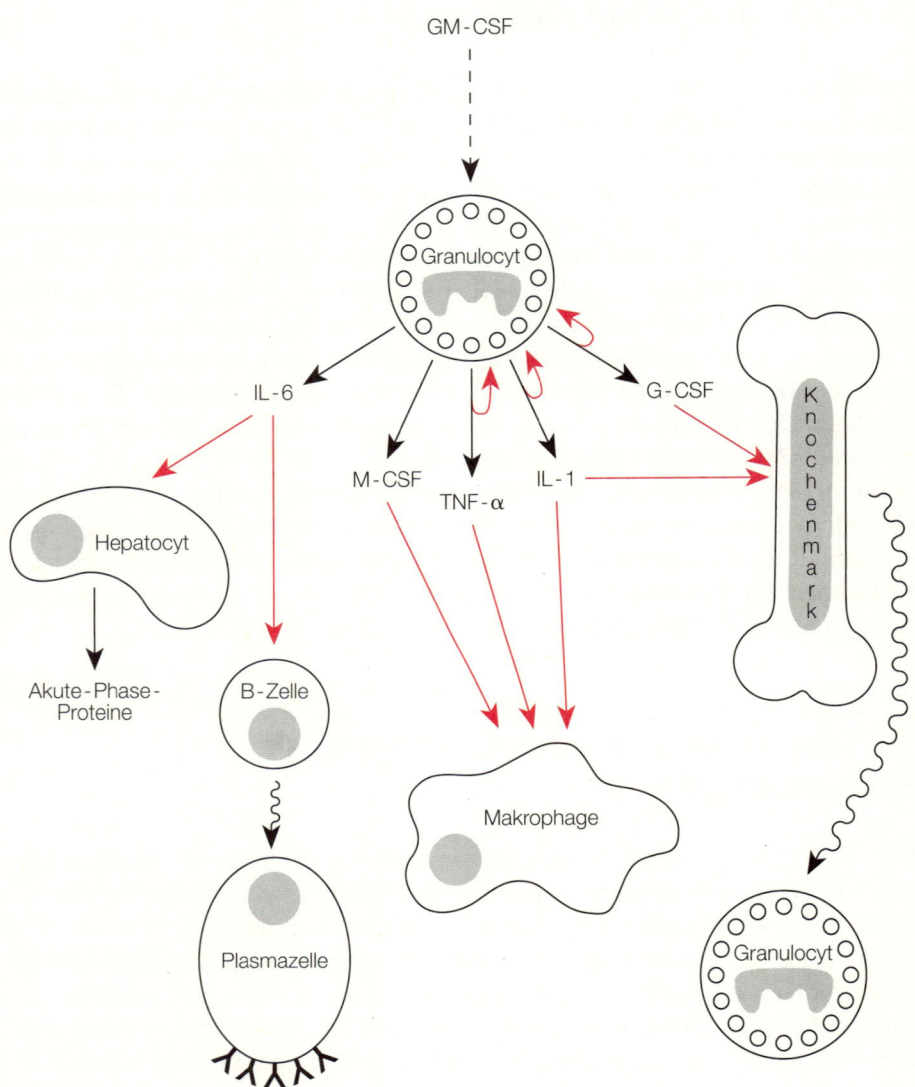

4.5 Pleiotrope Wirkung von GM-CSF auf Granulocyten. Die Effekte werden durch Cytokine vermittelt, die von den Granulocyten selbst gebildet werden und B-Zellen, Hepatocyten und Monocyten aktivieren. Neue Granulocyten werden zudem aus dem Knochenmark rekrutiert (schwarze Pfeile = Ausschüttung, rote Pfeile = Aktivierung, geschlängelte Pfeile = Differenzierung, gestrichelte Pfeile = Stimulierung).

steigert G-CSF die natürlichen Funktionen der neutrophilen Granulocyten, beispielsweise die Chemotaxis, Phagocytose, Sauerstoffradikalbildung, intrazelluläre Abtötung sowie die antikörperabhängige, zellvermittelte Cytotoxizität. Dies bedeutet, daß G-CSF die Neutrophilen nicht nur zum Wirkungsort lockt, sondern sie auch dazu stimuliert, ihr gesamtes Repertoire an Aktivitäten zu steigern.

5.2 Granulocyten und Interleukin-1

IL-1 spielt bei allen Entzündungsprozessen und somit auch bei den Reaktionen der Granulocyten eine zentrale Rolle. Es steigert den Stoffwechsel von Neutrophilen und die Freisetzung von antibakteriellen Substanzen wie Lysozym. Außerdem erhöht IL-1 die Freisetzung von Neutrophilen aus dem Knochenmark und sorgt so für deren Neubildung. IL-1 wird in großen Mengen von Granulocyten produziert, ihm kommt damit eine autoregulatorische Rolle zu, da es die Bildung von Granulocyten, vor allem im Synergismus mit GM-CSF und IL-6 verstärkt. Stimuliert wird die Bildung beispielsweise durch Lipopolysaccharid (LPS), einem Membranbestandteil von gram-negativen Bakterien (Abbildung 4.6). So können die reifen Granulocyten nicht nur viel schneller als die Monocyten aus dem Blut ins Gewebe auswandern, sondern wahrscheinlich auch schon vor diesen mit der Regulation der Immunantwort über die Ausschüttung von Cytokinen beginnen. LPS induziert ebenso wie Zymosan (Bestandteil von Hefemembranen) in den Granulocyten neben der IL-1-Bildung auch – zeitlich verzögert – die des IL-1-Rezeptor-Antagonisten IL-1RA (Abbildung 4.7). Bei Monocyten ist die Synthese des Antagonisten verglichen mit den Granulocyten erheblich geringer.

5.3 Wechselwirkung von Granulocyten und dem Tumor-Nekrose-Faktor

Der Tumor-Nekrose-Faktor (TNF) ist ebenso wie IL-1 ein wesentliches Cytokin bei Entzündungsprozessen mit oftmals identischen Funktionen und vielfach synergistischen Wirkungen. Wie bei IL-1 stellen zwar die Monocyten die Hauptproduzenten von TNF dar, Granulocyten sind jedoch ebenfalls zur Bildung von TNF befähigt. Die Synthese von TNF in Granulocyten läßt sich durch LPS oder *Candida albicans* (einem Hefepilz), dem häufigsten Erreger bei Schleimhautmykosen, aber auch durch Cytokine wie GM-CSF und IL-2 induzieren (Abbildung 4.8). Der Faktor erhöht die antikörperabhängige, zellvermittelte Cytotoxizität von Neutrophilen und Eosinophilen. Er steigert zudem die Adhärenz von Granulocyten an Endothelzellen und führt so zu einer Ansammlung von Granulocyten am Entzündungsort. Außerdem erhöht er die Phagocytoseaktivität von Neutrophilen. Zwei weitere entscheidende Funktionen sind zum einen die Stimulation der Ausschüttung von Akute-Phase-Proteinen, wodurch der Körper systemisch vor der Ausbreitung einer Infektion geschützt wird, und zum anderen die Stimulation von T-Zellen. Das unspezifische granulocytäre System kann so das spezifische Immunsystem aktivieren.

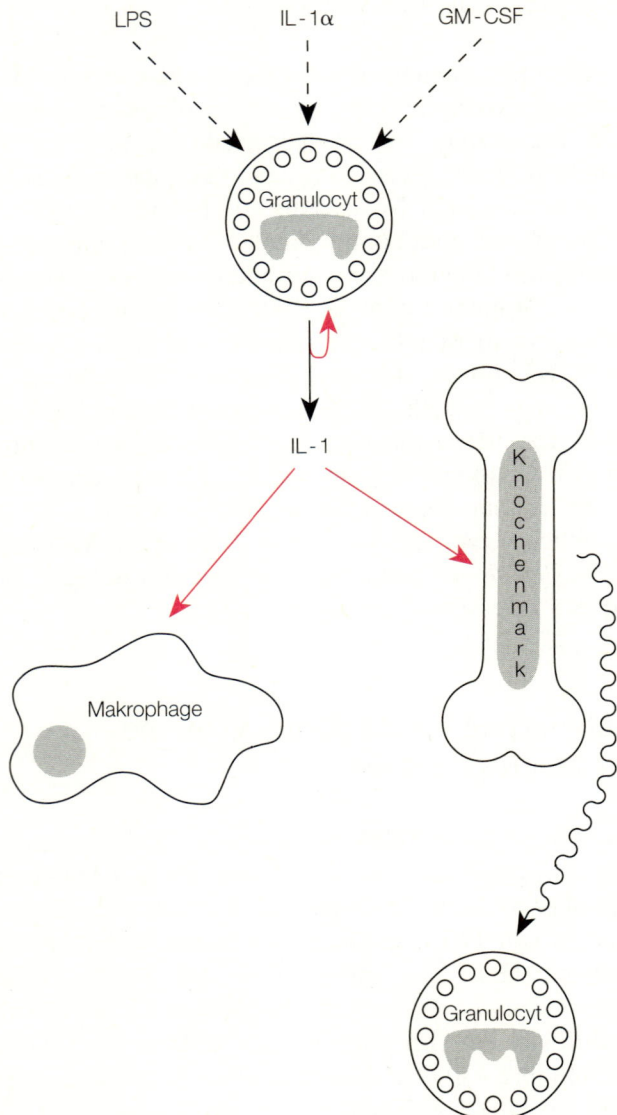

4.6 Stimulation der Bildung von IL-1 in Granulocyten. Interleukin-1 aktiviert Monocyten, rekrutiert neue Granulocyten aus dem Knochenmark und wirkt letztlich auf die Granulocyten selbst (schwarze Pfeile = Ausschüttung, rote Pfeile = Aktivierung, geschlängelte Pfeile = Differenzierung, gestrichelte Pfeile = Stimulierung).

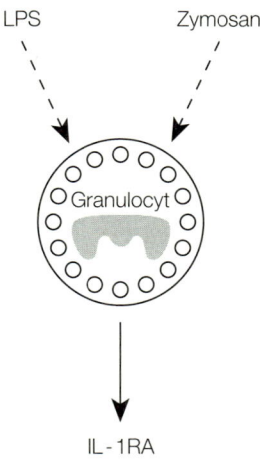

4.7 Membrankomponenten häufiger Erreger, wie LPS von gram-negativen Bakterien und Zymosan von Hefen, induzieren in Granulocyten den immunregulatorisch wirksamen IL-1-Rezeptor-Antagonisten (IL-1RA) (gestrichelte Pfeile = Stimulierung, schwarze Pfeile = Ausschüttung).

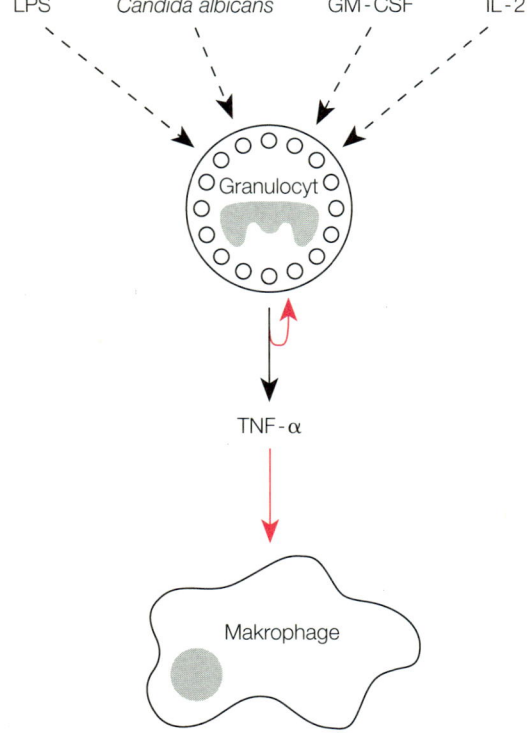

4.8 Induktion von TNF in Granulocyten. Interessanterweise aktivieren einige Erreger oder Bestandteile von diesen, z.B. der Pilz *Candida albicans* oder LPS, die Granulocyten direkt. Einige Granulocyten tragen den IL-2-Rezeptor, wodurch sie durch IL-2 und damit durch aktivierte T-Zellen stimuliert werden können. Das gebildete TNF aktiviert Monocyten und wirkt auf die Granulocyten selbst zurück (schwarze Pfeile = Ausschüttung, rote Pfeile = Aktivierung, gestrichelte Pfeile = Stimulierung).

5.4 Granulocyten und Interleukin-6

Granulocyten können nach Stimulation mit LPS, TNF, GM-CSF oder Phorbol-
estern auch IL-6 produzieren. IL-6 bewirkt die Differenzierung von B-Zellen
zu antikörperproduzierenden Plasmazellen. Weiterhin sorgt es für die Bildung
von Akute-Phase-Proteinen durch Hepatocyten. Granulocyten steuern so einerseits das spezifische Immunsystem, indem sie die B-Zell-Antwort und damit die Produktion von Antikörpern anregen. Andererseits versetzen sie den
gesamten Körper durch die Bildung von Akute-Phase-Proteine in einen Bereit-
schaftszustand (Abbildung 4.9).

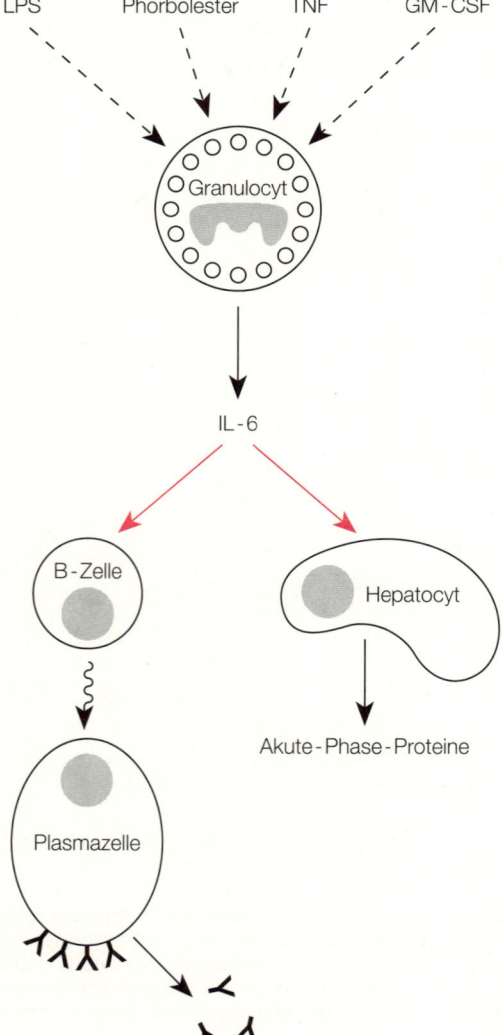

4.9 Die Induktion von Interleukin-6 wirkt
zum einen auf die B-Zell-Differenzierung
und Antikörperproduktion und zum anderen auf die Ausschüttung von Akute-Phase-Proteinen durch Hepatocyten. Beides
führt zu einer schnelleren Überwindung der
Entzündung (schwarze Pfeile = Ausschüttung, rote Pfeile = Aktivierung, geschlängelte Pfeile = Differenzierung, gestrichelte
Pfeile = Stimulierung).

5.5 Granulocyten und Interleukin-8

IL-8 ist das jüngste bekannte, auf Granulocyten wirksame Cytokin. Doch kennt man mittlerweile seine ganz zentrale Rolle unter den Cytokinen, die auf Granulocyten wirken. IL-8 wurde zuerst unter dem Namen granulocyten-chemotaktisches Protein (GCP) und neutrophile-aktivierendes Protein-1 (NAP-1) beschrieben. Wie sich in diesen Bezeichnungen andeutet, steht bei IL-8 die Wirkung auf Granulocyten im Vordergrund. Es wirkt jedoch auch auf T-Zellen. LPS oder Phagocytoseaktivität induziert IL-8 in Granulocyten. IL-8 wirkt chemotaktisch auf andere Granulocyten und auf CD4$^+$ T-Zellen (Abbildung 4.10). Die Anlockung von T$_H$-Zellen deutet darauf hin, daß die Granulocyten über IL-8 stark immunregulatorisch wirken. Dies konnte auch im Tierversuch gezeigt werden. Ratten, denen man experimemtell die Granulocyten entfernt hat, haben eine gestörte T-Zell-Rekrutierung im Gewebe. Dies zeigt, daß die Cytokinbildung durch Granulocyten eine wesentliche Rolle in der lokalen Immunantwort spielt, da die T$_H$-Zellen die weitere Immunregulation vermitteln, also die Aktivierung von B-Zellen oder von T-Zell-Cytotoxizität.

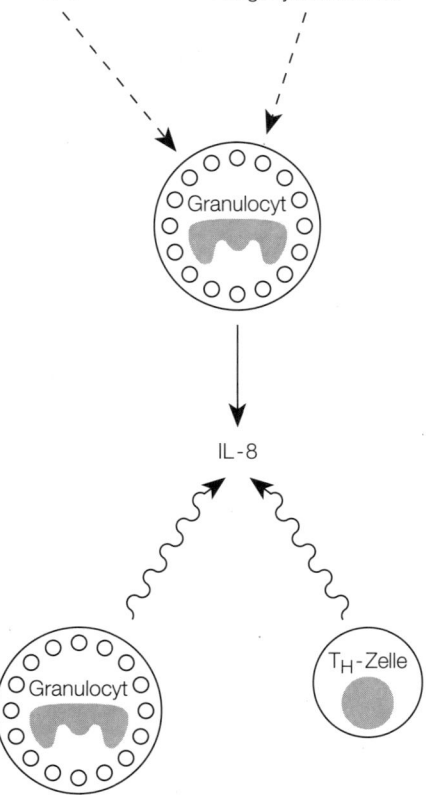

4.10 Einige Erreger, wie gram-negative Bakterien induzieren die Bildung und Ausschüttung von IL-8 in Granulocyten direkt über ihre Membranbestandteile (LPS), andere induzieren es indirekt durch Phagocytose. IL-8 wirkt chemotaktisch auf Granulocyten und einige T-Zellen (gestrichelte Pfeile = Stimulierung, schwarze Pfeile = Ausschüttung, gewellte Pfeile = chemotaktische Anlockung).

Zwei verbreitete Hautkrankheiten beruhen auf einer Überproduktion von IL-8: die Schuppenflechte (Psoriasis) und die Fischschuppenkrankheit (Ichthyosis). In der Haut dieser Patienten wird IL-8 gebildet, obwohl Erreger (Bakterien oder Pilze) als Auslöser fehlen. Die andauernde Produktion von IL-8 und anderen chemotaktischen Stoffen führt so zu einer anhaltenden Einwanderung von Granulocyten ins Gewebe und in die Haut sowie zur Ausschüttung cytotoxischer Substanzen. Als Folge davon schuppt sich die Haut großflächig ab. Die Überproduktion von IL-8 in der Haut führt also zur Abtötung mehrerer Hautschichten durch die Granulocyteninfiltration.

6. Interleukin-8

In diesem Kapitel soll IL-8 aufgrund seiner besonderen Bedeutung für Granulocyten vorgestellt werden. Früher wurden IL-1 und TNF eine chemotaktische Aktivität auf Neutrophile zugeschrieben. Erst als diese 1987 rekombinant hergestellt werden konnten, sah man, daß sie keine derartige Aktivität besitzen. Folglich mußte in den Leukocytenüberständen ein Faktor sein, der sich von IL-1 und TNF unterscheidet und diese Aktivität hat. IL-8 wurde zunächst unter verschiedenen Namen beschrieben. 1989 wurden die Synonyme unter dem Namen IL-8 zusammengefaßt, nachdem klar war, daß es das gleiche Protein ist, und zum anderen, daß es sich nicht nur um ein Chemoattraktant, sondern um ein richtiges pleiotropes Cytokin handelt.

IL-8 ist ein Protein von 10 Kilodalton mit einem isoelektrischem Punkt von pH 8 bis 8,5. Es wird zunächst ein 99 Aminosäuren großes Primärprodukt gebildet. Dieses hat eine 27 Aminosäuren große Leadersequenz, womit das reife IL-8 72 Aminosäuren hat. Neben dieser 72 Aminosäuren großen Form gibt es allerdings noch Formen mit 69, 70 und 77 Aminosäuren, die ebenfalls biologisch aktiv sind. Der IL-8-Rezeptor (IL-8R) hat ein Molekulargewicht von 58 bis 60 Kilodalton und wird auf Neutrophilen, Basophilen, Monocyten und einigen T-Zellen exprimiert. Pro Zelle gibt es 20 000 bis 50 000 IL-8-Rezeptoren. Der IL-8R wird internalisiert und leitet das Signal über Ca^{2+}, Proteinkinase C und ein G-Protein weiter.

7. Zusammenfassung und Perspektiven

Granulocyten haben eine zentrale Rolle bei der Abwehr von Infektionen. Bei einer Entzündung sind sie die ersten Immunzellen am Infektionsherd und beginnen mit der Phagocytose der Erreger. Durch ihre große Anzahl im Blut, ihre hohe Stoffwechselaktivität und ihre Phagocytosekapazität stellen sie ein wichtiges Element für die Beseitigung von Erregern auch nach deren Abtötung dar. Bei Parasitosen kommt den Granulocyten, besonders den Eosinophilen, eine entscheidende Rolle bei der Abtötung der Erreger zu. Die Granulocyten können durch ihre Antikörperrezeptoren die spezifische Markierung durch Antikörper ausnutzen und so ihre cytotoxische Kapazität gerichtet auf ein Antigen einsetzen.

Durch die Erkenntnis, daß Granulocyten nicht nur ausführendes Organ, sondern auch cytokinproduzierende, immunregulatorische Zellen sind, kommt ihnen auch eine Bedeutung für den Ablauf eines Entzündungsprozesses zu. Die Entdeckung, daß Blasentumorgewebe von Eosinophilen stark infiltriert ist, zeigt, daß Granulocyten auch eine Funktion in der Tumorimmunologie haben könnten.

Die Forschung auf dem Gebiet der Granulocyten wird in den nächsten Jahren die Bedeutung dieser Zellen wieder betonen. Eine Behandlung mit granulocytenaktivierenden Cytokinen könnte positiv bei lokalen Infektionen wirken. Andererseits könnte die Behandlung mit Antikörpern gegen IL-8 oder mit dem IL-1RA die Aktivität von Granulocyten senken und damit deren Überfunktion bei einigen Krankheiten entgegenwirken.

Literatur

Dinarello, C.A.; Thompson, R.C. *Blocking IL-1: Interleukin 1 receptor antagonist* in vivo *and* in vitro. In: *Immunology Today* 12 (1991). S. 404–410.

Gordon, J.R. Burd, P.R.; Galli, S.J. *Mast cells as a source of multifunktional cytokines.* In: *Immunology Today* 11 (1990). S. 458–464.

Lloyd, A.R.; Oppenheim, J.J. *Poly's Lament: The neglected role of the polymorphonuclear neutrophil in the afferent limb of the immune response.* In: *Immunology Today* 13 (1992). S. 169–172.

Raaij-Helmer, L.H.M. van der; Boorsma, D. *Chemotactic properties of interleukin 1.* In: *Immunology Today* 11 (1990). S. 151.

Spry, C.J.F.; Kay, A.B.; Gleich, G.J. *Eosinophils 1992.* In: *Immunology Today* 13 (1992). S. 384–387.

Titus, R.G.; Sherry, B.; Cerami, A. *The involvement of TNF, IL-1 and IL-6 in the immune response to protozoan parasites.* In: *Immunology Today/ Parasitology Today* 12 (1991). S. A13–A16.

5. T-Zellen

1. Einleitung

T-Zellen spielen eine zentrale Rolle im Immunsystem. Ihr Name ist abgeleitet von der Tatsache, daß sie im Thymus ausreifen. Einerseits haben sie Steuerfunktionen, andererseits cytotoxische, das heißt zelltötende Aufgaben. Die T-Zellen steuern die Immunantwort durch Helfer- und Suppressorzellen (T_H- beziehungsweise T_S-Zellen), welche die Reaktion des Immunsystems in Gang setzen oder unterdrücken. Durch die Regulation der Immunantwort, die auch die Funktionen der B-Zellen betrifft, nehmen die T-Zellen eine zentrale Stellung in der spezifischen Immunreaktion ein (Abbildung 5.1).

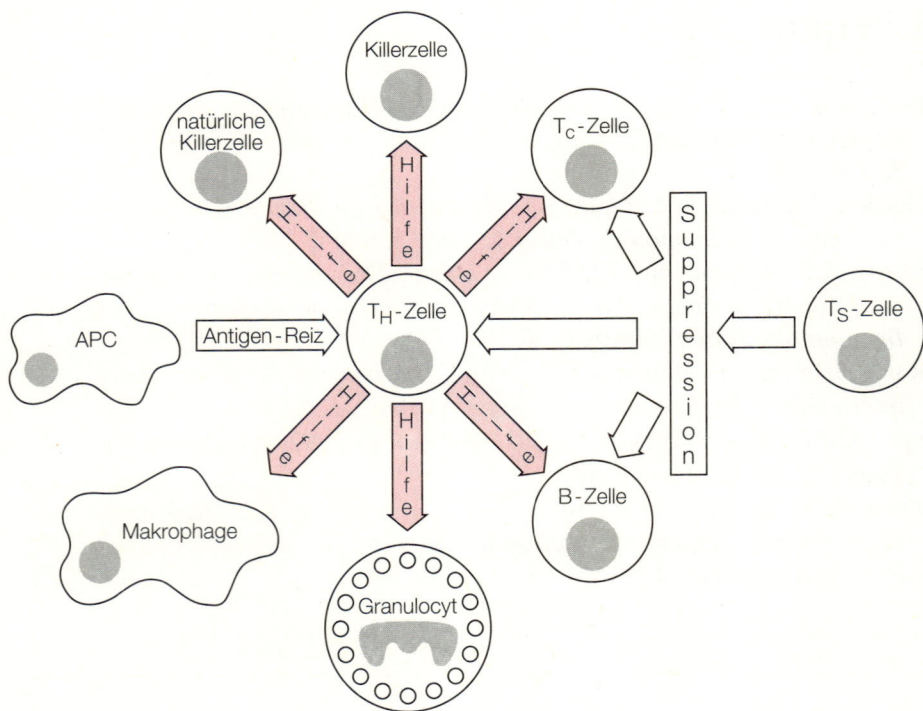

5.1 Die T_H-Zellen sind das Bindeglied zwischen den Zellen, die den ersten Kontakt mit dem Antigen haben und dieses dann präsentieren (antigenpräsentierende Zellen, APC), und den Effektorzellen (T_C- und B-Zellen). Die T_H-Zellen stellen somit die Weichen für die anderen Zellen der Immunantwort. Durch die T_S-Zellen werden unerwünschte oder nicht mehr benötigte Reaktionen unterdrückt.

Mit ihren regulatorischen und cytotoxischen Funktionen stellen die T-Zellen die antigenspezifische zelluläre Immunität dar. Die T-Zellen haben gewissermaßen eine Arbeitsteilung mit den Antikörpern der B-Zellen: Die Antikörper reagieren gegen Fremdstoffe, die sowohl außerhalb als auch auf körpereigenen Zellen vorkommen; die T-Zellen reagieren hingegen auf nicht-normale körpereigene Zellen, wie virusinfizierte Zellen oder Krebszellen. Die B-Zellen erkennen die natürliche räumliche Struktur des Antigens, die T-Zellen dagegen einen Teil der Aminosäurenabfolge des Antigens. Um die cytotoxischen und Steuerfunktionen wahrnehmen zu können, besitzen die T-Zellen einen besonderen Rezeptor, den T-Zell-Rezeptor (TCR; Abbildung 5.2). Dieser ist den Antikörpern in seiner Struktur sehr ähnlich, allerdings ist er fest mit der Zellmembran verbunden und kann nicht ausgeschieden werden.

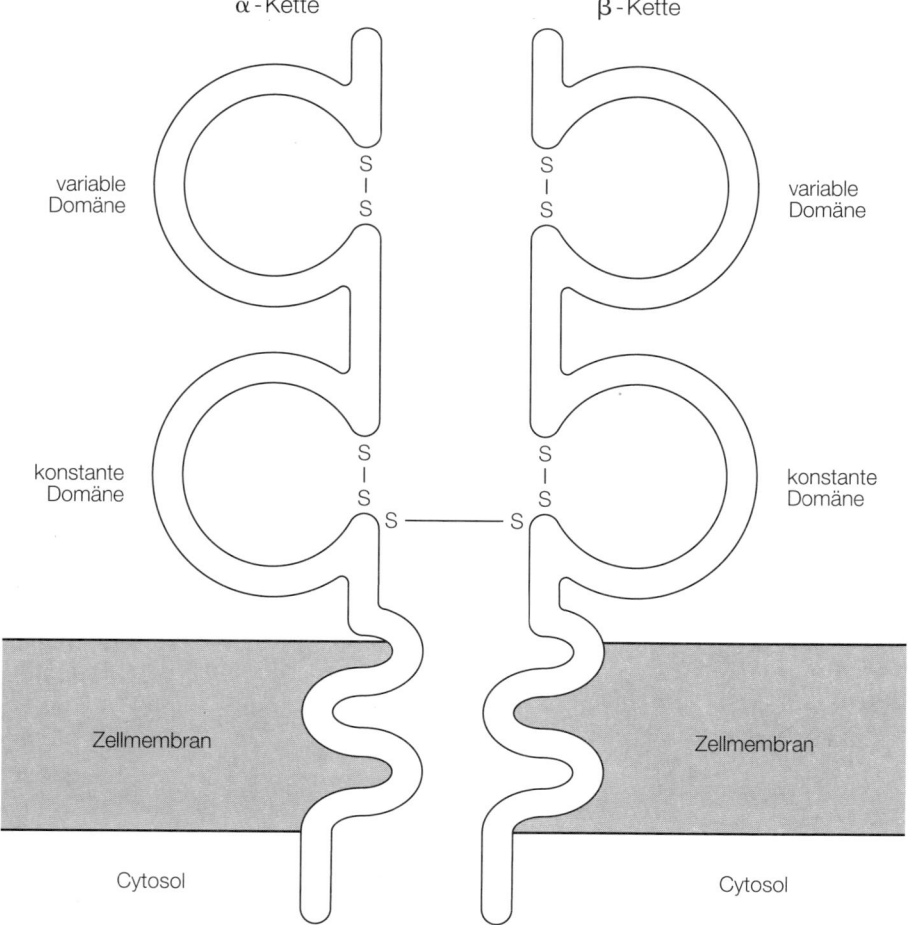

5.2 Der T-Zell-Rezeptor (TCR; hier TCR-2) ist ein Heterodimer aus einer leichten (α oder γ) und einer schweren Kette (β oder δ). Alle Ketten bestehen jeweils aus einer konstanten und einer variablen Domäne.

79

Es gibt zwei Klassen von T-Zell-Rezeptoren, den TCR-1, bestehend aus einer γ- und einer δ-Kette, und den TCR-2, der aus einer α- und einer β-Kette aufgebaut ist. Die etwas verwirrende Kombination, daß TCR-2 dem α/β-Rezeptor entspricht, kam dadurch zustande, daß früher nur dieser Rezeptortyp bekannt war. Bei der Entdeckung wurden den beiden Proteinketten die Bezeichnungen α und β gegeben. Als man später auch den zweiten Rezeptortyp entdeckte, wurden die Ketten mit γ und δ bezeichnet. Als man anschließend herausfand, daß der γ/δ-Rezeptor in der Entwicklung vor dem α/β-Rezeptor auftritt, wurde dieser mit TCR-1 bezeichnet.

95 Prozent aller T-Zellen tragen den TCR-2-Rezeptor, nur fünf Prozent den TCR-1. Neben diesen hochspezifischen Rezeptoren, die eine T-Zelle erst zur T-Zelle machen, haben T-Zellen noch andere Oberflächenmarker. Der wichtigste ist CD3, das mit dem TCR assoziiert ist und für die Signaltransduktion in die Zelle verantwortlich ist. Sowohl TCR-1 als auch TCR-2 leiten über diesen Transmembrankomplex, der aus einer γ-, δ- und ε-Kette besteht, die Signale in die T-Zelle weiter. Die drei Proteinketten des CD3-Komplexes bedienen sich ihrerseits zweier ζ-Proteinketten für die Signaltransduktion (Abbildung 5.3).

CD2 ist der Rezeptor für Schaferythrocyten, der auf allen T-Zellen vorkommt. Es ist für die schon früh beobachtete „Rosettenbildung" von Schaf-

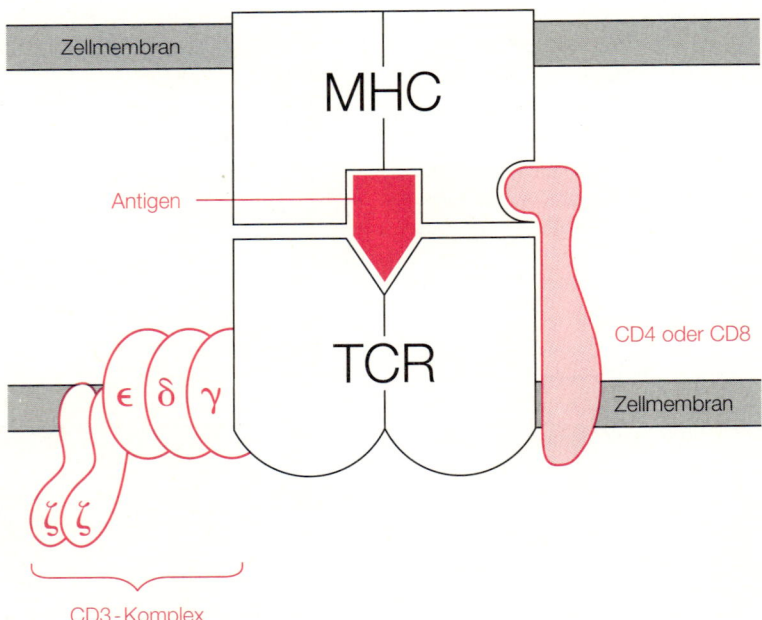

5.3 Der TCR erkennt das Antigen im Komplex mit dem MHC. Für die korrekte Verknüpfung und die Signaltransduktion sind jedoch noch weitere assoziierte Moleküle notwendig: Der CD3-Komplex für die Signaltransduktion und CD4 oder CD8 für die MHC-Restriktion. Restriktion heißt, daß nur T-Zellen mit CD8 sich mit MHC-Klasse-I-tragenden Zellen verbinden und daß CD4+ T-Zellen sich nur mit MHC-Klasse-II-tragenden Zellen verbinden.

erythrocyten um eine T-Zelle verantwortlich. Weitere allgemeine T-Zellmarker sind CD5 und CD7. Die übrigen Marker, wie CD4 und CD8, spezifizieren Untergruppen von T-Zellen.

2. Der T-Zell-Rezeptor

Der TCR hat wie die Antikörper die Aufgabe, ein Antigen zu erkennen. Im Gegensatz zu den Antikörpern erkennt er kein freies Antigen, sondern Antigene in Verbindung mit MHC-Molekülen. Die MHC-Moleküle stellen das „Selbst" des Körpers dar, das Antigen das „Fremd". Somit wird vom TCR eine Kombination von „Selbst" und „Fremd" erkannt, während ein Antikörper das „Fremd" allein erkennt. Bei diesem Vorgang präsentiert das MHC-Molekül das Antigen in einer passenden Mulde dem TCR (Abbildungen 5.4 und 5.5). Um der Vielzahl von Antigenen, das heißt verschiedenen Viren und Krebszellen, begegnen zu können, muß es ebensoviele verschiedene Rezeptormoleküle geben. Das Problem der Bereitstellung von einer so großen Zahl verschiedener Proteine, die alle eine gemeinsame Struktur aufweisen müssen, um das „Selbst" zu erkennen und die Signale einheitlich weiterzuleiten, wurde wie bei den Antikörpern gelöst.

Die α- und die γ-Kette entsprechen den leichten Ketten von Immunglobulinen, die β- und δ-Kette den schweren Ketten. Die Gene bestehen aus einzelnen Bereichen, den V- (*variable*), D- (*diversity*), J- (*joining*) und C- (*constant*)

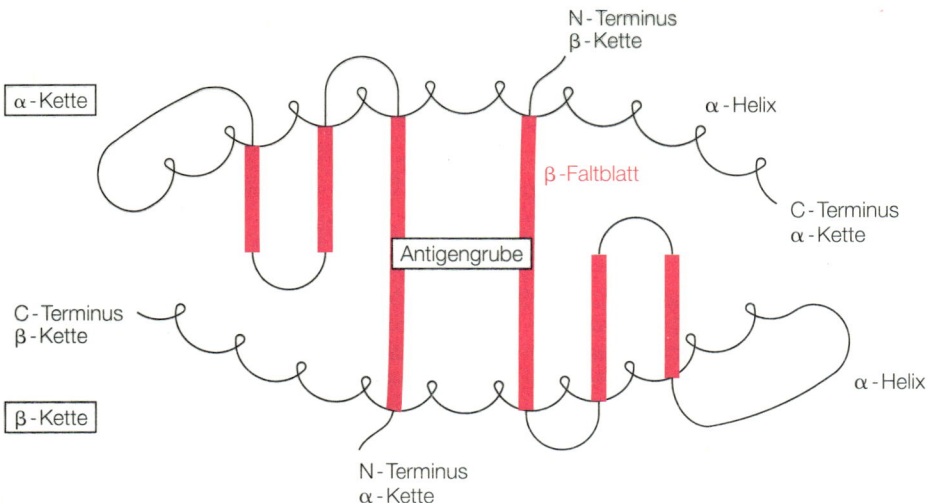

5.4 Die Peptidkette des MHC-Moleküls bildet einen Boden aus β-Faltblattstrukturen und eine Umrahmung durch zwei α-Helices. Durch diese räumliche Anordnung entsteht eine Grube inmitten des MHC-Moleküls.

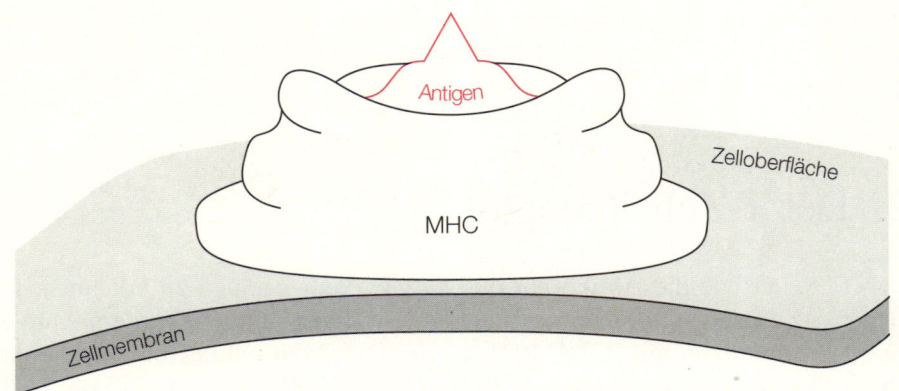

5.5 Die Grube im MHC-Molekül ist durch unterschiedliche, kleine Peptidstücke besetzt. (Verändert nach Mally, Serva Schriftenreihe.)

Segmenten. Durch die Kombination einzelner Abschnitte wird die hohe Vielfalt erreicht. Die Anzahl der einzelnen Segmente veranschaulicht Tabelle 5.1.

Jedes Segment kann wahlweise genutzt werden, womit die Anzahl der Kombinationen sich durch Multiplikation der Gensegmente ergibt. Da jeweils eine α- und β-Kette beziehungsweise eine γ- und eine δ-Kette zusammengehören, steigert sich die Zahl der Kombinationsmöglichkeiten weiter. Zusätzlich ergeben sich weitere Möglichkeiten, indem einzelne Nucleotide an die Gensegmente angehängt werden. Durch diese Nucleotide verschiebt sich das gesamte Leseraster für die Übersetzung in das Protein, und es entsteht ein völlig neues Segment. Diese einzelnen Nucleotide werden auch N-Segmente genannt.

Die zufällige Zusammenstellung eines Genes aus den Gensegmenten nennt man Rearrangement. Die zwischen den verwendeten Abschnitten liegenden Genbereiche werden herausgeschnitten und abgebaut, das heißt, die chromosomale DNA von Keimbahnzellen oder unreifen Thymocyten unterscheidet sich von jener der T-Zellen mit einem rearrangiertem TCR-Gen (Abbildung 5.6).

Die Gensegmente für die α- und δ-Kette liegen beim Menschen auf dem Chromosom 14, die der β- und γ-Kette auf Chromosom 7. Interessanterweise

Tabelle 5.1: Anzahl der einzelnen Gensegmente, die frei miteinander kombiniert werden können. Aus der Anzahl der Kombinationsmöglichkeiten ergibt sich die Anzahl der genetisch determinierten T-Zell-Rezeptoren.

Gensegment	α-Gen	β-Gen	γ-Gen	δ-Gen
V	50–100	50–100	6–8	3
D	–	2	–	2
J	50–100	12–13	3–5	2
C	1	2	2	1

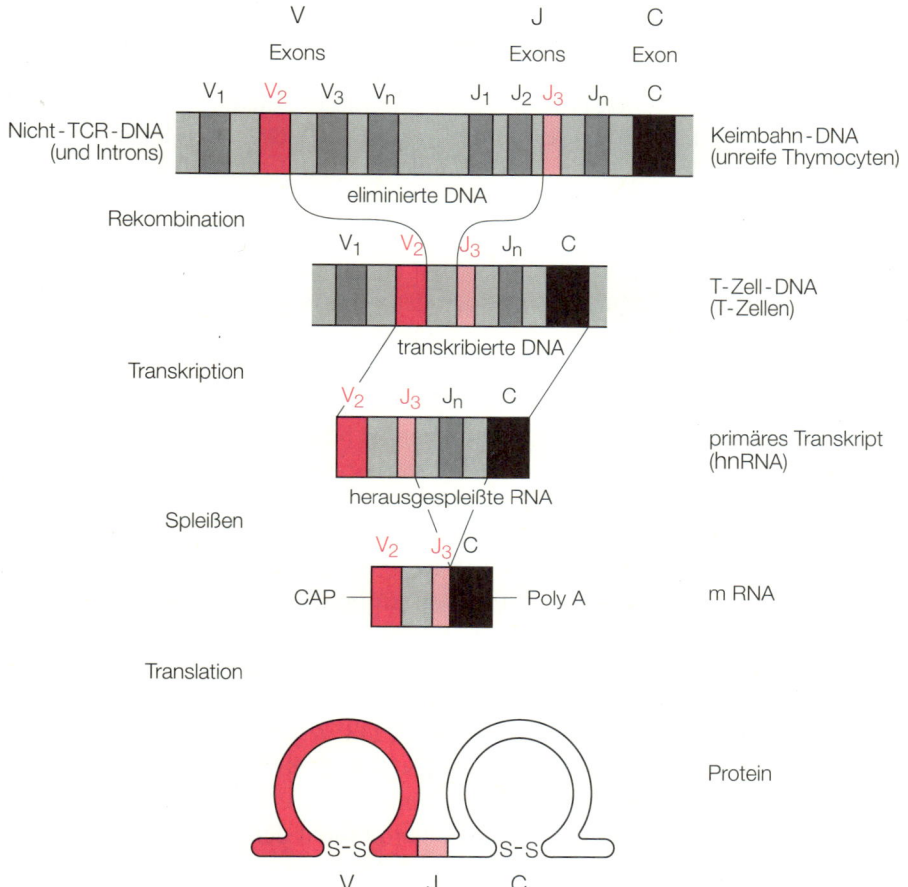

5.6 Die Gene für die 4 verschiedenen TCR-Ketten bestehen aus V-, J- und C-Segmenten. Bei den β- und δ-Ketten kommen noch D-Segmente hinzu. Die einzelnen Segmente einer Kette sind frei kombinierbar. So verbindet sich zunächst ein beliebiges V-Segment mit einem beliebigen J-Segment, und die dazwischenliegende DNA wird aus dem Genort entfernt. Die überschüssigen J-Segmente werden erst beim Spleißen der RNA entfernt.

befinden sich die Abschnitte der δ-Kette zwischen den V- und J-Segmenten der α-Kette. Dadurch wird ausgeschlossen, daß eine Zelle nach dem Rearrangement sowohl den TCR-1 als auch den TCR-2 besitzt. Wird die α-Kette umgeordnet, so wird bei der Verknüpfung von V und J das gesamte Gen der δ-Kette herausgeschnitten.

2.1 TCR-1

An den Gensegmenten, die für das Rearragement zur Verfügung stehen, kann man erkennen, daß der γ/δ-Rezeptor eine niedrigere Anzahl von Rezeptorspezifitäten hat. Dies hat zu der Vermutung geführt, daß der TCR-1 vor allem auf allgemeine oder häufige Antigene (*common antigens*) reagiert. Da der TCR-1 in der Entwicklung stets vor dem TCR-2 auftritt, dürfte der TCR-1 erstens der stammesgeschichtlich ältere sein und zweitens eine Rolle bei der Reifung der T-Lymphocyten spielen. Eventuell kommt es zuerst zu einem Rearrangement beim TCR-1; wenn das Zusammenbauen des Genes funktioniert hat, reift diese Zelle zu einem γ/δ-T-Lymphocyten aus. Da nur wenige Gensegmente vorhanden sind, kann das Rearrangement häufig scheitern; dann hat die Zelle jedoch noch die Möglichkeit, einen α/β-Rezeptor zu bilden. Umgekehrt wäre dies nicht möglich, weil das Gen der δ-Kette bereits herausgeschnitten wäre.

Die T-Zellen mit TCR-1 als T-Zell-Rezeptor lassen sich in zwei Gruppen einteilen, und zwar in Zellen, denen der CD4- und der CD8-Marker fehlt (CD4$^-$/CD8$^-$), und solchen, die nur den CD8-Marker besitzen (CD4$^-$/CD8$^+$). Im Gegensatz zu den T-Zellen mit α/β-Rezeptoren gibt es keine CD4$^+$ γ/δ-T-Zellen. Nur etwa fünf Prozent der T-Zellen im peripheren Blut exprimieren den TCR-1, die restlichen tragen den TCR-2. Beide Populationen von γ/δ-T-Zellen können Cytokine produzieren, während CD8$^+$ α/β-T-Zellen hierzu nur eingeschränkt in der Lage sind.

Die CD8$^+$ γ/δ-T-Zellen erkennen wie die CD8$^+$ α/β-T-Zellen das Antigen in Zusammenarbeit mit MHC-Klasse-I-Molekülen. Die CD4$^-$/CD8$^-$ (doppelt negativen) γ/δ-T-Zellen können ihr Antigen ohne die Verknüpfung von CD8 und MHC-Klasse I erkennen und unterliegen somit nicht der Restriktion im klassischem Sinne. Wie diese Zellen ihr Antigen erkennen und die Zellen abtöten, ist noch nicht geklärt. Die doppelt negativen TCR-1-Zellen sind vor allem in der Haut und Schleimhaut zu finden, wo sie als intraepitheliale Lymphocyten bezeichnet werden. Die CD8$^+$ TCR-1-T-Zellen sind überwiegend im Bereich der möglichen Eintrittsstellen von Erregern zu finden, etwa im interstitiellen Mucosaepithel. Aufgrund ihrer Eigenschaft, allgemeine Antigene zu erkennen, bilden sie dort eine erste Abwehrfront.

2.2 TCR-2

T-Zellen mit α/β-Rezeptor bilden den Hauptteil der T-Zellen (95 Prozent). Sie übernehmen auch die Steuerfunktionen im Immunsystem. Die α/β-T-Zellen können anhand von Oberflächenmarkern und Funktionen in wesentlich mehr Populationen eingeteilt werden als die γ/δ-T-Zellen (Abbildung 5.7). Im Gegensatz zu den TCR-1 tragenden T-Zellen gibt es so gut wie keine (<1 Prozent) doppelt negativen TCR-2-T-Zellen.

TCR-2 (α/β-Rezeptor)			TCR-1 (γ/δ-Rezeptor)	
CD4+/CD8- T-Helferzellen	CD4-/CD8+ cytotoxische T-Zellen		CD4-/CD8-	CD4-/CD8+
CDw29+ Helferzellen, die T- oder B-Zellen aktivieren oder in ihrer Funktion unterstützen	CD28+ Reaktion mit MHC-Assoziation	CD11b+ Reaktion ohne MHC-Assoziation	ca. 80 % der Zellen cytotoxische Zellen ohne MHC-Restriktion	ca. 20 % der Zellen cytotoxische Zellen mit MHC-Restriktion
CD45R+ induzieren Suppressorfunktion in CD8+-T-Zellen				

5.7 Übersicht der T-Zell-Subpopulationen.

Aus Abbildung 5.7 kann man ersehen, daß sich die *α/β*-T-Zellen in zwei große Populationen einteilen lassen, in die CD4⁺-T-Helferzellen (früher als T4-Zellen bezeichnet) und die CD8⁺-cytotoxischen T-Zellen (früher T8-Zellen). Die CD4- und CD8-Moleküle entscheiden darüber, ob die T-Zelle mit MHC-Klasse I oder II reagiert. CD4 reagiert nur mit MHC-Klasse II und CD8 nur mit MHC-Klasse I, man spricht hier von einer Restriktion. MHC-Klasse-II-Moleküle sind nur auf bestimmten Immunzellen zu finden, beispielsweise auf Langerhans-Zellen der Haut, B-Lymphocyten, interdigitierenden dendritischen Zellen der lymphatischen Gewebe, aktivierten Monocyten beziehungsweise Makrophagen und 15 Prozent der ruhenden Monocyten/Makrophagen. Diese Zellen sind maßgeblich an der Immunregulation beteiligt. Entsprechend interagieren die CD4⁺-T-Zellen nur mit Zellen des Immunsystems. Sie sind somit hauptsächlich für die Regulation der Immunantwort verantwortlich. MHC-Klasse I ist auf allen kernhaltigen Zellen vorhanden; daraus ergibt sich die Funktion der CD8⁺-T-Zellen als cytotoxische T_c-Zellen, da nur sie alle Körperzellen erkennen können (Abbildung 5.8).

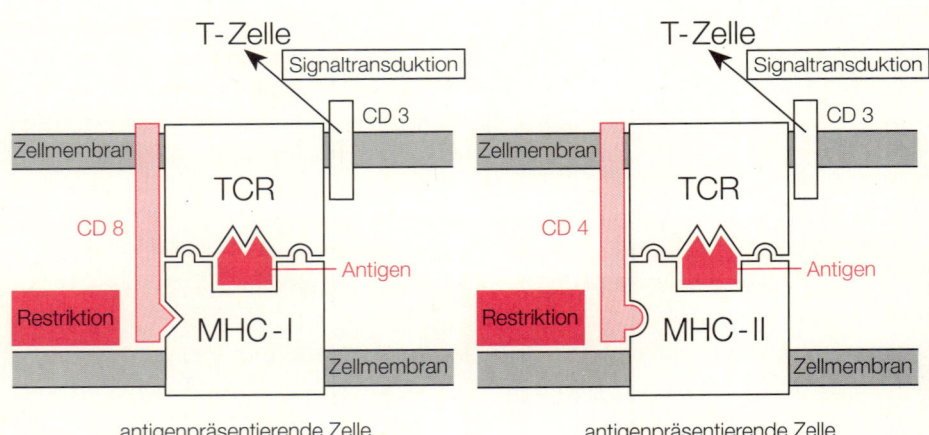

5.8 Die Reaktion der T-Zellen ist durch die CD4- und CD8-Rezeptoren eingeschränkt. CD4 tragende T-Zellen können nur mit MHC-Klasse-II-positiven Zellen interagieren, während CD8 tragende T-Zellen nur MHC-Klasse-I-positive Zellen erkennen.

3. T-Zell-Entwicklung

Die T-Zellen haben ihren Namen vom Thymus, einem Organ, das sich im Brustkorb über dem Herzen befindet. Im Thymus reifen die Thymocyten zu den T-Zellen heran. Der Thymus ist gewissermaßen die Schule der T-Zellen. Dort lernen sie „Selbst" und „Fremd" zu unterscheiden. Thymocyten, die während ihrer Ausreifung die Unterscheidung zwischen „Selbst" und

„Fremd" nicht „lernen", also gegen körpereigene Moleküle reagieren, dürfen den Thymus nicht verlassen. Diese Zellen werden im Thymus ausgesondert und abgetötet. Zellen, die während ihrer Entwicklung keinen funktionsfähigen T-Zell-Rezeptor bilden oder kein CD3 auf ihrer Oberfläche tragen, werden ebenfalls ausgesondert. Bei ihnen tritt dann der programmierte Zelltod (Apoptosis) ein, eine Art Selbstmord funktionsloser Zellen.

Der Thymus besteht aus 2 Bereichen, der äußeren Rindenschicht (Cortex) und der inneren Markzone (Medulla). Im Cortex befinden sich die unreifen Thymocyten, die sich stark vermehren. Während ihrer Entwicklung zur T-Zelle durchwandern die Thymocyten Cortex und Medulla bis sie abgetötet werden oder als funktionsfähige T-Zellen den Thymus verlassen. Die Reifung der T-Zellen ist sehr komplex und beim Menschen noch nicht vollständig aufgeklärt.

4. T-Zellen und Cytokine

Wie bereits erwähnt, haben die T-Zellen eine Vielzahl von Steuerfunktionen. Steuerung bedeutet, daß Informationen und Befehle weitergegeben werden müssen. Um die Information auf eine andere Zelle zu übermitteln, bedienen sich die T-Zellen der Sprache des Immunsystems. Diese Sprache besteht aus den Cytokinen als löslichen Faktoren und den Adhäsionsmolekülen als membranständigen Faktoren. Auf die Adhäsionsmoleküle wird im folgenden nur am Rande eingegangen, da diesen ein eigenes Kapitel gewidmet ist.

T-Zellen sind in der Lage, fast sämtliche Cytokine zu produzieren und durch diese Effekte auf die verschiedensten Zelltypen auszuüben (Abbildung 5.9). In diesem Kapitel sollen die Cytokine IL-2, IL-4 und IL-10 näher beschrieben werden, da sie eine wesentliche Rolle in der Funktion und Charakterisierung der T-Zellen spielen.

Die T-Helferzellen (T_H-Zellen) kann man aufgrund ihrer Fähigkeit, verschiedene Cytokine zu produzieren, in mindestens drei Populationen einteilen (Abbildung 5.10). Bei den T_{H0}-Zellen handelt es sich um naive T-Zellen. Mit naiv beschreibt man T-Zellen, die noch keinen Antigenkontakt hatten. Sie können sowohl IL-2/IFN-γ als auch IL-4/IL-10 produzieren. Nach Antigenkontakt differenzieren sich diese Zellen zu T_{H1}- oder T_{H2}-Zellen und verlieren dabei die Fähigkeit, sämtliche Cytokine zu synthetisieren.

Die beiden entstehenden Populationen sind in den meisten Funktionen Gegenspieler. So inhibieren T_{H1}-Zellen die T_{H2}-Zellen über IFN-γ und fördern ihre eigene Entstehung. Im Gegenzug hemmen T_{H2}-Zellen die T_{H1}-Zellen über IL-10 und fördern ebenfalls ihre eigene Bildung. Über diesen Regelkreis steuern beide Populationen die Immunantwort.

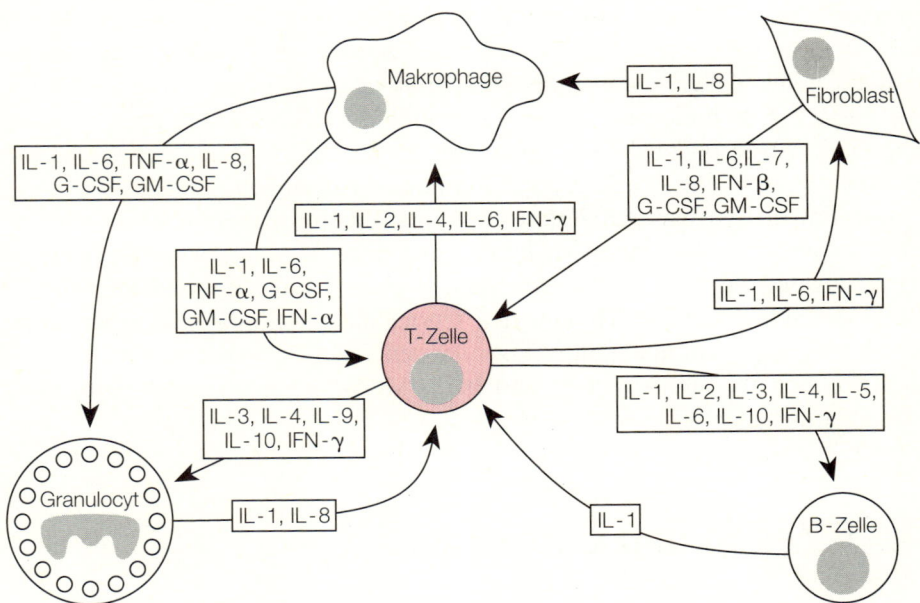

Makrophage

IL-1, IL-8

Fibroblast

IL-1, IL-6, TNF-α, IL-8, G-CSF, GM-CSF

IL-1, IL-6, IL-7, IL-8, IFN-β, G-CSF, GM-CSF

IL-1, IL-2, IL-4, IL-6, IFN-γ

IL-1, IL-6, TNF-α, G-CSF, GM-CSF IFN-α

IL-1, IL-6, IFN-γ

T-Zelle

IL-3, IL-4, IL-9, IL-10, IFN-γ

IL-1, IL-2, IL-3, IL-4, IL-5, IL-6, IL-10, IFN-γ

Granulocyt

IL-1, IL-8

IL-1

B-Zelle

5.9 Die aktivierte T-Zelle kann als Drehscheibe der Steuerung der Immunantwort durch Cytokine gesehen werden. Die T_H- und T_S-Zellen haben eine Steuerfunktion, zudem sind T-Zellen in der Lage, fast sämtliche Cytokine zu bilden.

4.1 T_H-Zellen und antigenpräsentierende Zellen

Nach einer Infektion muß der Erreger zuerst von einer antigenpräsentierenden Zelle (APC) aufgenommen, zerkleinert und in Form von Bruchstücken zusammen mit MHC-Molekülen präsentiert werden, damit das spezifische Immunsystem wirksam werden kann (Abbildung 5.11). Der antigenspezifische Kontakt der beiden Zellen beruht auf der Spezifität des TCR, die Restriktion auf der Bindung von CD4 und MHC-Klasse II. Zusätzlich wird die Bindung der Zellen durch Adhäsionsmoleküle verstärkt. Sobald der feste, spezifische Zellkontakt zustande gekommen ist, kommunizieren die T_H-Zelle und die APC über Cytokine.

Die APC bildet IL-1 für die Signalübermittlung an die T-Zelle. IL-1 bewirkt die Vermehrung (Proliferation) der T-Zelle und induziert dort die Produktion von Cytokinen. Der Rezeptor für IL-1 ist auf ruhenden T-Zellen immer vorhanden, so daß diese direkt, ohne Voraktivierung, auf das Signal ansprechen können. Das IL-1-Signal wird durch weitere Cytokine der APC, vor allem durch IL-6 und TNF-α, verstärkt. IL-1 und IL-6 haben eine synergistische Wirkung auf die Proliferation von T-Zellen. Die Vermehrung der T-Zellen beruht jedoch nicht nur auf der mitogenen Wirkung der Cytokine, deren alleinige Wirkung auf die T-Zellen ist relativ schwach. Die Cytokine verstärken

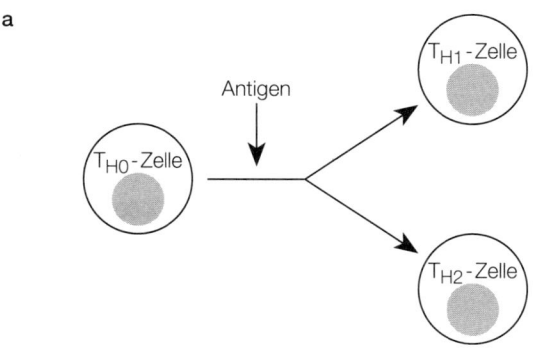

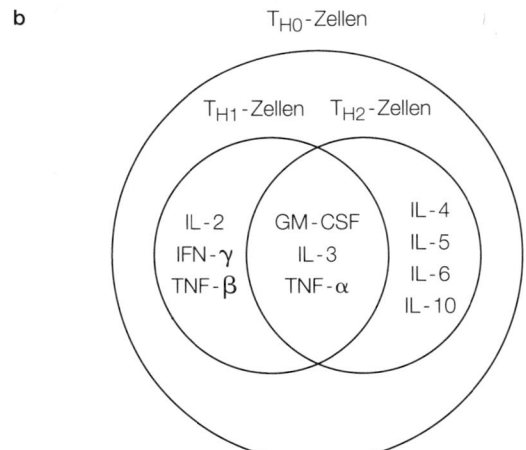

5.10 a) Naive T_H-Zellen (T_{H0}-Zellen), also Zellen, die noch keinen Antigenkontakt hatten, können sämtliche Cytokine produzieren, die von T-Zellen gebildet werden können. Nach dem ersten Antigenkontakt geht diese Fähigkeit verloren, und die Zellen werden zu einer T_{H1}- oder T_{H2}-Zelle, die nur noch ein bestimmtes Muster an Cytokinen bilden kann. b) Das Cytokinmuster ist das einzige Unterscheidungsmerkmal dieser T-Zell-Populationen. Es gibt Cytokine, die nur von T_{H1}-Zellen gebildet werden können (zum Beispiel IFN-γ), und solche, die nur T_{H2}-Zellen synthetisieren (zum Beispiel IL-4) sowie Cytokine, die beide Populationen bilden können (beispielsweise IL-3).

nur das Signal, das durch die spezifische Antigenerkennung ausgelöst wird. Dieses bewirkt über Second Messenger eine Veränderung in der Zelle. Durch die TCR-Aktivierung werden vor allem die Signalwege des Ca^{2+}-Einstroms und der Aktivierung der Proteinkinase C (PKC) in Gang gesetzt.

Die Aktivierung des TCR und IL-1 als zweites Signal bewirken den Übergang der ruhenden T-Zelle von der G_0-Phase des Zellzyklus in die G_1-Phase. IL-1 vermittelt seine Wirkung über verschiedene Transkriptionsfaktoren (c-fos, c-myc, NFAT-1, NFIL-2A), die zur Aktivierung einer Vielzahl für die Zellteilung wichtiger Gene führen. Zwei sehr wichtige Gene, die dabei akti-

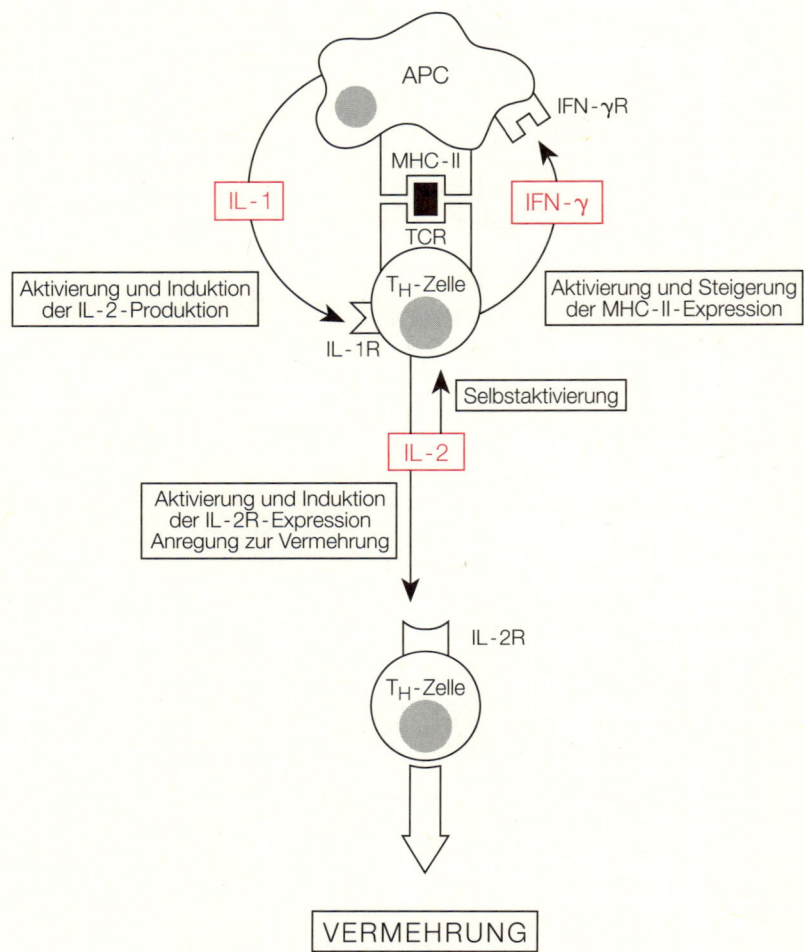

5.11 Die T-Zelle erkennt das spezifische Signal der antigenpräsentierenden Zelle (APC) aus MHC-Klasse II plus prozessiertem Antigen (Ag). Diesem spezifischem Kontakt folgt die Kommunikation der Zellen über Cytokine, das heißt die Meldung von IL-1 der APC an die T-Zelle, daß sie das richtige Antigen erkennt und sich vermehren soll, und die Rückmeldung der T-Zelle in Form von IFN-γ, daß sie verstanden hat und die APC mehr MHC-Klasse II bilden soll, um noch mehr T-Zellen zu aktivieren. Das Signal IL-2 sorgt dann für die Vermehrung der T-Zellen. (Verändert nach Hamblin, IRL Press, 1988.)

viert werden, sind die für Interleukin-2 (IL-2) und den IL-2-Rezeptor (IL-2R) (Abbildung 5.12).

IL-2 hat eine zentrale Rolle bei der Vermehrung der T-Zellen. So bewirkt IL-2 die Induktion von IL-2 und des IL-2R in anderen T-Zellen und wirkt gleichzeitig auf die produzierende Zelle selbst zurück. Man spricht hier von parakriner und autokriner Wirkung, wobei vor allem der autokrine Effekt interessant ist, weil die antigenspezifisch aktivierte Zelle sich dadurch selbst

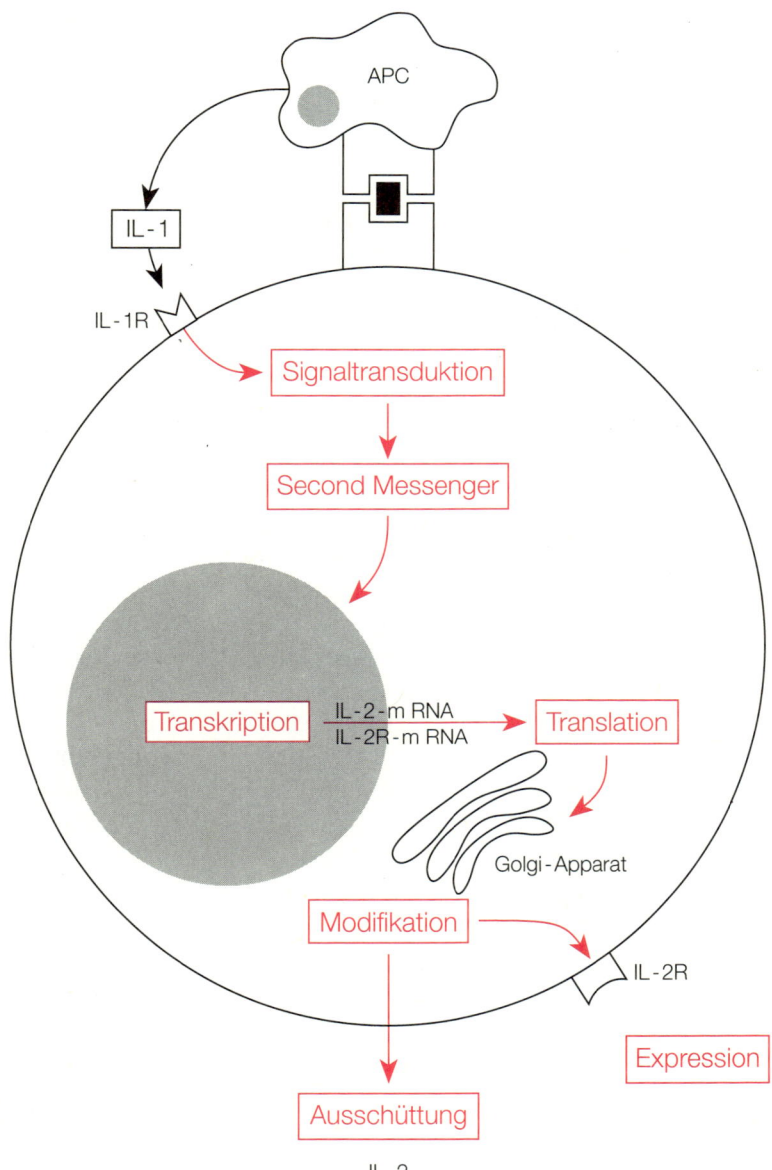

5.12 Die Aktivierung der T-Zellen durch Kopplung über den TCR-Komplex löst eine ganze Folge von Prozessen aus. Ein wesentliches autostimulatorisches Element ist die Produktion von IL-2 und die Expression des IL-2-Rezeptors auf der Oberfläche. Hierbei muß man immer bedenken, daß zwischen der Kopplung über den TCR und der Ausschüttung von IL-2 beziehungsweise der Expression von IL-2R immer die Signalübertragung durch Second Messenger, die Transkription sowie die Translation mit nachfolgenden Modifikationen im Golgi-Apparat liegt. (Verändert nach Hamblin, IRL Press, 1988.)

zur Proliferation anregt. Es liegt also eine klonale Expansion vor, das heißt eine Vermehrung einzelner spezifischer Zellen.

IL-2 aktiviert die Zelle über den IL-2R, einen Rezeptor, der andere Second Messenger nutzt als IL-1 und TCR. Hier sind vor allem ein Na^+/H^+-Antiport, das heißt einen Austausch von Na^+- gegen H^+-Ionen, zu nennen, wodurch die intrazelluläre Na^+-Konzentration erhöht wird und die Aktivierung einer rezeptorassoziierten Proteinkinase angeregt wird, was wiederum die Induktion von Transkriptionsfaktoren anregt. Der wichtigste Transkriptionsfaktor ist dabei das Protoonkogen c-myb, das für den Übergang von der G_1-Phase in die S-Phase des Zellzyklus notwendig ist. Dadurch kommt es zu einer Verdoppelung der DNA. Die Wirkung von IL-2 kann durch andere Cytokine der T-Zelle, vor allem IL-3 und IL-4, unterstützt werden.

Bisher wurden die Wirkung der APC auf die T-Zelle beschrieben, aber die T_H-Zelle wirkt auch auf die APC zurück. Das wichtigste Signal der T-Zelle ist die Bildung von IFN-γ. Dieses Cytokin verstärkt die Expression von MHC-Klasse-II-Molekülen auf der APC. Dadurch wird die antigenpräsentierende Funktion dieser Zelle verstärkt. Außerdem fördert IFN-γ die Produktion von IL-1 durch die APC, wenn diese gleichzeitig durch bakterielle Substanzen aktiviert wird. Hier setzt jetzt auch der Regelkreis der Cytokine ein, indem sich das aktivierte System selbst reguliert und entsprechend auch wieder abschaltet. Im Falle des IFN-γ heißt der Gegenspieler IL-4, welches sowohl antagonistisch für die Effekte von IFN-γ ist als auch die Genexpression von IFN-γ schwächt. In diesem komplexen Netzwerk werden die Zellen dann durch IL-2 und IL-6 dazu gebracht, zu den voll funktionsfähigen T_H-Zellen auszureifen. Einige reifen jedoch nicht ganz aus, sondern bleiben auf einer Zwischenstufe stehen. Diese Zellen bilden das T-Zell-Gedächtnis. Bei erneutem Auftreten des Antigens reagieren sie sehr viel schneller und mit der Bildung größerer Mengen von Cytokinen.

Die Aktivierung der T-Helferzellen spielt eine zentrale Rolle bei der Immunantwort; dies wird besonders deutlich, wenn diese Zellpopulation ausfällt, wie es bei AIDS der Fall ist. Allerdings ist die Immunantwort mit der Aktivierung der T_H-Zellen noch lange nicht abgeschlossen, denn sie unterstützen ja nur andere Zellen in ihren Funktionen. Um den Erreger oder die entartete Zelle zu beseitigen, müssen T_c-Zellen, B-Zellen, NK-Zellen, Granulocyten oder Makrophagen aktiviert werden.

4.2 T_c-Zellen und APC

Die cytotoxischen T-Zellen (T_c-Zellen) töten Krebszellen oder virusinfizierte Zellen ab. Doch zuvor müssen sie erst wie die T_H-Zellen aktiviert werden. Eine naive T_c-Zelle braucht also auch erst einen spezifischen Antigenkontakt, bevor sie ihre Funktion voll wahrnehmen kann. Diese Aktivierung bewirkt auch bei den T_c-Zellen eine klonale Expansion, wodurch die Spezifität der Immunantwort gewährleistet ist. Die T_c-Zelle erkennt das Antigen in Verbindung mit MHC-Klasse I, das heißt, die T_c-Zelle und T_H-Zelle konkurrieren nicht um die Bindungsstelle. Die T_H-Zelle und die T_c-Zelle müssen auch nicht das gleiche Antigen erkennen, sondern nur in einer engen Lagebeziehung zueinander stehen. Die räumliche Nähe ist von größter Bedeutung, da fast sämtliche Immunreaktionen örtlich begrenzt ablaufen und die Cytokine meist keine Fernwirkung haben. Dies gilt speziell für IL-2 – eine systemische Wirkung, das heißt, eine Wirkung über den gesamten Körper hätte die Folge, daß sämtliche T-Zellen aktiviert würden (Abbildung 5.13).

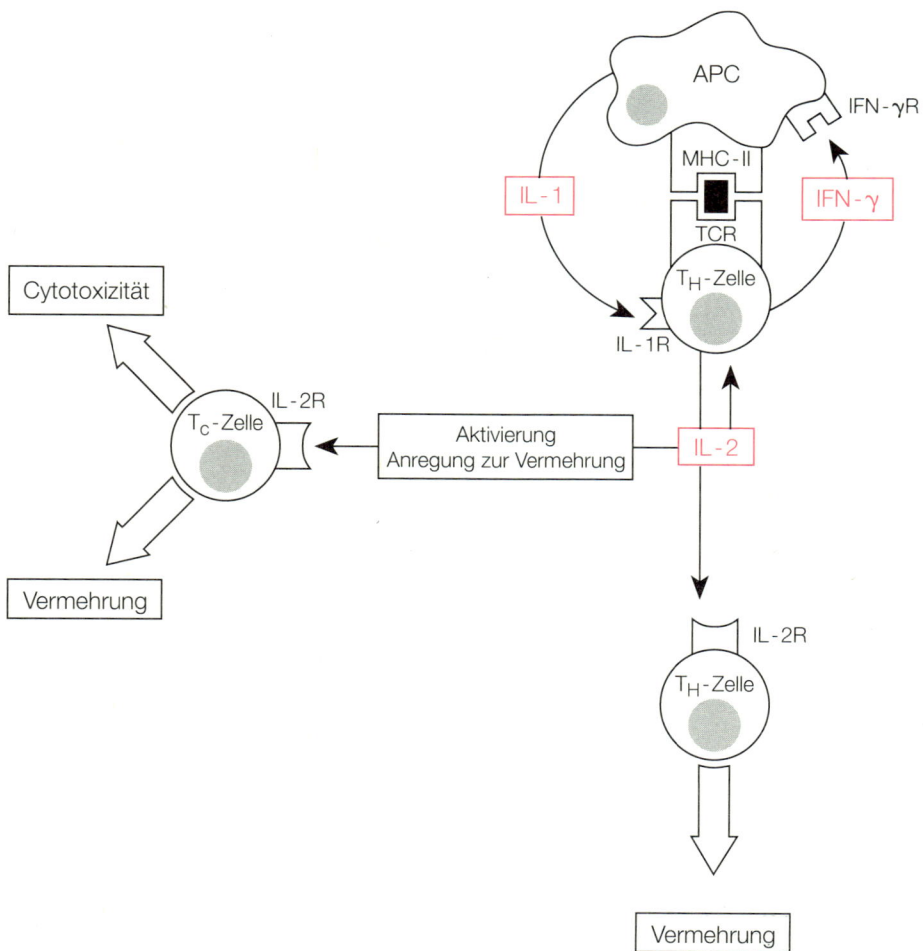

5.13 Die T_H-Zelle erkennt das Antigen im Komplex mit MHC-Klasse II, während die T_c-Zelle es im Komplex mit MHC-Klasse I erkennt. Die T_H-Zelle unterstützt die klonale Expansion der T_c-Zellen durch die Ausschüttung von IL-2. Für diesen Wirkmechanismus ist die lokale Begrenzung sehr wichtig, da sonst alle T-Zellen, auch autoreaktive, aktiviert würden. (Verändert nach Hamblin, IRL Press, 1988.)

Während des Kontakts von APC und T_H-Zelle werden verschiedene Cytokine freigesetzt, die – allen voran IL-1 – Lymphocyten anlocken und somit auch T_c-Zellen. Das von den T_H-Zellen ausgeschüttete IFN-γ sorgt zusätzlich dafür, daß die APC MHC-Klasse I auf ihrer Oberfläche stärker exprimieren. Die T_c-Zelle koppelt dann über TCR an den MHC-Klasse-I-Antigenkomplex. Die Signaltransduktion läuft dann wie bei den T_H-Zellen ab. Allerdings produzieren nicht alle T_c-Zellen IL-2, und diese auch nur in geringeren Mengen als T_H-Zellen. Das für die Proliferation nötige IL-2 bekommen die T_c-Zellen von den

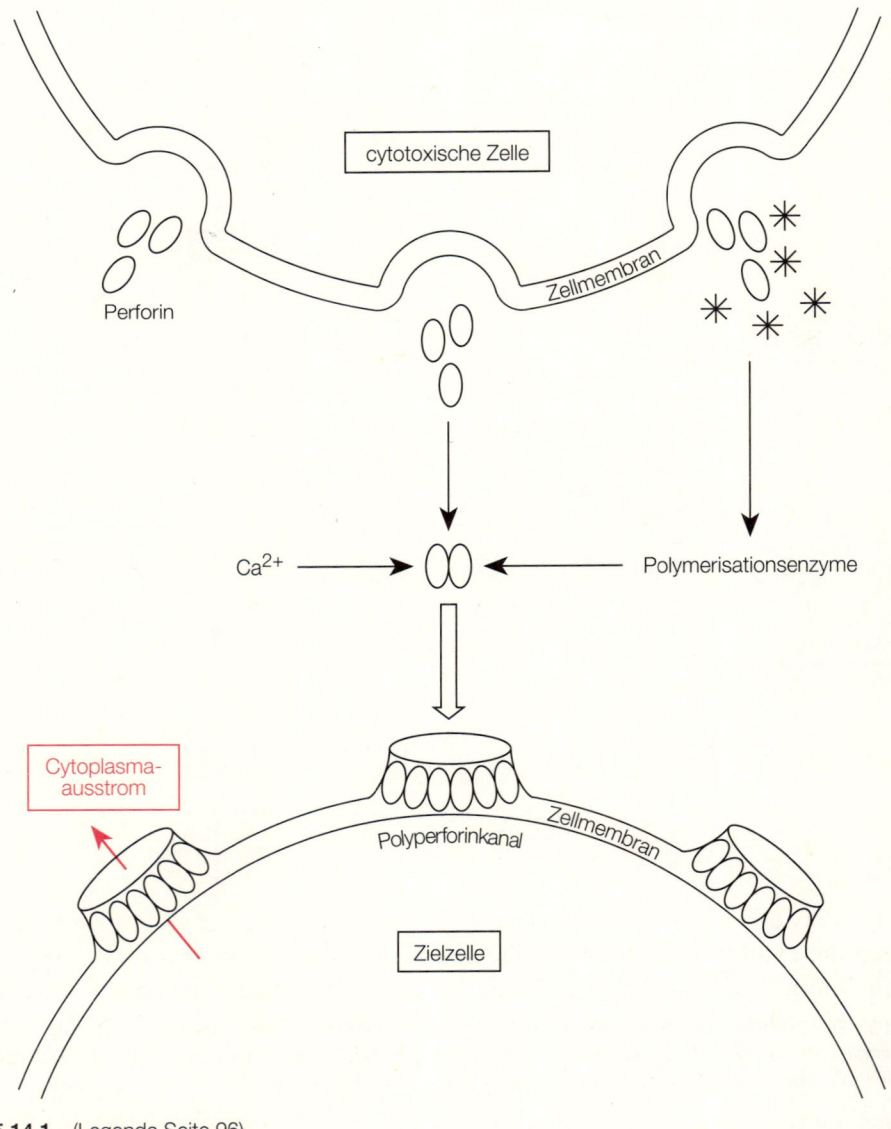

5.14.1   (Legende Seite 96)

T_H-Zellen. IL-2 und IL-6 sorgen dafür, daß die T_c-Zelle zur vollfunktionsfähigen Zelle ausdifferenziert, die in der Lage ist, Zellen abzutöten. Dies gelingt den cytotoxischen Zellen auf drei verschiedenen Wegen (Abbildung 5.14).

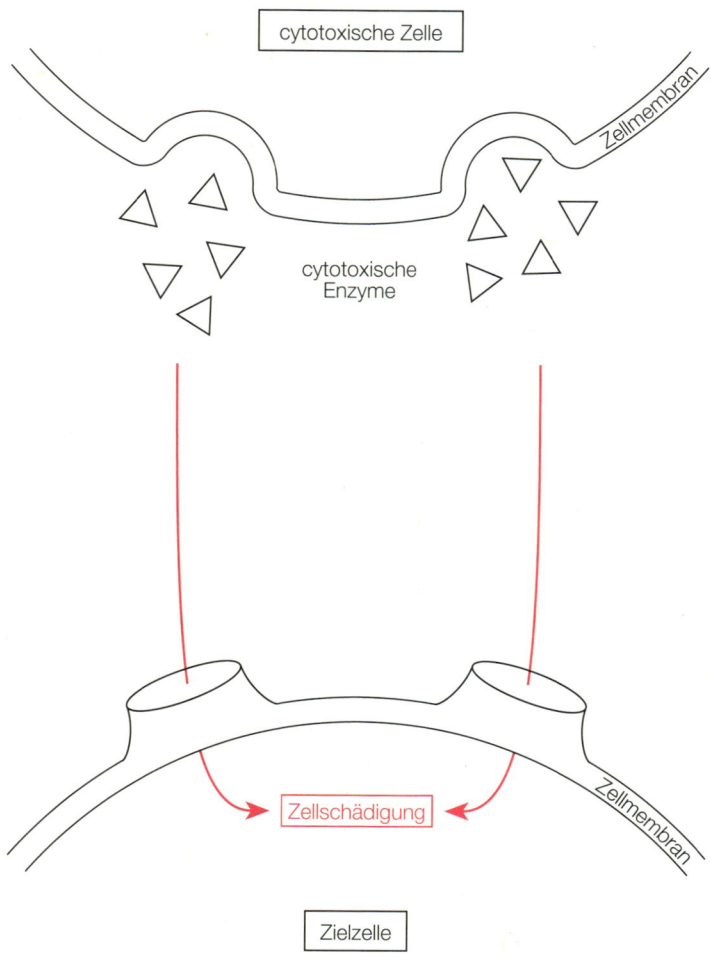

5.14.2 (Legende Seite 96)

In allen drei Fällen erfolgt zunächst die Anlagerung an die Zielzelle. Danach kann die cytotoxische Zelle die Zielzelle über Perforinkanäle, durch Enzyme und Radikale oder durch Cytokine abtöten. Diesen Wirkung werden in den Kapiteln über Makrophagen und Granulocyten näher beschrieben. Bei der Abtötung von pathologisch veränderten Zellen sind vor allem die Cytokine TNF-α, TNF-β und IFN-γ von Bedeutung. IFN-γ hat auf die meisten Zellen einen antiproliferativen Effekt; es sorgt dafür, daß die Zielzellen zunächst ihre

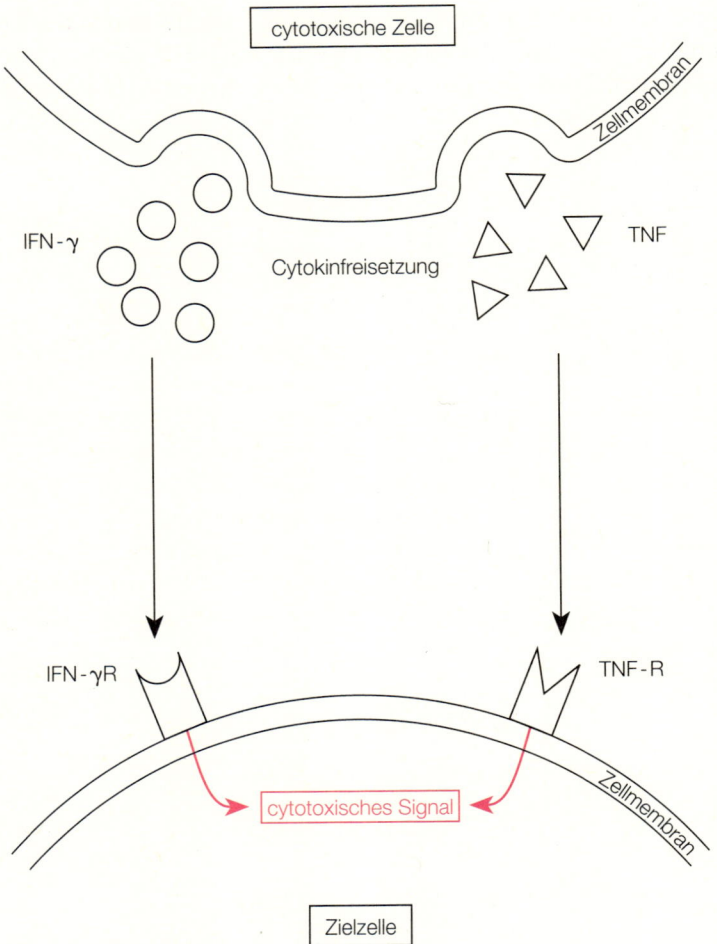

5.14.3 Mechanismen der Zellcytotoxizität. 1. Tötung über die Ausschüttung von Perforinen. 2. Lyse der Zelle durch Enzyme. 3. Ausschüttung von Cytokinen durch die Zelle, die einen toxischen (TNF) oder cytostatischen (IFN) Effekt haben. (Verändert nach Roitt et al., Georg Thieme Verlag, 1991.)

Vermehrung einstellen. Zusätzlich wirkt es synergistisch mit TNF und erhöht so dessen Cytotoxizität. TNF löst in den pathologisch veränderten Zellen die Apoptose aus, das heißt, diese bekommen durch das TNF den Befehl zum Selbstmord. Im Detail ist der Vorgang sehr kompliziert und noch nicht in allen Einzelheiten verstanden. Nach der Induktion beginnt die Zelle, das Expressionsmuster ihrer Gene zu verändern. So werden vor allem wieder die Transkriptionsfaktoren reguliert. Wenn die Zelle ihre normalen Funktionen aufgibt, beginnt sie gleichzeitig Enzyme zu produzieren, die sie selbst zerstören. Sichtbares Anzeichen dafür ist der Abbau der eigenen DNA. Hat die Zelle erst ihre eigne DNA in Fragmente zerlegt und degradiert, so hat sie sich selbst die Lebensgrundlage entzogen und stirbt ab.

4.3 Wirkung von T-Zellen auf andere Zellen

Wie bereits mehrfach erwähnt, beeinflussen die T_H-Zellen viele Funktionen des Immunsystems. Hier sollen noch kurz die Einflüsse der T_H-Zellen auf andere Zellen angesprochen werden, die im Detail in den jeweiligen Kapiteln genauer erläutert werden.

Die T_H-Zellen spielen eine entscheidende Rolle bei der Reifung der B-Zellen und der Entstehung der Antikörper. Die T-Zell-Produkte IL-2, IL-4, IL-6 und IFN-γ sind für die Reifung und für das Umschalten zwischen den Immunglobulinklassen verantwortlich. T_H-Zellen aktivieren über die Cytokine IL-2, IL-4 und IFN-γ natürliche Killerzellen (NK-Zellen) und steigern deren cytotoxische Aktivität (Abbildung 5.15). T-Zellen haben chemotaktische, stimulierende und differenzierende Effekte auf Granulocyten. Daran beteiligt sind die Cytokine IL-3, IL-4, IL-5, IL-6 und IL-8. Zudem aktivieren sie Monocyten und Makrophagen über IL-2 und IFN-γ. Interleukin-3 wird ausschließlich von T-Zellen produziert und beeinflußt die Blutbildung im Knochenmark.

Über IFN-γ wirken die T-Zellen antiproliferativ und antiviral auf viele verschiedene Zelltypen. Außerdem vermag IFN-γ in den meisten Zellen die Expression von MHC-Klasse-I-Molekülen zu steigern und die von MHC-Klasse-II-Molekülen zu induzieren (Abbildung 5.16).

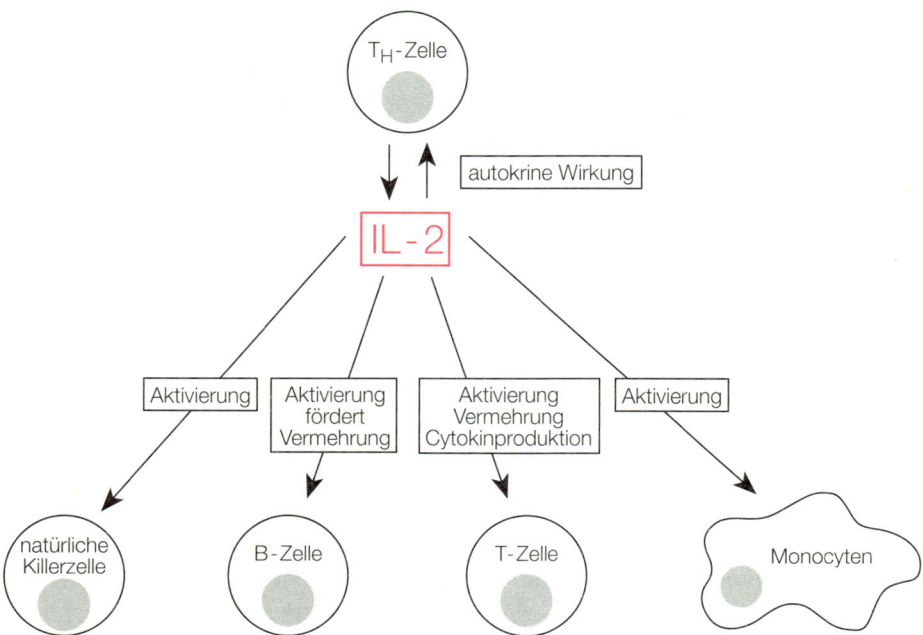

5.15 Interleukin-2 ist das Hauptprodukt der T-Zellen. Die wichtigste Wirkung ist sicherlich die autostimulatorische Wirkung auf T-Zellen, die sie zur Proliferation bringt. IL-2 aktiviert jedoch auch NK- und B-Zellen und im geringerem Maße Monocyten.

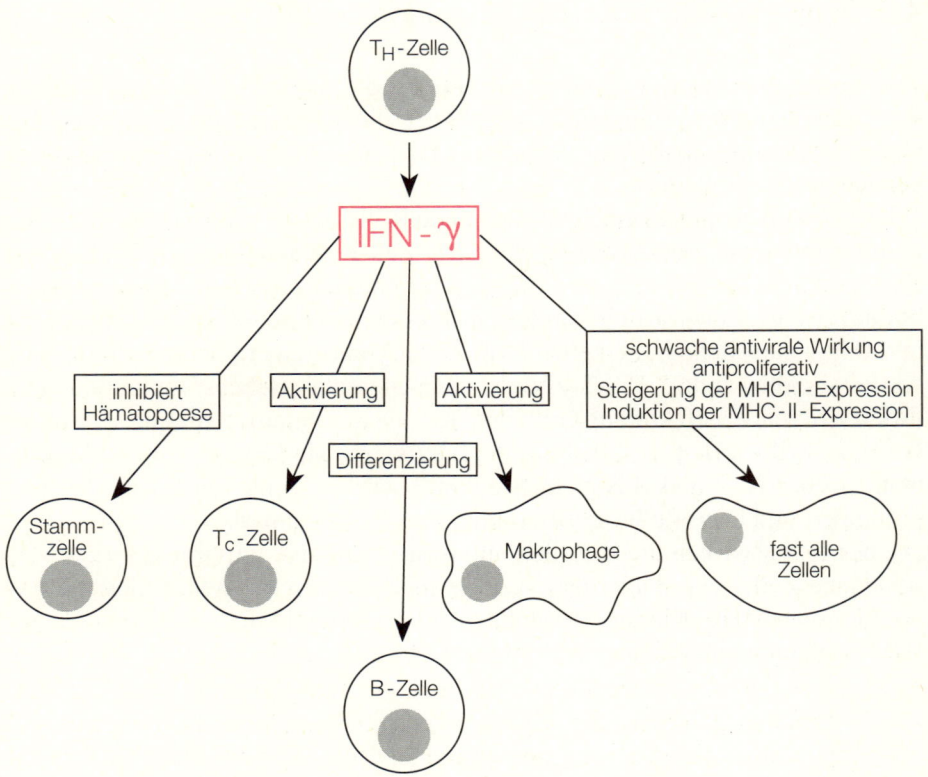

5.16 Interferon-γ ist neben IL-2 das wichtigste T-Zellprodukt. IFN-γ ist ein ganz wesentlicher Immunmodulator und hat ein pleiotropes Wirkungsspektrum. Es verstärkt die Expression von MHC-Klasse I auf vielen Zelltypen und induziert in den dazu befähigten Zellen die MHC-Klasse-II-Expression. Es ist ein sehr starker Makrophagen- und T-Zell-Aktivator. IFN-γ fördert die B-Zell-Differenzierung und die NK-Zell-Aktivität. Es wirkt auf fast alle Zellen stark antiproliferativ, wohingegen die antivirale Aktivität nur vergleichsweise gering ist.

5. Interleukin-2, Interleukin-4 und Interleukin-10

Bei der Beschreibung der Regulation der Funktionen durch die Cytokine der T-Zellen sind die Cytokine IL-2, IL-4 und IL-10 immer wieder erwähnt worden. Sie spielen als Mediatoren der T-Zellen und als Effektoren für die T-Zellen eine wesentliche Rolle. Aus diesem Grund sollen diese drei Cytokine und ihre Rezeptoren in diesem Kapitel näher vorgestellt werden. Das für die T-Zellen wichtige IFN-γ wird im Kapitel „Interferone" abgehandelt.

5.1 Interleukin-2

IL-2 ist ein Produkt von stimulierten T-Zellen. Es wurde in Kulturüberständen von Blutlymphocyten entdeckt, die mit Mitogenen stimuliert wurden. Die Erstbeschreibung erfolgte 1976 durch Morgan und Mitarbeiter. Wie bei den meisten Cytokinen, so gab es auch bei IL-2 eine Vielzahl von Namen, die jeweils von den entdeckten Effekten abgeleitet wurden. Nachdem die Proteine aus den verschiedenen Versuchsansätzen isoliert und sequenziert worden waren, stellte man fest, daß die zahlreichen Effekte auf ein einziges Molekül zurückzuführen sind. Auf dem zweiten Internationalen Lymphokin Workshop wurde im Jahre 1979 hierfür der Name IL-2 festgelegt. Effekte von IL-2 sind beispielsweise die T-Zell-Aktivierung, Steigerung der IFN-γ-Produktion, Modulation der Expression des T-Zell-Rezeptors, tumorabtötende Aktivität, Wachstumsförderung von NK- und LAK-Zellen und die Steigerung von B-Zell-Wachstum und Immunglobulinproduktion.

Interleukin-2 hat ein errechnetes Molekulargewicht von 15 Kilodalton, welches je nach Art der O-Glykosylierung, Bindung von Zuckerseitenketten an ein Sauerstoffmolekül des Proteins, steigt. Es wird zunächst in einer 153 Aminosäuren langen Form synthetisiert. Die ersten 20 Aminosäuren bilden eine hydrophobe Signalsequenz. Das reife IL-2 ist ein Protein aus 133 Aminosäuren, welches am Threoninrest der Position 3 O-glykosyliert ist und eine Disulfidbrücke zwischen den Cysteinresten in den Positionen 58 und 105 ausbildet. Die Glykosylierung ist für die biologische Funktion des Proteins unwichtig, während das Protein durch die Zerstörung der Disulfidbrücke seine Aktivität verliert. Die dreidimensionale Struktur von IL-2 besteht hauptsächlich aus α-Helices.

Für das Interleukin-2 gibt es nur ein Gen auf dem Chromosom 4. Dieses besteht aus vier Exons und drei Introns und ist circa fünf Kilobasen groß (Abbildung 5.17). Die Homologie zwischen IL-2 von Maus und Mensch beträgt 76 Prozent auf DNA-Ebene und 63 Prozent auf Proteinebene. Aufgrund der hohen Homologie ist das Interleukin-2 zwischen den Arten kreuzreaktiv.

Interleukin-2-Rezeptor (IL-2R)

IL-2 hat einen spezifischen Rezeptor, über den es seine Effekte an eine Zelle übermittelt. Der IL-2R besteht aus zwei Proteinketten die nicht kovalent miteinander verbunden sind (Abbildung 5.18). Die α-Kette, auch p55 oder Tac-Antigen genannt, hat ein Molekulargewicht von 55 Kilodalton. Die größere, membranständige Komponente des Rezeptors heißt β-Kette (auch p70 oder p75). Sie hat ein Molekulargewicht zwischen 70 und 75 Kilodalton.

Die beiden Ketten können einzeln oder zusammen als Heterodimer in der Zellmembran vorliegen. Aufgrund der verschiedenen Bindungsaktivitäten spricht man bei der α-Kette vom niedrigaffinen Rezeptor, bei der β-Kette vom

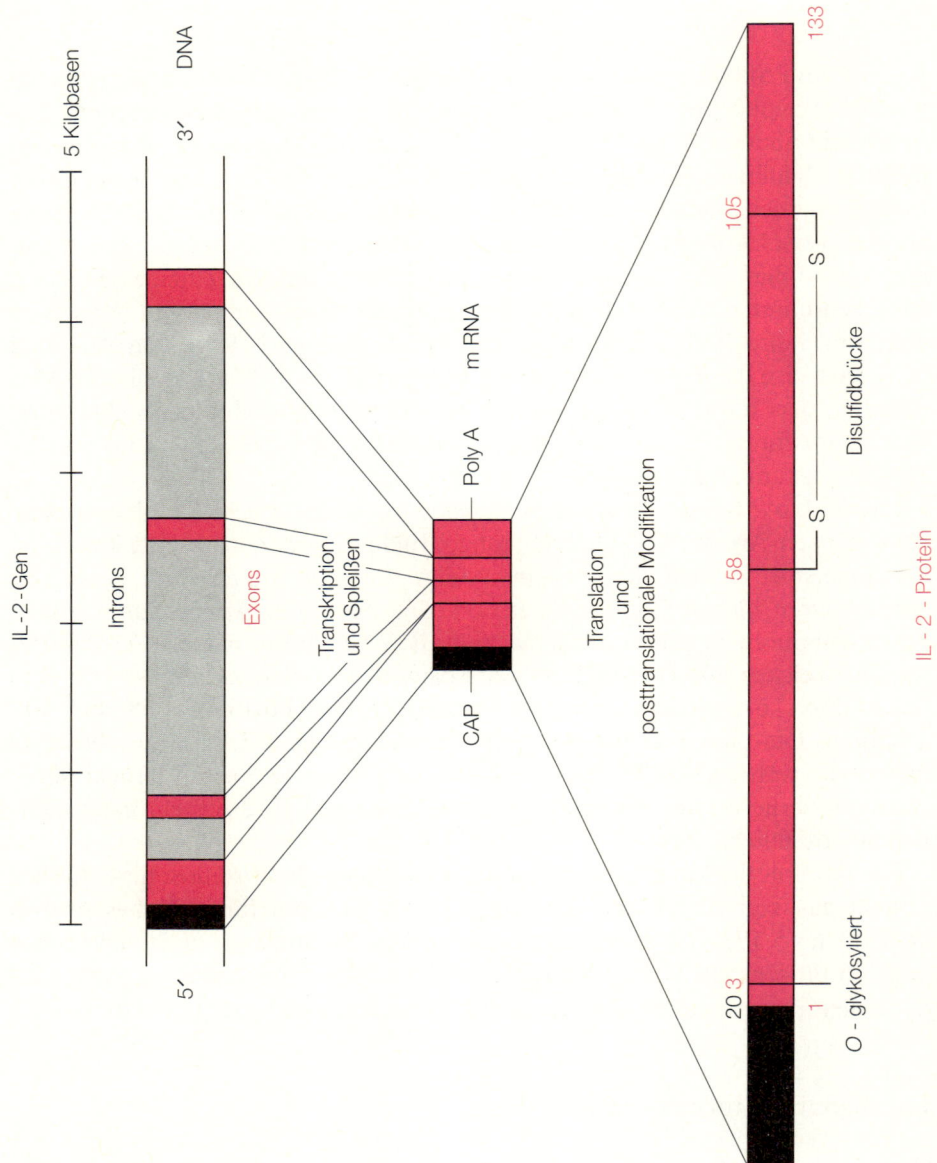

5.17 Die Struktur des menschlichen IL-2-Genes zeigt 4 Exons und ist samt Introns circa 5 Kiloba-sen groß. Das primäre Translationsprodukt trägt ein 20 Aminosäuren großes Signalpeptid. IL-2 ist 133 Aminosäuren lang, an der Aminosäure 3 O-glykosyliert und hat eine Disulfidbrücke zwischen den Aminosäureresten 58 und 105. (Verändert nach Hamblin, IRL Press, 1988.)

Rezeptor mittlerer Affinität und bei dem Heterodimer vom hochaffinen IL-2R. Nur die β-Kette ist zur Signaltransduktion befähigt, da nur sie einen größeren cytosolischen Anteil aufweist. Die Bindungskonstante des hochaffinen Rezep-tors ist hundertfach höher als die des Rezeptors mittlerer Affinität.

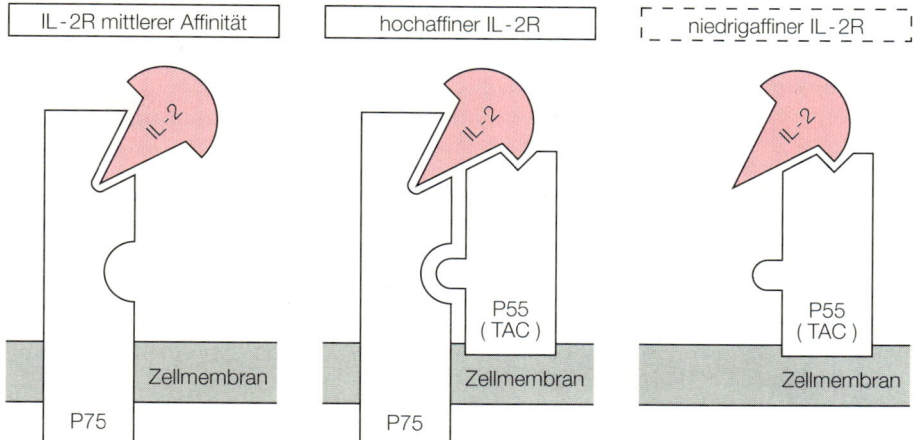

5.18 Der Rezeptor für IL-2 besteht aus zwei Untereinheiten. Die kleine Untereinheit wird von der Zelloberfläche abgestoßen („shedding") und tritt als löslicher IL-2-Rezeptor auf. Die große Untereinheit bildet einen IL-2-Rezeptor mit niedrigerer Affinität. Nur beide Untereinheiten zusammen bilden den hochaffinen IL-2R. Ob die kleine Untereinheit allein Rezeptorfunktion mit Signaltransduktion hat, ist umstritten. (Verändert nach Hamblin, IRL Press, 1988.)

Die β-Kette kommt sowohl auf ruhenden T-Zellen als auch auf NK-Zellen vor. Stimulierte T-Zellen exprimieren zusätzlich die α-Kette und sind somit in der Lage, den hochaffinen Rezeptor zu bilden, NK-Zellen können dies nicht. Da man zuerst das Tac-Antigen nachweisen konnte, dachte man früher, daß NK-Zellen keinen IL-2R hätten. Auf der Oberfläche einer ruhenden T-Zelle finden sich circa 500 Moleküle der β-Kette, jedoch keine α-Ketten. Nach Stimulation findet man bis zu 5 000 β-Ketten und 50 000 α-Ketten. Die α-Kette kann direkt von der Zelle ausgeschieden, aber auch von der Zelloberfläche abgestoßen werden, was man als „shedding" bezeichnet. Dies zeigt, wie wirkungsvoll die Aktivierung der T-Zellen und die autokrine Stimulation von IL-2 sind.

5.2 IL-4

Interleukin-4 wurde 1982 als eine Substanz beschrieben, die das B-Zell-Wachstum fördert. Wie für IL-2 so gab es auch für IL-4 eine Reihe von Synonymen, bis diese unter IL-4 zusammengefaßt wurden.

Eigenschaften von IL-4 sind beispielsweise die Steigerung der MHC-Klasse-II-Expression und der Antigenpräsentation, die Stimulation der IgG$_1$- und IgE-Produktion durch B-Zellen, die Steigerung des T-Zell-Wachstums sowie die Wirkung als autokriner Wachstumsfaktor für antigenspezifische T-Zellen in Verbindung mit IL-1. Besonders hervorzuheben ist sicherlich der antagonistische Effekt zu IFN-γ. IL-4 ist ein Produkt von aktivierten T-Zellen. IL-4 kann nur von bestimmten Subpopulationen der T-Zellen produziert werden (siehe oben).

Interleukin-4 ist ein stark glykosyliertes Protein mit einem Molekulargewicht von 25 Kilodalton in seiner nativen Form. IL-4 wird primär als 153 Aminosäuren langes Protein synthetisiert. Die ersten 22 bis 24 Aminosäuren bilden ein Signalpeptid, der Rest das aktive IL-4-Molekül. IL-4 besitzt zwei N-Glykosylierungsstellen und sechs Cysteinreste, jedoch keine Disulfidbrücke. Obwohl IL-4 hochgradig glykosyliert ist, ist es auch ohne Glykosylierung biologisch aktiv. Das Interleukin-4 von Maus und Mensch sind nur zu 50 Prozent homolog und zeigen keine Kreuzreaktivität. IL-4 hat sowohl in der Proteinsequenz als auch in der Genstruktur einige Homologien mit IFN-γ und mit GM-CSF.

Das IL-4-Gen besteht aus vier Exons und drei Introns und liegt auf dem Chromosom 5 des Menschen. Das Gen hat eine Größe von 9 Kilobasen (Abbildung 5.19).

Interleukin-4-Rezeptor (IL-4R)

IL-4 hat einen hochspezifischen Rezeptor, der auf sehr vielen Zellen exprimiert wird. Es gibt nur eine hochaffine Form des Rezeptors. Der Rezeptor besteht aus einer Proteinkette mit einem Molekulargewicht von 60 Kilodalton. Die Signaltransduktion erfolgt über Inositolphoshat, Ca^{2+} und cAMP. Dies gilt allerdings nur für den menschlichen IL-4R, über den der Maus ist bisher nur wenig bekannt. Auf einem ruhenden Lymphocyten finden sich circa 300 IL-4-Rezeptormoleküle. Nach Aktivierung kann diese Zahl auf das Achtfache ansteigen.

5.3 Interleukin-10

Interleukin-10 (IL-10) wurde erstmals 1989 als Cytokin-Synthese-inhibierender Faktor (CSIF) von Fiorentino und Mitarbeitern beschrieben. Bereits kurz nach der Entdeckung wurde es als IL-10 in die Cytokine eingereiht. IL-10 wird nur von T_{H0}- und T_{H2}-Zellen produziert; es unterdrückt die Reifung von T_{H1}-Zellen, fördert allerdings die von T_{H2}-Zellen. Somit steigert IL-10 die humorale Immunantwort und unterdrückt die zelluläre Immunantwort. Interleukin-10 supprimiert jedoch nicht nur die Proliferation der T_{H1}-Zellen, sondern inhibiert

5.19 Das menschliche IL-4-Gen hat vier Exons und ist mit seinen 9 Kilobasen sehr groß. Es besitzt ein 22 Aminosäuren langes Signalpeptid. Das reife IL-4-Peptid hat 131 Aminosäure und ist an der Resten 41 und 108 N-glykosyliert. Zwischen den sechs freien Cysteinresten bildet sich keine Disulfidbrücke. (Verändert nach Hamblin, IRL Press, 1988.) ▶

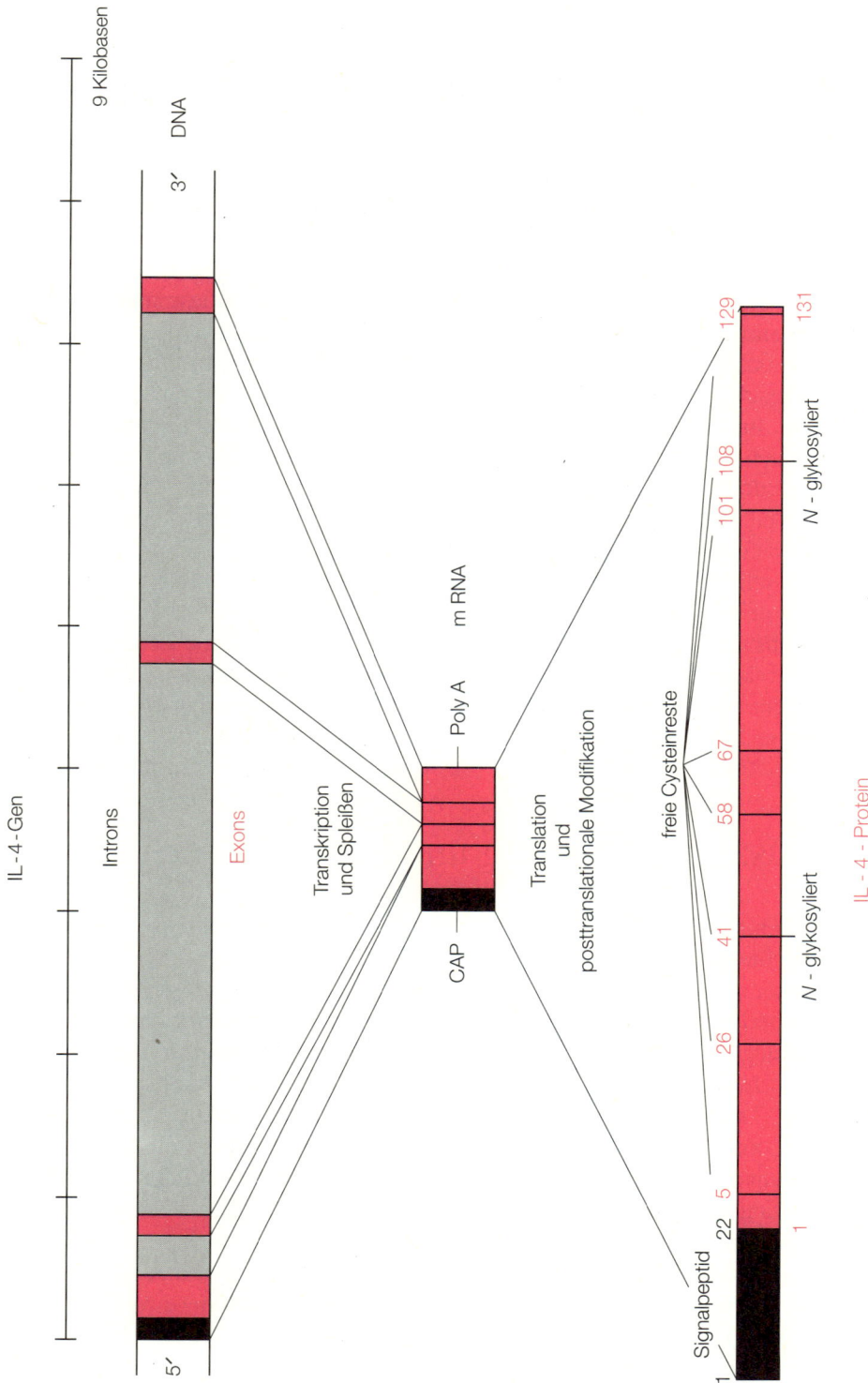

vor allem deren Cytokinproduktion. Neben IL-4 ist IL-10 der stärkste IFN-γ-Antagonist, da es die MHC-Klasse-II-Expression auf den meisten Zellen vermindert. Interessanterweise wird die MHC-Klasse-II-Expression auf B-Zellen durch IL-10 gesteigert, was zur Förderung der humoralen Immunantwort paßt. Weiterhin wird die Proliferation von B-Zellen verstärkt und die Differenzierung zu Plasmazellen, die IgA, IgG oder IgM produzieren, gefördert. In Kombination mit IL-2 und IL-4 verstärkt IL-10 die Proliferation von T-Zellen. Zusammen mit IL-3 und IL-4 wirkt es proliferativ auf Mastzellen.

Interleukin-10 hemmt die Synthese von IL-1, IL-6, IL-8, G-CSF, GM-CSF und TNF in Monocyten und Makrophagen. Die TGF-β-Synthese wird dagegen nicht beeinflußt und die Synthese des IL-1-Rezeptorantagonisten (IL-1RA) sogar verstärkt. Der Krankheitsverlauf von vielen Parasitosen wird durch IL-10 verschlimmert, da das produzierte IL-10 die IFN-γ Produktion und die zelluläre Immunantwort durch die T_{H1}-Zellen unterdrückt. Eventuell spielt IL-10 auch bei der Pathogenese des Pfeifferschen Drüsenfiebers (Mononukleose durch Infektion mit Epstein-Barr-Virus (EBV)) eine entscheidende Rolle, weil das BCRF1-Gen (jetzt umbenannt in vIL-10) des EBV ein 17 Kilodalton großes Protein mit IL-10 Aktivität codiert.

IL-10 selbst ist ein 35 bis 40 Kilodalton großes, säurelabiles Protein. Die cDNA von IL-10 bildet eine circa 1,8 Kilobasen große mRNA. IL-10 besteht primär aus 178 Aminosäuren, von denen 18 eine hydrophobe Leadersequenz bilden. Rekombinantes IL-10 ist nur 18 Kilodalton groß, hat jedoch volle biologische Aktivität. Mit diesem Molekulargewicht ist das rekombinante IL-10 dem 17 Kilodalton großen EBV-Produkt sehr ähnlich.

6. Zusammenfassung und Perspektiven

T-Zellen haben mit ihrem T-Zell-Rezeptor einen antigenspezifischen Rezeptor, der eine genauso große Vielfalt bietet wie die Antikörperspezifitäten. Der TCR erkennt jedoch immer einen Komplex von Fremd (Antigen) und Selbst (MHC) und nicht das Antigen allein wie die Antikörper. Über die CD4- und CD8-Moleküle sind die T-Zellen MHC-restringiert und teilen sich so die Aufgaben im Immunsystem. Die CD4$^+$ T_H-Zellen steuern das Immunsystem, und die CD8$^+$ Tc-Zellen übernehmen die cytotoxischen Funktionen.

Die T_H-Zellen bilden eine Vielzahl von Cytokinen. Sie sind die Schaltstelle des Immunsystems und regeln mit den Cytokinen den Verlauf der Immunantwort. Wenn wir dieses komplexe Regulationssystem richtig verstehen, ließe sich das Immunsystem durch die Gabe von Cytokinen in den gewünschten Funktionen stärken und die unerwünschten unterdrücken. Ansätze hierfür gibt es schon in der modernen Immuntherapie, bei der Cytokine direkt gegeben oder Zellen *in vitro* mit diesen vorinkubiert werden. Eine weitere Möglichkeit bietet die Gentherapie, Zellen *in vivo* zur Cytokinproduktion zu bringen.

Literatur

Akbar, A. N.; Salmon, M.; Janossy, G. *The synergy between naive and memory T cells during activation.* In: *Immunology Today* 12 (1991). S. 184–188.

Balkwill, F. R.; Burke, F. *The cytokine network.* In: *Immunology Today* 10 (1989). S. 299–304

Billiau, A. *Gamma-Interferon: The match that lights the fire.* In: *Immunology Today* 9 (1988). S. 37–40.

Boehmer, H. von. *Thymic selection: A matter of life and death.* In: *Immunology Today* 13 (1992). S. 454–458.

Carding, S. R.; Hayday, A. C.; Bottomly, K. *Cytokines in T-cell development.* In: *Immunology Today* 12 (1991). S. 239–245.

Dorf, M. E.;Kuchroo, V. K.; Collins, M. *Suppressor T cells: Some answers but more questions.* In: *Immunology Today* 13 (1992). S. 241–243.

Haas, W.; Kaufman, S.; Martinez-A., C. *The development and function of T cells.* In: *Immunology Today* 11 (1990). S. 340–343.

Howard, M.; O'Garra, A. *Biological properties of interleukin 10.* In: *Immunology Today* 13 (1992). S. 198–200.

Malissen, M.; Trucy, J.; Jouvin-Marche, E.; Cazenave, P.-A.; Scollay, R.; Malissen, B. *Regulation of TCR α and β gene allelic exclusion during T-cell development.* In: *Immunology Today* 13 (1992). S. 315–322.

Mosmann, T. R.; Moore, K. W. *The role of IL-10 in crossregulation of T_H1 and T_H2 responses.* In: *Immunoparasitology Today* 12 (1991). S. A49–A53.

Nikolic-Zugic, J. *Phenotypic and functional stages in the intrathymic development of β T cells.* In: *Immunology Today* 12 (1991). S. 65–70.

Rocha, B.; Vassalli, P.; Guy-Grand, D. *The extrathymic T-cell development pathway.* In: *Immunology Today* 13 (1992). S. 449–454.

Romagnani, S. *Human T_H1 and T_H2 subsets: Doubt no more.* In: *Immunology Today* 12 (1991). S. 256–257.

Romagnani, S. *Induction of T_H1 and T_H2 responses; A key role for the „natural" immune response.* In: *Immunology Today* 13 (1992). S. 379–381.

Scott, P.; Kaufmann, S. H. E. *The role of T-cell subsets and cytokines in the regulation of infection.* In: *Immunology Today* 12 (1991). S. 346–348.

Smith, K. A. *The bimolecular structure of the interleukin 2 receptor.* In: *Immunology Today* 9 (1988). S. 36–37.

Smith, K. A. *The interleukin 2 receptor.* In: *Annual Review of Cellular Biology* 5 (1989). S. 397–425.

Trinchieri, G.; Perussia, B. *Immune Interferon: A pleiotropic lymphokine with multiple effects.* In: *Immunology Today* 6 (1985). S. 131–136.

Zlotnik, A.; Moore, K. W. *Interleukin 10.* In: *Cytokine* 3 (1991). S. 366–371.

6. B-Zellen

1. Einleitung

B-Zellen nehmen neben den T-Zellen und den Makrophagen eine zentrale Rolle bei einer Immunantwort ein, denn sie sind zur Antikörperproduktion befähigt. Sie gehören zu den Lymphocyten und stammen wie alle Blutzellen aus dem Knochenmark. Morphologisch betrachtet sind es kleine Zellen mit einem Durchmesser von circa acht μm. Im Rasterelektronenmikroskop wird ihre typische schneeballförmige Gestalt deutlich (Abbildung 6.1). Da B-Zellen große Antikörpermengen produzieren können, besitzen sie einen stark ausgebildeten Proteinbiosyntheseapparat und einen extrem großen Zellkern. Ihr Anteil an der Leukocytenpopulation beträgt ungefähr 15 Prozent, jedoch kann sich dieser Wert stark erhöhen, wenn der Organismus an einem Infekt leidet.

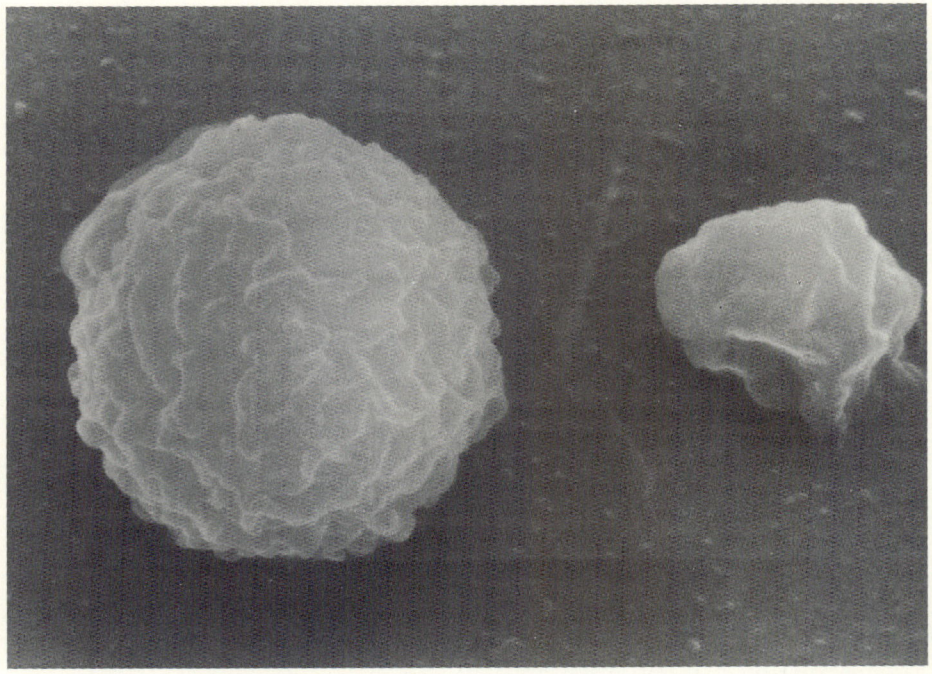

6.1 Rasterelektronenmikroskopische Aufnahme zweier B-Lymphocyten. Typisch ist ihre schneeballförmige Morphologie. B-Lymphocyten besitzen einen Durchmesser von acht bis zehn μm.

2. Struktur der Antikörper

Antikörper (Synonym: Immunglobuline) müssen zwei Funktionen erfüllen: Sie müssen Bindungsstellen für die unermeßliche Vielzahl von Antigenen besitzen, und sie benötigen einen konstanten Bereich, der die Kommunikation innerhalb des Immunsystems ermöglicht.

In den sechziger Jahren wurde die Struktur der Antikörper von Gerald Edelmann und Rodney Porter aufgeklärt, die dafür den Nobelpreis erhielten. Die äußere Form eines Antikörpers wird als ein Y-förmiges Molekül beschrieben, das aus zwei leichten Polypeptidketten mit einem Molekulargewicht von 25 Kilodalton und zwei schweren Polypeptidketten von 50 bis 77 Kilodalton besteht. Die Polypeptidketten sind durch Disulfidbrücken untereinander verbunden. Typisch für Immunglobuline ist ihre Domänenstruktur. Jede Domäne ist etwa 110 Aminosäuren lang und wird ebenfalls über Disulfidbrücken stabilisiert. Die leichten Ketten bestehen aus einer variablen (V_L) und einer konstanten Domäne (C_L), die schweren Ketten ebenfalls aus einer variablen Domäne (V_H), drei in einigen Fällen auch vier konstanten Domänen (C_{H1} bis C_{H4}) und einer Gelenkregion (Abbildung 6.2). Die variablen Domänen der schweren und leichten Kette bilden die Bindungstasche für das Antigen (Paratop).

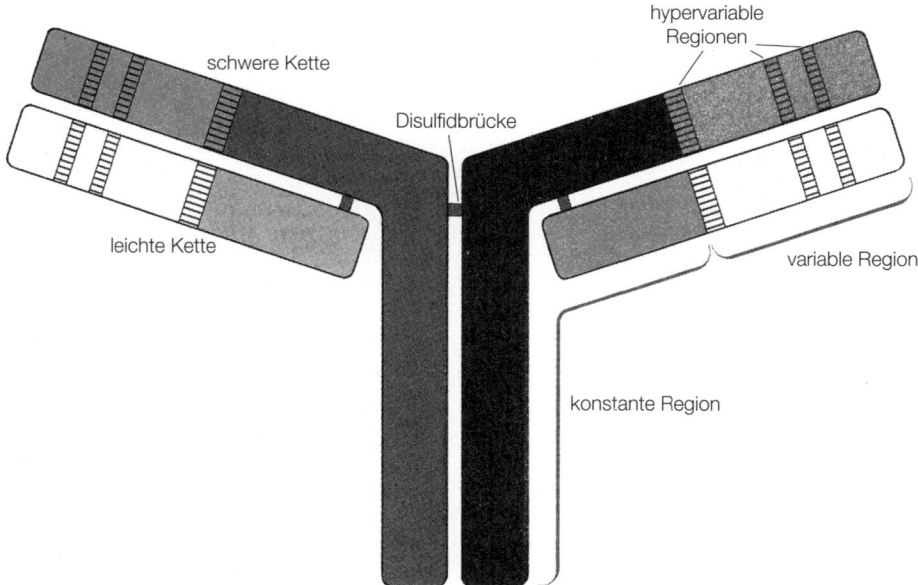

6.2 Struktur eines Antikörpers. Antikörper sind bifunktionelle Moleküle – eine Tatsache, die sich im Aufbau ihrer Proteinketten widerspiegelt: Jede einzelne besitzt eine variable und eine konstante Region. Wie der Name bereits andeutet, unterscheiden sich die Antikörper in der Aminosäuresequenz ihrer variablen und besonders ihrer hypervariablen Regionen. Die Ketten sind so gefaltet, daß gerade diese stark variierenden Aminosäuresequenzen zusammenkommen und die äußerst spezifische Bindungsstelle für das Antigen bilden. Antikörper der gleichen Klasse haben in ihren schweren Ketten die gleiche konstante Region, und diese bestimmt, welche spezielle immunologische Aufgabe dem Antikörper zukommt. (Mit freundlicher Genehmigung von Leder, Spektrum der Wissenschaft, 1987.)

Somit besitzt jedes Immunglobulin zwei Antigenbindungsstellen. Die einzelnen Arme des Moleküls bezeichnet man als Fab-Fragmente (von *fragment antigen binding*), was die Domänen V_L, C_L, V_H und C_{H1} beinhaltet. Die Domänen C_{H2} bis C_{H4} bilden den konstanten Fc-Teil (*fragment constant*). Die konstanten Regionen eines Immunglobulins sind für deren Erkennung durch andere Immunzellen erforderlich: Zum Beispiel bindet Komplement an die konstante Region, der Fc-Teil dient aber auch als Ligand für Fc-Rezeptoren.

Bei den leichten Ketten unterscheidet man die κ- und die λ-Kette, die sich funktionell jedoch nicht unterscheiden. Entsprechend der konstanten Bereiche der schweren Kette unterscheidet man fünf verschiedene Immunglobulinklassen: IgM, IgG, IgA, IgD und IgE. Jeder Immunglobulinklasse können ganz spezifische Funktionen zugeordnet werden.

IgM ist der Hauptvertreter der primären Immunantwort und die erste Antikörperklasse, die bei einer Immunantwort gebildet wird. Der Anteil an Gesamt-Immunglobulin im Serum beträgt etwa 10 Prozent. Prinzipiell ist die Affinität von IgM zu einem Antigen geringer als die von IgG. Das hat zur Folge, daß ein IgM-Molekül viele Antigene binden kann (man spricht von einer hohen Avidität). Allerdings ist der Antigen-Antikörper-Komplex nicht so stabil, wie der eines IgG-Moleküls. In der Regel lagern sich fünf IgM-Moleküle zu einem Pentamer zusammen, das durch ein kleines Peptid, die J-Kette (*joining*), stabilisiert wird.

IgD wird in einem sehr frühen Stadium der Immunantwort hergestellt. Es kommt in größeren Mengen membranständig auf B-Zellen vor. Der IgD Anteil am gesamten Plasma-Immunglobulin beträgt weniger als ein Prozent. Vermutlich ist IgD bei der antigeninduzierten Differenzierung der B-Zellen von Bedeutung.

IgG bildet mit circa 75 Prozent den Hauptimmunglobulinanteil im Serum und ist für eine effiziente sekundäre Immunantwort verantwortlich. Im Gegensatz zu IgM weist IgG in der Regel eine geringere Avidität, aber eine hohe Affinität auf. Es gibt vier verschiedene IgG-Subklassen (IgG_1 bis IgG_4). Mittlerweile ist bekannt, daß sie jeweils ganz spezifische Funktionen ausüben: Nur IgG_1 und IgG_3 sind zur Aktivierung der Komplementkaskade befähigt. Die Struktur des Antigens bestimmt, welcher IgG-Subtyp vorzugsweise gebildet wird. So kommen bei bakteriellen Infektionen vermehrt Endotoxine vor, die von ihrer Molekülklasse her Polysaccharide sind. Gegen diese Polysaccharide wird vermehrt IgG_2 produziert. Bei Virusinfektionen und anderen Antigenen, die Proteine sind, sind IgG_1 und IgG_3 die dominanten IgGs in der frühen Phase, später wird fast nur noch IgG_1 gebildet. Aufgrund der unterschiedlichen Funktionen der einzelnen IgG-Subklassen bedarf es einer ganz gezielten Regulation, wann eine B-Zelle welchen IgG-Subtyp produziert, denn prinzipiell ist ein B-Lymphocyt zur Synthese jeder Immunglobulinklasse und -subklasse befähigt.

IgA macht rund 15 Prozent des Plasma-Immunglobulins aus, ist aber das vorherrschende Immunglobulin in Körpersekreten wie Tränen-, Bronchialflüssigkeit und Urogenitalsekreten. IgA bildet Dimere, die von einer J-Kette (*joining*) umschlungen werden.

IgE ist beim Gesunden nur in Spuren vorhanden, jedoch wird es von Allergikern und bei Parasitenbefall verstärkt hergestellt. Die Bildung von IgE leitet allergische Reaktionen ein: Beim ersten Antigenkontakt binden die IgE-Moleküle mit ihrem Fc-Teil vorzugsweise an Mastzellen und basophile Granulocyten. Ein erneutes Auftreten der Antigene bewirkt ein Binden an die Antikörper auf diesen Zellen und deren Quervernetzung. Daraufhin sezernieren die Mastzellen Histamin und Prostaglandine. Diese Substanzen bewirken eine starke Gefäßerweiterung und sind damit für allergische Reaktionen bis hin zum anaphylaktischen Schock verantwortlich. Die ursprüngliche Funktion dieser Immunglobulinklasse liegt jedoch in der Bekämpfung von Würmern und anderen Parasiten, da die durch IgE eingeleitete Freisetzung von Histamin und Prostaglandinen anderen Immunzellen die Einwanderung in entzündliche Areale erleichtert.

3. Genetik der Antikörper

Lange Zeit war unklar, wie der Organismus dazu in der Lage ist, passende Antikörper gegen die unermeßliche Vielzahl von Antigenen zu produzieren. Der Australier Sir Macfarlane Burnet stellte in den fünfziger Jahren die klonale Selektionstheorie auf, die folgendes besagte: Die Paßform der Immunglobuline ist genetisch determiniert, wird also nicht durch die Antigene geprägt. Jede antikörperproduzierende Zelle synthetisiert nur einen Antikörpertyp, der zum Teil auf der Zellmembran exponiert wird. Erst wenn ein Antigen an die membranständigen Antikörper bindet, wird diese Zelle aktiviert und teilt sich. Der entstandene Zellklon sezerniert nun große Antikörpermengen, die alle gegen das gleiche Antigen gerichtet sind. Mit der Anerkennung der klonalen Selektionstheorie kam das Problem auf, wieviel verschiedene Gene ein Individuum für die Synthese von Antikörpern besitzt. Burnets Theorie verlangt nämlich, daß es für die Millionen verschiedener Antikörper entsprechend viele Gene geben muß. Dies war jedoch unvorstellbar, da demnach ein großer Teil des Genoms nur Antikörper codieren dürfte. Die entscheidenen Erfolge zur Klärung der Immunglobulingenetik gelangen Susuma Tonegawa in den siebziger Jahren (Abbildung 6.3).

Die Tatsache, daß L- und H-Ketten konstante und variable Regionen aufweisen, legte die Vermutung nahe, daß zumindest zwei verschiedene Gene eine Kette codieren, eines die konstante Region und eines die variable. Tonegawa verglich DNA von Mäuseembryonen, die noch keine Antikörper produzieren, mit der ausgewachsener Mäuse aus Myelomzellen, die eine sehr hohe Produktionsrate zeigen. Versuchsablauf und Ergebnis sind in Abbildung 6.4 dargestellt.

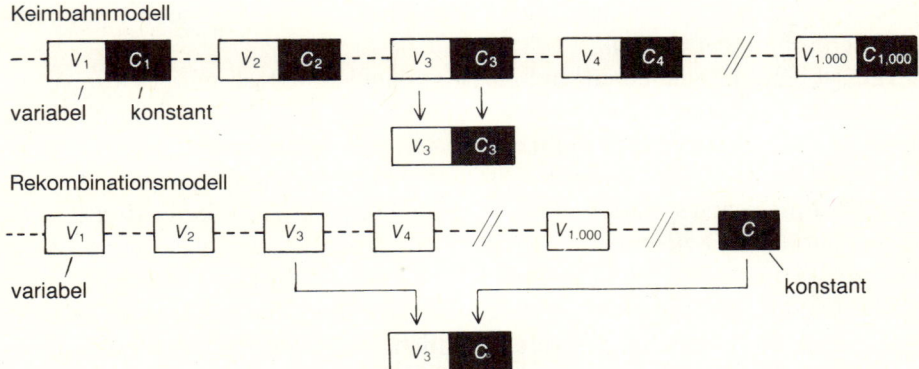

6.3 Vergleich des Keimbahnmodells (Instruktionsmodells) mit der von Tonegawa modifizierten klonalen Selektionstheorie (Rekombinations-Modell). Nach dem Keimbahnmodell müßten sämtliche Gene für jeden möglichen Antikörper vorhanden sein. Nach dem Rekombinations-Modell existiert lediglich eine Vielzahl von Genen für die variablen Domänen (V-Gen), die jeweils an ein Gen, das den konstanten Bereich eines Immunglobulins codiert, rearrangiert werden. (Mit freundlicher Genehmigung von Leder, Spektrum der Wissenschaft, 1987.)

Den Beweis lieferte Tonegawa mit einem Experiment, bei dem man DNA-Fragmente, die das Gen für die konstante Region tragen, aus einer embryonalen Maus sowie dem Plasmacytom einer erwachsenen Maus isolierte und miteinander verglich (ein Plasmacytom ist ein Tumor aus Lymphocyten, die nur einen bestimmten Antikörper produzieren). Die DNA-Moleküle werden dazu mit einem Restriktionsenzym an ganz bestimmten Stellen gespalten und die entstandenen Fragmente der Größe nach durch Gelelektrophorese aufgetrennt. Fragmente, die das C-Gen enthalten, lassen sich mit Hilfe radioaktiver Sondenmoleküle identifizieren. In der embryonalen DNA findet sich nur eine radioaktive Bande, was einem einzigen Fragment mit dem C-Gen entspricht. Die Plasmacytom-DNA hingegen weist zwei Banden auf. Eine entspricht dem embryonalen Gen, das in seiner ursprünglichen Anordnung auf einem der beiden zuständigen Chromosomen erhalten blieb. Die andere Bande entspricht dem Allel (also dem Gen auf dem anderen Chromosom), das umgeordnet (rearrangiert) wurde und nun seinen Platz in einem aktiven Antikörper-Gensystem hat. Wie die untere Abbildung zeigt, wurde dadurch eine der ursprünglichen Spaltstellen eliminiert und eine neue eingeführt, die näher am C-Gen liegt.

6.4 Während der B-Zell-Entwicklung finden auf genetischer Ebene Rearrangements statt, die Voraussetzung für die Vielfalt der Antikörper sind. In jeder B-Zelle werden andere V-Gene an ein C-Gen gebracht, woraus jeweils ein anderer Antikörper resultiert. Der Beweis für diesen Mechanismus wurde erbracht, indem man C- und V-Gene auf dem Chromosom embryonaler und rearrangierter (Myelomzellen) miteinander verglich. Bei Mäuseembryonen liegen die C- und V-Gene auf verschiedenen Stellen auf dem Chromosom, bei Myelomzellen auf demselben. Damit war der Beweis erbracht, daß sich Immunglobulingene im Laufe der Ontogenese umordnen (Rearrangement der Gene). (Mit freundlicher Genehmigung von Leder, Spektrum der Wissenschaft, 1987.) ▶

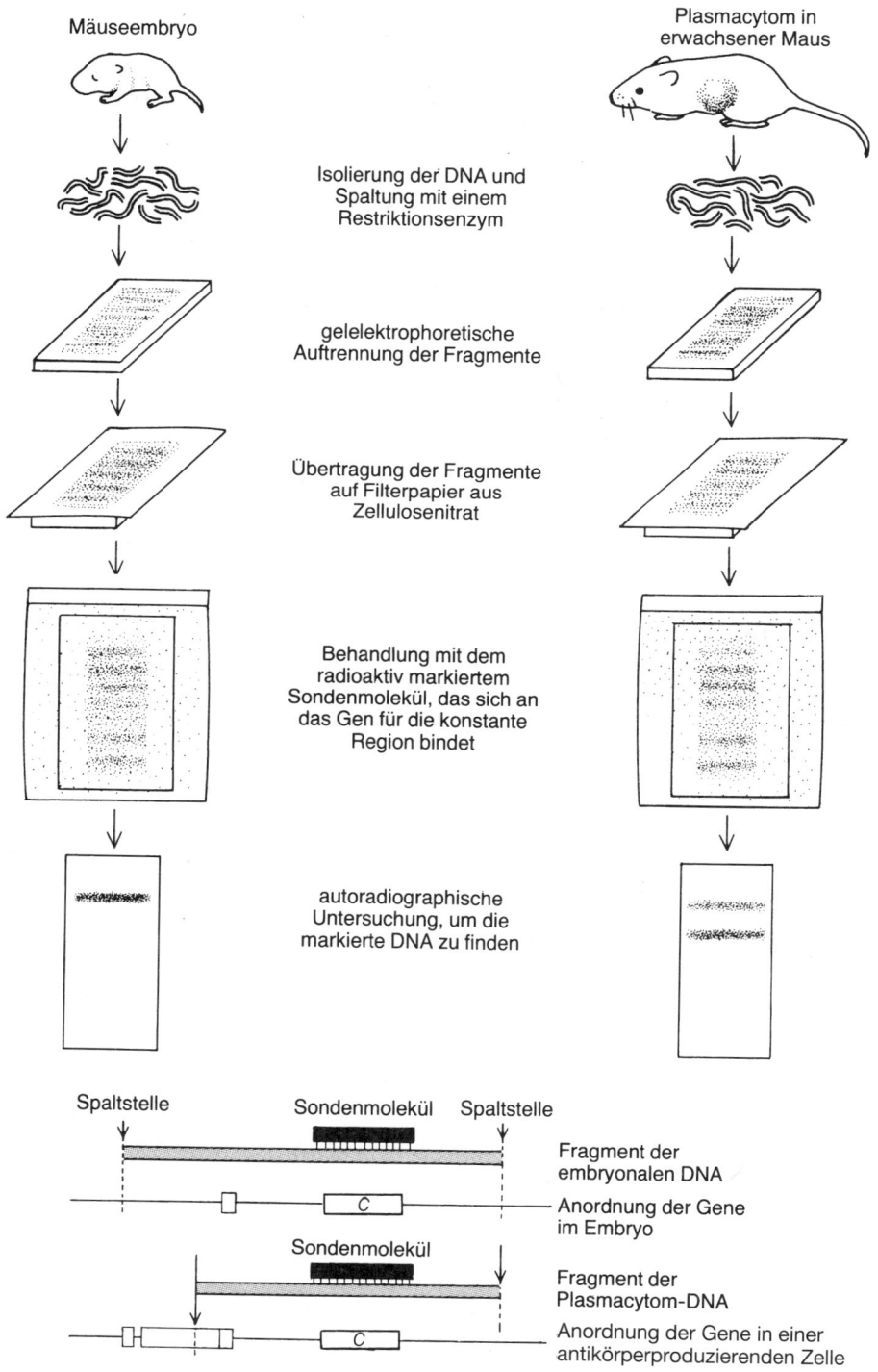

Mäuseembryo

Plasmacytom in erwachsener Maus

Isolierung der DNA und Spaltung mit einem Restriktionsenzym

gelelektrophoretische Auftrennung der Fragmente

Übertragung der Fragmente auf Filterpapier aus Zellulosenitrat

Behandlung mit dem radioaktiv markiertem Sondenmolekül, das sich an das Gen für die konstante Region bindet

autoradiographische Untersuchung, um die markierte DNA zu finden

Spaltstelle   Sondenmolekül   Spaltstelle

Fragment der embryonalen DNA

Anordnung der Gene im Embryo

Sondenmolekül

Fragment der Plasmacytom-DNA

Anordnung der Gene in einer antikörperproduzierenden Zelle

Durch diesen Mechanismus reduziert sich die Zahl der notwendigen Immunglobulingene beträchtlich. Die konstante Region wird nur von einem Gen codiert, das vor die verschiedenen variablen Segmente eingeordnet wird. Tonegawa erhielt für diese Experimente, die den grundlegenden Mechanismus der Immunglobulingenetik aufgedeckt haben, 1987 den Nobelpreis.

Mittlerweile ist die Immunglobulingenetik sehr detailliert untersucht worden, und es hat sich herausgestellt, daß die variablen Ketten der Antikörper von sogenannten V-, D- und J-Genen codiert werden. Jeder Organismus besitzt eine Vielzahl an V-Genen und mehrere D- und J-Gene. Durch unterschiedliche Kombination der einzelnen Gene entsteht jeweils eine andere variable Domäne, so daß der Organismus letztendlich mit relativ wenig Genen Millionen verschiedener Antikörper herstellen kann.

4. B-Zell-Entwicklung

B-Zellen nehmen bei einer effizienten Immunantwort neben den T-Zellen und Monocyten eine zentrale Rolle ein. Nach einer Infektion werden die B-Zellen stimuliert, welche die passenden Immunglobuline produzieren. Diese reifen B-Zellen proliferieren und sezernieren große Antikörpermengen. Die B-Zell-Entwicklung verläuft in mehreren Schritten. Damit die B-Zellen gezielt heranreifen und sich differenzieren, sind Cytokine notwendig, die diesen Prozeß regulativ beeinflussen.

Die Reifung der B-Zellen ist im Mausmodell bereits gut untersucht und soll im folgenden vorgestellt werden. Ausgangspunkt der B-Zell-Entwicklung ist das Knochenmark. Dort befinden sich die pluripotenten Stammzellen, aus denen alle hämatopoetischen Zellen hervorgehen. Auf ein Signal, zum Beispiel IL-3, proliferieren die pluripotenten Stammzellen, und ein Teil davon tritt mit Stromazellen im Knochenmark in Kontakt. Von diesem Zeitpunkt an haben die ehemals pluripotenten Knochenmarkszellen den Entwicklungsweg zu B-Lymphozyten eingeschlagen, sie werden nun als B-Vorläuferzellen bezeichnet. Der Kontakt zwischen den Stammzellen und den Stromazellen regt vermutlich die Stromazellen zur Produktion von IL-7 an, das für die weitere Entwicklung essentiell ist. Es sind zwei Typen von Stromazellen bekannt: Der eine Typ stimuliert das Rearrangement der Immunglobulingene, der andere supprimiert es. Möglicherweise kann man die beiden antagonistischen Funktionen, Proliferation der B-Vorläuferzellen und Induktion der Differenzierung und damit der Entwicklung zu einer reifen B-Zelle, jeweils einem Stromazelltyp zuordnen.

Während des Kontakts der Stromazellen zu den B-Zellen wird das Rearrangement der Immunglobulingene eingeleitet. In diesem Stadium erscheinen zwei Typen von B-Vorläuferzellen, die einen besitzen das CD5 Antigen auf ihrer Zelloberfläche, die anderen nicht. Die Komplementrezeptoren CR1, CR2 und CR3 scheinen eine wichtige Rolle in der frühen B-Zell-Entwicklung zu spielen. In diesem Stadium exprimieren die B-Vorläuferzellen drei Gene: V_{preB}, $\lambda5$ und mb-1. Gleichzeitig setzt das Immunglobulingen-Rearrangement ein. Es verläuft zeitlich versetzt und unterliegt einer strikten Kontrolle: Zuerst werden die Gene aktiviert, welche die schwere Kette codieren, und zwar lagert sich nach dem Zufallsprinzip ein D-Segment mit einem J-Segment zusammen, dann ein V-Segment mit dem DJ-Bereich. Sind die Gene umgeordnet, erfolgt die Transkription unter der Kontrolle von Promotoren und Enhancern. In diesem Stadium werden die Zellen als Prä-B-Zellen bezeichnet. Die Genprodukte V_{preB} und $\lambda5$ bilden eine Art leichte Kette aus, welche die schwere Kette über Disulfidbrücken zu einem antikörperartigen Molekül formiert. Der Komplex, bestehend aus V_{preB}, $\lambda5$ und den schweren Ketten, erscheint auf der Oberfläche der Prä-B-Zellen.

Im Laufe der weiteren Entwicklung der Prä-B-Zellen finden auf genetischer Ebene die Rearrangements der leichten Kette statt, und zwar erst V_κ zu J_κ, dann V_λ zu J_λ. Wahrscheinlich hat die Zelle hier mehrere Möglichkeiten, um ein intaktes Immunglobulin auszubilden: Ist die leichte κ-Kette ein funktionsfähiges Molekül, das intrazellulär die schwere Kette gebunden hat, finden keine weiteren Umordnungen statt. Ist dies nicht der Fall – eventuell aufgrund eines unvollständigen Rearrangements oder einer Verschiebung des Leserasters – wird die λ-Kette gebildet und an die schwere Kette gebunden. Da jede Zelle einen diploiden Chromosomensatz besitzt, kann das Rearrangement nach dem Zufallsprinzip auf dem mütterlichen oder väterlichen Chromosom stattfinden. Ist ein DNA-Bereich vollständig umgeordnet und führt dies zur Bildung eines intakten Immunglobulins, finden auf genetischer Ebene keine weiteren Rearrangements im V-Bereich mehr statt. Lediglich der C-Bereich wird im Zuge der weiteren Entwicklung noch rearrangiert, was jeweils einen Immunglobulinklassen- beziehungsweise -subklassenwechsel zur Folge hat.

Es ist beeindruckend, wie geordnet das Immunglobulin-Gen-Rearrangement ablaufen muß, da zwischen dem ersten und dem letzten Schritt nicht mehr als vier bis fünf Zellteilungen liegen. Demzufolge ist jede Zellteilung entscheidend und bedarf einer strengen Kontrolle. Durch die vielen Rearrangements der Gene wird später die Bindungstasche für Antigene nach dem Zufallsprinzip gebildet. Die Vielfalt wird durch folgende Kriterien bestimmt: Erstens durch die zufällige Auswahl verschiedener Immunglobulingene und zweitens durch die Kombination von schweren und leichten Ketten.

Sind die schweren und leichten Ketten umgeordnet, verlassen die B-Zellen das Knochenmark und wandern in die Körperperipherie, vor allem in das Lymphsystem und in die Blutgefäße. In diesem Stadium exprimieren die B-Zellen IgM und IgD auf ihrer Zelloberfläche. Die reifen B-Zellen, die in die sekundären Lymphorgane (Milz, Lymphknoten von nichtverkapselten lymphatischen Strukturen) einwandern, haben nur eine sehr kurze Überlebenszeit – es sei denn, sie binden ein Antigen an ihr membranständiges Immunglobulin.

Bisher wurde ein ganz wichtiger Aspekt der B-Zell-Entwicklung außer acht gelassen: Im Laufe der B-Zell-Entwicklung wurde bislang nur geprüft, ob die

Zelle dazu in der Lage ist, funktionsfähige Antikörper zu produzieren. Da die Rearrangements aber rein zufällig stattfinden, kann man sich leicht vorstellen, daß unter den reifen B-Zellen viele sind, die zwar intakte aber autoreaktive Antikörper ausbilden, das heißt sie binden körpereigene Moleküle. Untersuchungen haben gezeigt, daß nur etwa fünf bis zehn Prozent aller Zellen, welche die B-Zell-Entwicklung eingeschlagen haben, das Knochenmark als reife B-Zellen verlassen. Die übrigen 90 bis 95 Prozent werden eliminiert. Der Grund dafür liegt sicherlich einerseits darin, daß ein Teil dieser B-Zellen nicht vollständig rearrangierte Immunglobuline produziert oder auf der Zelloberfläche präsentiert. Die Anwesenheit intakter Antikörper auf der Oberfläche scheint ein Signal zu sein, daß die B-Zelle das Knochenmark verläßt und in die Peripherie einwandert. Weiterhin wird postuliert (konnte aber noch nicht nachgewiesen werden) daß auch für B-Zellen ganz ähnlich der Selektion während der T-Zell-Entwicklung ein negativer Selektionsmechanismus existiert. Dieser negative Selektionsmechanismus eliminiert B-Zellen mit autoreaktiven Immunglobulinen. Tatsächlich binden nämlich nur circa zwei Prozent aller B-Zellen im Blut körpereigene Strukturen.

Daß die verbleibenden selbstreaktiven B-Zellen nicht zum Ausbruch einer Autoimmunerkrankung führen, unterliegt einer Regulation auf T-Zell-Ebene: Im Laufe der T-Zell-Entwicklung verlassen nur solche T-Zellen den Thymus, deren T-Zell-Rezeptor kein körpereigenes Antigen zu binden vermag. Damit ist sichergestellt, daß es im Organismus keine T-Zelle gibt, die B-Zellen mit autoreaktiven Immunoglobulinen aktivieren kann. Somit verweilen die autoreaktiven B-Zellen im Organismus nur kurze Zeit und sterben schließlich ab, da sie keinen weiteren Stimulus von Seiten der T-Zellen zur Proliferation und Differenzierung erhalten.

Haben die B-Zellen das Knochenmark verlassen, sind die Zellen noch nicht stimuliert und üben keine Funktion aus. In diesem Zustand haben sie nur eine sehr kurze Überlebensdauer, es sei denn, sie treffen auf ein passendes Antigen. Binden die membranständigen Immunglobuline ein solches Antigen, wird der Antigen-Antikörper-Komplex endocytiert, in den Endosomen verdaut, und die dabei entstehenden Fragmente werden zusammen mit MHC auf der Zellmembran präsentiert. Dieser Prozeß leitet eine Immunantwort ein, die eine Aktivierung vieler immunkompetenter Zellen zur Folge hat; die B-Zellen selbst proliferieren, und es kommt zur klonalen Expansion solcher B-Zellen, deren Immunglobuline das Antigen zu binden vermögen (Abbildung 6.5). Die einzel-

6.5 Klonale Entwicklung von B-Zellen, die nach Antigenkontakt proliferieren und sich zu reifen antikörpersezernierenden Plasmazellen entwickeln. Der linke Teil der Abbildung stellt schematisch die klonale Expansion einer stimulierten B-Zelle dar. Auf der rechten Seite der Abbildung wird die morphologische Veränderung der B-Zelle im Zuge der Aktivierung deutlich. Am fünften Tag nach Stimulation ist die Zelle voll aktiviert. Das Zellinnere besteht größtenteils aus Zellkern und endoplasmatischem Retikulum; ein Charakteristikum für die hohe Proteinsyntheserate, die für die Antikörperproduktion erforderlich ist. (Mit freundlicher Genehmigung von Nossal, Spektrum der Wissenschaft 1987.) ▶

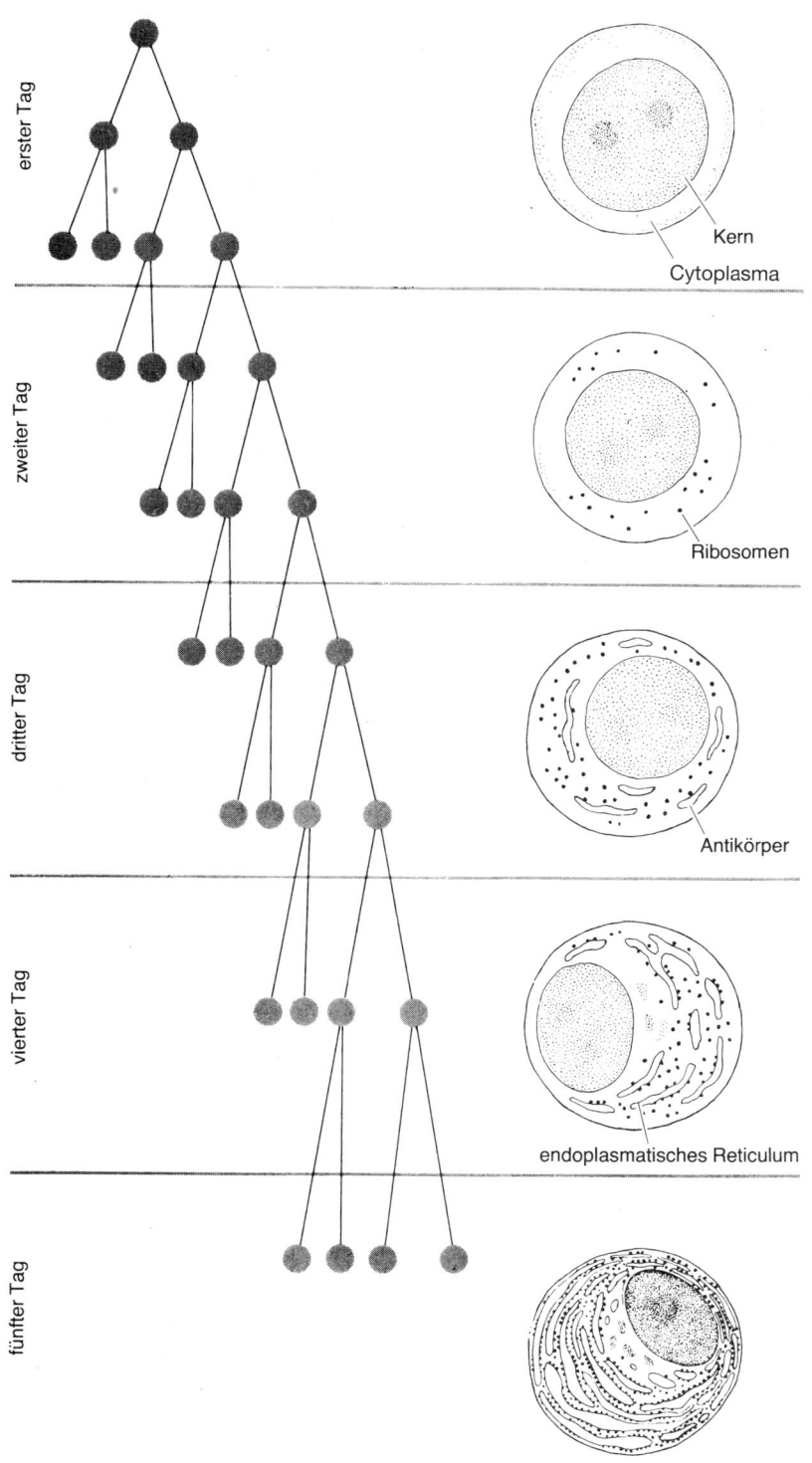

nen Aktivierungsschritte beruhen auf der Sekretion verschiedener Cytokine als Mediatoren, die ein Zusammenspiel von B-Zellen mit T-Zellen und antigen-präsentierenden Zellen voraussetzen.

5. Der Einfluß von Cytokinen auf die B-Zell-Reifung

Man weiß heute, daß ein einzelner Mediator nicht zur Aktivierung des Immunsystems führt. Dies ist eine Sicherung des Immunsystems vor einer fehlgesteuerten Reaktion, da so immer verschiedene Signale notwendig sind, um eine effektive Immunantwort einzuleiten. Wird der Antigen-MHC-Komplex von einer T-Helferzelle gebunden, sezerniert die T-Zelle IL-2, IL-4, IL-5, IL-6 und IFN-γ. Diese Cytokine sind wichtige Wachstumsfaktoren für B-Zellen, denn sie leiten deren Vermehrung und Differenzierung ein (Abbildung 6.6 und 6.7). IL-4 ist ein Faktor, der das Zellwachstum fördert. Es gibt Hinweise darauf, daß B-Zellen durch Faktoren aktiviert werden, die sie selbst produzieren. So konnte zum Beispiel *in vitro* gezeigt werden, daß einige B-Zell-Linien auf einen Stimulus hin IL-4 produzieren, der sie selbst zur Proliferation anregt. Eine derartige Autostimulation bedarf allerdings einer ganz strikten Regulation, um eine unkontrollierte Eskalation zu verhindern. Neben T-Zell-Produkten sind auch Produkte von Monocyten an der Aktivierung von B-Zellen beteiligt: Das

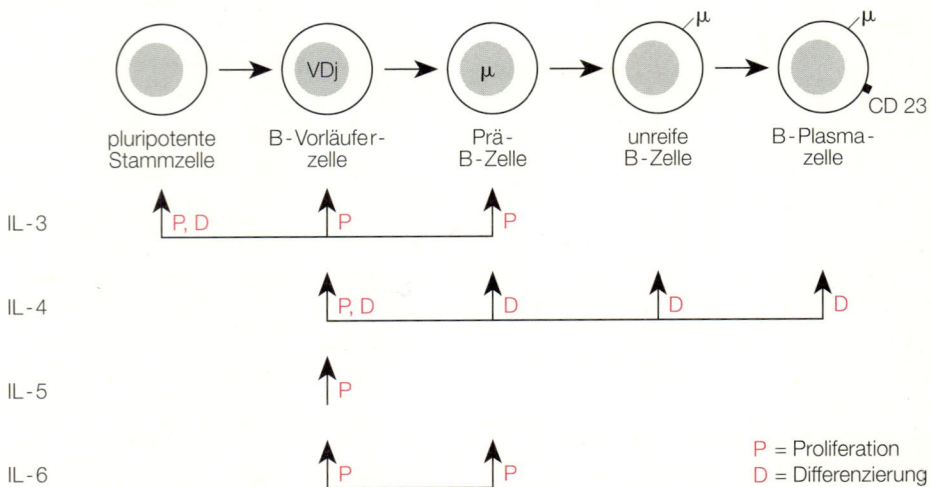

6.6 Schematische Darstellung der Einflüsse von Cytokinen auf B-Zellen in unterschiedlichen Reifungsstadien. Die Interleukine IL-3, IL-4, IL-5 und IL-7 beeinflussen sowohl die Proliferation (P) als auch die Differenzierung (D) der B-Zellen. (Mit freundlicher Genehmigung von Defrance und Banchereau, Academic Press, 1990.)

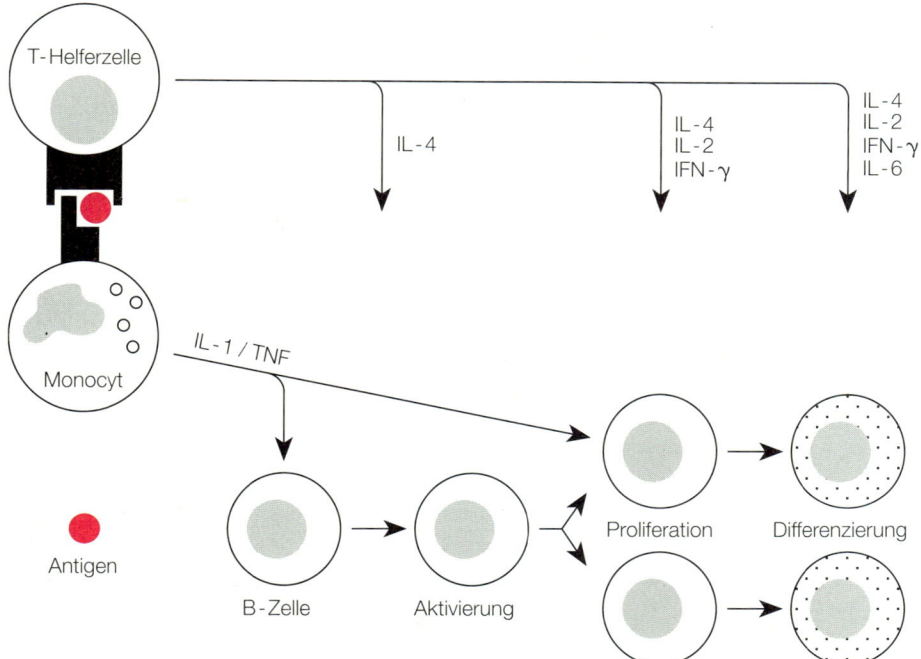

6.7 Einfluß verschiedener T-Zell- und Monocyten-Produkte auf die Differenzierung von B-Zellen. Bindet eine T-Zelle den Antigen/MHC-II-Komplex eines Monocyten, werden beide Zellen aktiviert und sezernieren verschiedene Cytokine. Diese Cytokine aktivieren B-Zellen und beeinflussen deren Teilung und Differenzierung. Am Ende dieser Reaktionen stehen B-Zellen, die große Antikörpermengen herstellen. (Mit freundlicher Genehmigung von Defrance und Banchereau, Academic Press, 1990.)

von aktivierten Monocyten sezernierte IL-1 und TNF-α greift in einem sehr frühen Stadium der B-Zell-Aktivierung ein, indem es den Übergang der B-Zellen vom unstimulierten Zustand in den stimulierten vermittelt. Bei der Proliferation der B-Zellen, die durch IL-1, IL-2 und IL-4, bei der Maus zusätzlich durch IL-5 induziert wird, bedarf es eines Eingriffs in deren Zellzyklus.

Bei der Differenzierung der B-Zellen, die nun als reife Plasmazellen vorliegen, durchlaufen die Zellen weitere Immunglobulingen-Rearrangements, die zu einem Klassenwechsel der Immunglobuline führen. Je weiter die Plasmazelle ausdifferenziert, desto mehr verliert sie die Fähigkeit zur Proliferation. Gleichzeitig kommt es zu einer Expression wichtiger Differenzierungsmarker, zum Beispiel von CD23, und von MHC-II-Molekülen auf der Zelloberfläche. Diese Marker sind wiederum wichtig für eine Interaktion mit anderen immunkompetenten Zellen, zum Beispiel werden die antigenpräsentierenden Eigenschaften durch eine verstärkte MHC-II-Expression verbessert. Wichtige Cytokine, welche die Differenzierung von B-Zellen regulieren, sind die T-Zell-Produkte IL-2, IL-4, IL-6 und IFN-γ. Die B-Zelle sezerniert auf diese Stimuli größere Mengen IgM. Es wurde eingangs erwähnt, daß IgM ein „frühes" Immunglobulin ist, das eine hohe Avidität, aber eine eher geringe Affinität zum Antigen besitzt. Deshalb setzen in der B-Zelle weitere Rearrangements ein, die zu einem Immunglobulinklassenwechsel von IgM zu IgG, führen. Die B-Zelle produziert nun große Mengen an hochaffinem IgG.

B-Zellen können verschiedene Immunglobulinklassen und -subklassen produzieren. Je nach Differenzierungsgrad produziert jede B-Zelle zunächst IgD und IgM, später nur noch IgM und im aktivierten Zustand IgG. Ein weiterer Klassenwechsel wird je nach Art und Lokalisation des Antigens wiederum durch Cytokine induziert: So vermittelt IL-4 die IgG_1-Synthese, IL-5 die IgA-Produktion, und IFN-γ vermag zumindest in der Maus die IgG_{2A}-Produktion zu induzieren. Durch IL-6 wird die Immunglobulinproduktion in stimulierten B-Zellen erhöht. Die IgE-Expression wird durch IL-4 eingeleitet und setzt außerdem die Anwesenheit von IL-6 voraus.

Bisher wurde nur die antigeninduzierte B-Zell-Aktivierung vorgestellt. Neben diesem Mechanismus gibt es aber noch weitere, die ebenfalls zu einer B-Zell-Aktivierung führen: In einem sehr frühen Infektionsstadium kommt es zu einer verstärkten Produktion der Komplementkomponenten, deren Aufgabe in der Eindämmung der Infektion bis zum Einsetzen einer effektiven Immunantwort liegt. Gleichzeitig fungieren einzelne Komplementkomponenten aber auch als Regulatoren. So exprimieren B-Zellen zum Beispiel CD21 (Synonym CR2) auf der Membran, ein Protein, das als Rezeptor für die Komplementkomponente C3d dient. CD21 ist bereits bei der frühen B-Zell-Entwicklung in den primären lymphatischen Organen ein wichtiger Rezeptor, führt aber auch bei den ruhenden B-Zellen durch Binden von C3d zu einer Aktivierung. Ein weiterer Mechanismus der B-Zell-Aktivierung verläuft über CD20, das ebenfalls auf der Membran von B-Zellen vorkommt. Lipolysaccharid (LPS), ein Endotoxin gram-negativer Bakterien, stimuliert ebenfalls B-Zellen. Auch Antikörper, die gegen IgM gerichtet sind, können zu einer Aktivierung von B-Zellen führen. Erst die gleichzeitige Präsenz verschiedener Cytokine bringt eine effektive Immunantwort in Gang, die in sehr vielen Fällen auf einer synergistischen Wirkung verschiedener Cytokine beruht. Für derartige Synergismen sind mittlerweile viele Beispiele bekannt, zum Beispiel wird die IL-2-induzierte Immunglobulinsekretion durch IL-1, IL-3, IL-6, IFN-α, IFN-γ und TNF-α gesteigert, IL-2 erhöht die IL-4 abhängige IgE-Produktion und IL-4 verstärkt die IL-5 abhängige IgM-, IgG_3- und IgA-Produktion.

Für eine gezielte Immunantwort ist es notwendig, daß das Immunsystem neben stimulativen auch über inhibitorische Mediatoren verfügt, denn nur so kann eine Überreaktion vermieden werden. Am besten untersucht ist der IL-4/IFN-γ Antagonismus: IFN-γ vermag einige durch IL-4 induzierte Reaktionen zu hemmen. Zum Beispiel ist IL-4 an der IgG_1- und IgE-Produktion sowie der IL-4 medierten B-Zell-Aktivierung und Expression eines Fc-Rezeptortyps beteiligt, all diese Reaktionen werden durch IFN-γ gehemmt oder sogar aufgehoben. TGF-β kann die Proliferation und Differenzierung von B-Zellen hemmen.

6. B-Zellen als Cytokinproduzenten

Bislang wurden nur Cytokine vorgestellt, welche die Entwicklung der B-Zellen beeinflussen. Die meisten sind Produkte von T-Zellen und antigenpräsentierenden Zellen (vor allem den Makrophagen). B-Zellen selbst bilden nur wenige Cytokine. Ihre Hauptprodukte sind IL-1, IL-4 und IL-6. Diese Cytokine sind autostimulativ, wirken aber auch auf andere Zellen.

7. B-Zellen und Gedächtnis

Eine wichtige Eigenschaft des Immunsystems ist die Tatsache, daß es über eine Art Gedächtnis verfügt. Dem immunologischen Gedächtnis haben wir es zu verdanken, daß die sekundäre Immunantwort viel schneller in Gang kommt als die primäre. Aus diesem Grund funktioniert eine Impfung so gut: Da das Immunsystem bereits schon einmal (bei der Impfung) Kontakt mit dem Antigen hatte, verläuft die Immunantwort im Falle einer Infektion mit dem Krankheitserreger viel schneller, was letztlich zur Folge hat, daß die Krankheit nicht zum Ausbruch kommt. Auf der B-Zell-Ebene wurde das Gedächtnis immer wie folgt erklärt: Im Zuge der B-Zell-Aktivierung während der primären Immunantwort proliferieren die aktivierten B-Zellen. Ein Teil dieser Zellen geht in den Resting-Zustand (eine Art Ruhezustand) zurück und wird erst bei einer erneuten Infektion mit dem Antigen reaktiviert. Wie Untersuchungen nunmehr gezeigt haben, besitzen B-Gedächtniszellen nur eine kurze Überlebensdauer, so daß das Phänomen der Impfung – der Schutz hält zum Teil über Jahrzehnte an – damit allein nicht erklärt werden kann. Ausgehend von diesen Befunden wurde ein völlig andersartiges Modell zur Funktionsweise des immunologischen Gedächtnisses aufgestellt: Es basiert auf der Annahme, daß B-Zellen mit den passenden Immunglobulinen ständig neu aktiviert werden. In einigen Fällen, etwa bei manchen Virusinfektionen, persistiert das Virus Jahrzehnte oder sogar das ganze Leben im Körper. Seine ständige Anwesenheit führt immer wieder zu einer B-Zell-Stimulation, was zur Folge hat, daß die entsprechenden B-Zellen stets vorhanden sind und IgG produzieren. In den meisten Fällen verweilt das Antigen allerdings nicht im Organismus. Hier kann das immunologische Gedächtnis mit Idiotypen und Antiidiotypen erklärt werden. Antiidiotypen sind Antikörper, die gegen eigene Antikörper (Idiotypen) gerichtet sind. Ihre Existenz wurde von Nils K. Jerne in seinem „immunologischen Netzwerk" postuliert.

Während des Antigenkontakts kommt es zur klonalen Proliferation der B-Zellen mit dem passenden Immunglobulin. Diese Zellen sezernieren nun den Idiotyp IgG, der gegen das Antigen gerichtet ist. Gleichzeitig könnte es aber auch B-Zellen geben, deren membranständige Immunglobuline den variablen Teil der Idiotypen binden. Die Immunglobuline solcher Zellen bezeichnen wir als Antiidiotypen. Der Idiotyp-Antiidiotyp-Komplex wird von der B-Zelle aufgenommen, fragmentiert und zusammen mit MHC auf der Zellmembran präsentiert. Falls eine T-Helferzelle diesen Komplex bindet, stimuliert sie durch Cytokinsekretion die B-Zelle zur Freisetzung von Antiidiotypen und zur Proliferation. Die Antiidiotypen müssen eine sehr ähnliche Form wie das Antigen aufweisen, da sie ja wie das Antigen von Idiotypen gebunden werden. Wenn sie von den B-Zellen mit membranständigen Idiotypen gebunden sind, induzieren sie wiederum deren Aktivierung. Durch diesen Ping-Pong-Mechanismus werden die Idiotyp- und Antiidiotyp-produzierenden B-Zellen ständig aktiviert und können auf diese Weise überleben, ohne daß das ursprüngliche Antigen im Körper vorhanden ist. Im Falle einer erneuten Konfrontation mit dem Antigen ist bereits das passende Immunglobulin vorhanden, um eine effektive Sekundärantwort einzuleiten.

Dieses interessante Modell ist nahezu revolutionär, denn es widerlegt plausibel die jahrzehntelang postulierte Existenz von Gedächtniszellen. Es beinhaltet, daß ein Teil aller aktivierten B-Zellen in einem Individuum Bestandteil des langzeitlichen idiotypgesteuerten Gedächtnisses ist. Außerdem müssen nach dieser Hypothese B-Gedächtniszellen nicht viele Jahre in einem Organismus überleben.

8. Zusammenfassung und Perspektiven

B-Zellen stellen ein wichtiges Glied im Immunsystem dar, und ihre Hauptaufgabe liegt in der Produktion von Antikörpern. Aus diesem Grund produzieren B-Zellen nur wenig Cytokine. Dagegen besitzen sie Rezeptoren für sehr viele Cytokine, denn diese Botenstoffe regulieren Wachstum, Differenzierung und Proliferation der B-Zellen. In einem frühen Stadium einer Immunantwort empfangen B-Zellen Signale, die sie zur Proliferation und Differenzierung anregen. Für eine gezielte Immunantwort ist es jedoch erforderlich, daß nicht alle B-Zellen gleichermaßen ausdifferenzieren, sondern nur solche, deren Immunglobuline das Antigen zu binden vermögen. Deshalb werden nur solche B-Zellen aktiviert, die die passenden Antikörper produzieren. Sie proliferieren (dabei spricht man von klonaler Expansion, da alle Tochterzellen genetisch identisch sind und den gleichen Antikörpertyp produzieren) und differenzieren zu reifen Plasmazellen aus. Erst in diesem ausdifferenzierten Stadium produzieren die B-Zellen große Mengen an hochaffinen Antikörpern. Auch der Immunglobulinklassenwechsel unterliegt einer ganz gezielten Regulation durch Cytokine. Art und Lokalisation der Antigene entscheiden nämlich, welche Immunglobulinklasse beziehungsweise -subklasse gebildet wird. Bei bakteriellen Infektionen findet man vornehmlich IgG_2, bei viralen Infektionen IgG_1 und IgG_3. Ist ein Organismus von Würmern oder Parasiten befallen, produzieren die B-Zellen hauptsächlich IgE, denn diese Immunglobulinklasse bewirkt die Freisetzung von vasoaktiven Substanzen, die immunkompetenten Zellen die Auswanderung und Migration in die betroffenen Körperregionen erleichtern. IgA ist ein sekretorisches Immunglobulin, das in allen Körpersekreten vorkommt.

Autoimmunerkrankungen äußern sich darin, daß der Organismus autoreaktive Immunglobuline in größeren Mengen produziert. Die Ursache dieser Erkrankung scheint bei den T-Zellen zu liegen, nämlich daß T-Zellen mit einem „verbotenen" T-Zell-Rezeptor den Thymus verlassen haben und die entsprechenden B-Zellen aktivieren. Denn auch ein gesunder Mensch besitzt B-Zellen, deren Immunglobuline körpereigene Strukturen binden können. Nur werden bei Gesunden diese B-Zellen nicht durch T-Zellen aktiviert. Eine herausragende Entdeckung waren die Idiotypen und Antiidiotypen, mit Hilfe dieser Moleküle läßt sich das immunologische Gedächtnis in beeindruckender Einfachheit erklären.

Ein großer Fortschritt war die Herstellung monoklonaler Antikörper, die heute aus dem Laboralltag und der Klinik nicht mehr wegzudenken sind. Für die Zukunft wird es eine große Herausforderung sein, Allergien besser therapieren zu können. Es wurde mehrfach die Überlegung aufgestellt, bei Allergikern die IgE-Produktion durch Gabe von monoklonalen Antikörpern gegen IL-4 zu hemmen.

Literatur

Edelmann, G.M. *The structure and function of antibodies.* In: *Scientific American* 223 (1970) S. 34–42.

O'Garra, A.; Umland, S.; De France, T.; and Christiansen, J. *B-cell factors are pleiotropic.* In: *Immunology Today* 9 (1988) S. 45–53.

Gordon, J.; and Guy, G.R. *The molecules controlling B lymphocytes.* In: Immunology Today 8 (1987) S. 339–344.

Gray, D.; Skarvall, H. *B-cell memory is short lived in the absence of antigen.* In: *Nature* 336 (1988) S. 70–73.

Jerne, N.K. *The immune system.* In: *Scientific American* 229 (1973) S. 52–60.

Kudo, A.; Melchers, F. *A second gene, $V_{pre}B$ in the $\lambda 5$ locus of the mouse, which appears to be selectively expressed in pre-B-lymphocytes.* In: *Embo Journal* 6 (1987) S. 2267–2272.

Porter, R.R. *Structural studies of immunoglobulins.* In: *Science* 180 (1973) S. 713–716.

Sakaguchi, N.; Melchers, F. *$\lambda 5$, a new light-chain-related locus selectively expressed in pre-B-lymphocytes.* In: *Nature* 324 (1986) S. 597–582.

Shimizu, A.; Honjo, T. *Immunoglobulin class switching.* In: *Cell* 36 (1984) S. 493–548.

Taussig, M.J.; Sims, M.J; and Krawinkel, U. *Regulation of immunoglobulin gene rearrangement and expression.* In: *Immunology Today* 10 (1989) S. 143–146.

Tonegawa, S. *Die Moleküle des Immunsystems.* In: *Spektrum der Wissenschaft* 12 (1985) S. 116–124.

Tonegawa, S. *Somatic generation of antibody diversity.* In: *Nature* 302 (1983) S. 575–581.

7. Hämatopoetische Wachstumsfaktoren

1. Einleitung

Die Mehrzahl der reifen Blutzellen haben eine kurze Lebensdauer und existieren nur wenige Stunden oder Wochen, bevor sie zerstört oder abgebaut werden. Sie müssen deshalb ständig vom Organismus ersetzt werden. Diesen Prozeß der Blutzellbildung bezeichnet man als Hämatopoese. Die Hämatopoese muß jedoch auch schnell und kontrolliert auf Situationen wie Infektionen und Blutverlust durch Verletzungen reagieren können. Fehlfunktionen in diesem System können zu schweren Erkrankungen wie Anämie und Leukämie führen. Für einen geregelten Ablauf der Hämatopoese sind deswegen ein kompliziertes Netzwerk löslicher Stimulatoren und Inhibitoren sowie zelluläre Interaktionen erforderlich.

Rote (Erythrocyten) und weiße Blutzellen (Leukocyten) leiten sich von undifferenzierten, pluripotenten Stammzellen ab. Diese entstehen früh in der Ontogenese aus Blutinseln im Dottersack und dringen über die Blutzirkulation des Embryos in die verschiedenen blutbildenden Organe wie fetale Leber, Milz und Knochenmark ein. Beim erwachsenen Mensch übernimmt nur noch das Knochenmark die Blutbildung.

Von den hämatopoetischen Stammzellen leiten sich zwei Hauptlinien ab, die lymphatische und die myeloische Zellinie (Abbildung 7.1). Aus der lymphatischen Reihe entstehen T- und B-Lymphocyten, aus der myeloischen Monocyten, polymorphkernige Granulocyten, Megakaryocyten, Mastzellen und Erythrocyten. Die Proliferation und Differenzierung der Stammzellen zu Zellen der myeloischen Reihe kontrolliert eine Gruppe von Wachstumsfaktoren, die koloniestimulierenden Faktoren (*colony stimulating factors*, CSF). Neben den CSF regulieren Erythropoietin und zahlreiche Interleukine die Hämatopoese. Sie wirken entweder als Cofaktoren der CSF oder beeinflussen direkt die Vermehrung und Differenzierung der Zellen der myeloischen Reihe. Auf die Entwicklung der lymphatischen Zellen haben die CSF keinen direkten Einfluß. Hier erfolgt die Regulation durch Interleukine.

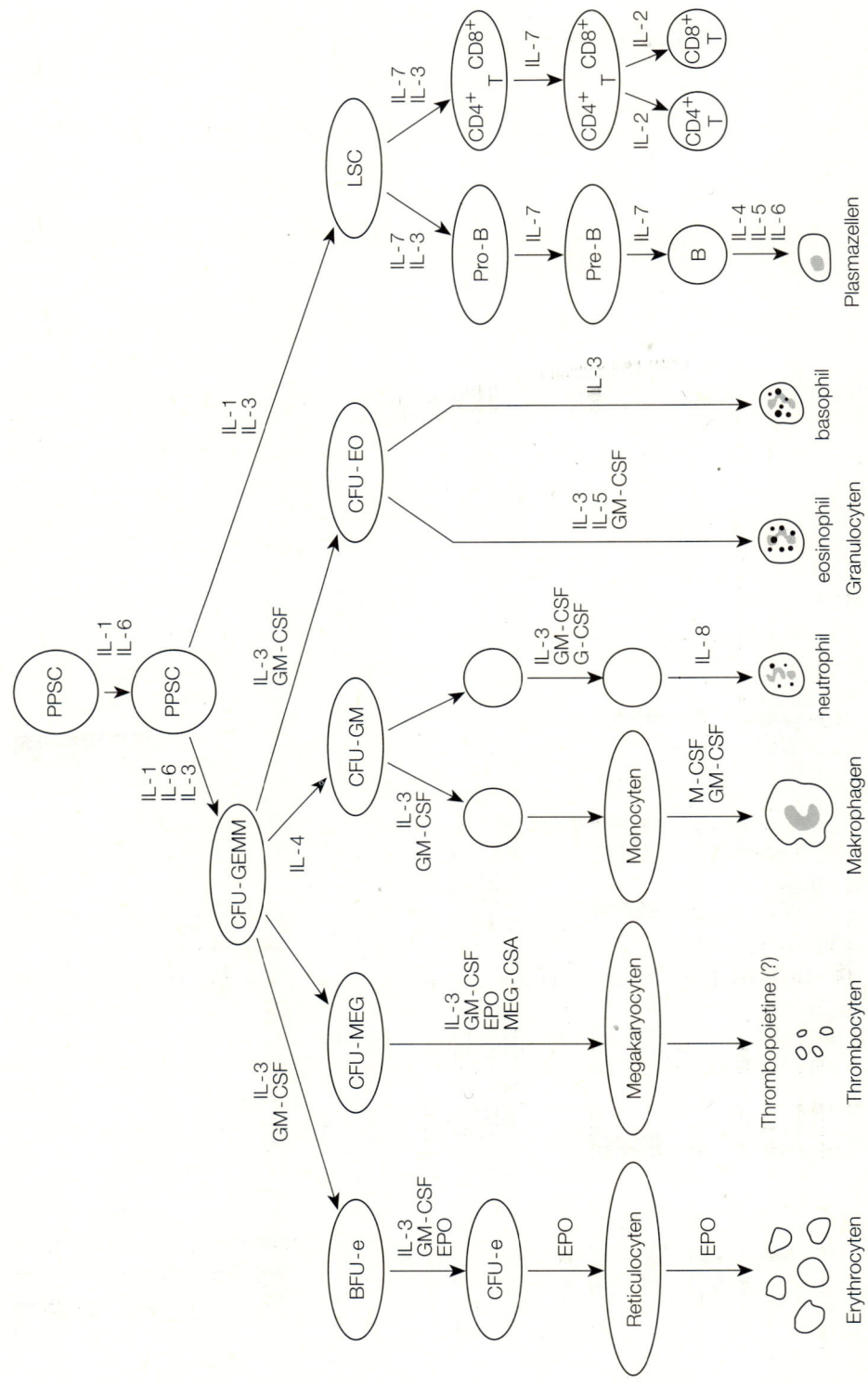

2. Die koloniestimulierenden Faktoren (CSF)

2.1 Vorkommen und biologische Wirkung

Ende der sechziger Jahre wurden spezielle Kultursysteme entwickelt, die das klonale Wachstum blutbildender Zellen in halbfestem Medium ermöglichen. Dies führte zur Entdeckung von sehr spezifischen hämatopoetischen Wachstumsfaktoren, den CSF. Die Bezeichnung, die vor allem auf Studien von Metcalf, Moore und Sachs zurückgeht, beruht auf der Fähigkeit dieser Faktoren in halbfestem Medium die Bildung von Zellkolonien hervorzurufen (Abbildung 7.2).

Beim Menschen sind vier CSF charakterisiert worden, die sich hinsichtlich ihrer Zielzellen unterscheiden. Der *Granulocyten-Makrophagen-CSF* (GM-CSF) stimuliert die Bildung von eosinophilen und neutrophilen Granulocyten

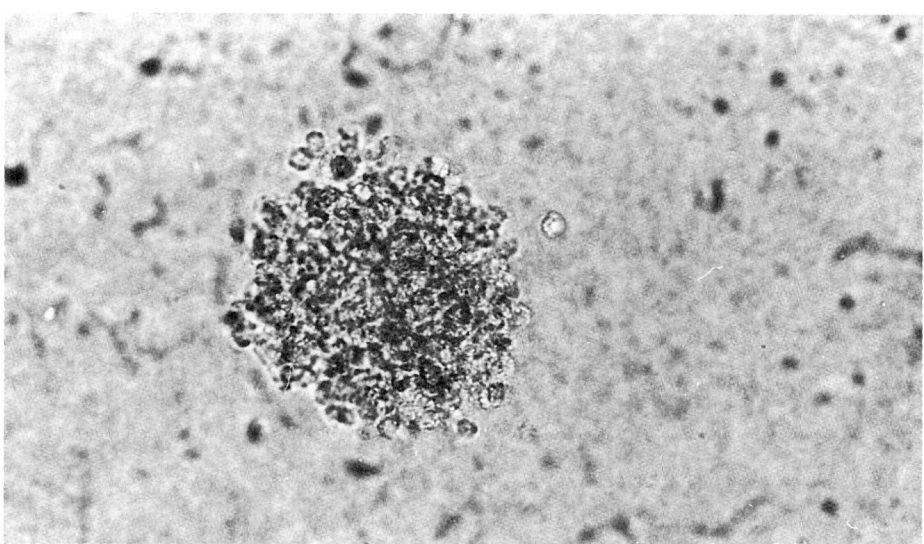

7.2 Beispiel für eine durch CSF hervorgerufene Zellkolonie. Knochenmarkzellen der Maus wurden in Gegenwart von GM-CSF in halbfestem Medium kultiviert. Nach einer Inkubationszeit von wenigen Tagen kann man mikroskopisch die Bildung von Zellkolonien beobachten.

◄ **7.1** Die Erythrocyten und Leukocyten leiten sich von einer undifferenzierten, pluripotenten Stammzelle ab. Die Entwicklung der Zellen wird durch hämatopoetische Wachstumsfaktoren (CSF), Interleukine (IL) und im Falle der Erythrocyten durch Erythropoietin (EPO) reguliert. PPSC: pluripotente Stammzelle; LSC: lymphopoetische Stammzelle. Die weiteren Abkürzungen sind im Text erklärt. (Mit freundlicher Genehmigung von Oster, Lab. med., 1990.)

und Makrophagen, der *Granulocyten-CSF* (G-CSF) vorzugsweise die Bildung von neutrophilen Granulocyten und der *Makrophagen-CSF* (M-CSF oder CSF-1) die Bildung von mononukleären Phagocyten. *Interleukin-3* (IL-3 oder Multi-CSF) regt granulocytäre, monocytäre, erythrocytäre und megakaryocytäre Vorläuferzellen sowie Vorläufer von Mastzellen und Stammzellen zur Proliferation an.

Während G-CSF und M-CSF auf relativ weit entwickelte Vorläufer der Blutzellen einwirken, die schon in Richtung Granulocyten beziehungsweise Makrophagen differenziert sind, sind GM-CSF und IL-3 breit wirkende Wachstumsfaktoren, welche die Proliferation und Differenzierung von frühen Vorläuferzellen stimulieren. In Kultursystemen entstehen unter Einwirkung von GM-CSF und IL-3 multipotente Vorläuferzellen (CFU-GEMM, *colony forming unit-granulocyte-erythrocyte-monocyte-megakaryocyte*), frühe erythrocytäre Vorläufer (BFU-E, *burst forming unit-erythroid*) sowie bi- und unipotente CFU-GM (*CFU-granulocyte-monocyte*), CFU-MEG (*CFU-megakaryocyte*) und CFU-Eo (*CFU-eosinophile*).

Alle CSF werden als Antwort auf Antigene und Entzündungsmediatoren gebildet. Die Freisetzung des M-CSF erfolgt auch konstitutiv. Die Tabelle 7.1 gibt eine Übersicht über die koloniestimulierenden Faktoren und ihre Herkunft.

Tabelle 7.1: Koloniestimulierende Faktoren und ihre Herkunft.

CSF	Bildungsort
G-CSF	Monocyten, Fibroblasten
M-CSF	Monocyten, Fibroblasten, Endothelzellen
GM-CSF	T-Zellen, Fibroblasten, Endothelzellen, Monocyten
IL-3	T-Zellen

(Verändert nach Clark und Kamen, *Science*, 1987.)

Neben Wachstumsfaktoren bilden die Blutzellen und deren Vorläufer aber auch eine Vielzahl anderer immunregulatorischer Cytokine. Das Zusammenspiel zwischen den einzelnen Zellen und Faktoren im Knochenmarkstroma ist sehr komplex und noch nicht ganz verstanden. Ein Beispiel für die regulative Wechselwirkung, welche die Aktivierung der Hämatopoese im Rahmen einer Infektion verständlich macht, ist in Abbildung 7.3 dargestellt.

Mononucleäre Phagocyten und T-Lymphocyten spielen eine zentrale Rolle bei der Regulation der Blutbildung. Makrophagen, die durch Endotoxin oder andere Entzündungsmediatoren aktiviert wurden, sezernieren neben G-CSF, GM-CSF und M-CSF unter anderem auch den Tumor-Nekrose-Factor-α (TNF-α), IL-1 und IL-6. Diese Cytokine spielen in der Regulation der Produktion von hämatopoetischen Wachstumsfaktoren eine wesentliche Rolle. Sie

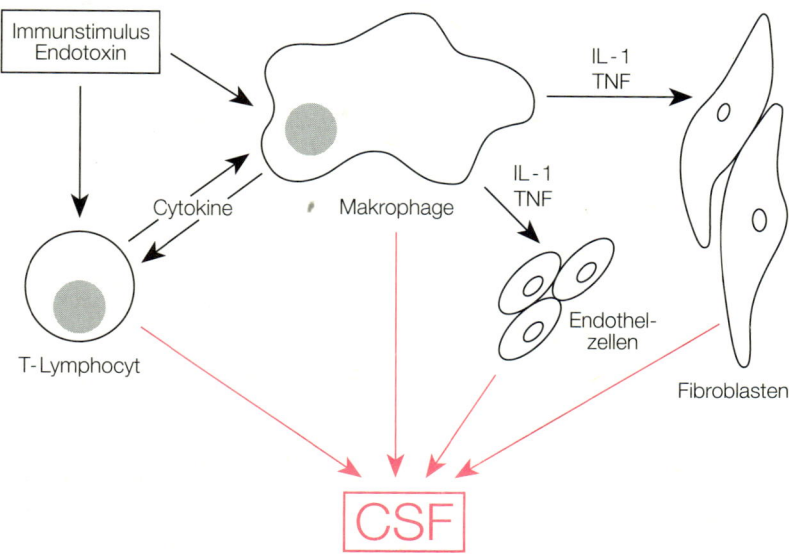

7.3 Mononucleäre Phagocyten und T-Lymphocyten spielen eine zentrale Rolle bei der Regulation der Blutbildung. T-Zellen und Makrophagen, die durch Immunstimulatoren aktiviert wurden, setzen neben CSF auch Interleukine und TNF frei. Diese Faktoren wirken auf lokale Endothelzellen oder Fibroblasten und induzieren dort die Bildung weiterer CSF. (Mit freundlicher Genehmigung von Golde und Gasson, Spektrum der Wissenschaft, 1988.)

wirken zum einen auf lokale Endothelzellen oder Fibroblasten und induzieren dort die Bildung weiterer CSF, zum anderen unterstützen sie die Aktivierung von antigenstimulierten T-Zellen. Letztere produzieren neben zahlreichen Interleukinen auch GM-CSF und IL-3. Nur das Zusammenspiel all dieser wachstumsfördernden Faktoren zusammen mit Inhibitoren, die ebenfalls von Makrophagen und T-Zellen gebildet werden, garantiert einen geregelten Ablauf der Hämatopoese.

Die CSF wirken jedoch nicht nur auf die Differenzierung von hämatopoetischen Vorläuferzellen, sondern beeinflussen auch die Funktionen reifer Zellen, wie Granulocyten und Makrophagen, im Blut und Gewebe. Sie induzieren unter anderem die Expression von Zelloberflächenstrukturen und die Synthese von Cytokinen, erhöhen die Phagocytosefähigkeit und Cytotoxizität gegen Tumorzellen und fördern die Bereitschaft zum oxidativen Stoffwechsel.

2.2 Struktur und molekulare Eigenschaften

Die CSF sind von ihrer chemischen Struktur Glykoproteine mit niedrigem Molekulargewicht. Die biologische Aktivität dieser Faktoren beruht auf inter- beziehungsweise intramolekularen Disulfidbrücken im Proteinanteil. Der Zukkeranteil spielt für die Stabilität des Moleküls und für den Schutz gegen proteolytische Enzyme eine wichtige Rolle.

Bei GM-CSF, G-CSF und IL-3 handelt es sich um einkettige, glykosylierte Polypeptide. Im Gegensatz dazu ist M-CSF ein über Disulfidbrücken verknüpftes Dimer, das aus zwei identischen Untereinheiten aufgebaut ist. Wie Experimente mit M-CSF gezeigt haben, ist die Dimerstruktur für die biologische Aktivität notwendig. Die monomeren Untereinheiten zeigen nämlich *in vitro* keine koloniestimulierende Aktivität. Beim Menschen existieren mindestens zwei verschiedene M-CSF-Moleküle mit unterschiedlichem Molekulargewicht. Beide Formen unterscheiden sich jedoch offenbar nicht in ihrer biologischen Aktivität.

Alle vier CSF liegen in gereinigter Form vor. Weiterhin wurden die Gene und die komplementäre DNA (cDNA) für die CSF sequenziert und kloniert. Dies führte zu einem besseren Verständnis der CSF und ihrer Rolle in der Hämatopoese. Die Gene für M-CSF, GM-CSF und IL-3 sowie das Protoonkogen c-fms, das für den M-CSF-Rezeptor codiert, sind beim Menschen in einer eng begrenzten Region auf dem langen Arm des Chromosom 5, dem q-Arm, lokalisiert. Das Gen für G-CSF liegt auf Chromosom 17. Trotz ähnlicher Molekülgröße und -struktur sowie teilweise ähnlicher biologischer Aktivitäten stellen die CSF keine Genfamilie dar und zeigen keine nennenswerten Sequenzhomologien. Die Protein- und Nucleinsäuresequenzen der CSF des Menschen zeigen dagegen zum Teil große Homologien mit den entsprechenden Faktoren in der Maus. Es wirken jedoch nur humaner G-CSF und M-CSF kreuzreaktiv auf Mauszellen, IL-3 und GM-CSF sind dagegen streng speziesspezifisch.

2.3 CSF-Rezeptoren und Signalübertragung

Jeder der vier CSF bindet auf seinen Zielzellen an einen für ihn spezifischen Rezeptor. Die Rezeptoren werden sowohl auf hämatopoetischen als auch auf ausdifferenzierten Zellen exprimiert. Hinsichtlich ihrer Anzahl gibt es große Unterschiede. So werden die Rezeptoren für GM-CSF, G-CSF und IL-3 nur in geringer Zahl auf hämatopoetischen Vorläuferzellen und differenzierten Zellen exprimiert (100 bis 500 Rezeptoren pro Zelle). Im Gegensatz dazu sind M-CSF-Rezeptoren auf Zellen der monocytären Reihe reichlich vorhanden: Auf reifen Monocyten und Makrophagen können zwischen 3 000 und 15 000, auf einigen Makrophagen-Tumorzellinien sogar bis zu 50 000 M-CSF-Rezeptoren pro Zelle nachgewiesen werden.

Nach Bindung des jeweiligen CSF an seinen Rezeptor erfolgt relativ schnell eine Signalübertragung in die Zelle. Interessanterweise sind bei der Antwort von Zellen auf CSF weder schnelle Veränderungen im intrazellulären Calciumspiegel noch die Bildung von Inositoltriphosphat beteiligt (vergleiche hierzu die Wirkung der Adhäsionsmoleküle). Es scheinen vielmehr Proteinphosphorylierungen eine Rolle zu spielen. So können nach Stimulation mit M-CSF, GM-CSF und IL-3 Thyrosinphosphorylierungen, in Gegenwart von GM-CSF oder IL-3 auch Serinphosphorylierungen nachgewiesen werden.

3. Erythropoietin

3.1 Vorkommen und biologische Wirkung

Die vier klassischen CSF werden durch Erythropoietin ergänzt, ein Protein, daß die Entwicklung der roten Zellreihe, die Erythropoese, beeinflußt. Die physiologische Bedeutung dieses Wachstumsfaktors beruht auf der schnellen Regulation und Anpassung der Erythropoese an den Sauerstoffbedarf der Gewebe und Organe. In der Fetal- und Neonatalphase stellt die Leber den Hauptproduktionsort für Erythropoietin dar. Im erwachsenen Menschen wird es dagegen überwiegend in der Niere gebildet. Nur noch 10 bis 20 Prozent des Erythropoietins im Plasma stammen nach der Geburt aus der Leber. Man geht heute davon aus, daß in der Niere Endothelzellen oder interstitielle Zellen für die Erythropoietinbildung verantwortlich sind, in der Leber werden Hepatocyten und Kupffer-Zellen diskutiert. Erythropoietin wird in den Zellen dieser Organe nicht gespeichert, sondern bei Bedarf synthetisiert. Sehr interessant ist die Beobachtung, daß auch Makrophagen in vitro Erythropoietin produzieren können.

Als Hauptreiz für die Erythropoietinsynthese gilt die Hypoxie, der Sauerstoffmangel im Gewebe, deren Ursache eine erhöhte Sauerstoffaffinität des Blutes, ein Absinken des Sauerstoffpartialdruckes im Blut und Gewebe oder Blutversorgungsstörungen sein können. Ein verminderter Sauerstoffgehalt im Nierengewebe etwa führt zur Bildung und Freisetzung von Erythropoietin. Es gelangt über die Blutzirkulation ins Knochenmark. Dort bindet es an spezifische Rezeptoren auf seinen Zielzellen und stimuliert die Erythropoese. Erythropoietin wirkt dabei auf verschiedene Entwicklungsstadien der roten Blutkörperchen. Es stimuliert sowohl die Proliferation und Differenzierung von frühen Vorläuferzellen (BFU-e) als auch von direkten Vorläufern der Proerythroblasten (CFU-e), von Proerythroblasten selbst und von frühen Erythroblasten (siehe Abbildung 7.1). Es kommt dadurch zu einer verstärkten Produktion von Erythrocyten und somit zu einer Steigerung der sauerstofftragenden Kapazität im Organismus und zur Erhöhung des Blutvolumens. Hat der Sauerstoffgehalt im Gewebe wieder seinen Normalwert erreicht, wird die Bildung von Erythropoietin eingestellt.

Wie die Abweichung vom normalen Sauerstoffpartialdruck in der Niere erfaßt und gemessen wird, ist noch weitgehend ungeklärt. Man diskutiert zur

Zeit das Vorkommen von sauerstoffsensitiven Rezeptoren auf erythropoietin-bildenden Zellen in der Mikrozirkulation der Niere (Abbildung 7.4). Bei diesen Rezeptoren soll es sich um Hämproteine handeln, die bei niedrigem Sauerstoffgehalt ihre Konfiguration ändern und dadurch die Expression des erythro-poietincodierenden Gens stimulieren.

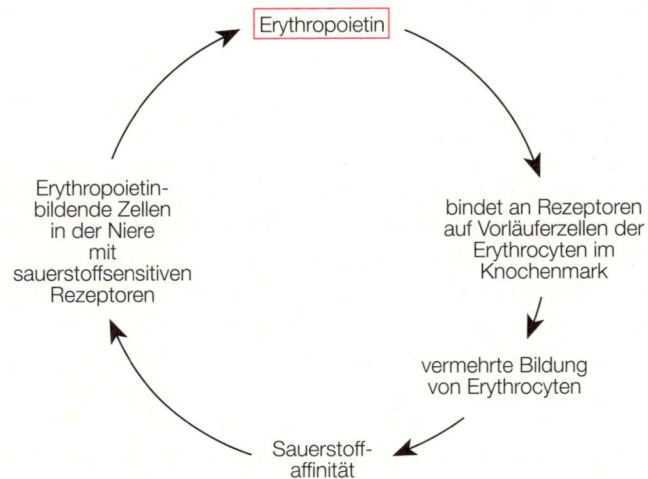

7.4 Physiologie des Erythropoietinsystems. Hauptstimulus für die Erythropoietinsynthese sind ein Absinken des Sauerstoffpartialdrucks im Blut und Gewebe, Blutversorgungsstörungen oder eine erhöhte Sauerstoffaffinität des Blutes. Sauerstoffsensitive Zellen der Niere bilden aufgrund solcher Störungen Erythropoietin, das über die Blutzirkulation in das Knochenmark gelangt und dort die Erythropoese stimuliert. (Verändert nach Peters, Bio Tech, Cilag GmbH, Fresenius.)

3.2 Struktur und molekulare Eigenschaften

Erythropoietin ist von seiner chemischen Struktur wie die koloniestimulieren-den Faktoren ein Glykoprotein mit einem relativen Molekulargewicht von etwa 30 Kilodalton. Der Proteinanteil, der beim menschlichen Erythropoietin ungefähr 60 Prozent ausmacht, ist für die biologische Aktivität verantwortlich. Der Zuckeranteil dient der Stabilität des Moleküls und bestimmt sein pharma-kokinetisches Verhalten.

Bei Erythropoietin handelt es sich um ein monomeres, glykosyliertes Poly-peptid, das in seiner Primär- und Sekundärstruktur eine Homologie von 80 bis 85 Prozent zu Mauserythropoietin zeigt. Das Gen, das für Erythropoietin codiert, ist beim Menschen auf Chromosom 7 lokalisiert.

4. Interleukine und ihre Rolle in der Hämatopoese

Neben den koloniestimulierenden Faktoren und Erythropoietin besitzen auch viele Interleukine (IL) wachstumsregulierende Eigenschaften auf die Hämatopoese.

- IL-1 ist ein Polypeptid mit vielfachen biologischen Wirkungen. Man kennt von ihm zwei verschiedene molekulare Formen, die als IL-1α und IL-1β bezeichnet werden. IL-1α wirkt zum einen auf Stammzellen und frühe Vorläuferzellen und erhöht deren Sensitivität für CSF. Andererseits veranlaßt IL-1 auch die Freisetzung von CSF aus zahlreichen Zellen im Knochenmarkstroma. Nach neuen Erkenntnissen induziert IL-1 auch die Bildung von IL-6. Da beide Interleukine ein ähnliches Wirkungsspektrum zeigen (siehe Kapitel Monocyten und Makrophagen), könnten die Effekte von IL-1α auf Stammzellen auch indirekter Art sein.
- IL-2 ist ein Wachstumsfaktor für reife T- und B-Lymphocyten und spielt eine herausragende Rolle bei der Regulation der Lymphocytenfunktion *in vivo*.
- IL-3, auch bekannt als Multi-CSF, ist ein Wachstumsfaktor, der Stammzellen und frühe Vorläuferzellen zur Proliferation anregt.
- IL-4 ist auch bekannt als *B cell stimulatory factor-1* (BSF-1). Es wirkt in erster Linie auf ruhende B-Zellen. Zudem ist es Wachstumsfaktor von T-Lymphocyten und reguliert die Proliferation und Reifung von Mastzellen sowie die Proliferation von Stammzellen.
- IL-5 fördert die Proliferation und das Wachstum von aktivierten B-Zellen. Weiterhin reguliert es auch Wachstum und Differenzierung von eosinophilen Zellen.
- IL-6 wirkt gemeinsam mit IL-3 auf Stammzellen. Er fördert weiterhin die Differenzierung von B-Zellen in antikörperproduzierende Plasmazellen. IL-6 wurde früher auch als *B cell stimulatory factor-2* (BSF-2) bezeichnet.
- IL-7 ist ein Wachstumsfaktor für frühe B-Zellen und Thymocyten. Eine Beeinflussung der übrigen Hämatopoese ist bisher nicht bekannt.
- IL-8 wird von Monocyten und Makrophagen gebildet und wirkt chemotaktisch auf neutrophile Granulocyten und T-Zellen.
- IL-9 stimuliert *in vitro* das Wachstum von Mastzellen und die Bildung humaner erythropoetischer Kolonien.
- IL-10 fördert die Proliferation von B-Zellen und deren Differenzierung in Plasmazellen.
- IL-11 scheint ein wichtiger Regulator der Megakaryocytopoese, der Bildung von Megakaryocyten, zu sein. *In vitro*-Studien zeigen, daß IL-11 und IL-3 synergistisch wirken und in halbfesten Kulturmedien die Bildung von Megakaryocytenkolonien hervorrufen.

5. Inhibitoren der Hämatopoese

Zahlreiche Studien haben sich in den letzten Jahren mit der Entdeckung und Charakterisierung von wachstums- und differenzierungsfördernden Faktoren beschäftigt. Über Cytokine, die einen hemmenden Einfluß auf die Hämatopoese ausüben, ist dagegen wenig bekannt.

Als ein möglicher Inhibitor wird der *Transforming-Growth-Factor-β* (TGF-β) diskutiert. TGF-β ist ein multifunktionell wirkender Faktor, der von vielen verschiedenen Zellen gebildet wird und fast alle Zellen beeinflußt. In der Hämatopoese hemmt er die Proliferation von frühen Vorläuferzellen. Die Vermehrung reiferer unipotenter Zellen, die also in ihrer Differenzierung festgelegt sind, wird dagegen kaum von dem wachstumshemmenden Effekt dieses Moleküls betroffen. TGF-β beeinflußt weiterhin die Differenzierung von reifen Zellen. So verhindert er zum Beispiel die Entwicklung von B-Zellen in antikörperproduzierende Plasmazellen.

Ein weiteres wachstumshemmendes Molekül für hämatopoetische Zellen, das vor kurzem beschrieben wurde, ist das *macrophage inflammatory protein-1-α* (MIP-α). Es wirkt hemmend auf die Proliferation von Stammzellen.

Interferone und Prostaglandine sind Faktoren, die im Rahmen einer Immunantwort von vielen Zellen, wie Makrophagen, T-Zellen und Fibroblasten, gebildet werden. Sie zeigen ebenfalls antiproliferative Effekte und hemmen *in vitro* die Bildung von Zellkolonien.

6. Zusammenfassung und Perspektiven

Mit der Entwicklung und Einführung spezieller Kultursysteme, monoklonaler Antikörper und molekularbiologischer Methoden ist es in den letzten Jahren möglich geworden, die Bedeutung der hämatopoetischen Wachstumsfaktoren für die Regulation der Hämatopoese, aber auch für die Funktion reifer Zellen zu untersuchen. Dank der großen Fortschritte im Bereich der Molekularbiologie ist man heute in der Lage, diese Faktoren in großen Mengen herzustellen. Derzeit werden sowohl CSF als auch Erythropoietin in zahlreichen klinischen Studien bei verschiedenen Erkrankungen, wie Neoplasien des Knochenmarks, Chemotherapie, Knochenmarktransplantation und AIDS, eingesetzt. Gute Erfolge zeichnen sich dabei hinsichtlich der Behandlung von Chemotherapie-induzierten Cytopenien (eine Verminderung der Zahl der Blutzellen) mit GM-CSF oder G-CSF ab. Auch Kombinationstherapien verschiedener CSF oder CSF mit Interleukinen werden zur Zeit geprüft. Erythropoietin ist das Mittel der Wahl bei der Behandlung der infolge chronischer Niereninsuffizienz auftretenden renalen Anämie (siehe auch Kapitel „Therapie mit Cytokinen"). Die hämatopoetischen Wachstumsfaktoren zeichnen sich dabei durch eine relativ gute Verträglichkeit aus.

Trotz vieler *in vitro* und *in vivo* erzielter Daten sind jedoch noch zahlreiche Untersuchungen und klinische Studien notwendig, um unser Verständnis über die physiologischen wie pathophysiologischen Mechanismen bei der Regulation der Hämatopoese zu verbessern und zu vervollständigen.

Literatur

Clark, St.C., Kamen, R. *The human hematopoietic colony-stimulating factors.* In: *Science* 236 (1987). S. 1229–1237.

Goldberg, M.A., Dunning, S.P., Bunn, H.F. *Regulation of the erythropoietin gene: Evidence that the oxygen sensor is a heme protein.* In: *Science* 242 (1988). S. 1412–1415.

Golde, D.W., Gasson, J.C. *Blutbildende Hormone.* In: *Spektrum der Wissenschaft* 9 (1988) S. 70–78.

Dexter, T.M. (Gardiner-Caldwell Communications Ltd.) *Haematopoietic growth factors* (1990) S. 1–40.

Jelkmann, W. *Renal erythropoietin. Properties and production.* In: *Rev. Physiol. Biochem. Pharmacol.* 104 (1986). S. 139.

Kirchner, H. *Interferons, a group of multiple lymphokines.* In: *Springer Semin. Immunopathol.* 7 (1984). S. 347–374.

Kruse, A., Kirchner, H., Zawatzky, R., Domke-Opitz, I. *In vitro development of bone-marrow-derived macrophages. Influence of mouse genotype on response to colony-stimulating factors and autocrine interferon induction.* In: *Scand. J. I mmunol.* 30 (1989). S. 731–740.

Link, H., Arseniev, L. *Hämatopoetische Wachstumsfaktoren.* In: *Chemotherapie Journal* 2 (1993). S. 1–11.

Metcalf, D. *The granulocyte-macrophage colony-stimulating factors.* In: *Science* 229 (1985). S. 16–22.

Metcalf, D. *The molecular biology and functions of the granulocyte-macrophage colony-stimulating factors.* In: *Blood* 67 (1986). S. 257–267.

Oster, W., Herrmann, F., Mertelsmann, R. *Hormone der Blutbildung.* In: *Lab. med.* 14 (1990). S. 125–132.

Pagel, H. and Jelkmann, W. *Erythropoietin.* In: *Dtsch. med. Wschr.* 114 (1989). S. 959–963.

8. Interferone

1. Entdeckung und Definition

Schon seit langem ist bekannt, daß Zellen, die mit einem Virus infiziert sind, gegen Infektionen durch andere Viren resistent sind. Bei diesem Phänomen spricht man von viraler Interferenz. Im Jahre 1957 konnten Isaacs und Lindenmann einen löslichen Faktor isolieren, der eine Form der viralen Interferenz bewirkt. Sie fanden auch, daß es sich bei diesem löslichen Faktor um ein Protein handelt und nannten es entsprechend seiner Wirkung Interferon. Weitere Untersuchungen haben ergeben, daß es mehrere verschiedene Proteine gibt, die die virale Interferenz bewirken. Sie wurden als Interferon-alpha, -beta und -gamma bezeichnet. Interferone werden heute definiert als Cytokine, die die Vermehrung von Viren in Zellen hemmen. Interferone werden nach Stimulation freigesetzt. Ihre Synthese wird durch Antigene, Viren und einige chemische Substanzen ausgelöst.

Neben der antiviralen Wirkung hemmen Interferone die Vermehrung von Zellen und führen zur Rückbildung von Tumoren. Außerdem haben Interferone ausgeprägte immunregulatorische Eigenschaften. Sie können Immunreaktionen einleiten, verstärken oder hemmen. Ursprünglich wurden die Interferone (IFN) aufgrund unterschiedlicher biochemischer Eigenschaften einem Verwandtschaftsverhältnis zugeordnet: IFN-α und -β besitzen serologische Ähnlichkeiten und verhalten sich gegenüber Säurebehandlung stabil. Vor allem die serologischen Eigenschaften aber auch die Tatsache, daß IFN-γ gegenüber Säurebehandlung labil reagiert, führte dazu, daß IFN-α und IFN-β als Typ-I-Interferone dem IFN-γ als Typ-II-Interferon gegenübergestellt wurden. Später wurde diese Unterteilung durch molekularbiologische und immunologische Erkenntnisse bestätigt, denn die Sequenzhomologie zwischen IFN-α und IFN-β beträgt 50 Prozent, während die Homologie zwischen Typ-I- und Typ-II-Interferonen deutlich geringer ist. In ihrem biochemischen Verhalten weisen die Typ-I-Interferone viele weitere Gemeinsamkeiten auf (Tabelle 8.1).

Tabelle 8.1: Biochemische Daten der Interferone.

	IFN-α	IFN-β	IFN-γ
Molekulargewicht	20 000Da	20 000Da	22 000Da
Subtypen	ja	nein	nein
Glykoprotein	einige Subtypen	ja	ja
Genort (Chromosom Nr.)	9	9	12
Induzenten	Viren und einige synthetische Substanzen		Antigene
Produzenten	hauptsächlich Monocyten Makrophagen	vor allem Fibroblasten	T-Helferzellen NK-Zellen

1.1 Interferon-α

IFN-α wurde auch als Leukocyten-Interferon bezeichnet, da es vorwiegend von den weißen Blutzellen gebildet wird. Es besteht aus einer Familie nahe verwandter Proteine, die eine Aminosäuren-Sequenzhomologie von 80 bis 95 Prozent aufweisen. Bislang sind 24 Gene bekannt, von denen 9 Pseudogene sind. Die übrigen 15 Gene codieren die verschiedenen Subtypen, die als Proteine freigesetzt werden. Wegen der starken Homologie geht man davon aus, daß alle IFN-α-Gene und -Pseudogene aus einem gemeinsamen Vorläufer durch Genduplikation entstanden sind. Alle IFN-α-Gene sind beim Menschen auf dem Chromosom 9 lokalisiert. Die Proteine bestehen aus 166 Aminosäuren und besitzen ein Molekulargewicht von 20 Kilodalton. Von einigen Subtypen ist bekannt, daß sie glykosyliert sind. Über die Produzentenzellen gibt es noch heute kontroverse Diskussionen, es wurde beschrieben, daß prinzipiell fast alle Zelltypen zur IFN-α-Produktion befähigt sind (eine Ausnahme stellen Nervenzellen dar). IFN-α wird von Zellen produziert, die mit einem Virus infiziert sind. Geringe IFN-α-Mengen werden von manchen Zelltypen konstitutiv hergestellt. Hauptproduzenten sind jedoch die Monocyten/Makrophagen.

1.2 Interferon-β

IFN-β wurde früher auch als Fibroblasten-Interferon bezeichnet, da es hauptsächlich von Fibroblasten gebildet wird. IFN-β ist wie das IFN-α auf Chromosom 9 lokalisiert. Es besteht aus 166 Aminosäuren und weist ein Molekulargewicht von 20 Kilodalton auf. IFN-β ist ein Glykoprotein, die Sequenzhomologie zum IFN-α beträgt 50 Prozent. Aus diesen biochemischen Daten wird deutlich, daß die Typ-I-Interferone strukturell sehr nahe miteinander verwandt sind. Wie IFN-α produzieren Zellen IFN-β, wenn sie mit einem Virus infiziert sind. Die Typ-I-Interferone weisen noch eine weitere Gemeinsamkeit auf: Ihre Gene besitzen keine Introns. Introns sind DNA-Sequenzen in einem Gen, die nach der Transkription durch einen Prozeß, den man als Splicing bezeichnet, aus der mRNA enzymatisch herausgeschnitten werden. Die meisten eukaryontischen Gene besitzen Introns, insofern ist das Fehlen bei den Typ-I-Interferonen ungewöhnlich.

Wichtige IFN-β-Produzenten sind neben den Fibroblasten die Monocyten/ Makrophagen, jedoch sind die Mengen an produziertem IFN-β beim Menschen häufig sehr viel niedriger als die von IFN-α.

1.3 Interferon-γ

IFN-γ wird auch als Immuninterferon bezeichnet, und unterscheidet sich schon aufgrund seiner biochemischen Daten von den Typ-I-Interferonen: Es ist ein Glykoprotein, das aus 146 Aminosäuren besteht und ein Molekulargewicht von 22 Kilodalton besitzt. Zwei solcher Polypeptidketten assoziieren *in vivo* zu einem Dimer. IFN-γ weist keine Sequenzhomologien zu den Typ-I-Interferonen auf. Das Gen ist auf Chromosom 12 lokalisiert und besitzt im Gegensatz zu den Typ-I-Interferonen drei Introns. Hauptproduzenten sind die T-Helferzellen sowie die NK-Zellen, die nach Antigenkontakt größere Mengen an IFN-γ produzieren.

2. Aktivierung der Interferongenexpression

Interferone sind wie die meisten Cytokine induzierbare Proteine, das heißt, ihre Expression wird durch geeignete Induzenten angeschaltet. In der Regel ist die Interferonproduktion auf einen kurzen Zeitraum begrenzt und bedarf einer strikten Regulation. Induzenten sind hauptsächlich Viren, wobei die produzierte Interferonmenge sehr stark schwankt. Sie hängt ab vom Virus, vom infizierten Zelltyp und vermutlich auch vom Genotyp des infizierten Individuums. So ist mehrfach beschrieben worden, daß die Interferonantwort von Individuum zu Individuum schwankt. Außer Viren gibt es auch synthetische Induzenten, wie zum Beispiel das Nucleinsäure-Analogon Poly I:C (Polyinositol-cytidinsäure) und CMA (Carboxymethylacridanon). Diese Substanzen sind in erster Linie für experimentelle Studien von Bedeutung, wenn die Interferonsynthese in Zellkulturen untersucht wird. IFN-γ wird vor allem nach Antigen-Stimulation im Zuge der T-Zell-Aktivierung gebildet.

Eine Vielzahl von Mechanismen regen die IFN-Synthese an. Man kann sich vorstellen, daß die enorme biologische Vielfalt innerhalb der Gruppe der Viren einen derartigen vielfältigen Apparat zur Interferoninduktion erfordert; denn nur so ist gewährleistet, daß die Zelle als Antwort auf die Virusinfektion Interferon produzieren kann.

Bestandteile der Viren leiten in der Zelle Reaktionsketten ein, die zu einer Aktivierung spezifischer Transkriptionsfaktoren führen. Entweder die Transkriptionsfaktoren oder virale Moleküle binden an die Promotorregion der IFN-Gene und initiieren damit deren Transkription.

Welcher Interferontyp gebildet wird, hängt vom Induzenten ab. So führen Virusinfektionen und die oben aufgeführten Induzenten hauptsächlich zur Typ-I-Interferon Induktion, während die IFN-γ-Synthese primär durch bestimmte Antigene und Mitogene, wie zum Beispiel die Lektine Concanavalin A und Phytohämagglutinin, eingeleitet wird. Welche Interferonklasse gebildet wird, hängt auch vom infizierten Zelltyp ab: Infiziert man humane Leukocyten beispielsweise mit einem häufig verwendeten Induzenten, dem Newcastle Disease Virus (NDV), so produzieren diese in erster Linie IFN-α. Fibroblasten antworten dagegen auf eine NDV Infektion mit der Synthese von IFN-β.

3. Die Wirkungsweise der Interferone

Interferone entfalten ihre biologische Wirkung, indem sie an Interferonrezeptoren binden. Interferonrezeptoren befinden sich auf nahezu allen Zelltypen. Obwohl die Wirkung der Typ-I- und Typ-II-Interferone in vielerlei Hinsicht identisch ist, binden diese an verschiedene Rezeptoren. Man unterscheidet den Typ-I-Rezeptor, der IFN-α und IFN-β bindet und den Typ-II-Rezeptor, der IFN-γ bindet. Beide Rezeptoren sind im Prinzip ein Heterodimer, das aus einer Polypeptidkette besteht und den eigentlichen Rezeptor ausmacht, sowie einem zweiten Polypeptid, das als Kofaktor fungiert.

Nachdem ein Interferonmolekül den Rezeptor gebunden hat, kommt es zur Signaltransduktion in der Zelle. Diese Signaltransduktion leitet in der Zelle die interferoninduzierten Effekte ein: Die Zelle baut einen antiviralen Apparat auf, die Zellteilungsrate wird gehemmt und einige immunkompetente Zellen sezernieren als Antwort auf die Interferoneinwirkung Cytokine. Die interferonspezifische Signaltransduktion verläuft sehr komplex, ist aber so detailliert untersucht worden wie die keines weiteren Cytokins. Deshalb soll der Mechanismus im folgenden vorgestellt werden.

Prinzipiell ist die Signaltransduktion eine hierachisch aufgebaute Reaktionskaskade: Hat ein Interferonmolekül einen Rezeptor gebunden, ändert sich dessen Konformation. Die Konformationsänderung des Rezeptors bewirkt über den Phosphoinositolweg die Aktivierung einer sogenannten Proteinkinase C. Die Proteinkinase C aktiviert wiederum im Cytoplasma einen Faktor Eα, dieser bindet im aktivierten Zustand einen weiteren Faktor Eγ, und dieses Dimer wandert in den Zellkern, wo es sogenannte ISRE (*interferon stimulated regulatory elements*) bindet. Die ISRE sind auf DNA-Ebene Ziel der Interferonwirkung, denn sie induzieren die Transkription der ISG (*interferon stimulated genes*), deren Genprodukte für die Vielzahl der interferonmedierten Effekte verantwortlich sind (Abbildung 8.1). Wie kompliziert die Signaltransduktion abläuft wird durch die Tatsache unterstrichen, daß in einem frühen Stadium der Interferoneinwirkung sogenannte frühe Faktoren aktiviert werden, die an ISRE binden. Diese frühen Faktoren liegen bereits im Cytoplasma vor, so daß die Bildung der ISRE innerhalb weniger Minuten erfolgt. Zusätzlich werden sogenannte späte Faktoren gebildet, die mit denselben ISRE interagieren, aber erst *de novo* gebildet werden müssen. Die Bedeutung dieser späten Faktoren liegt vermutlich in der Aufrechterhaltung der durch Interferoneinfluß induzierten Reaktionen als Antwort auf das gebundene Interferon.

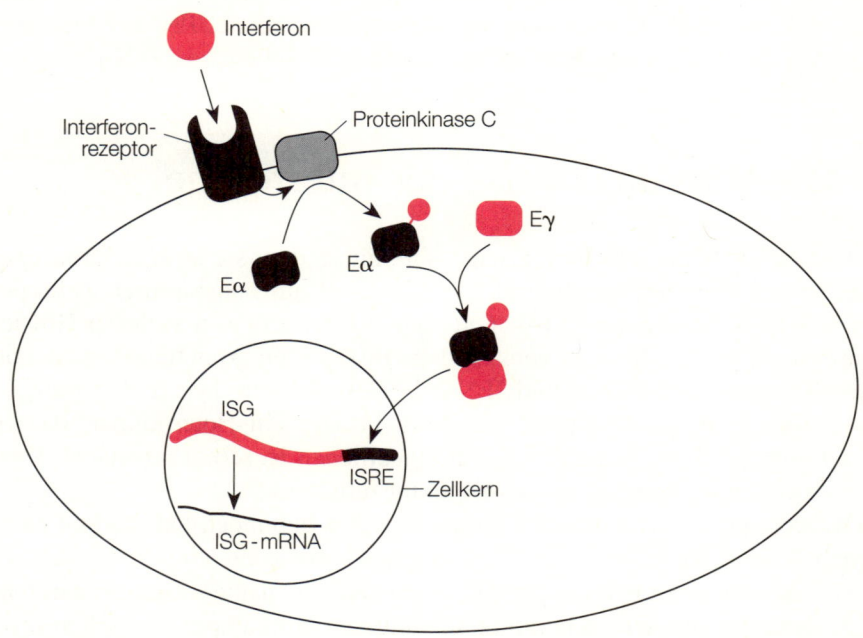

8.1 Schematische Darstellung der Signaltransduktion. Durch Binden von Interferon an den Rezeptor wird eine Reaktionskette eingeleitet: Eine Proteinkinase C wird aktiviert, diese wiederum aktiviert Eα, das nun zusammen mit Eγ ein Heterodimer bildet. Dieses Heterodimer wandert in den Zellkern, bindet an ISRE und leitet damit die Transkription der ISG ein.

Mittlerweile sind sehr viele verschiedene Proteine bekannt, die nach Interferoneinwirkung gebildet werden. Diese Proteine hemmen die Zellteilung, bauen einen antiviralen Apparat auf und wirken als Immunmodulatoren. Diese interferoninduzierten Mechanismen sollen im folgenden vorgestellt werden.

3.1 Die antiproliferativen Eigenschaften

Vor allem die Typ-I-Interferone bewirken antiproliferative Effekte. Alle Zellen durchlaufen in einem gewebetypischen Rhythmus den Zellzyklus: In der G_0/G_1-Phase ist die Zelle physiologisch aktiv und synthetisiert je nach Zelltyp eine Vielzahl von Proteinen. In der S-Phase findet die DNA-Synthese statt, die mit einer Verdopplung des Chromosomensatzes endet. Es folgt die G2-Phase, in der die Zelle einen tetraploiden Chromosomensatz aufweist, ehe sie in der M-Phase die Mitose durchläuft (Abbildung 8.2).

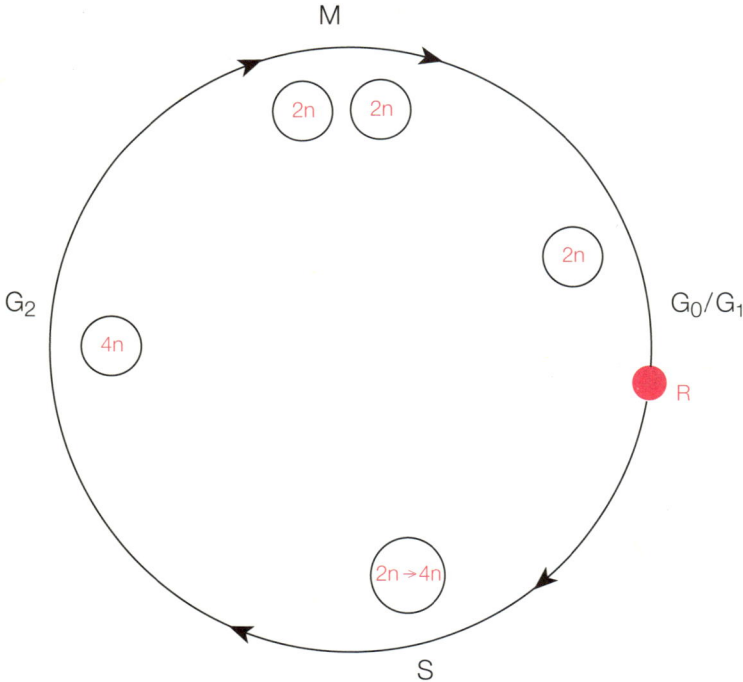

8.2 Die Zellteilung wird durch einen cyclischen Prozeß, den man auch als Zellzyklus bezeichnet, reguliert: In der G_0/G_1-Phase ist die Zelle physiologisch aktiv und nimmt ihre eigentlichen Aufgaben wahr. Es gibt ein Stadium, das man als Restriktionspunkt bezeichnet. Von diesem Zeitpunkt an ist die Zelle für das Durchlaufen einer Zellteilung determiniert. In der S-Phase kommen die physiologischen Reaktionen weitgehend zum Erliegen, und die Zelle verdoppelt ihre Erbsubstanz. Die ursprünglich diploide Zelle (2n) ist bis zum Einsetzen der Mitose tetraploid (4n). Nach Durchlaufen der G_2-Phase findet die Zellteilung statt, in der sich die Erbsubstanz gleichermaßen auf beide Tochterzellen verteilt. Diese sind dann wieder diploid (2n).

Der Zellzyklus bedarf einer ganz exakten Regulation durch eine Vielzahl von Proteinen, denn keine gesunde Zelle teilt sich unkontrolliert. Wachstumsfaktoren, die den Zellzyklus regulieren, sind zum Beispiel die koloniestimulierenden Faktoren, IL-3, PDGF (*platelet derived growth factor*), NGF (*nerve growth factor*), FGF (*fibroblast growth factor*) und EGF (*epidermal growth factor*). Diese Faktoren beeinflussen die Expression, Aktivierung und Hemmung vieler Proteine, die den Zellzyklus, insbesondere die Mitose regulieren.

Die antiproliferativen Effekte der Interferone beruhen auf vielen Mechanismen, die alle eine Hemmung der Zellproliferation zur Folge haben. Sehr wichtige regulatorische Proteine des Zellzyklus sind die Protoonkogene. Diese Moleküle können durch Mutationen zu Onkogenen werden. Onkogene können die Transformation einer gesunden Zelle zu einer Tumorzelle bewirken. Mittlerweile sind etwa 60 verschiedene Protoonkogene beschrieben, die Funktionen wahrnehmen als Proteinkinase, G-Protein, Regulator der Transkription und extrazellulärer Wachstumsfaktor. Während die Protoonkogene normale Glieder solcher Regulationsketten sind, schließen Onkogene diese Ketten offenbar kurz, so daß ein beständiger Signalfluß in der Zelle aufrechterhalten bleibt, und die Proliferation unkontrolliert abläuft. Außerdem werden einige Onkogene in entarteten Zellen vermehrt gebildet. Interferone sind in der Lage, die Expression von Protoonkogenen und Onkogenen zu hemmen und damit die Zellteilungsrate zu senken.

Vor kurzem wurde beschrieben, daß viele Zellen sehr geringe Interferonmengen konstitutiv produzieren. Dieses auch als endogen bezeichnete IFN scheint ein wichtiger Wachstumsregulator zu sein, der in der Zelldifferenzierung von Bedeutung ist. Endogenes Interferon unterscheidet sich durch das exogen gebildete dadurch, daß kein Induzent erforderlich ist.

3.2 Die antiviralen Effekte der Interferone

Die antiviralen Effekte der Interferone sind hauptsächlich auf die Typ-I-Interferone zurückzuführen. Dabei haben die Interferone verschiedene Strategien entwickelt, um gegen die Viren vorzugehen. Viren bestehen aus einem Proteinmantel, dem Capsid, und Nucleinsäuren als Erbsubstanz im Innern, was je nach Virusart einzel- oder doppelsträngige DNA oder RNA sein kann. Capsid und Nucleinsäure sind sehr eng assoziiert und werden als Nukleocapsid bezeichnet. Viren besitzen keinen Proteinsynthese- und Stoffwechselapparat, sie sind deshalb immer auf eine Wirtszelle angewiesen, dessen Proteinsyntheseapparat sie sich zu ihrer Vermehrung bemächtigen. Eine Virusinfektion unterteilt sich in mehrere Schritte:

(1) die Adhäsion des Virus an ein Oberflächenprotein der Zellmembran der Wirtszelle;
(2) das Eindringen des Virus in die Wirtszelle, entweder rezeptorspezifisch durch Endocytose oder relativ unspezifisch durch Fusion der Virushülle mit der Zellmembran;

(3) das Enthüllen der Nucleinsäuren von dem Proteinmantel;
(4) die Replikation der viralen Nucleinsäuren unter Zuhilfenahme von Enzymen der Wirtszelle;
(5) die Transkription und Translation der viralen Gene zur Synthese der viralen Proteine;
(6) Zusammenbau der neu gebildeten Virionen;
(7) Freisetzen der Viren durch Lyse der Wirtszelle.

Der Infektionszyklus variiert in Abhängigkeit vom Virustyp. Das Prinzip ist jedoch immer das gleiche (Abbildung 8.3). Bei diesem Vorgang dringt das Virus in eine Wirtszelle ein und benutzt deren Proteinsyntheseapparat, um sich zu vermehren (Replikation, Transkription und Translation sowie Assembly). Die neu entstandenen Viren (das können bis zu tausend Viren pro Zelle sein) verlassen die Wirtszelle und infizieren neue Zellen.

Entsprechend der vielfältigen Strategien, die Viren entwickelt haben, um sich zu vermehren, haben die Interferone verschiedene Mechanismen entwik-

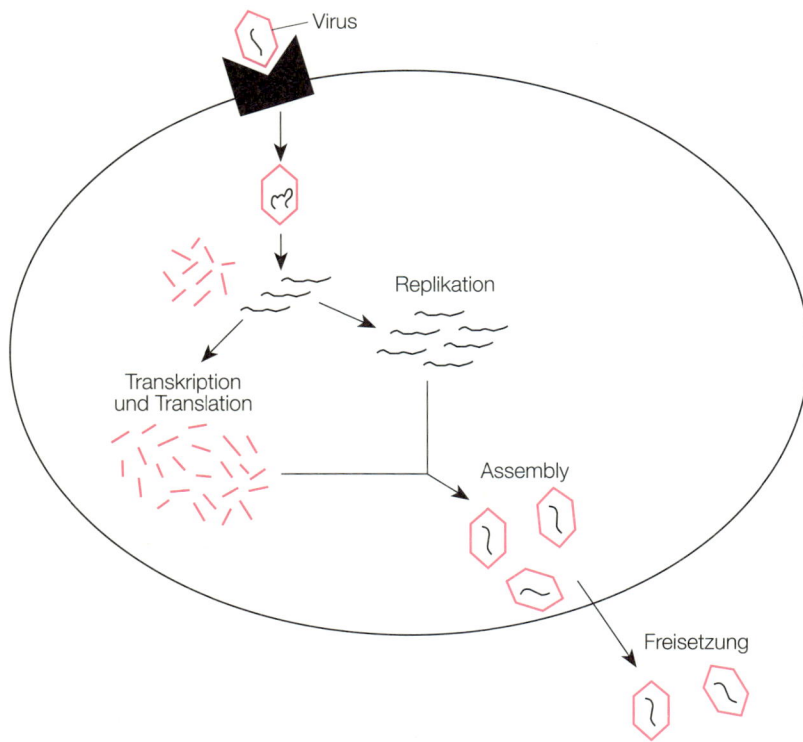

8.3 Schematische Darstellung einer Virusinfektion. Nachdem das Virus in die Zelle eingedrungen ist, wird die Erbsubstanz in einem Prozeß, den man als „Uncoating" bezeichnet, freigelegt. Sie repliziert sich und durchläuft den Proteinsyntheseapparat. Zum Schluß erfolgt das Assembly der Erbsubstanz mit den Virusproteinen zu Virionen, die meist durch Lyse ihre Wirtszelle verlassen.

kelt, um gegen die Viren vorzugehen. Interferoninduzierte antivirale Effekte können in vielen Stadien einer Virusinfektion eingreifen, in den meisten Fällen wird jedoch die Synthese viraler Proteine gehemmt (Tabelle 8.2).

Tabelle 8.2: Eigenschaften der Interferone. Interferone vermögen unterschiedlich stark die Expression einiger wichtiger Proteine zu beeinflussen.

	IFN-α	IFN-β	IFN-γ
2'5' Oligoadenylatsynthetase	+++	+++	+
Proteinkinase	+++	+++	+
Mx-Proteine	+++	+++	–
MHC I	+++	+++	+++
MHC II	+	+	+++

Die 2'5'Oligoadenylatsynthetase

Die Expression der 2'5'Oligoadenylatsynthetase wird schon von äußerst geringen Interferonmengen eingeleitet, wobei die Typ-I-Interferone die Hauptinduzenten sind. Das Enzym katalysiert die Veresterung von einzelnen Adenylaten, die in Form von ATP immer in ausreichender Menge in der Zelle vorhanden sind. Das Produkt ist ein Oligoadenylat bestehend aus drei bis fünf Adenylatmolekülen. Diese Oligoadenylate binden eine Ribonuclease, die durch diese Bindung aktiviert wird. Im aktivierten Zustand fragmentiert die Ribonuclease einzelsträngige RNA, wovon die mRNA und einzelsträngige virale RNA betroffen ist. Auf diese Weise wird die Virusvermehrung gehemmt. Da die Ribonuklease jedoch keine zelluläre von viraler mRNA unterscheiden kann, wird diese prinzipiell gleichermaßen abgebaut. Damit ist auch die Proteinsynthese der Wirtszelle beeinträchtigt.

Die 2'5'Oligoadenylatsynthetase besitzt noch eine Besonderheit: Ihre Aktivität setzt neben den Oligoadenylaten die Anwesenheit doppelsträngiger (ds) RNA voraus. Diese dsRNA kommt in einer Zelle normalerweise nicht vor, dagegen tritt sie häufig bei der viralen Replikation entweder als Zwischenprodukt oder als Endprodukt auf. Außerdem ist die Halbwertszeit dieses Enzyms sehr gering. Diese Daten haben zu der Annahme geführt, daß die 2'5'Oligoadenylatsynthetase zumindest relativ mehr virale mRNA verdaut als zelluläre, weil ihr Wirkungsradius durch die geringe Halbwertszeit begrenzt ist.

Die interferoninduzierte Proteinkinase

Durch Interferoneinwirkung, vor allem wiederum durch die Typ-I-Interferone, wird eine Proteinkinase gebildet, die durch Binden von doppelsträngiger RNA aktiviert wird. Im aktivierten Zustand phosphoryliert sie einen Faktor des Translationsapparates der Wirtszelle, der dadurch nicht mehr aktiv ist. Als Folge davon ist die Proteinsynthese reversibel blockiert, und die viralen Proteine können nicht gebildet werden. Allerdings trifft dieser Mechanismus die Wirtszelle selbst, denn auch ihre Proteinsynthese ist gehemmt.

Mx-Proteine

Die Existenz der Mx-Proteine wurde zunächst in Mäusen entdeckt, konnte aber mittlerweile auch beim Menschen nachgewiesen werden. Mx-Proteine werden ausschließlich durch Typ-I-Interferone induziert, beim Menschen sind zwei Mx-Proteine bekannt: MxA und MxB. Mx-Proteine sind strukturell einheitlich aufgebaut, ein Teil des Proteins befindet sich im Cytoplasma, und ein kurzer Teil ragt in den Zellkern hinein. Mx-Proteine hemmen spezifisch das Influenza-Virus (Grippe-Virus) und das Vesicular Stomatitis Virus (VSV) auf Transkriptionsebene. Außerdem gibt es Hinweise darauf, daß der cytoplasmatische Teil der Proteine mit viralen Proteinen interagiert und so vielleicht deren Organisation zu einem intakten Virion hemmt.

Die Bedeutung der durch Interferone induzierten antiviralen Mechanismen liegt darin, eine Virusvermehrung zu stören, bis eine effektive Immunabwehr in Gang kommt. Diese besteht zum einen darin, daß der Organismus Antikörper gegen virale Proteine bildet. Zum anderen sind virale Moleküle, die häufig bei der Virusinfektion auf der Zelloberfläche zurückbleiben, Angriffspunkte für cytotoxische T-Lymphocyten, die die virusinfizierten Zellen direkt zerstören können. Einige Viren haben Strategien entwickelt, mit denen sie eine Immunabwehr unterlaufen oder beeinträchtigen. So sind zwei Proteine vom Hepatitis-B-Virus und vom Adenovirus bekannt, die die Transkription interferoninduzierter Gene inhibieren. Damit ist die Wirkung der Interferone als Bestandteil einer sehr frühen immunologischen Abwehr gehemmt.

Andere Viren infizieren eine Zelle, durchlaufen aber nicht gleich den Infektionszyklus. Statt dessen wird ihre Erbsubstanz in die der Wirtszelle eingebaut, und das Virus repliziert sich bei jeder Zellteilung mit. Viele Tumorviren und insbesondere die Retroviren haben sich diese Strategie zunutze gemacht. Gegen sie ist das Immunsystem relativ machtlos, sie verweilen zeitlebens im Körper.

Ein großes Problem stellen die AIDS-Viren dar, denn sie infizieren die T-Helferzellen und schalten damit eine Immunantwort gezielt aus. Zwar produziert der Organismus im frühen Stadium der AIDS-Erkrankung Interferone, doch läßt auch die Fähigkeit zur Freisetzung dieser antiviralen Cytokine mit Fortschreiten der Krankheit nach.

3.3 Interferone als Immunmodulatoren

Interferone üben sowohl aktivierende als auch hemmende Effekte auf die Zellen des Immunsystems aus. Makrophagen werden durch Interferon Einwirkung stimuliert, wodurch ihre Fähigkeit zur Phagocytose gesteigert wird, die Synthese von Cytokinen wird eingeleitet und der Arachidonsäurestoffwechsel wird beeinflußt. Auch NK-Zellen erhöhen ihre Cytotoxizität nach Interferonbehandlung. Der Einfluß von Interferonen auf Lymphocyten hängt stark von dem Zeitpunkt der Interferongabe ab: Die Proliferation sowohl von B- als auch von T-Zellen kann gehemmt werden. Die T-Zell-abhängige Immunreaktion vom verzögerten Typ kann sowohl gesteigert als auch supprimiert werden. Außerdem beeinflußt vor allem das IFN-γ den Immunglobulin-Klassenwechsel in differenzierten B-Zellen.

Interferone und das MHC-System

Das Haupthistokompatibilitätssystem (MHC) ist ein wichtiger Bestandteil des Immunsystems für die Antigenpräsentation. Während MHC-I auf allen kernhaltigen Zellen vorkommt, ist MHC-II auf Zellen des Immunsystems beschränkt, die als antigenpräsentierende Zellen die T-Helferzellen aktivieren. MHC-Moleküle sind in der Zellmembran verankert, und die Zahl der Moleküle pro Zelle nimmt im Laufe einer Immunantwort drastisch zu. Als Folge davon können mehr Antigene präsentiert werden, was wiederum eine verstärkte T-Zell-Aktivierung nach sich zieht. Typ-I-Interferone induzieren vor allem eine verstärkte MHC-I-Präsentation auf der Zellmembran, dagegen wird die Zahl der MHC-II-Moleküle durch sie nur schwach erhöht. Ganz anders ist das beim IFN-γ, das sowohl MHC-I als auch MHC-II stark hochreguliert. Auf einigen Zelltypen (Astrocyten, Endothelzellen und Fibroblasten) wird durch IFN-γ Einfluß sogar MHC-II präsentiert, obwohl diese Zellen im unstimulierten Zustand nur MHC-I bilden.

Wirkung der Interferone auf andere Cytokine

Um einer Überreaktion oder einer fehlgesteuerten Immunantwort entgegenzuwirken, verfügt das Immunsystem über eine Vielzahl synergistischer und antagonistischer Effekte innerhalb des Netzwerks der Cytokine. Die Rolle der Interferone in diesem System soll im folgenden veranschaulicht werden.

Seit längerem ist bekannt, daß die Typ-I-Interferone und IFN-γ sich gegenseitig in ihrer Wirkung verstärken können, wenn sie gemeinsam verabreicht werden. Eine enge Beziehung besteht zwischen IL-2 und IFN-γ, die beide von den T-Helferzellen gebildet werden: Durch IL-2-Gaben wird die IFN-γ-Synthese eingeleitet. Der andere Fall, daß IFN-γ die IL-2-Produktion anregt, konnte allerdings nicht gezeigt werden. Beide Cytokine aktivieren NK-Zellen, jedoch scheint der Mechanismus jeweils ein anderer zu sein. IFN-γ übt synergistische Effekte auf die IL-2-induzierte Immunglobulin-Sekretion aus. IFN-γ selbst erhöht die IgG$_{2a}$-Produktion in LPS-stimulierten B-Zellen der Maus. Eine sehr wichtige antagonistische Interaktion besteht zwischen IL-4 und allen Interferonen. Das hat zur Folge, daß die IL-4 medierten Effekte, wie zum Beispiel IgG$_1$- und IgE-Sekretion, durch Interferoneinfluß gehemmt werden.

Monocyten und Makrophagen produzieren nach LPS-Stimulation unter anderem IL-1. Werden die Zellen gleichzeitig mit IFN-α oder IFN-β behandelt, produzieren sie mehr IL-1 und die Synthese verläuft über eine längeren Zeitraum. Ähnliche Effekte werden erzielt, wenn Makrophagen oder Monocyten mit IFN-γ und LPS behandelt werden. Durch Induktion der Interferonsynthese in Makrophagen/Monocyten kommt es zur Costimulation von IL-6. Ob diese Costimulation völlig unabhängig verläuft oder nicht, ist bis heute ungeklärt.

Die antitumoralen Eigenschaften der Interferone

Es besteht heute kein Zweifel mehr, daß Interferone auch antitumorale Eigenschaften besitzen. Die zugrunde liegenden Ursachen sind jedoch bislang noch nicht vollständig geklärt. Man nimmt an, daß verschiedene Mechanismen eine Rolle spielen. Zum einen wirken Interferone antiproliferativ und hemmen somit die Vermehrung von Tumorzellen. Sie aktivieren aber auch bestimmte Immunzellen wie Makrophagen und NK-Zellen und steigern deren Phagocytosefähigkeit oder deren zellvermittelte Cytotoxizität – wichtige Funktionen bei der Abwehr von Tumorzellen. Zum anderen scheinen Interferone auch die Expression von Onkogenen zu hemmen, die in Tumorzellen vermehrt gebildet werden und für deren unkontrollierte Vermehrung verantwortlich sind.

4. Der Genpolymorphismus des Interferon-α

Bislang sind 24 IFN-α-Gene und Pseudogene beschrieben worden, und mindestens 15 dieser Gene exprimieren das Protein. Es konnte gezeigt werden, daß eine Zelle in der Regel mehrere Subtypen bildet, doch welche sie dabei wählt, hängt vom Induzenten ab. Wahrscheinlich variiert die Subtypenexpression auch von Zelltyp zu Zelltyp. Mittlerweile ist die Genregulation des IFN-α eingehend untersucht worden. Man weiß heute, daß die Promotorregion der Subtypen aus mehreren Minipromotoren besteht. Binden Faktoren an diese Minipromotoren, können sie damit die Expression der Gene einleiten.

Außerdem sind mehrere positive und negative regulierende Faktoren bekannt: Ein negativer Interferon-regulierender-Faktor (IRF2) wird von den meisten Zellen ständig gebildet. Durch Binden dieses Faktors an die Promotorregion ist die Transkription blockiert. Wird die Zelle mit einem Virus infiziert, kommt es zur Expression oder Aktivierung positiver Faktoren, zum Beispiel IRF1 oder NF_kB. Diese Moleküle binden ebenfalls die Promotorregion und verdrängen die dort gebundenen Repressoren. Es wird nun vermutet, daß verschiedene Subtypen andere Sequenzen im Promotorbereich besitzen, und daß je nach Zelltyp andere Transkriptionsfaktoren aktiviert werden. Diese Transkriptionsfaktoren leiten wiederum die Bildung unterschiedlicher IFN-α-Subtypen ein. Diese so komplexe Regulation ermöglicht der Zelle einen optimalen Schutz, da die Wahrscheinlichkeit äußerst hoch ist, daß sie bei vielen Virusinfektionen Interferon-α produzieren kann. Damit läßt sich auch der Polymorphismus des IFN-α erklären, denn je nachdem, welches Virus die Zelle infiziert, werden unterschiedliche IFN-α-Gene angeschaltet (Abbildung 8.4). Außerdem gibt es Hinweise darauf, daß sich die einzelnen IFN-α-Subtypen bezüglich ihrer biologischen Aktivität unterscheiden.

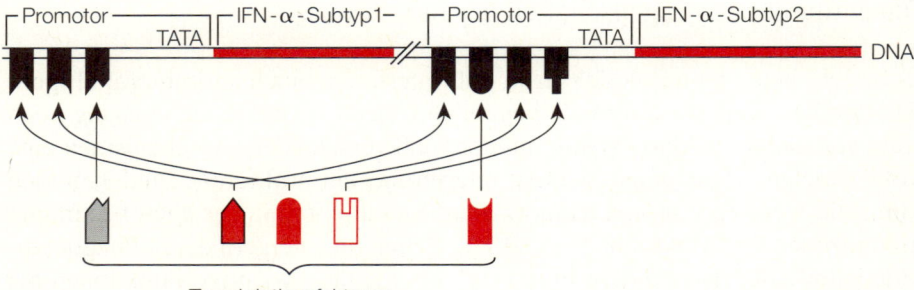

8.4 Die Genregulation der IFN-α-Subtypen. Die Promotoregionen der IFN-α-Gene besitzen verschiedene Bindungsstellen für Transkriptionsfaktoren. Das Binden eines oder mehrerer Transkriptionsfaktoren an diese Bereiche leitet die Expression der IFN-α-Gene ein. Eine Theorie für die Existenz so vieler IFN-α-Subtypen stützt sich darauf, daß je nach Art der Virus-Infektion verschiedene Transkriptionsfaktoren aktiviert werden. Um sicherzustellen, daß die Zelle mit einer Interferonproduktion auf die Infektion reagieren kann, besitzen die Promotoren der Subtypen Bindungsstellen für unterschiedliche Transkriptionsfaktoren. Die sogenannte TATA-Box ist ein Minipromotor, der bei sehr vielen Genen vorkommt. Diese TATA-Box ist auch an der Genexpression beteiligt.

5. Die medizinische Bedeutung von Interferonen

Interferone werden seit kurzer Zeit in der Therapie von einigen Tumor- und Viruserkrankungen eingesetzt. Anfangs mußten die Interferone unter großem arbeitstechnischen und finanziellen Aufwand aus Zellkulturüberständen aufgereinigt werden. Heute ist man in der Lage, rekombinantes Interferon genetisch herzustellen. Erst durch diesen Fortschritt ist es möglich, Interferone in größerem Umfang im Tiermodell zu erforschen und in der Klinik anzuwenden. Allerdings unterscheidet sich das rekombinante Interferon von dem natürlichen dadurch, daß es nicht glykosyliert ist. Im Falle des IFN-α gibt es nur einzelne Hinweise auf die natürliche Glykosylierung einzelner Subtypen, dagegen liegen IFN-β und IFN-γ immer als Glykoproteine vor. Mittlerweile sind einige Interferonpräparate zugelassene Medikamente, die in der Therapie Anwendung finden. Die klinische Bedeutung der Interferone ist im Kapitel Therapie mit Cytokinen dargestellt.

6. Zusammenfassung und Perspektiven

Interferone sind eine Proteinfamilie bestehend aus IFN-α, IFN-β und IFN-γ. Vom IFN-α existieren mindestens 24 verschiedene Subtypen, die alle sehr ähnlich aufgebaut sind. Interferone werden von vielen Zellen gebildet, Hauptproduzenten sind jedoch die Leukocyten. Sie üben vielfältige Effekte auf das Immunsystem aus. Ihre wichtigsten Eigenschaften sind antivirale, wachstumshemmende und immunmodulatorische Effekte. Als Cytokine regulieren sie eine Vielzahl immunologischer Reaktionen.

In den späten siebziger Jahren waren die Interferone von großem Interesse, da man hoffte, diese Substanzen zur Behandlung von Virusinfektionen und Tumorerkrankungen einsetzen zu können. Zur Zeit finden Interferone Anwendung bei verschiedenen Krebserkrankungen und Virusinfektionen. Weitere Einsatzmöglichkeiten werden intensiv erforscht. Aus diesem Grund stellen Interferone die wohl am besten untersuchten Cytokine dar und ihre genetische Regulation sowie die biologische Aktivität ist sehr gut bekannt. Es hat sich herausgestellt, daß Interferone kein allgemein wirksames Medikament gegen Krebs und Virusinfektionen darstellen, doch ist eine Interferontherapie allein oder in Kombination mit anderen Therapeutika bei bestimmten Erkrankungen eine sinnvolle Behandlungsform.

Literatur

Dorr, R.T. *Interferon-α in malignant and viral diseases.* In: *Drugs* 45 (1993) S. 177–211.

Gastl, G.; Huber C. *The biology of interferon actions.* In: *Blut* 6 (1988) S. 193–199.

Kirchner, H. *Interferons, a group of multiple lymphokines.* In: *Springer Semin. Immunopathology* 7 (1984) S. 347–374.

Kirchner, H. *Das Interferonsystem unter besonderer Berücksichtigung des Gamma Interferons.* In: *DMW* 111 (1986) S. 64–70.

Kirchner, H. *The interferon system as an integral part of the defense system against infections.* In: *Antiviral Research* 6 (1986) S. 1–17.

Multiauthor Review *Recent developments in interferon research.* In: *Experientia* 45 (1989) S. 500–520.

Trinchieri, G.; Perussia, B. *Immune interferon: a pleitotropic lymphokine with multiple effects.* In: *Immunology Today* 6 (1985) S. 131–136.

Weissmann C.; Weber H. *The interferon genes.* In: *Progress in Nucleic Acid Research and Molecular Biology* 33 (1986) S. 251–300.

9. Adhäsionsmoleküle

1. Einleitung

Um den Organismus vor Fremdkörpern zu schützen, ist eine Kommunikation zwischen den einzelnen Zellen des Immunsystems notwendig. Ermöglicht wird sie durch verschiedene Mechanismen. Bei den antigenspezifischen „Zell-Zell-Kontakten" binden antigenpräsentierende Zellen (APC), die das aufgenommene und prozessierte Antigen auf der Zellmembran zusammen mit MHC präsentieren, an den T-Zell-Rezeptor einer T-Zelle. In der Folge sezernieren sowohl die T-Zellen als auch die APC Cytokine, die eine Aktivierung anderer Zellen einleiten. Die Reaktionen zwischen T-Zellen und APC bilden die Basis für eine zelluläre Immunantwort und wurden in den vorhergehenden Kapiteln ausführlich beschrieben. Eine weitere Proteingruppe ist maßgeblich an der Kommunikation innerhalb des Immunsystems und damit an der Zellerkennung beteiligt: die der Adhäsionsmoleküle.

Adhäsionsmoleküle sind Proteine (meist Glykoproteine), die auf der Zellmembran nahezu aller Körperzellen vorkommen. Sie wirken als Rezeptor und als Ligand und ermöglichen Zellen über diesen Kontakt eine Kommunikation (Abbildung 9.1). So vermitteln sie eine ortsspezifische Information, die zum Beispiel eine ganz wichtige Rolle in der Ontogenese spielt. Im Immunsystem

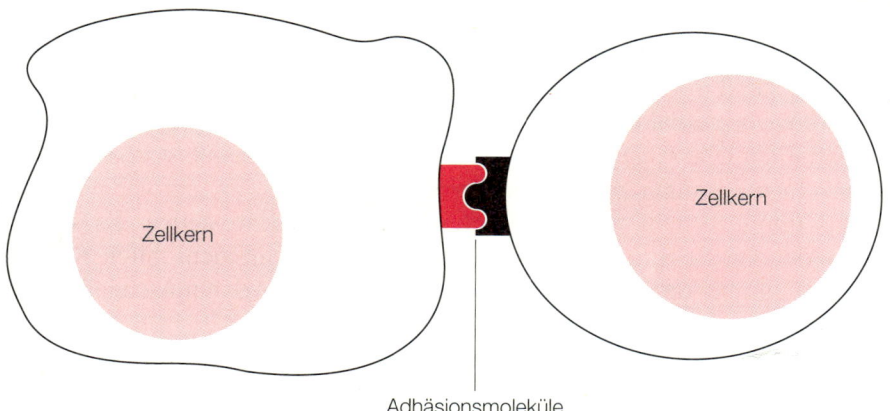

9.1 Adhäsionsmoleküle bewirken einen gezielten Kontakt zwischen zwei Zellen, indem sie nach dem Rezeptor-Ligand-Prinzip aneinander binden. Als Folge dieser Bindung können die beiden Zellpartner Informationen austauschen.

sind Adhäsionsmoleküle in nahezu alle Vorgänge involviert: Der Kontakt zwischen APC und T-Zelle während der Antigenpräsentation wird durch Adhäsionsmoleküle verstärkt, die Entwicklung und Reifung hämatopoetischer Zellen beinhaltet eine Kontaktaufnahme über diese Molekülgruppe, das Homing von Lymphocyten (worunter man die Zirkulation sowie den Übergang dieser Zellen zwischen den Blutgefäßen und Lymphgefäßen versteht) und die Auswanderung (Extravasation) von Immunzellen in entzündliche Areale werden durch Adhäsionsmoleküle ermöglicht. Bei der Extravasation bilden Endothelzellen der Blutgefäße auf einen externen Reiz hin Adhäsionsmoleküle, die ein Anheften von Immunzellen ermöglichen. Daraufhin können Immunzellen die Blutgefäßwand durchdringen und in den Entzündungsherd einwandern.

Der durch Adhäsionsmoleküle bewirkte Zell-Zell-Kontakt ist nicht rein statischer Natur, sondern setzt eine Vielzahl von Reaktionen in Gang: Intrazellulär werden Botenstoffe aktiviert, welche die Genexpression für bestimmte Proteine induzieren und häufig eine Umgestaltung des Cytoskeletts bewirken. So werden Reaktionen eingeleitet, die das Cytoskelett steuern. Beispiele sind die Exocytose und damit Ausschleusung von Substanzen, die in der Zelle in Vesikeln gespeichert sind, die Clusterbildung von Oberflächenproteinen im Kontaktbereich, wodurch der Zell-Zell-Kontakt weiter gefestigt wird und die Zellbewegung, die auf einem koordinierten Zusammenspiel einzelner Cytoskelettkomponenten beruht. Eine wichtige Eigenschaft vieler Adhäsionsmoleküle ist ihr zeitlich begrenztes Vorkommen auf der Zelloberfläche. Die meisten Adhäsionsmoleküle werden zusätzlich intrazellulär in Vesikeln gespeichert. Gesteigert wird ihr Vorkommen auf der Zellmembran durch ein externes Signal. Haben die bereits auf der Zellmembran exponierten Moleküle einen Liganden gebunden, werden die Vesikel exocytiert (Abbildung 9.2) und so die Adhäsionsmoleküle vermehrt auf der Membran präsentiert. Auf diese Weise kommt es innerhalb kürzester Zeit zu einer äußerst effektiven Hochregulation dieser Moleküle auf der Zelloberfläche, was zu einer noch festeren Bindung der Zellen aneinander führt. Nach einiger Zeit nimmt die Zahl der Adhäsionsmoleküle auf der Zelloberfläche wieder ab.

Entsprechend ihrer breit gefächerten Funktionen gibt es sehr viele verschiedene Adhäsionsmoleküle, die sich in ihrer Struktur unterscheiden. Aufgrund von partiellen Übereinstimmungen in ihrer Aminosäuresequenz lassen sie sich zu einzelnen Familien zusammenfassen. Im folgenden wollen wir nur einige für das Immunsystem relevante Adhäsionsmoleküle vorstellen. Es sei aber angemerkt, daß sie eine Vielzahl weiterer Funktionen im menschlichen Körper ausüben und über das Immunsystem hinaus die meisten dynamischen Prozesse im Organismus beeinflussen.

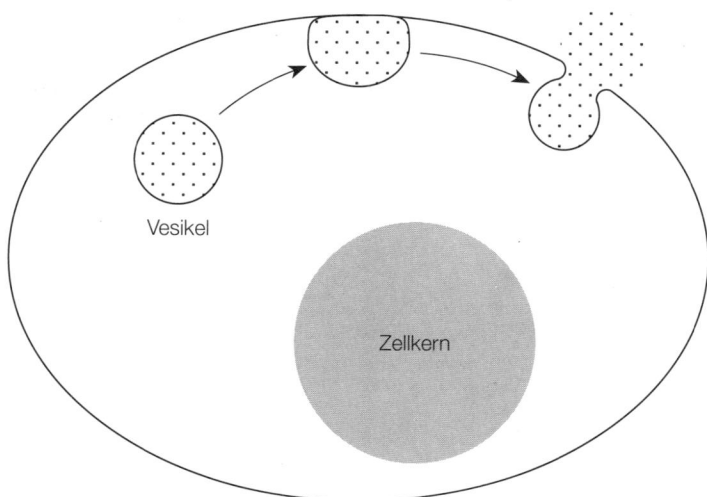

9.2 Schematische Darstellung der Exocytose. Die Membranen der Vesikel verschmelzen mit der Zellmembran, wodurch der Inhalt, zum Beispiel Adhäsionsmoleküle, in die Umgebung der Zelle abgegeben wird.

2. Integrine

Eine wichtige Molekülgruppe oder -familie unter den Adhäsionsmolekülen sind die Integrine. Dabei handelt es sich um Rezeptoren mit einer heterodimeren Struktur, das heißt sie bestehen aus zwei Untereinheiten, einer α- und einer β-Kette (Abbildung 9.3). Integrine binden häufig Liganden mit der Aminosäuresequenz Arginin-Glycin-Aspartat (die nach der englischen Abkürzung für diese Aminosäuren benannte RGD-Sequenz). Sie kommen vielfach in einer inaktiven und einer aktiven Form vor: Im inaktiven Zustand sind sie dephosphoryliert, im aktiven phosphoryliert. Die Phosphorylierung wird durch ein Enzym ausgeführt, welches erst durch Bindung der Integrine an einen Liganden intrazellulär aktiviert wird. Dadurch kommt es zu einer Konformationsänderung des Rezeptors, was eine höhere Affinität zum Liganden und damit eine festere Bindung zur Folge hat.

Die Integrine als Molekülfamilie werden in drei Gruppen unterteilt (Tabelle 9.1):

(1) Leukocyten-Integrine,
(2) Very-Late-Activation-Antigene,
(3) Cytoadhäsine.

Die in Tabelle 9.1 vorgenommene Einteilung beruht auf der Struktur der β-Kette, die jeweils eine andere Aminosäuresequenz aufweist. Demzufolge

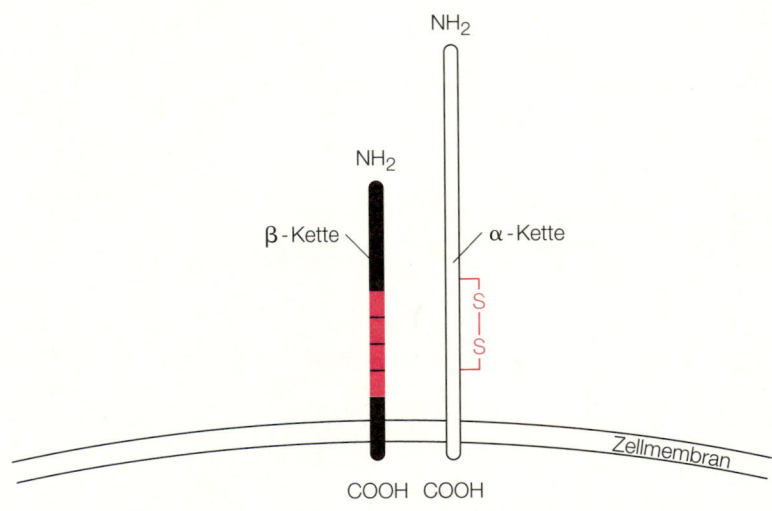

9.3 Die typische Struktur eines Integrins. Die α- und β-Ketten sind nichtkovalent miteinander verbunden. Beide Untereinheiten besitzen eine Transmembranregion und ragen mit einem kurzen C-terminalen Ende in das Cytoplasma. Jede Polypeptidkette ist durch Disulfidbrücken stabilisiert. Besonders cysteinreich sind vier repetitive Sequenzen in der β-Kette. Die α-Kette besitzt nur eine Disulfidbrücke, der allerdings eine besondere Bedeutung zukommt: Bei einigen Integrinen wird die α-Kette nach der Translation in zwei Untereinheiten gespalten, die durch eine Disulfidbrücke zusammengehalten werden.

Tabelle 9.1: Einteilung der Integrine.

	Leukocyten-Integrine	Very-Late-Activation-Antigene	Cytoadhäsine
Struktur	$\alpha_1\beta_2$ (β_2-Integrine)	$\alpha_1\beta_1$ (β_1-Integrine)	$\alpha_1\beta_3$ (β_3-Integrine)
Vorkommen	Leukocyten	verschiedene Zelltypen (unter anderem hämatopoetische Zellen)	
Ligand	ICAM, C3bi Fibrinogen, Faktor X	vor allem Moleküle der extrazellulären Matrix, wie zum Beispiel Kollagen, Fibronectin, Laminin	
Funktion	immunregulatorische Funktionen Kommunikationen mit immunkompetenten Zellen	Morphogenese und Wundheilung	

werden die verschiedenen Integringruppen auch als β_1-, β_2- und β_3-Integrine bezeichnet. Die Leukocyten-Integrine dienen der Kommunikation von Immunzellen. Die Cytoadhäsine und Very-Late-Activation-Antigene binden vor allem Bestandteile der extrazellulären Matrix wie Kollagen, Fibronektin und Laminin und sind bei der Ontogenese und Morphogenese, aber auch bei der

Wundheilung von Bedeutung. Erst in jüngster Zeit fand man heraus, daß Integrine, die der Gruppe der Very-Late-Activation-Antigene angehören, an der Kommunikation des Immunsystems (hauptsächlich der Regulation des Homings von Lymphocyten) beteiligt sind.

2.1 Leukocyten-Integrine

Die Funktion der Leukocyten-Integrine besteht in der Vermittlung des Zellkontaktes zwischen immunkompetenten Zellen, was dazu führt, daß vor allem Makrophagen und neutrophile Granulocyten aus Blutgefäßen in das Gewebe austreten können. So können Immunzellen unter anderem in Entzündungsherde einwandern und im Rahmen der Immunantwort in Wechselwirkung mit anderen Zellen treten. Einige Leukocyten-Integrine, die auf Makrophagen beziehungsweise neutrophilen Granulocyten vorkommen, können auch bestimmte frei vorliegende oder an Komplement gebundene Antigene binden, und so deren Phagocytose bewirken. Werden die Antigene anschließend in den Endosomen verdaut und die entstehenden Antigen-Fragmente zusammen mit MHC auf der Zellmembran präsentiert, aktiviert dies das Immunsystem, eine Immunantwort gegen diese Partikel aufzubauen. Bislang sind drei Leukocyten-Integrine beschrieben worden:

– LFA-1 (Abkürzung für *leukocyte function associated antigen*),
– Mac-1 (als Kürzel für Makrophage),
– gp150,95 (gp steht für „Glykoprotein").

LFA-1

LFA-1 kommt auf allen Immunzellen (Lymphocyten, Monocyten und Makrophagen, Granulocyten und den Natürlichen Killerzellen) vor. Der Bindungspartner von LFA-1 ist das Zelloberflächenprotein ICAM, das *intercellular adhesion molecule*. Die Bedeutung von LFA-1 bei der Immunantwort soll am Beispiel von T-Lymphocyten verdeutlicht werden: T-Zellen exprimieren im unstimulierten Zustand circa 10^5 LFA-1 Moleküle pro Zelle auf der Oberfläche. Der Kontakt zwischen einer APC und einer T-Zelle wird durch Bindung von ICAM an LFA-1 initiiert. LFA-1 ist zu diesem Zeitpunkt noch nicht phosphoryliert und besitzt somit eine relativ geringe Affinität zu ICAM.

Wenn der T-Zell-Rezeptor den auf der APC präsentierten MHC-Antigen-Komplex zu binden vermag, wird dadurch eine Reaktionskette eingeleitet, die dazu führt, daß die APC kurzzeitig fest an den T-Lymphocyt gebunden wird. Die durch diese Bindung eingeleitete Konformationsänderung im CD3 Molekül führt zu einer Aktivierung des Enzyms PLPC (Phospholipase C), welches das Membranlipid PIP_2 (Phosphoinositol-1,5-bisphosphat) zu Diacylglycerol (DG) und Inositol-triphosphat (IP_3) hydrolysiert. Inositol-triphosphat bewirkt eine Erhöhung des Calciumspiegels im Cytoplasma, wodurch sich vielfältige Effekte unter anderem auf das Cytoskelett ergeben, zum Beispiel die Exocytose von Substanzen. Gleichzeitig bilden die membranständigen LFA-1 Moleküle in der Kontaktzone mit der APC Cluster, woran ebenfalls das Cytoskelett beteiligt ist. Diese Clusterung bewirkt eine noch festere Bindung beider Zellpartner aneinander. Das andere Spaltprodukt, Diacylglycerol, aktiviert die Proteinkinase C (PKC). Dieses Enzym phosphoryliert die LFA-1-Moleküle, was zu einer Konformationsänderung der Integrine und damit zu einer hochaffinen Bindung zwischen LFA-1 und ICAM führt. In diesem Zustand ist der T-Lymphocyt aktiviert und sezerniert Cytokine, die für die Proliferation und Differenzierung sowie die Ausführung T-Zell-spezifischer Funktionen erforderlich sind.

Eine negative Rückkopplung wird dadurch erreicht, daß die Proteinkinase C den CD3-Komplex phosphoryliert. Die damit einhergehende Konformationsänderung verhindert eine weitere Aktivierung der Phospholipase C. Die Reaktionskette ist so unterbrochen, und der Kontakt zwischen T-Zelle und APC wird wieder aufgehoben (Abbildung 9.4).

9.4 Der Einfluß der LFA-1 : ICAM-Bindung auf die Interaktion zwischen T-Zelle und antigenpräsentierender Zelle. (Mit freundlicher Genehmigung von Mally, Bender Med. Systems, 1991.)

Wie neuere Untersuchungen gezeigt haben, sind mit UV-Licht bestrahlte Zellen in ihrer Funktion gestört. Vermutlich verändern UV-Strahlen die natürliche Struktur der Adhäsionsmoleküle und beeinträchtigen damit den Zell-Zell-Kontakt. Ist dieser Zell-Zell-Kontakt erst einmal gestört, können viele wichtige immunologische Reaktionen nicht oder nur noch unzureichend ablaufen. Dies verdeutlicht die Bedeutung der Adhäsionsmoleküle für eine effiziente Immunantwort.

Mac-1

Das zweite Protein der Leukocyten-Integrine ist Mac-1. Es kommt vor allem auf Monocyten und Makrophagen vor, teilweise aber auch auf NK-Zellen, unreifen CD5-positiven B-Zellen und auf Langerhans-Zellen. Die im Zuge der Immunantwort freigesetzten Moleküle C5a (ein Protein des Komplementsystems) und Leukotrien (ein Produkt vor allem der Mastzellen) stimulieren die Mac-1-Produktion: Da die fertigen Mac-1-Moleküle in Vesikeln gespeichert sind, kann die Anzahl der Mac-1 Integrine pro Zelle innerhalb weniger Minuten um das Zehnfache gesteigert werden. Liganden von Mac-1 sind die Komplementkomponente C3bi und LPS (ein in der Zellwand gram-negativer Bakterien vorkommendes Lipopolysaccharid). Aufgrund von Sequenzhomologien vermutet man, daß auch Fibrinogen und Faktor X (beides sind Moleküle, die in der Blutgerinnung eine Rolle spielen) an Mac-1 binden. Durch Binden von C3bi können Makrophagen Fremdkörper, die an die Komplementkomponente gebunden sind, direkt aufnehmen. Durch Binden von LPS sind sie sogar in der Lage, ganze Bakterien zu phagocytieren.

In der Pathophysiologie ist Mac-1 bei einem Krankheitsbild der Leishmaniosen von Bedeutung. Leishmaniosen sind verschiedene Infektionskrankheiten, die den Menschen befallen und durch intrazellulär parasitierende Einzeller, die Leishmanien, verursacht werden. Leishmanien benutzen Mac-1 als Rezeptor, um in die Makrophagen einzudringen und sich dort zu vermehren.

Interessanterweise konnten Sequenzhomologien zwischen LFA-1, Mac-1 und den Interferonen nachgewiesen werden; die größte Homologie besteht zu IFN-α (sie ist sogar größer als die zwischen Interferon-α und -β). Daraus ergibt sich als Folgerung, daß diese Proteinfamilie in der Evolution aus einem gemeinsamen Ursprungsgen durch Duplikation hervorgegangen ist. Fraglich ist, ob diese Sequenzhomologie auch für eine funktionelle Verwandtschaft dieser Moleküle spricht.

Das Glykoprotein gp150,95

Das dritte Protein der Leukocyten-Integrine ist das Glykoprotein gp150,95, das seinen Namen aufgrund des Molekulargewichts der α- und β-Kette erhielt. Es kommt vorwiegend auf Gewebemakrophagen vor. Der Ligand ist wie für Mac-1 die Komplementkomponente C3bi. Vermutlich ist dieses Adhäsionsmolekül wie Mac-1 an der Endocytose komplementbeladener Partikel beteiligt.

3. Weitere für das Immunsystem relevante Adhäsionsmoleküle

Im folgenden sollen weitere Adhäsionsmoleküle vorgestellt werden, die für eine Immunantwort von Bedeutung sind, aber nicht zu den Integrinen zählen. Die meisten von ihnen gehören anderen Proteinfamilien an. Das erste wurde bereits als Ligand von LFA-1 erwähnt: ICAM (*intercellular adhesion molecule*), von dem die Subtypen ICAM-1, ICAM-2 und ICAM-3 bekannt sind. ICAM ist Mitglied der Immunglobulin-Superfamilie.

3.1 Die ICAMs

ICAM-1 ist sehr weit verbreitet, es kommt auf allen immunkompetenten Zellen vor, aber auch auf Zellen wie Fibroblasten, Thymus-, Epithel- und Endothelzellen, sowie den Peyerschen Plaques. Die Synthese dieses Proteins erfolgt in einigen Zelltypen fortlaufend, in anderen findet sie nur nach Induktion im Rahmen einer Entzündung statt und kann etwa durch IL-1, TNF-α und IFN-γ induziert werden. Seine Funktion liegt in der Kommunikation mit LFA-positiven Zellen; es bewirkt eine Adhäsion von Lymphocyten an Gefäßwände, wodurch eine Extravasation eingeleitet wird. Die Bindung an LFA-1 ist ein aktiver Prozeß, setzt die Anwesenheit zweiwertiger Kationen (insbesondere Mg^{2+}) voraus und ist energieabhängig. Die ICAM-1:LFA-1-Bindung leitet viele Reaktionen in den Zellen ein, insbesondere erfährt das Cytoskelett durch diese Bindung eine Umstrukturierung.

ICAM-1 dient als Rezeptor für Rhinoviren (Erreger des Schnupfens) und *Plasmodium falciparum* (Erreger der Malaria). Diese Krankheitserreger werden über Bindung an ICAM-1 in Zellen eingeschleust und können sich anschließend dort vermehren.

ICAM-2 bindet wie ICAM-1 an LFA-1, jedoch ist die LFA-1:ICAM-2-Bindung nicht von so hoher Affinität. ICAM-2 wird auf Lymphocyten, Monocyten, Epithel- und Endothelzellen exprimiert; eine cytokininduzierte Expression konnte nicht nachgewiesen werden.

Mittlerweile kennt man die Aminosäuresequenz von ICAM-1 und von ICAM-2. Beide Proteine sind Mitglied der Immunglobulin-Superfamilie: Das Membranprotein ICAM-1 besteht aus einer 505 Aminosäuren umfassenden Polypeptidkette, die zum Teil in der Membran verankert ist. Der extrazelluläre Anteil bildet fünf immunoglobulinartige Domänen. ICAM-2 ist ein Polypeptid aus 254 Aminosäuren. Der extrazelluläre Bereich bildet aber nur zwei immunoglobulinartige Domänen. Die Unterschiede in der Proteinlänge haben zu der Annahme geführt, daß die LFA-1:ICAM-1-Bindung weiträumig ist, jene mit ICAM-2 dagegen aufgrund der drei fehlenden extrazellulären Domänen zu einem sehr engen Zell-Zell-Kontakt führt. Da LFA-1 in Wechselwirkungen mit dem Cytoskelett steht, dürfte auch die Signaltransduktion in einer LFA-positiven Zelle mit ICAM-1 als Ligand anders verlaufen als mit ICAM-2. Bislang ist nicht geklärt, warum der Organismus zwei recht verschiedenartige Adhäsionsmoleküle herstellt, die beide denselben Rezeptor binden. Einige Zelltypen bilden nur ICAM-1 oder ICAM-2, aber teilweise korreliert die Expression auch. Zusätzliche Rätsel schafft die Tatsache, daß beide Proteine glykosyliert sind, der Zuckeranteil aber von Zelltyp zu Zelltyp differiert.

In jüngster Zeit wurde ICAM-3 entdeckt, das auf neutrophilen Granulocyten, Lymphocyten und Monocyten vorkommt. Auch ICAM-3 bindet LFA-1, die Affinität entspricht jener der ICAM-2:LFA-1-Bindung. Im Gegensatz zu ICAM-2 kann ICAM-3 durch Cytokine induziert werden, bisher sind jedoch weder die Struktur noch die Funktion dieses Proteins bekannt.

3.2 LFA-2 und LFA-3

Zwei weitere Adhäsionsmoleküle, die maßgeblich an der Immunantwort beteiligt sind, ist LFA-2 (Synonym: CD2) und LFA-3. LFA-2 kommt auf der Oberfläche von T-Zellen, T-Vorläuferzellen und granulären Lymphocyten vor.

Der Bindungspartner von LFA-2 ist LFA-3, was bei T-Zell-vermittelten Reaktionen von Bedeutung ist. Dadurch wird ein Kontakt zwischen diesen Zellen initiiert. Die LFA-2:LFA-3-Bindung erleichtert den Kontakt zwischen LFA-1 und ICAM-1. Als Folge davon findet ein fester, vorübergehender Kontakt zwischen den Zellen statt, der in beiden Zellpartnern physiologische Prozesse beeinflußt (Abbildung 9.5). Des weiteren ist LFA-2 an der T-Zell-vermittelten Cytolyse beteiligt; Alloantigene sowie Lektine können durch Bindung an LFA-2 T-Zellen aktivieren, ohne daß ein T-Zell-Rezeptor involviert ist.

LFA-3 kommt auf Leukocyten, Erythrocyten, Thymusepithelzellen, Bindegewebs- und Endothelzellen vor. Die wichtigste Funktion von LFA-3 besteht im Kontakt mit LFA-2, zudem hat LFA-3 regulativen Einfluß auf die IL-1-Synthese im Thymusepithel und steuert damit die Differenzierung von Thymocyten.

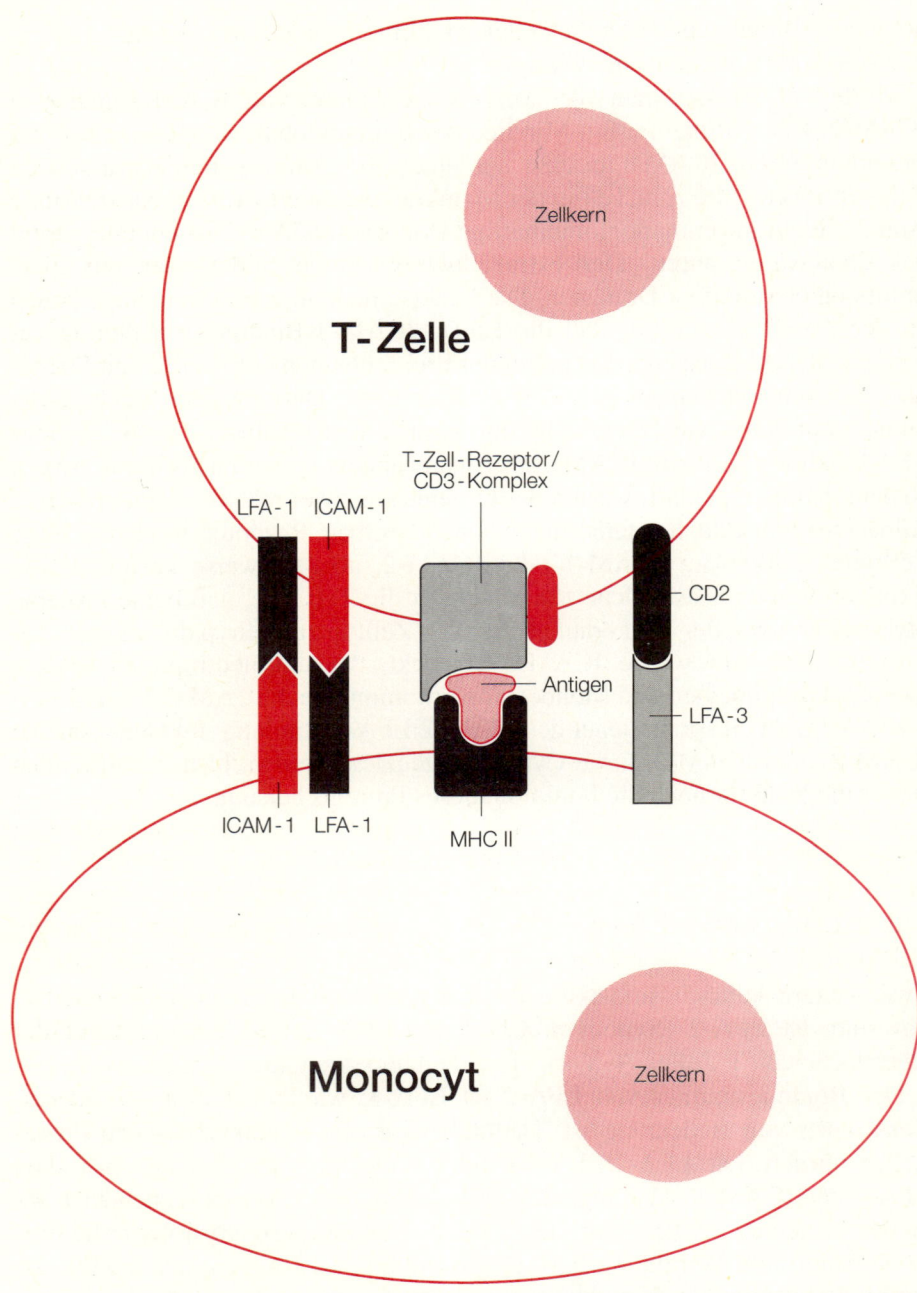

9.5 Schematische Darstellung der molekularen Interaktion zwischen T-Zellen und antigenpräsentierenden Zellen. Die Adhäsionsmoleküle vermitteln neben dem T-Zell-Rezeptor/MHC/Antigen-Komplex einen temporären Kontakt beider Zellen, der für die Freisetzung von Cytokinen entscheidend ist. (Mit freundlicher Genehmigung von Mally, Bender Med. Systems, 1991.)

4. Homing von Lymphocyten

Sehr wichtig für das Immunsystem ist die Zirkulation der Lymphocyten zwischen Blut und Lymphgefäßen, denn erst dadurch wird es möglich, daß ein Lymphocyt mit einem speziellen Immunglobulin oder T-Zell-Rezeptor auch zu dem Antigen gelangt. Adhäsionsmoleküle spielen eine entscheidende Rolle bei der Regulation dieses Prozesses, der erst in den letzten Jahren einigermaßen verstanden wurde. Lymphocyten verlassen die Blutgefäße nur an Stellen, wo sogenannte HEV-Bereiche (*high endothelial vessels*) in die Endothelzellen der Blutgefäße eingelagert sind. Nur an den HEV-Bereichen finden sich Adhäsionsmoleküle, die als Bindungsstellen für immunkompetente Zellen fungieren und diesen ein Durchdringen der Blutgefäßwände ermöglichen. Sie wandern dann durch die Lymphgefäße und gelangen schließlich im Ductus thoracicus wieder in die Blutgefäße. Dieser Prozeß der Lymphocytenzirkulation im gesamten Blutgefäß- und Lymphsystem wird als Homing von Lymphocyten bezeichnet und ist in Abbildung 9.6 schematisch dargestellt.

Seitdem bekannt ist, daß Lymphocyten das Blut verlassen und über HEV-Bereiche in die lymphatischen Gewebe eintreten, wuchs das Interesse an diesen Zellen. HEV ist ein dynamischer Zellbereich, mit einer ganz besonderen Morphologie: Im Gegensatz zu den normalerweise flachen Endothelzellen, sind HEV-Zellen groß und kubisch. Sie zeigen ultrastrukturell einen gut ausgebildeten Golgi-Apparat und viele freie Ribosomen. Da HEV-Bereiche für die natürliche Zirkulation von Lymphocyten notwendig sind, wird vermutet, daß sie auch die Migration in Entzündungsherde ermöglichen. Der Austritt der Lymphocyten aus den Gefäßen wird durch Adhäsion der Lymphocyten an den HEV-Bereich eingeleitet. Dieser Kontakt wird durch Binden von Adhäsionsmolekülen ermöglicht, die ganz verschiedenen Familien angehören: etwa den CD44-Antigenen, verschiedenen Vertretern der Immunglobulin-Superfamilie, ICAM und VCAM (*vascular adhesion molecule*), den Integrinen LFA-1, VLA-4 und LPAM-1, Vertretern der Selectin-Familie, LECAM-1 (*leukocyte cellular adhesion molecule*) sowie ELAM-1 (*endothelial leukocyte adhesion molecule*).

Mittlerweile ist die Biologie des Homings recht gut verstanden: Im gesunden Organismus patrouillieren immunkompetente Zellen durch Blut- und Lymphgefäße. Ist ein Gewebe entzündet, so werden dort die Cytokine IL-1 und Tumor-Nekrose-Faktor freigesetzt. Diese Botenstoffe regen die HEV-Bereiche zu einer gesteigerten Expression von Adhäsionsmolekülen an. Immunzellen mit einem passenden Liganden auf der Oberfläche binden nun an die Endothelzellen der Blutgefäße. Im Anschluß an dieses Andocken schieben sich die Immunzellen zwischen den Endothelzellen hindurch und verlassen auf diese Weise das Blutgefäßsystem. Ist die Entzündung abgeklungen, nimmt auch die Zahl der Adhäsionsmoleküle in den HEV-Bereichen wieder ab.

9.6 Die Lymphocyten-Zirkulation. Lymphocyten im Blut gelangen über Venen in Lymphknoten. Für den Austritt aus den Venen müssen sie sich an die Wandung feiner Gefäße, den Venolen, anheften. In den Venolen finden sich die HEV-Bereiche, die den Lymphocyten einen Austritt aus den Blutgefäßen ermöglichen. Sie treten dann in die kortikale Zone der Lymphknoten ein. Anschließend durchwandern sie das gesamte lymphatische System und treten im Ductus thoracicus wieder in das Blutgefäßsystem ein.

5. Zusammenfassung und Perspektiven

In den letzten Jahren hat das Wissen über die für das Immunsystem wichtigen Adhäsionsmoleküle enorm zugenommen. Mittlerweile ist ein komplexes Bild über deren Bedeutung entstanden, das immer stärker verdeutlicht, daß die Trennung zwischen Adhäsionsmolekülen, die an der Ontogenese beteiligt sind, und solchen, die für das Immunsystem von Bedeutung sind, nicht eindeutig ist. In einigen Fällen wie der LFA-1/ICAM-Interaktion, konnte gezeigt werden, daß Adhäsionsmoleküle neben der mechanischen Anheftung von Zellen auch biochemische Prozesse steuern. Der Einfluß von Adhäsionsmolekülen auf das Cytoskelett zeigt, welche Bedeutung diesen Molekülen zukommt, bedenkt man, an wie vielen verschiedenen Reaktionen das Cytoskelett beteiligt ist: Die Zellbewegung wird durch ein koordiniertes Zusammenspiel verschiedener Cytoskelettproteine ermöglicht, das Ein- und Ausschleusen von Substanzen in die Zelle, aber auch der Organelltransport, der Kontakt zur extrazellulären Matrix und die Aufrechterhaltung einer charakteristischen Zellgestalt – all diese Prozesse werden durch das Cytoskelett gesteuert.

Letztendlich werden all diese Reaktionen durch ein äußerst präzises Zusammenspiel verschiedener Zelltypen ermöglicht; und erst diese Wechselwirkung zwischen Zellen wird durch das Anheften von Adhäsionsmolekülen eingeleitet beziehungsweise – meist auf einen kurzen Zeitraum beschränkt – verstärkt. Diese Zell-Zell-Kontakte sind von entscheidender Bedeutung für die Aktivierung von Zellen und erst deren Aktivierung vermag eine effiziente Immunantwort zu gewährleisten.

Literatur

Dougherty, G.J.; Murdoch, S.; Hogg, N. *The function of human intercellular adhesion molecule-1 (ICAM-1) in the generation of an immune response.* In: *Eur. J. Immunol.* 18 (1988) S. 35–39.

Duijvestijn, A.; and Hamann, A. *Mechanisms and regulation of lymphocyte migration.* In: *Immunology Today* 10 (1989) S. 23–28.

Dustin, M.L.; Staunton, D.E.; and Springer, T.A. *Supergene families meet in the immune system.* In: *Immunology Today* 9 (1988) S. 213–215.

Edelmann, G.M. *Topobiologie.* In: *Spektrum der Wissenschaft* 7 (1989) S. 52–60.

Figdor, C.G.; van Kooyk, Y.; and Keizer, G.D. *On the mode of action of LFA-1.* In: *Immunology Today* 11 (1990) S. 277–280.

Hynes, R.O. *Integrins: A family of cell surface receptors.* In: *Cell* 48 (1987) S. 549–554.

Kishimoto, T.K.; Larson, R.S.; Corbi, A.L.; Dustin, M.L.; Staunton, D.E.; und Springer, T.A. *The leukocyte integrins.* In: *Adv. Immunol.* 46 (1989) S. 149–182.

Sharon, N.; und Lis, H. *Kohlenhydrate und Zellerkennung.* In: *Spektrum der Wissenschaft* 3 (1993) S. 66–74.

Staunton, D.E.; Marlin, S.D.; Stratowa, C.; Dustin, M.L.; and Springer, T.A. *Primary structure of ICAM-1 demonstrates interaction* In: *Cell* 52 (1988) S. 925–933.

Springer, T.A.; Teplow, D.B.; Dreyer, W.J. *Sequence homology of the LFA-1 and Mac-1 leukocyte adhesion glycoproteins and unexpected relation to leukocyte interferon.* In: *Nature* 314 (1985) S. 540–542.

Van Seventer, G.A.; Shimizu, Y.; Horgan, K.J.; and Shaw, S. *The LFA-1 ligand ICAM-1 provides an important costimulatory signal for T cell receptor-mediated activation of resting T cells.* In: *J. Immunol.* 144 (1990) S. 4579–4586.

10. Autoimmunität

1. Einleitung

Die wichtigste und schwierigste Aufgabe des Immunsystems ist es, zwischen körpereigen („Selbst") und körperfremd („Fremd") zu unterscheiden (Abbildung 10.1). Das „Selbst" wird durch die HLA-Antigene auf allen kernhaltigen Zellen und den Thrombocyten (Blutplättchen) definiert. Erkennen kann das Immunsystem die „fremden" Antigene über die Antikörper und die T-Zell-

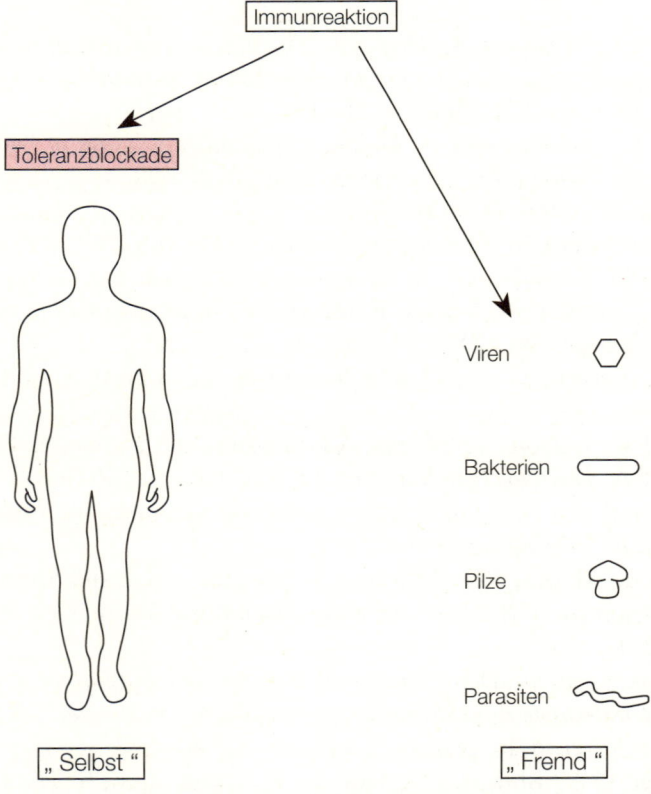

10.1 Das Immunsystem muß zwischen „Selbst" und „Fremd" unterscheiden. Das „Selbst" als komplexes System besteht aus den körpereigenen Molekülen der verschiedenen Organe. Das „fremde" Spektrum setzt sich dagegen aus einer Vielzahl von Erregern (Viren, Bakterien, Pilzen und Parasiten) zusammen.

Rezeptoren (TCR). Wie in den Kapiteln über B- und T-Zellen beschrieben, vermag der Körper mehrere Milliarden verschiedener Antikörper und T-Zell-Rezeptoren zu bilden. Damit besitzt das Immunsystem praktisch gegen jedes denkbare Antigen einen Antikörper beziehungsweise einen TCR. Diese Vielfalt stellt für den Organismus einen Vorteil dar, da das Immunsystem gegen fast alle „fremden" Moleküle reagieren kann und ihn somit vor Infektionen und Tumoren schützt. Allerdings kommen unter dieser Vielzahl von antigenbindenden Antikörpern und TCR auch solche vor, die gegen „Selbst" reagieren.

B- und T-Zellen, die gegen körpereigene Zellen, also autoimmun, reagieren, müssen eliminiert oder unterdrückt werden, damit sie dem Organismus nicht schaden. Dafür gibt es verschiedene Möglichkeiten und Funktionsebenen: Zunächst versucht das Immunsystem, die potentiell autoimmunreaktiven Zellen in ihrem Reifungsprozeß zu stören und abzutöten. Gelingt dies nicht, so wird versucht, die ausgereiften Zellen zu supprimieren oder in diesem Reifungsstadium noch zu eliminieren. Diese Prozesse nennt man Toleranzbildung. Der effektivste Mechanismus bei der Ausbildung der Immuntoleranz ist die klonale Deletion, das heißt die Abtötung der autoreaktiven Zellen. Bei den T-Zellen geschieht dies im Thymus. Dort werden die unreifen T-Zellen, die gegen das „Selbst" reagieren, abgetötet. Dieser Mechanismus funktioniert jedoch nicht hundertprozentig, so daß einige autoreaktive T-Zellen dennoch reifen und in die Körperperipherie gelangen. Diese Zellen können dadurch ausgeschaltet werden, daß die entsprechenden autoreaktiven Helferzellen fehlen, oder sie durch Suppressorzellen in ihrer Funktion gehemmt werden (periphere Toleranz; Abbildung 10.2).

B-Zellen erfahren eine klonale Deletion, wenn sie bei ihrem ersten Antigenkontakt nur sehr geringen Dosen des Antigens ausgesetzt sind. Das Antigen induziert dann einen Abbruch der Zellteilung, es kommt zu keiner klonalen Expansion wie bei einer normalen Antigenreaktion. Multivalente (T-Zell-unabhängige) Antigene können auch noch bei reifen B-Zellen zu einer klonalen Erschöpfung führen, das heißt zur Ausreifung und zum Absterben aller B-Zellen eines Idiotyps ohne Ausbildung eines immunologischen Gedächtnisses. Letztlich gibt es wie bei den T-Zellen auch bei den B-Zellen eine periphere Toleranz durch T-Suppressorzellen (Abbildung 10.3).

Wird die Suppression von T- oder B-Zellen aufgehoben, kommt es zur Autoimmunreaktion durch diese Zellen. Der Entwicklung einer Autoimmunkrankheit liegen aber verschiedene Ursachen zugrunde. Vielfach liegt eine genetische Prädisposition vor, das heißt bei Personen mit einem bestimmten Gewebetypus kommen Autoimmunerkrankungen häufiger vor als beim Bevölkerungsdurchschnitt. Dies kommt unter anderem dadurch zustande, daß Antigene einiger Erreger Ähnlichkeiten zu körpereigenen Gewebeantigenen (HLA-Antigenen) besitzen. So besitzt das IE2-Protein des *Cytomegalievirus* eine Homologie zum HLA-DR und die Nitrogenase von *Klebsiella pneumoniae* eine Homologie zu HLA-B27. Es kann nach Infektionen mit diesen

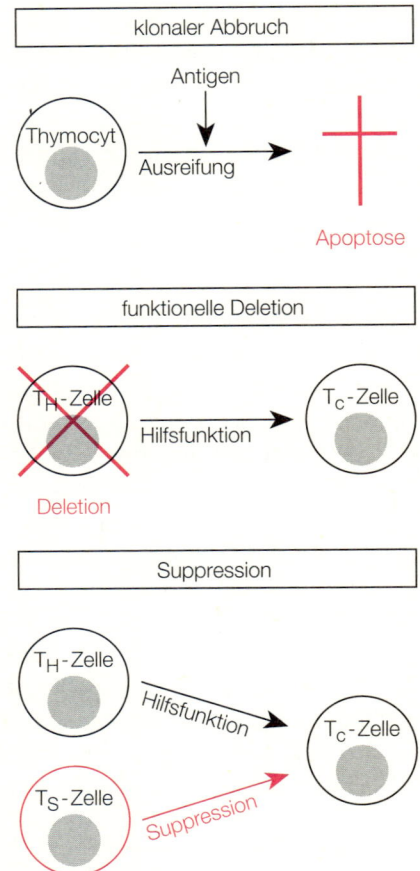

10.2 T-Zellen können auf verschiedene Arten tolerant werden. 1) Klonaler Abbruch: Im Thymus können unreife, autoreaktive T-Zellen selektioniert werden, die durch klonalen Abbruch nicht mehr ausreifen, sondern absterben. Dies ist der effektivste Mechanismus der Toleranzbildung, da die autoreaktiven T-Zellen gar nicht erst ausreifen. 2) Funktionelle Deletion: Wenn T_H-Zellen fehlen, die die autoreaktiven T_c-Zellen in ihrer Funktion unterstützen, können diese nicht mehr reagieren. 3) Suppression: Suppressorzellen können die autoreaktiven T-Zellen in ihrer Funktion unterdrücken.

Erregern zum Übergreifen der Immunreaktion auf die körpereigenen Zellen kommen (Abbildung 10.4).

Derartige Ähnlichkeiten zwischen Proteinen von Krankheitserregern und körpereigenen Molekülen sind nicht auf die HLA-Antigene beschränkt, sondern kommen auch bei anderen Proteinen des Körpers vor. So hat das P3-Protein des *Masernvirus* eine Homologie zu Corticotropin (ACTH, ein Hormon der Adenohypophyse) und zum basischen Myelin (Eiweiß der Markscheide von Nerven). Das VP2 des *Poliovirus* (Erreger der Kinderlähmung) weist eine Homologie zum Acetylcholinrezeptor (Rezeptor für den Neurotransmitter Acetylcholin) auf, das E2 des *Papillomavirus* eine Homologie zum Insulinrezeptor. Diese Erreger nutzen ihre Ähnlichkeit zu körpereigenen Molekülen, um das Immunsystem zu

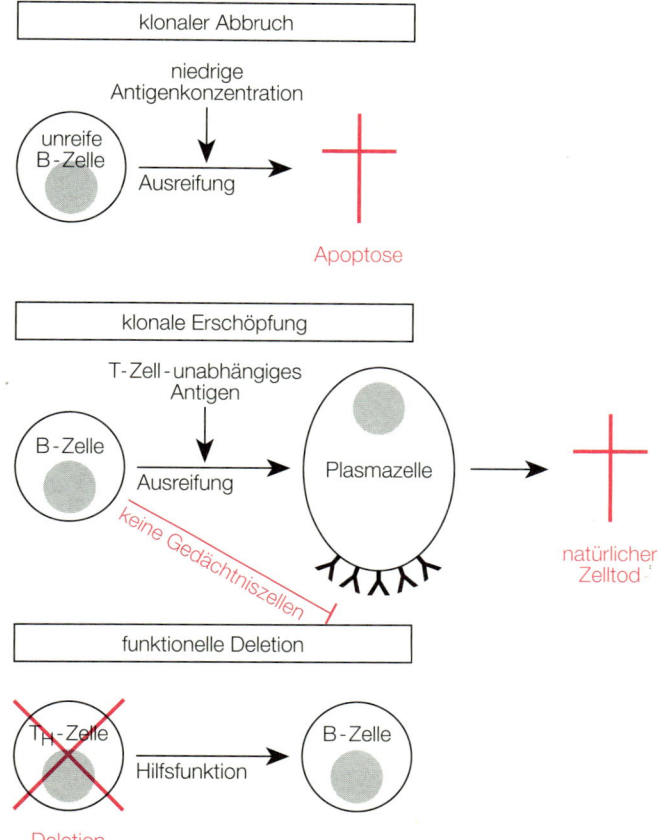

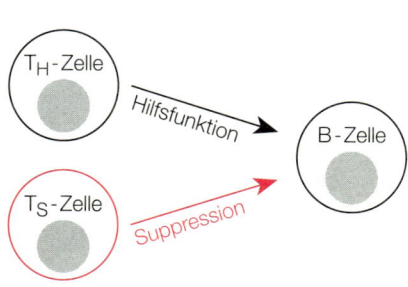

10.3 Die verschiedenen Möglichkeiten der Bildung einer B-Zell-Toleranz. Unreife B-Zellen können leichter eine Toleranz entwickeln als reife B-Zellen. Somit nimmt die Fähigkeit der Toleranzentwicklung mit dem Differenzierungsgrad der Zellen ab. 1) Klonaler Abbruch: Das Absterben der unreifen B-Zelle ist der effektivste Mechanismus der Toleranzentstehung. Durch diesen Mechanismus wird ein B-Zell-Klon und somit eine Antikörperspezifität eliminiert. Der klonale Abbruch kann durch ein multivalentes Antigen in niedriger Konzentration ausgelöst werden. 2) Klonale Erschöpfung: T-Zell-unabhängige Antigene können bei wiederholtem Auftreten sämtliche reaktive B-Zellen zur Ausreifung bringen, wodurch das immunologische Gedächtnis fehlt und die ausgereiften Zellen absterben. Nach einiger Zeit gibt es keine Zellen einer bestimmten Antigenspezifität mehr, die B-Zellen sind also klonal erschöpft. 3) Funktionelle Deletion: Bei diesem Mechanismus reifen die B-Zellen, produzieren aber keine Antikörper, da die T$_H$-Zellen durch funktionelle Deletion (Abbildung 10.2) fehlen. 4) Suppression: B-Zellen können durch T-Suppressorzellen an der Antikörperproduktion gehindert werden, da diese sie unterdrücken.

Antigen Antikörper

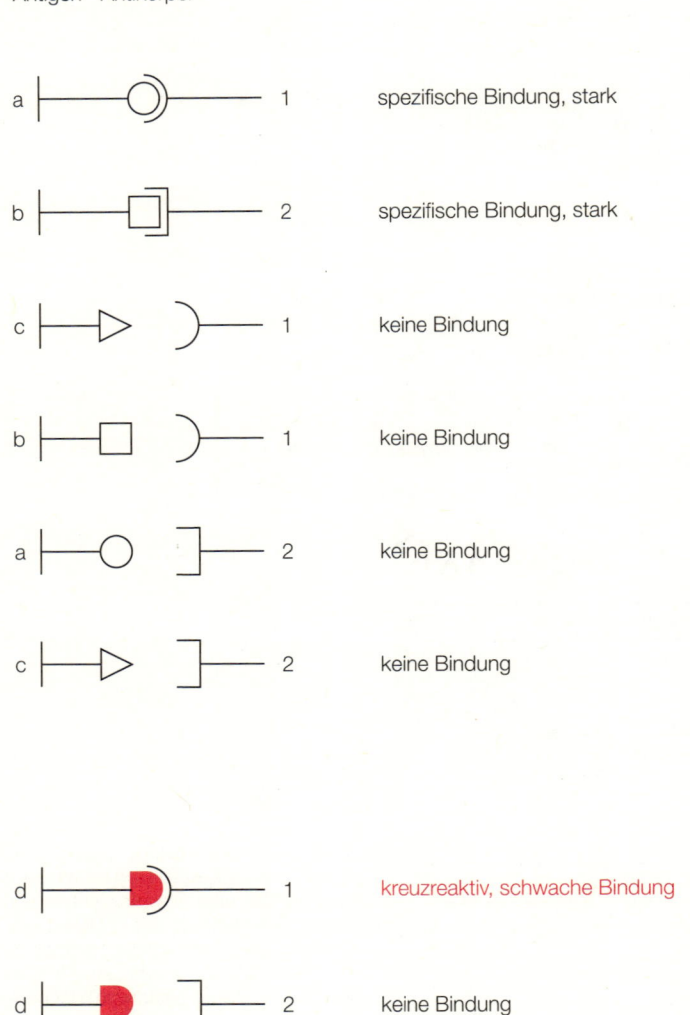

10.4 Die Antikörper reagieren zwar hochspezifisch, doch gibt es trotzdem Kreuzreaktivitäten. Die Stelle eines Antigens, die von einem Antikörper erkannt wird, das Epitop ist nur wenige Aminosäuren oder andere Moleküle groß. Wenn nur geringe Abweichungen in der dreidimensionalen Struktur auftreten, kommt es zu Kreuzreaktivitäten. Die Bindungsaffinität ist allerdings geringer als zum richtigen Antigen. Die Buchstaben a bis d stellen unterschiedliche Antigene dar. Die Zahlen 1 und 2 stehen für die Idiotypen (Antigenspezifitäten) der Antikörper.

täuschen und so vor dessen Angriff geschützt zu sein. Man bezeichnet diesen Vorgang als *Molecular Mimicry*, Täuschung durch Moleküle (Abbildung 10.5). Wird der Erreger durch das Immunsystem angegriffen – was in bezug auf die Infektion völlig richtig ist – so wird gleichzeitig die Selbsttoleranz aufgehoben und es kommt zur Reaktion gegen das „Selbst".

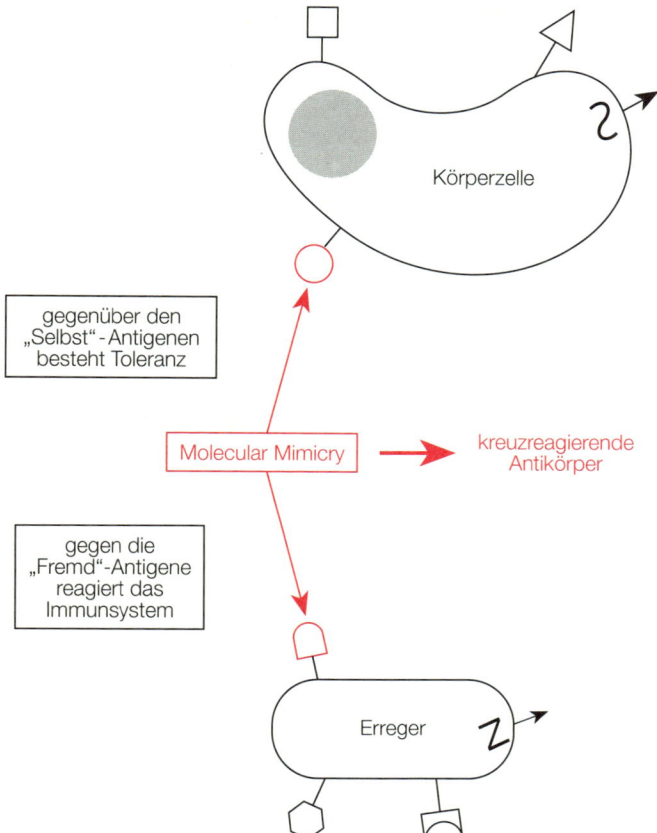

10.5 Molecular Mimicry ist eine Anpassung der Erreger an das Immunsystem des Wirtes, um sich gegen dessen Angriffe zu schützen. Durch die großen Ähnlichkeiten des Antigens des Erregers zu den Antigenen des Wirtes kommt es zu Kreuzreaktionen. Wenn das Immunsystem gegen den Erreger reagiert, um die Infektion zu überwinden, löst es auch eine Reaktion gegen die körpereigenen Zellen aus.

Autoimmunkrankheiten können auch entstehen, wenn körpereigene Moleküle, die normalerweise für das Immunsystem „unsichtbar" sind, mit Immunzellen in Kontakt kommen oder wenn körpereigene Zellen sich verändern, also nicht mehr dem ursprünglichen „Selbst" entsprechen. Solche „unsichtbaren" Moleküle sind zum Beispiel Zellkernantigene, die normalerweise nicht mit ihrer Umgebung in Kontakt stehen (Abbildung 10.6). Gegenüber diesen hat das Immunsystem keine Toleranz, da es sie noch nie „gesehen" hat, sie werden somit wie ein fremdes Antigen behandelt. Immunologisch „unsichtbare" Moleküle können durch verschiedene Auslöser mit dem Immunsystem in Kontakt kommen. Sie sind meist identisch mit jenen, die auch zu einer Veränderung der vorhandenen, tolerierten Antigene (meist Oberflächenmoleküle der Zellen) führen können. Auslöser für diese beiden Prozesse sind oftmals Infektionen,

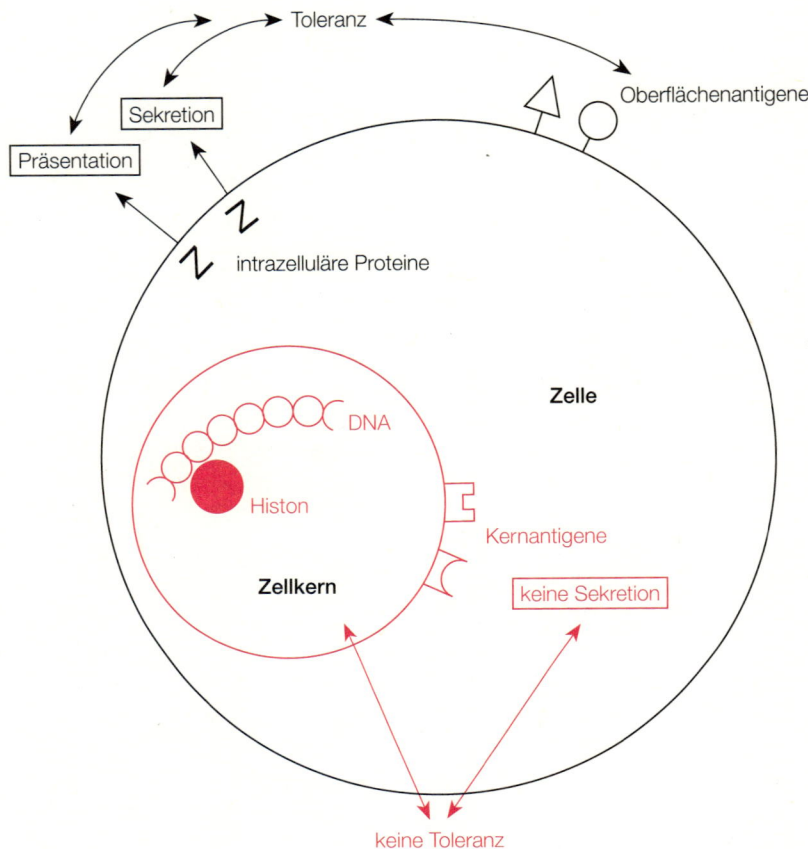

10.6 Das Immunsystem bildet eine Toleranz gegen alle körpereigenen Antigene, mit denen es in Kontakt steht. Einige Antigene sind allerdings für das Immunsystem „unsichtbar", da sie für die Zellen des Immunsystems unzugänglich sind, indem sie im Innern der Zelle liegen. Dies gilt zum Beispiel für die Antigene des Zellkerns oder für die Histone.

UV-Licht, Chemikalien oder andere aggressive Umwelteinflüsse. Das Immunsystem wirkt nun sehr aggressiv auf körpereigene Zellen, zerstört diese oder verändert sie zumindest stark.

Die Autoimmunkrankheiten kann man in zwei große Gruppen einteilen, die organspezifischen und die nicht-organspezifischen (Abbildungen 10.7 und 10.8). Organspezifisch heißt, daß sich die Autoaggression gegen ein spezielles Gewebe beziehungsweise Organ richtet, während die nicht-organspezifischen sich über den ganzen Körper ausbreiten oder dort entstehen, wo sich Immunkomplexe ablagern. Immunkomplexe, darunter versteht man Komplexe aus löslichen Antigenen und Antikörpern, können in Gelenken oder in der Niere vorkommen. In den Gelenken erzeugen sie rheumatische Erkrankungen, in der Niere eine Glomerulonephritis, das heißt, das Filtersystem der Niere wird verstopft und entzündet sich. Auch der systemische Lupus erythematodes ge-

Merkmale von Autoimmunkrankheiten

organspezifische	nicht-organspezifische
Schädigung eines bestimmten Organs	Schädigungen nicht auf ein Organ beschränkt
Antigen ist charakteristisch für das geschädigte Organ	Antigen kommt auf vielen verschiedenen Zellen vor
Immunreaktion gegen die Zellen, die das spezifische Antigen tragen	Immunreaktion gegen die antigentragenden Zellen und/oder Ablagerung von Immunkomplexen
Kreuzreaktivität mit Antikörpern anderer organspezifischer Autoimmunkrankheiten	Kreuzreaktivität mit Antikörpern anderer nicht-organspezifischer Autoimmunkrankheiten

10.7 Gegenüberstellung der Eigenschaften von organspezifischen und nicht-organspezifischen Autoimmunkrankheiten. (Verändert nach Roitt et al., Georg Thieme Verlag, 1991.)

hört zu den nicht-organspezifischen Autoimmunkrankheiten; dabei werden Antikörper gegen Antigene des Zellkerns gebildet. Da, bis auf wenige Ausnahmen, alle Zellen einen Kern besitzen, können durch die Antikörper sämtliche Zellen befallen und geschädigt beziehungsweise zerstört werden. Dadurch breitet sich die Krankheit über den gesamten Körper aus, das heißt sie ist systemisch.

Typische Beispiele für organspezifische Autoimmunkrankheiten sind Thyreoiditis Hashimoto (eine Schilddrüsenerkrankung) und Diabetes mellitus vom Typ I (die sogenannte insulinabhängige Zuckerkrankheit). Bei diesen beiden Krankheiten werden Autoantikörper gegen Antigene gebildet, die nur auf Zellen der Schilddrüse beziehungsweise der Bauchspeicheldrüse vorkommen. Ihre zerstörerischen Effekte bleiben somit auf die jeweiligen antigentragenden Zellen und die entsprechenden Organe beschränkt.

2. Auslösung von Autoimmunkrankheiten

Wie und warum es zu Autoimmunkrankheiten kommt, ist noch nicht völlig geklärt. Viele Entstehungsmechanismen sind zur Zeit Gegenstand intensiver Forschung.

Da jeder Mensch ein komplettes Repertoire an T- und B-Zellen hat, besitzt jeder auch potentiell autoreaktive Zellen. Warum erkranken dann nicht alle Menschen an Autoimmunkrankheiten? Für die Entstehung muß erst ein auslösendes Ereignis eintreten beziehungsweise eine Prädisposition bestehen. Eine genetische Prädisposition liegt vor allem bei den HLA-Antigenen B8, B27, DR2, DR3, DR4 und DR5 vor (Abbildung 10.9). Menschen, die eines dieser HLA-Gene besitzen oder deren Gewebe ein HLA-Muster dieser Typen tragen, weisen ein erhöhtes Risiko für verschiedene Autoimmunkrankheiten auf. Bei

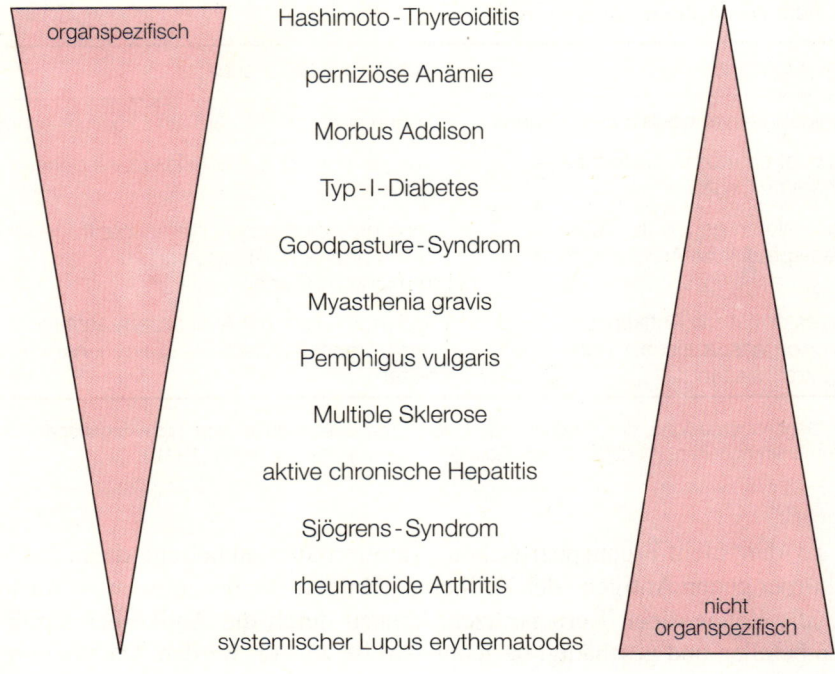

organspezifisch

Hashimoto - Thyreoiditis

perniziöse Anämie

Morbus Addison

Typ - I - Diabetes

Goodpasture - Syndrom

Myasthenia gravis

Pemphigus vulgaris

Multiple Sklerose

aktive chronische Hepatitis

Sjögrens - Syndrom

rheumatoide Arthritis

systemischer Lupus erythematodes

nicht organspezifisch

10.8a

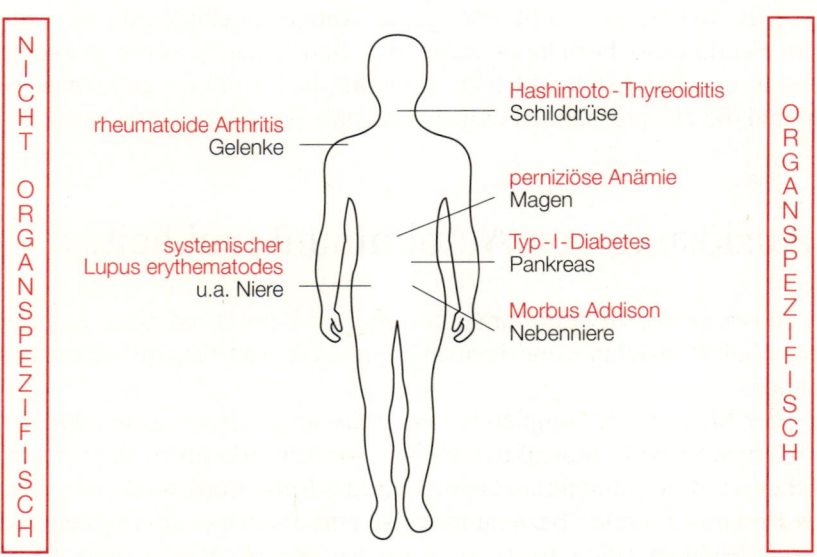

NICHT ORGANSPEZIFISCH

ORGANSPEZIFISCH

rheumatoide Arthritis
Gelenke

systemischer
Lupus erythematodes
u.a. Niere

Hashimoto - Thyreoiditis
Schilddrüse

perniziöse Anämie
Magen

Typ - I - Diabetes
Pankreas

Morbus Addison
Nebenniere

10.8 a) Zuordnung der Autoimmunkrankheiten zum organspezifischen beziehungsweise nicht-organspezifischen Typ. Die Zuordnung ist nicht immer eindeutig, die Übergänge sind fließend. b) Lokalisation einiger wichtiger Autoimmunerkrankungen und Gegenüberstellung von organspezifischen und nicht-organspezifischen Erkrankungen. (Verändert nach Roitt et al., Georg Thieme Verlag, 1991.)

Autoimmunkrankheit	assoziierter HLA-Typ
Reiter-Syndrom	B27
Spondylitis ankylosans	B27
Myasthenia gravis	B8, DR3
Morbus Basedow	B8, DR3
Zöliakie	B8, DR3
systemischer Lupus erythematodes	B8, DR2, DR3, DR4
aktive chronische Hepatitis	B8, DR3
Multiple Sklerose	B7, DR2
Morbus Addison	DR3
Typ-I-Diabetes	DR3, DR4
Pemphigus vulgaris	A10
Goodpasture Syndrom	DR2
juvenile chronische Polyarthritis	DR5
Hashimoto Thyreoiditis	DR5
perniziöse Anämie	DR5
rheumatoide Arthritis	DR4

10.9 Für viele Autoimmunkrankheiten gibt es eine genetische Prädisposition. Die Wahrscheinlichkeit, an einer bestimmten Autoimmunkrankheit zu erkranken, ist bei einigen HLA-Typen erhöht. Die folgende Liste nennt die HLA-Typen, für die ein Zusammenhang mit bestimmten Autoimmunerkrankungen nachgewiesen wurde.

HLA-B27 besteht ein erhöhtes Risiko für das Reiter-Syndrom (polyarthritische Erkrankung; 80 Prozent der Erkrankten haben HLA-B27) und Spondylitis ankylosans (chronisch, in Schüben verlaufende Erkrankung der Wirbelsäule; 85 bis 95 Prozent der Erkrankten besitzen HLA-B27). HLA-B8 erhöht das Risiko für Myasthenia gravis (schnellfortschreitende Muskelschwäche, bei der die motorische Endplatte der Muskeln zerstört wird), Morbus Basedow (eine Form der Schülddrüsenüberfunktion), Zöliakie (Getreideunverträglichkeit), systemischen Lupus erythematodes (SLE; generalisiertes Krankheitsbild einer Kollagenose, einer Bindegewebsschädigung) und aktive chronische Hepatitis (chronische Leberentzündung durch das *Hepatitis-B-Virus*). DR2 steigert die Wahrscheinlichkeit an Multipler Sklerose oder systemischen Lupus erythematodes zu erkranken. DR3 ist mit Myasthenia gravis, Morbus Addison (chronische Nebenniereninsuffizienz), Morbus Basedow, Zöliakie, SLE, aktiver chronischer Hepatitis und Typ-I-Diabetes (insulinabhängige Zuckerkrankheit, IDMM) assoziiert. HLA-DR4 im Gewebetyp erhöht das Risiko für rheumatoide Arthritis (Gelenkrheumatismus), SLE und Typ-I-Diabetes. Die Kombination von DR3 und DR4 im Gewebetypus steigert das Risiko für Typ-I-Diabetes nochmals um ein Vielfaches. 90 bis 95 Prozent der Personen mit Typ-I-Diabetes tragen eines dieser beiden oder beide HLA-Gene. Der genetische Hintergrund erhöht das relative Risiko für die Entstehung von Autoimmunkrankheiten, führt allerdings nicht zwangsläufig zu einer Autoimmunerkrankung. Andere Gewebetypen schützen jedoch nicht vor der Entstehung einer Autoimmunkrankheit.

Neben dem Gewebetypus sind Veränderungen beziehungsweise Störungen des Immunsystems eine wesentliche Prädisposition für die Entstehung von Autoimmunkrankheiten. So treten SLE und rheumatoide Arthritis gehäuft bei Patienten mit IgA-Mangel auf. Das Risiko für SLE ist ebenfalls bei einem Komplementmangel, speziell der Faktoren C2 und C4, erhöht. Autoimmunkrankheiten werden auch durch Veränderungen der T-Suppressorzellen ausgelöst, wie man dies bei HIV-Patienten beobachtet, deren regulatorisch wirkenden CD4$^+$-T-Zellen durch das Virus zerstört sind.

Die Faktoren, die Autoimmunkrankheiten auslösen, kann man grob in 3 Gruppen einteilen (Abbildung 10.10):

1. hormonelle Faktoren
2. infektionsbedingte Faktoren
3. das „Selbst" verändernde Faktoren.

2.1 Hormonelle Faktoren

Bei den hormonellen Faktoren als Auslöser für Autoimmunerkrankungen spielen die Sexualhormone eine ganz wesentliche Rolle. Das weibliche Hormon Östrogen vermindert die Funktion von T-Suppressorzellen, während das männliche Hormon Testosteron deren Funktion steigert. Dies spiegelt sich in der Tatsache wider, daß Autoimmunkrankheiten bei Frauen häufiger vorkommen als bei Männern. Insbesondere bei hohem Östrogenspiegel, etwa während der Schwangerschaft oder während einer Östrogenbehandlung, kann es zur Entstehung von Autoimmunkrankheiten kommen. Auch Thymushormone beeinflussen die Funktion der T-Zellen. Corticosteroide und Vitamin D können wie Testosteron die Funktion der Suppressorzellen steigern, wobei erstere aus diesem Grund auch als Immunsuppressiva eingesetzt werden. Herrscht ein Mangel an diesen Faktoren, so werden die autoreaktiven Zellen nicht mehr supprimiert.

2.2 Infektionsbedingte Faktoren

Infektionsbedingte Faktoren sind ganz wesentlich an der Entstehung von Autoimmunkrankheiten beteiligt, werden aber vielfach nicht ursächlich mit der Infektion in Zusammenhang gebracht, da die Autoimmunkrankheiten meist

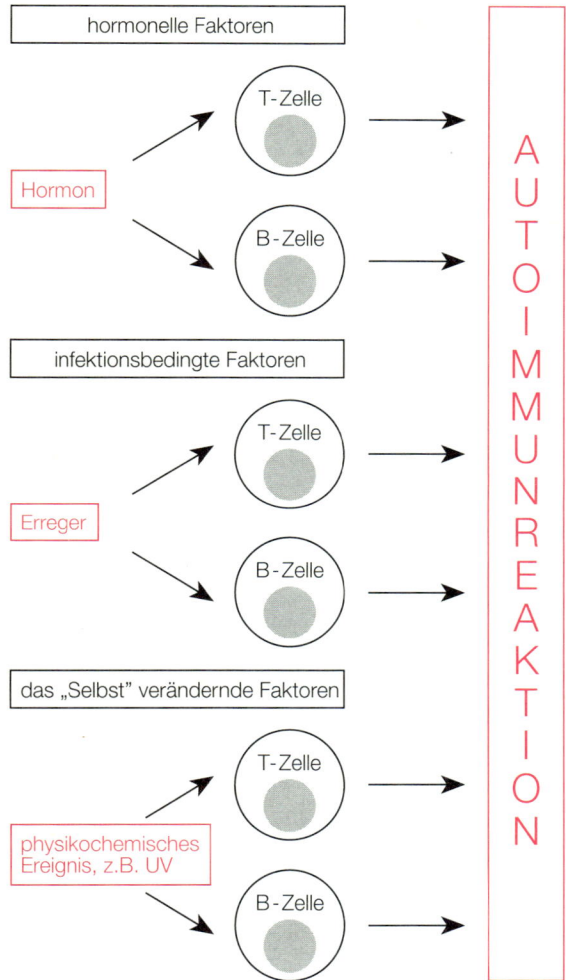

10.10 Auslöser für Autoimmunkrankheiten können Hormonveränderungen, Infektionen oder Ereignisse sein, die das „Selbst" verändern.

zeitlich nach dem Abklingen der Infektion auftreten. Die Mechanismen der Entstehung von Autoimmunkrankheiten durch Infektionen (Abbildung 10.11) kann man in vier Gruppen einteilen:

1. Molecular Mimicry
2. gesteigerte HLA-Expression
3. polyklonale B- oder T-Zell-Aktivierung
4. Kreuzreaktivitäten von antiidiotypischen Antikörpern.

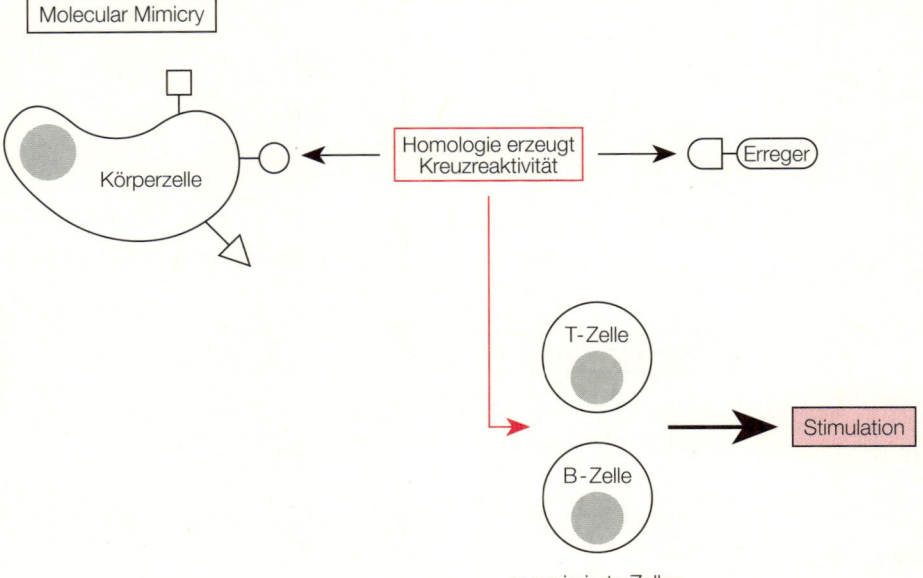

10.11.1 (Legende Seite 176)

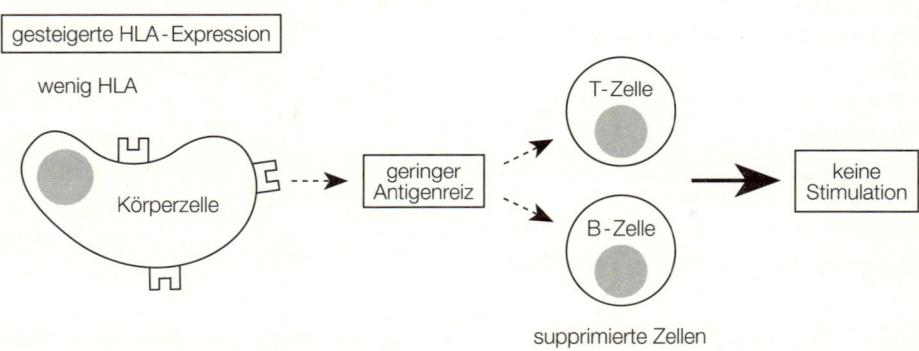

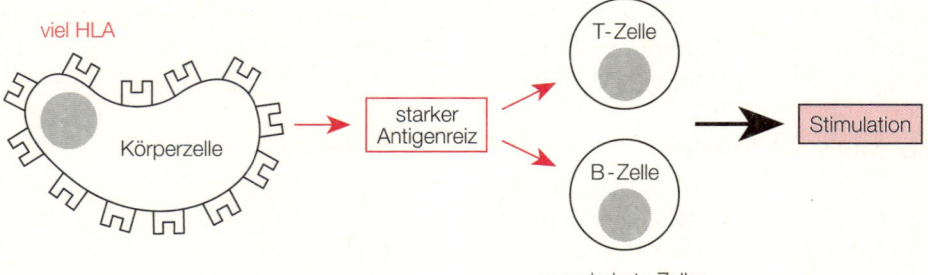

10.11.2 (Legende Seite 176)

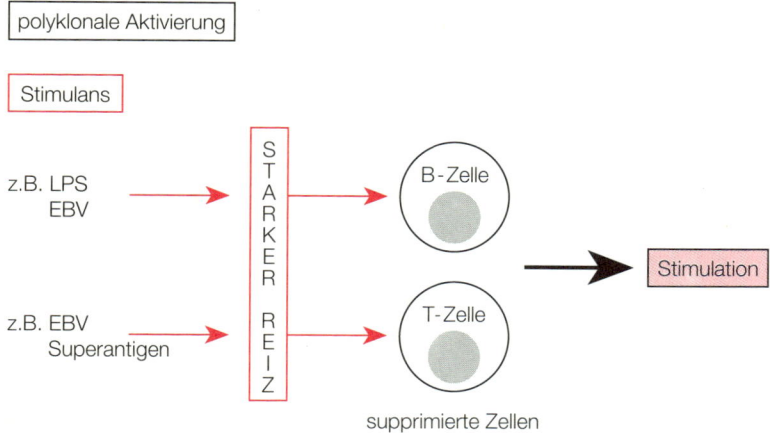

10.11.3 (Legende Seite 176)

Molecular Mimicry

Kernproblem des Molecular Mimicry ist es, daß das Immunsystem in dem Dilemma zwischen Toleranz und Antigenabwehr steckt. Das Molecular Mimicry ist eine Anpassungserscheinung des Erregers an seine Umwelt – hier an das Immunsystem des Wirtsorganismus –, die ihm sein Überleben sichert. Einige bekannte Homologien sind in der Tabelle 10.1 zusammengefaßt. Durch Molecular Mimicry sehen der Erreger oder Teile von ihm für das Immunsystem so aus, als seien sie körpereigene Moleküle. Bei einem gesunden Individuum sollte somit eine Toleranz gegenüber diesen Strukturen bestehen und das Immunsystem nicht reagieren. Durch zwei Prozesse kann es jedoch zum Durchbrechen der Toleranz kommen.

1. Ein Molekül, das dem Molecular Mimicry unterliegt, entspricht nicht vollkommen, sondern nur teilweise dem körpereigenen. Deswegen erfolgt eine Immunreaktion gegen dieses Molekül; es werden Antikörper vor allem gegen die Bereiche gebildet, die nicht identisch sind mit körpereigenen, aber auch gegen überlappende Bereiche. Solche Antikörper, aber auch T-Zell-Rezeptoren, reagieren dann kreuzreaktiv gegen körpereigene Moleküle.
2. Molecular-Mimicry-Moleküle treten lokal in sehr hohen Konzentrationen auf, wodurch die Immunaktivierung stärker ist als die Suppression. Damit wird die Toleranz gebrochen, und die autoreaktiven Zellen fangen an sich zu vermehren.

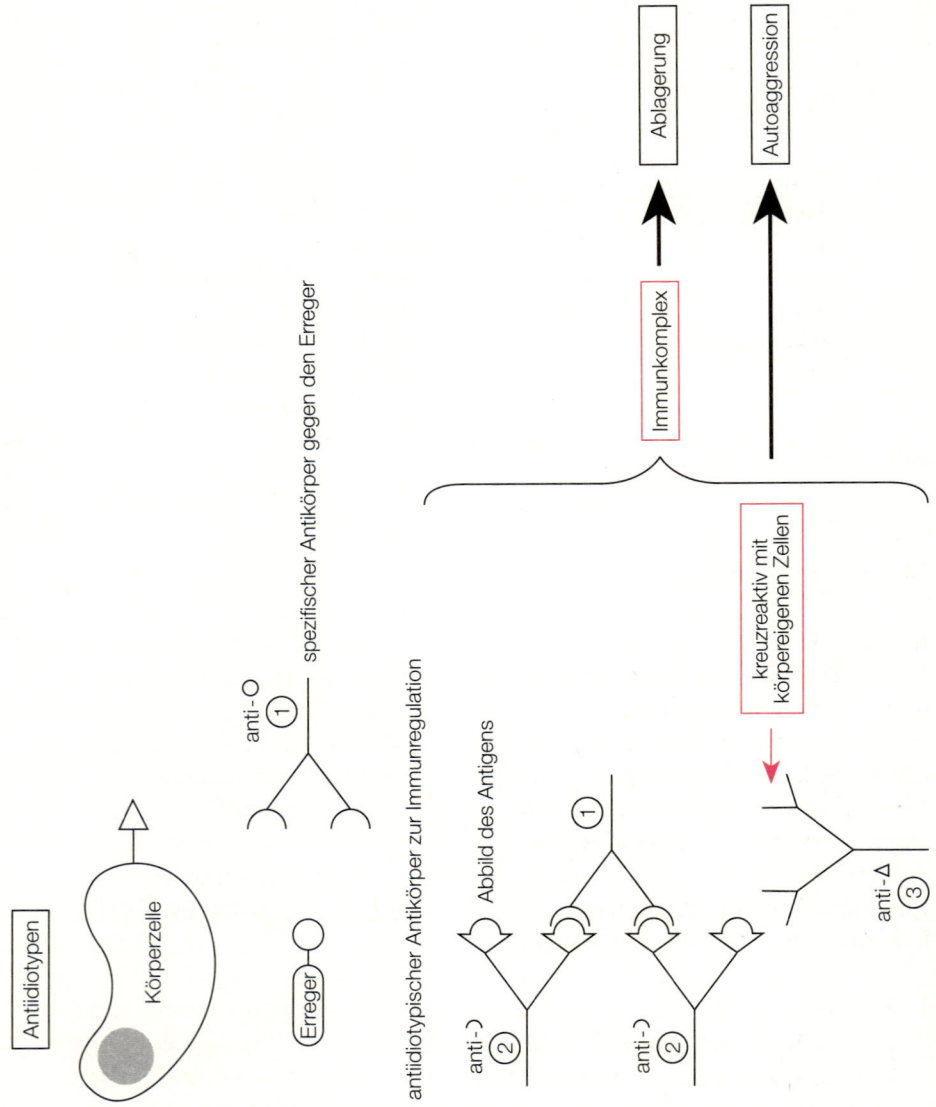

10.11 Infektionen können auf verschiedene Arten Autoimmunreaktionen auslösen: **10.11.1** Molecular Mimicry: Antigene des Erregers können Antigenen des Wirtes ähneln und dadurch Kreuzreaktivitäten erzeugen. **10.11.2** Gesteigerte HLA-Expression: Dies kann zu einer Durchbrechung der Immuntoleranz führen, da der Antigenreiz stärker wird als die Suppression. **10.11.3** Polyklonale Aktivierung: Alle T- und B-Zellen können durch bestimmte Produkte der Erreger aktiviert werden. So werden auch autoimmunreaktive, normalerweise supprimierte Zellen angeregt. **10.11.4** Antiidiotypen: Das Immunsystem reguliert sich selber in seiner Antikörperantwort durch antiidiotypische Antikörper. Diese können entweder kreuzreaktiv zu körpereigenen Antigenen sein oder Immunkomplexe bilden, die sich ablagern. 1 = spezifischer Antikörper gegen (o); 2 = antiidiotypischer Antikörper gegen Antikörper 1; 3 = antiidiotypischer Antikörper gegen Antikörper 2.

Tabelle 10.1: Homologien zwischen Proteinen von Krankheitserregern und Proteinen des menschlichen Körpers. Diese Homologien werden Molecular Mimicry genannt und können nach Infektion zu Kreuzreaktivitäten führen.

Antigen des Erregers	homologes menschliches Protein
p24 des HIV 1	konstante Region des IgG
E1B des Adenovirus Typ 12	A-Gliadin
P3 des Masernvirus	Corticotropin und basisches Myelin-Protein
IE2 des Cytomegalievirus	HLA-DR
Nitrogenase von *Klebsiella pneumoniae*	HLA-B27
VP2 des Poliovirus	Acetylcholinrezeptor
Glykoprotein des Tollwutvirus	Insulinrezeptor
E2 des Papillomavirus	Insulinrezeptor
DNA-Polymerase des Hepatitis-B-Virus	basisches Myelin-Protein
Proteoglykan der Zellwand von *Mycobacterium tuberculosis*	Hüllprotein des Knorpels
p30 gag Protein von Retroviren	DNA-Topoisomerase I
M-Protein von *Streptococcus pyogenes* Typ 1	Vimentin
DNA-Polymerase des EBV	basisches Myelin-Protein
Streptokokken M-Protein	Myosin des Herzen

Gesteigerte HLA-Expression

Am Entzündungsort oder an der Eintrittstelle eines Erregers beginnt die Immunreaktion. Der Erreger wird phagocytiert und seine Antigene werden prozessiert und präsentiert. Bei der Präsentation spielen HLA-Moleküle auf der Oberfläche der Immunzellen eine Rolle; beim ersten Kontakt mit einem Erreger exprimieren Zellen somit vermehrt HLA. Gefördert wird die HLA-Expression vor allem durch das Cytokin IFN-γ. Bleibt die Infektion über einen längeren Zeitraum bestehen, und wird der Erreger somit nicht sofort eliminiert, kann es zu gefährlichen Nebeneffekten der erhöhten Expression kommen: Die HLA-Expression wird immer mehr gesteigert. Dies führt lokal zu einer sehr hohen Konzentration von HLA-Antigenen. Wie beim Molecular Mimicry kann die Toleranz durch den zu starken Aktivierungsreiz durchbrochen werden (Abbildung 10.12). Bekannt sind Autoimmunerkrankungen vor allem als Folge von persistierenden Viren, intrazellulären Bakterien oder Parasiten.

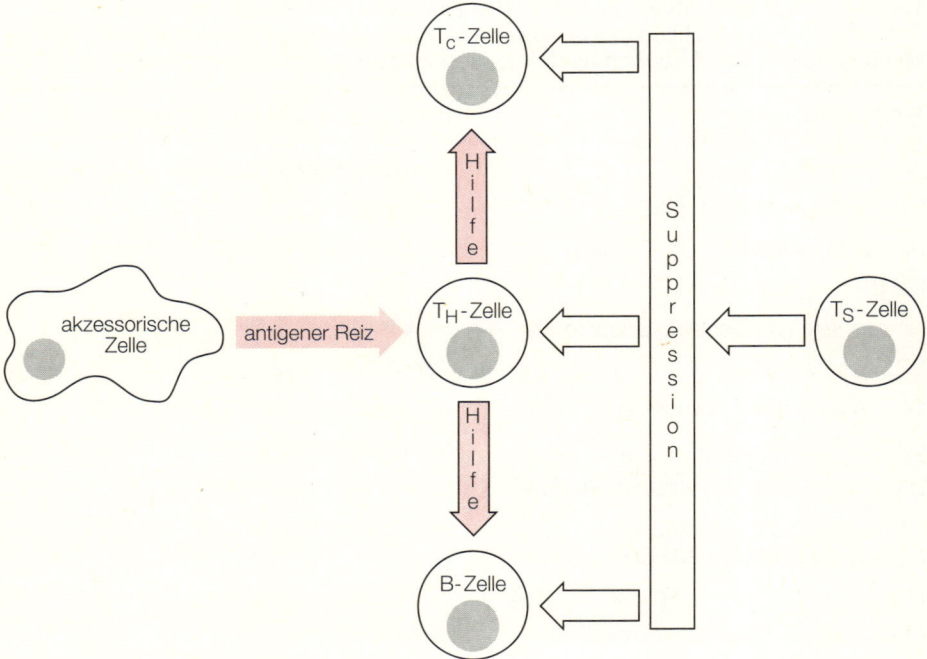

10.12 Die Regulation der Immunantwort ist sehr komplex und stellt ein Gleichgewicht dar. Suppressorzellen (T$_S$-Zellen) unterdrücken T- und B-Zellen, so daß diese nicht gegen das Antigen reagieren können, gegen das sie gerichtet sind. Der antigene Reiz kann jedoch so stark werden, daß die Suppression überwunden wird und die normalerweise supprimierten, autoimmunen Zellen auf ihr Zielantigen reagieren.

Polyklonale B- oder T-Zell-Aktivierung

Verschiedene Stoffe sind dazu in der Lage, T- oder B-Zellen polyklonal zu stimulieren, das heißt, mehr oder weniger alle T- beziehungsweise B-Zellen ohne Berücksichtigung der Antigenspezifität anzuregen. Normalerweise werden Klone durch Teilung einer Zelle mit einer bestimmten Antigenspezifität gebildet (Abbildung 10.13). Polyklonale Stimulation von B-Zellen erfolgt zum Beispiel durch Lipopolysaccharid aus der Zellwand gram-negativer Bakterien oder durch *Epstein-Barr-Virus* (EBV), dem Erreger der infektiösen Mononukleose. EBV vermag auch T-Zellen polyklonal zu aktivieren. Im Überschuß produzierte Cytokine können ebenfalls als polyklonale Stimulantien wirken. So kann IL-6 in großen Mengen dazu führen, daß B-Zellen polyklonal ausdifferenzieren und Antikörper produzieren. In gleicher Weise wirken hohe Konzentrationen von IL-4 und IL-10. Demgegenüber können hohe Dosen von IFN-γ polyklonal cytotoxische T-Zellen aktivieren, und IL-2 stimuliert T-Zellen allgemein. Das zeigt, daß die Cytokine eigentlich lokale Informationsübermittler sind, und sie systemisch erhebliche Nebeneffekte haben, wie man

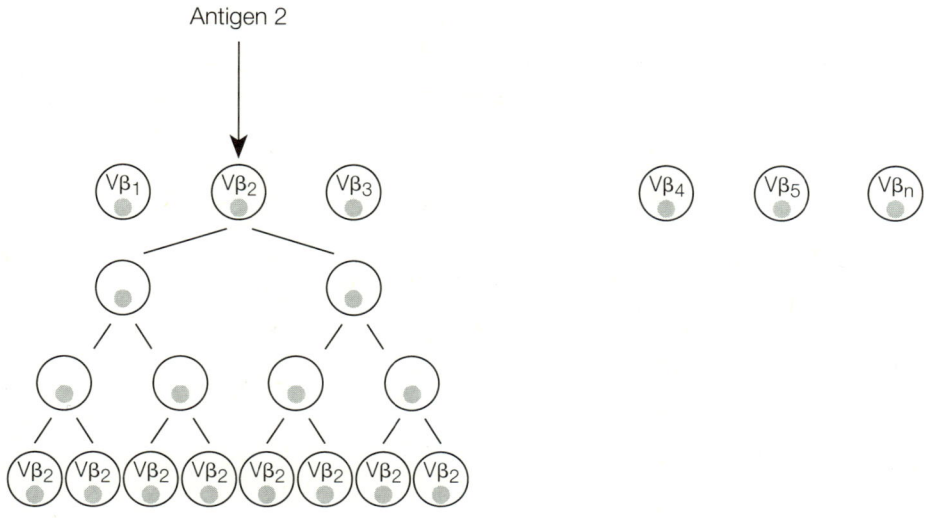

antigenspezifische (klonale) Expansion

10.13.a

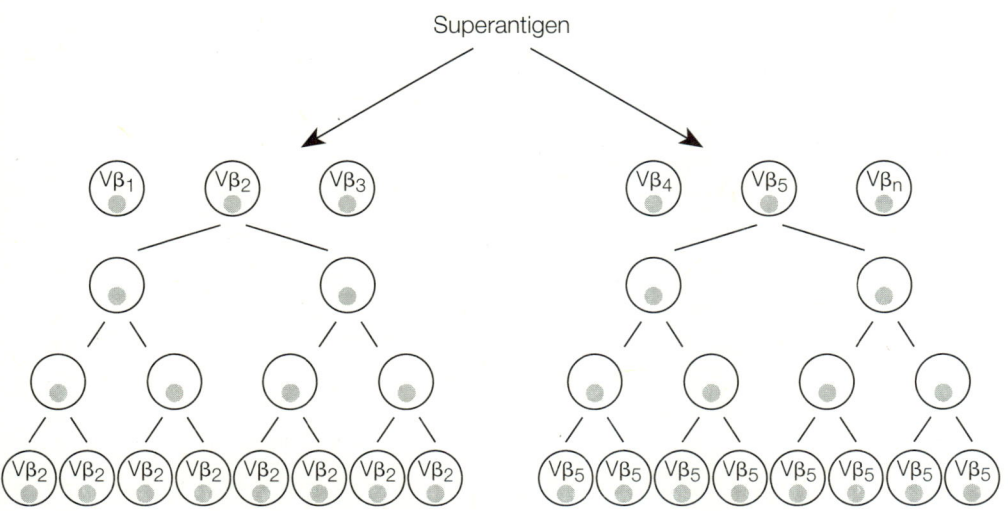

Vβ - spezifische (oligoklonale) Expansion

10.13b

dies auch in den Anfängen der IL-2-Therapie feststellen mußte. Zu einer anderen Form der polyklonalen T-Zell-Stimulation führen die Superantigene, deren Mechanismus erst seit einigen Jahren bekannt ist.

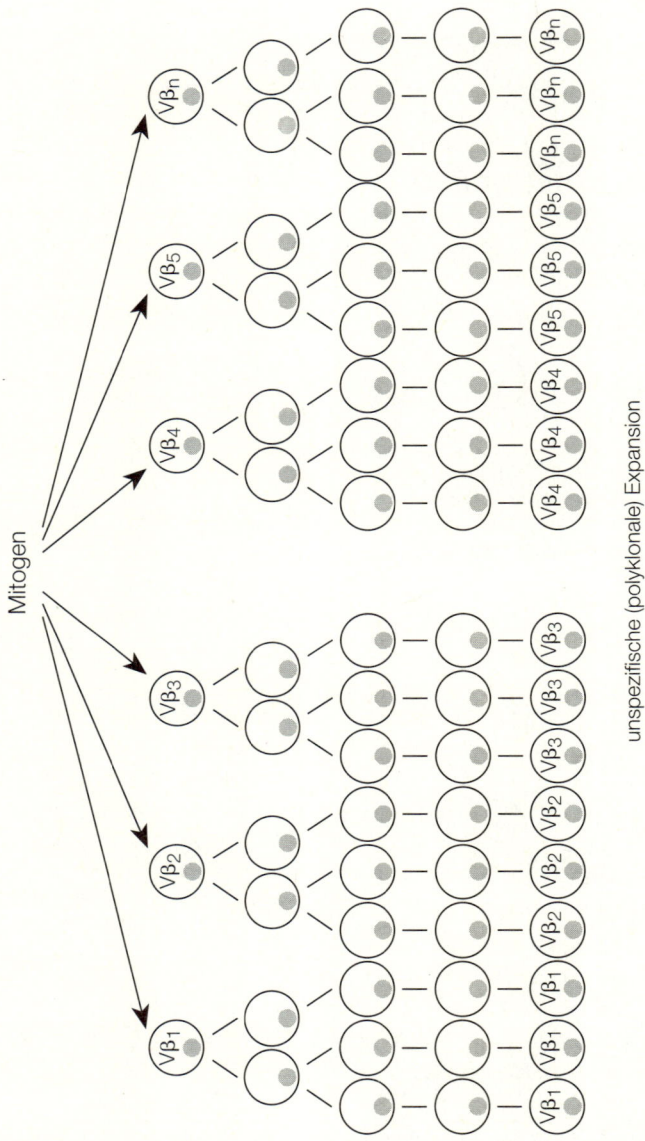

10.13 Verschiedene Substanzen können Zellen aktivieren. Von ihnen hängt es ab, ob eine Zellpopulation monoklonal, oligoklonal oder polyklonal aktiviert wird. 1) Ein Antigen induziert eine klonale Selektion, das heißt eine gegen das Antigen gerichtete Zelle wird speziell angeregt zur Teilung, während andere Zellen weiterhin im Ruhezustand verharren. 2) Ein Superantigen stimuliert T-Zellen oligoklonal, das heißt nicht antigenspezifisch (klonal), aber auch nicht alle Zellen (polyklonal). Es wirkt auf alle T-Zellen, die ein bestimmtes Vβ-Gen exprimieren, ohne Berücksichtigung der Antigenspezifität. 3) Ein Mitogen stimuliert alle T-Zellen ohne Berücksichtigung der Antigenspezifität und des T-Zell-Rezeptors.

Superantigene

Superantigene sind Proteine, die eine Proteinkette des MHC-II-Komplexes mit der Vβ-Kette des T-Zell-Rezeptors verknüpfen. Ihre Bindungsstellen liegen außerhalb der Antigenbindungsstelle. Die Bindung eines Superantigens ist somit unabhängig von der Antigenspezifität der Zelle. Folglich muß das Superantigen auch nicht von einer akzessorischen Zelle prozessiert werden. Die resultierende T-Zell-Aktivierung ist allerdings MHC-II-abhängig (Abbildung 10.14). Die Stimulation durch ein Superantigen betrifft T-Zellen verschiedener Antigenspezifitäten; sie ist also weder monoklonal noch polyklonal. Man spricht in diesem Zusammenhang auch von einer oligoklonalen Aktivierung. Ursache für diesen Typ der Stimulation ist die Spezifität jedes Superantigens für verschiedene Vβ-Genprodukte und damit für unterschiedliche T-Zellen. Trotz identischen Vβ-Gens können einzelne T-Zellen unterschiedliche Antigenspezifitäten haben, da der variable Teil des T-Zell-Rezeptors aus der Kombination von V-, D- und J-Elementen hervorgeht (siehe Kapitel T-Zellen). So können auch autoreaktive T-Zellen aktiviert werden, die normalerweise supprimiert würden.

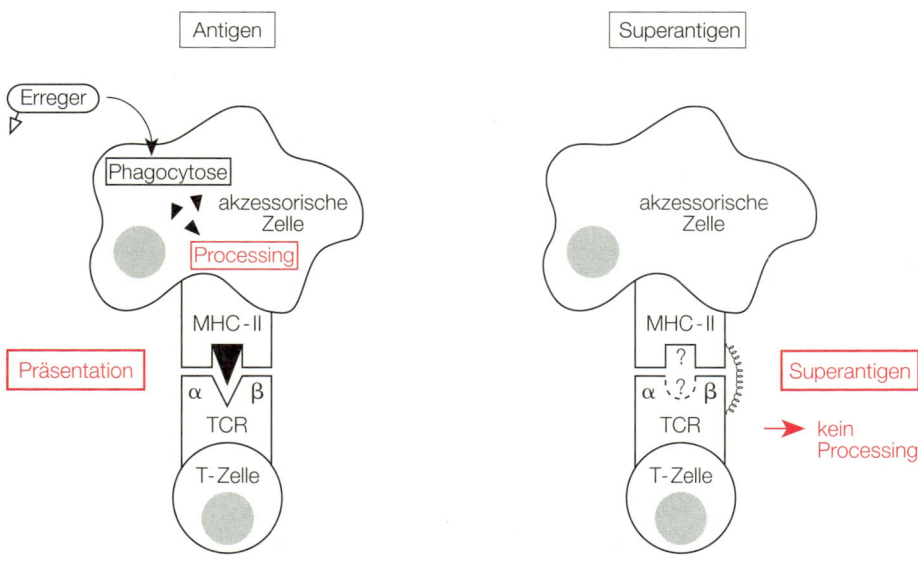

Bindung antigenspezifisch   Bindung Vβ-spezifisch

10.14 Antigen und Superantigen unterscheiden sich in mehreren Punkten ganz wesentlich. Ein Antigen (links) muß von einer akzessorischen Zelle aufgenommen werden, es wird anschließend processiert (zerkleinert) und präsentiert. Die Präsentation findet in der Antigengrube des MHC statt. Auf diesen Antigen-MHC-Komplex kann nur eine für das Antigen spezifische T-Zelle reagieren. Ein Superantigen (rechts) wird nicht aufgenommen und processiert. Es bindet außerhalb der Antigengrube an das MHC-Molekül und wird so präsentiert. Der MHC-Superantigen-Komplex ist nicht abhängig von der Antigenspezifität des T-Zell-Rezeptors. Die zweite Bindungsstelle des Superantigens (die erste ist am MHC) befindet sich an der Vβ-Kette des T-Zell-Rezeptors. Diese Bindungsstelle ist spezifisch für einige Vβ-Genprodukte, so daß ein Superantigen nicht alle, sondern nur einige Vβ-Subtypen aktiviert.

Bei verschiedenen Autoimmunkrankheiten, zum Beispiel der rheumatoiden Arthritis, hat man Hinweise, daß T-Zellen mit bestimmten $V\beta$-Regionen gehäuft vorkommen. Die oligoklonale T-Zell-Aktivierung durch Superantigene ist gesichert; vermutlich können Superantigene auch polyklonal B-Zellen stimulieren. B-Zellen sind stark MHC-II-positiv. Folglich könnten Superantigene T_H-Zellen mit einem bestimmten $V\beta$ im T-Zell-Rezeptor mit dem MHC-II einer B-Zelle verknüpfen. Es käme so zur polyklonalen B-Zell-Aktivierung, da die Verbindung unabhängig von der Antigenspezifität ist und MHC II auf allen Zellen gleich ist. Unter den daraufhin gebildeten Antikörpern können wiederum autoreaktive Antikörper sein. Die Aktivierung der T_H-Zellen führt zur intensiven Cytokinproduktion und durch Bindung der T-Zellen an Makrophagen auch zur Steigerung der Monokinkonzentration. So findet man nach der Stimulation mit Superantigenen hohe Spiegel von IL-1, IL-2, IL-4, IL-6, TNF-α und IFN-γ.

Superantigene (Tabelle 10.2) stammen von gram-positiven Bakterien, insbesondere von *Staphylococcus aureus* und *Streptococcus pyogenes,* aber auch von *Mycoplasma arthritidis* und von Retroviren (Maus-Mammatumor-Viren, MMTV). Nach neuesten Befunden scheint auch HIV ein Superantigen zu besitzen. Die Superantigene sind ein pathogenetischer Mechanismus des Erregers, um das Immunsystem des Wirtes in die Irre zu führen. Während das Immunsystem oligo- oder polyklonal aktiviert wird, kann der Erreger sich vermehren, da es nur eine geringe spezifische Reaktion gegen ihn gibt.

Superantigene verleihen den Erregern somit einen Überlebensvorteil im Immunsystem. Entsprechend dürften sich viele verschiedene Erreger das Prinzip

Tabelle 10.2: Die wichtigsten Superantigene und Vβ-Typen, an die sie binden.

Erreger	Superantigen	reaktive Vβ-Typen
Staphylococcus aureus	Enterotoxin A (SEA)	
Staphylococcus aureus	Enterotoxin B (SEB)	3, 12, 14, 15, 17, 20
Staphylococcus aureus	Enterotoxin C_1 (SEC1)	12
Staphylococcus aureus	Enterotoxin C_2 (SEC2)	12, 13.2, 14, 15, 17, 20
Staphylococcus aureus	Enterotoxin C_3 (SEC3)	5, 12, 13.1, 13.2
Staphylococcus aureus	Enterotoxin D (SED)	5, 8, 12
Staphylococcus aureus	Enterotoxin E (SEE)	5.1, 6, 6.1, 6.2, 6.3, 8, 18
Staphylococcus aureus	*toxic shock syndrome toxin-1* (TSST-1)	2
Streptococcus pyogenes	*pyrogenic erythrogenic toxin A*	8, 12, 14, 15
Streptococcus pyogenes	*pyrogenic erythrogenic toxin C*	1, 2, 8, 10
Mycoplasma arthritidis	MAS	3.1, 11.1, 12.1, 13.1 und 17.1

der Superantigene in der Evolution angeeignet haben. Auch für den Malaria-Erreger (den Einzeller *Plasmodium*) und für Yersinien (gram-negative Bakterien) werden Superantigene diskutiert. Die Suche nach $V\beta$-spezifischer T-Zell-Aktivierung bei verschiedenen Krankheiten ist Gegenstand intensiver Forschung.

Kreuzreaktivitäten von antiidiotypischen Antikörpern

Eine weitere Form der Entstehung von Autoimmunkrankheiten ist die Kreuzreaktion von antiidiotypischen Antikörpern und die Ablagerung von Immunkomplexen. Man weiß heute wesentlich mehr über die Induktion und Verstärkung der Immunantwort als über die Mechanismen, die die Immunantwort wieder abschalten oder herunterregulieren. Zur Abschaltung der Antikörperantwort gibt es das Konzept der antiidiotypischen Antikörper. Dies bedeutet, daß gegen die spezifischen Antikörper wiederum Antikörper gebildet werden, die die Immunantwort von Antikörpern regulieren. Dies führt in der Folge zu einem Netzwerk von Antikörpern und antiidiotypischen Antikörpern. Die antiidiotypischen Antikörper ähneln dem Antigen. Hierdurch kann es wiederum zu Kreuzreaktivitäten mit dem „Selbst" kommen, mit den schon beschriebenen Folgen.

Das Netzwerk birgt aber noch eine weitere Gefahr. Die Antikörper und die antiidiotypischen Antikörper reagieren gegeneinander, es kann so ein Immunkomplex aus kreuzvernetzten Antikörpern entstehen. Diese von der Molekularmasse her großen Immunkomplexe können sich in Geweben, in Gelenken und vor allem im Druckfiltrationssystem der Niere ablagern. Sie können dort Komplement aktivieren und dadurch lytische Prozesse auslösen. So kommt es zur Gewebezerstörung. In den Gelenken löst dies rheumatische Entzündungen, in der Niere die Glomerulonephritis aus. Diese Form der Entstehung von Autoimmunkrankheiten steht in keinerlei Zusammenhang mit dem primären Antigen und den Antigenspezifitäten der Antikörper. Deswegen ist der Auslöser fast nicht zu ergründen. Viele verschiedene Ursachen können somit das gleiche Resultat bewirken.

2.3 Das „Selbst" verändernde Faktoren

Den bisherigen Ursachen zur Entstehung von Autoimmunerkrankungen liegt die Aktivierung von normalerweise supprimierten, toleranten Zellen zugrunde. Dies bedeutet, daß die körpereigenen Zellen beziehungsweise deren immunologisches „Selbst", die HLA-Antigene, sich nicht verändert haben. So wie sich die Toleranz gegen den Körper richten kann, so kann der Körper auch gegen das „Selbst" reagieren. Immunologisch bedeutet dies, daß die Zellen ihre HLA-Antigene verändern, ihre Aminosäuresequenz oder deren drei-dimensionale Anordnung. Wie kann im Körper das genetisch determinierte „Selbst" verändert werden?

Hierfür gibt es prinzipiell zwei Möglichkeiten. Zum einen eine Veränderung auf genetischer Ebene, also eine Mutation des HLA-Gens. Zum zweiten eine Veränderung des HLA-Antigens auf der Zelloberfläche, also des Proteins. Beide Vorgänge beruhen auf einer wesentlichen Veränderung von Makromolekülen, die durch physikalische oder chemische Belastungen zustande kommen. Auf physikalischer Ebene spielen vor allem radioaktive oder ultraviolette Strahlungen eine Rolle, die aufgrund ihrer hohen Energiedosis direkte oder indirekte (durch Radikalbildung) Veränderungen in Makromolekülen hervorrufen können. Die Folge sind beispielsweise Strangbrüche der DNA, Thymidindimere oder chemische Veränderungen in der DNA. Aggressive chemische Substanzen, wie Radikale, Peroxide, verschiedene organische Substanzen, aber auch Exoenzyme von Krankheitserregern haben unter Umständen ähnliche Wirkungen. Veränderungen der DNA, also eine Mutation, bedeutet immer, daß die Zelle und alle ihre Tochterzellen nur noch Produkte des veränderten Gens herstellen können. Die Veränderung des Proteins hingegen ist zeitlich begrenzt, das heißt die vorhandenen Proteine werden verändert, während die neu gebildeten wieder die ursprüngliche Form haben. Was bewirken jetzt die veränderten HLA-Moleküle?

Sind die Veränderungen sehr groß, so werden die Zellen mit den abweichenden HLA-Antigenen abgetötet. Die Reaktion verläuft wie eine normale Immunreaktion. Der entstandene Schaden ist lokal, also auf die veränderten Zellen begrenzt. Geringe Veränderungen der HLA-Antigene sind jedoch weitaus häufiger. Es handelt sich dabei nur um eine geringe Abwandlung des „Selbst". Dies birgt zwei Gefahren für das Immunsystem. Erstens wird die Toleranz durchbrochen, da das veränderte Antigen nicht hundertprozentig dem „Selbst" entspricht. Zweitens führt die weitgehende Übereinstimmung mit dem ursprünglichen „Selbst" zu Kreuzreaktionen mit diesem. An diesem Punkt kommt es wieder zur Reaktionskette wie beim Molecular Mimicry. Die Kreuzreaktion führt letztlich zur Zerstörung des „Selbst".

3. Cytokine und Autoimmunkrankheiten

Da Cytokine die Immunantwort regulieren, können sie auch die Ursache für Fehlsteuerungen sein, die zu einer Autoimmunkrankheit führen. Autoimmunkrankheiten sind auf zweierlei Weise mit Cytokinen assoziiert: Zum einen kann ein Defekt des Immunsystems, bestimmte Cytokine zu produzieren, die für die Apoptosis oder Suppression notwendig sind, zur Bildung autoreaktiver Zellen führen. Zum anderen kann eine latente oder persistierende Infektion zur langfristigen Überproduktion eines Cytokins führen. Die Hinweise für die Bedeutung von Cytokinen bei Autoimmunkrankheiten sind in Tabelle 10.3

Tabelle 10.3:   Einige Autoimmunkrankheiten und daran beteiligte Cytokine.

Autoimmunkrankheit	auftretende Cytokine
systemischer Lupus erythematodes	säurelabiles IFN-α, TNF-α, IL-1β
Typ-I-Diabetes	IFN-α
rheumatoide Arthritis	IL-1, IL-6, TNF-α
Morbus Behcet	säurelabiles IFN-α, IFN-γ
aplastische Anämie	TNF-α, IFN-γ
Kawasaki-Syndrom	IL-1, TNF-α, IFN-γ
Sjögrens-Syndrom	endogenes IFN-α
Morbus Basedow	IFN-γ
Lungensarkoidose	TNF-α

zusammengestellt. Im folgenden ist der heutige Wissensstand bei verschiedenen Autoimmunkrankheiten dargestellt; daneben werden einige hypothetische Konzepte für die Ausprägung von Autoimmunerkrankungen beschrieben.

3.1 Rheumatoide Arthritis

Bei der rheumatoiden Arthritis (RA) handelt es sich um eine progressiv-chronische Polyarthritis. Sie wird den Kollagenosen, das heißt den diffusen Kollagenerkrankungen zugeordnet, die anatomisch auf Veränderungen des Bindegewebes beruhen. Diese Systemerkrankung betrifft vor allem die Gelenke. Es kann zu deren Deformierung kommen, wodurch die Beweglichkeit eingeschränkt wird. Die Krankheit beginnt meist in den kleinen Gelenken. Bei 75 Prozent der Patienten lassen sich Rheumafaktoren nachweisen, also Autoantikörper, die gegen IgG-Antikörper gerichtet sind und Immunkomplexe bilden können. Es können aber auch Autoantikörper gegen einzel- und doppelsträngige DNA sowie gegen Histone (Proteine aus dem Zellkern, die für die DNA-Spiralisierung verantwortlich sind) vorkommen. Es besteht eine genetische Prädisposition bei Personen mit dem HLA-DR4. Rheumatoide Arthritis ist bei Frauen mehr als dreimal so häufig wie bei Männern. Sicherlich gibt es auch einen infektiösen Auslöser der Krankheit. Zur Zeit werden hierfür Bakterien und Mycoplasmen diskutiert, unter diesen vor allem die Produzenten von Superantigenen.

In der Synovialflüssigkeit, der Flüssigkeit im Gelenkspalt, von Patienten mit RA hat man einige Besonderheiten in bezug auf die Zusammensetzung der weißen Blutkörperchen gefunden. So ist die Zahl der T-Zellen mit Vβ3, Vβ14 und Vβ17 im T-Zell-Rezeptor erhöht. Dies spricht für die Beteiligung eines

Superantigens. Außerdem produzieren CD2$^+$-T-Zellen und CD20$^+$-B-Zellen aus der Synovialflüssigkeit scheinbar konstitutiv IL-6. Dies führt in der Synovialflüssigkeit zu einem erhöhten IL-6-Spiegel, der seinerseits die B-Zellen zur Differenzierung und Antikörperproduktion anregen kann. Auch IL-1 und TNF-α konnten dort nachgewiesen werden. IL-1 könnte die T-Zell-Proliferation, TNF die B-Zell-Differenzierung unterstützen (wie dies von systemischem Lupus erythematodes bekannt ist). Daneben ist IL-1 direkt am Krankheitsgeschehen beteiligt, da es die Synovialis-Fibroblasten zur Synthese von Prostaglandin E$_2$ stimuliert. Dieser Faktor ist für die akuten Entzündungzeichen verantwortlich. Merkmale der rheumatoiden Arthritis sind Hyperämie, Gelenkexsudat und, für den Betroffenen im Vordergrund stehend, Schmerzen. IL-1 kann auch die Chondrocyten aktivieren, die über Proteasen das Kollagen und Proteoglykan des Knorpels abbauen. Letztlich kann IL-1 auch die Osteoklasten stimulieren und so eine Knochenerosion bewirken. Diese Wirkung von IL-1 auf die verschiedenen Zellsysteme im Gelenk lassen sich auch im Experiment nachvollziehen: Injiziert man IL-1 in das Gelenk eines gesunden Tieres, so kommt es dort zu einer Arthritis.

3.2 Systemischer Lupus erythematodes

Der systemische Lupus erythematodes (SLE) ist eine schwere Allgemeinerkrankung mit unterschiedlicher Symptomatik, da verschiedene Organe befallen werden. SLE gehört wie die rheumatoide Arthritis zu den Kollagenosen. Die schwere Form ist durch ein schmetterlingförmiges Exanthem, Nierenentzündung (Lupus-Nephritis), Gelenkentzündung (Lupus-Arthritis), Lungenentzündung (Lupus-Pneumonitis) und anderen pathologischen Veränderungen charakterisiert.

Im Serum der Patienten findet man viele Autoantikörper gegen körpereigene Proteine und Nucleinsäuren, die gegen den gesamten Zellkern, einzel- und doppelsträngige DNA, RNA, Nucleotide und Polynucleotide sowie Ribonuclearproteine und Histone gerichtet sind. Des weiteren lassen sich Autoantikörper gegen Neuronen, Lymphocyten, Erythrocyten und Thrombocyten sowie einige Cytoplasmakomponenten und verschiedene Proteine (zum Beispiel gegen Interferon (IFN)) nachweisen.

Säurelabiles IFN-α konnte bei vielen SLE-Patienten im Blut nachgewiesen werden. Bisher ist nicht bekannt, wodurch dieses Interferon induziert wird. Normalerweise werden die IFN-α-Subtypen infolge von Virusinfektionen gebildet. Das abnorme, säurelabile IFN-α wurde nach Induktion durch Lentivirusinfektionen (zum Beispiel AIDS) bekannt. Bei SLE konnte jedoch noch kein Virus nachgewiesen werden. Die Effekte des säurelabilen IFN-α *in vivo* sind bisher unbekannt. Möglicherweise stimuliert es in hohen Dosen, wie *in vitro* gezeigt werden konnte, polyklonal B-Zellen und damit die Produktion von Autoantikörpern. Auch könnte die Steigerung der MHC-II-Expression autoreaktive T- und B-Zellen stimulieren.

In Tiermodellen konnte man zeigen, daß die Injektion von neutralisierenden Antikörpern gegen Interferone die Symptome von systemischem Lupus erythermatodes lindern, während die Injektion von Interferon das Krankheitsbild verstärkt. Entsprechend dürfte das zirkulierende, säurelabile IFN-α beim Menschen die Krankheit ebenfalls verstärken. Im Tierversuch konnte man zudem eine gesteigerte Genexpression von IL-1β und TNF-α in den Nieren der Tiere mit einer Lupus-Nephritis nachweisen. Ebenfalls konnte durch die Injektion geringer Dosen von TNF-α die Produktion von Autoantikörpern in der Niere erhöht werden. Neutralisierende Antikörper gegen TNF-α hingegen, können die Produktion der Autoantikörper inhibieren. Vermutlich lassen sich diese Ergebnisse auch auf den Menschen übertragen.

3.3 Multiple Sklerose (MS)

Multiple Sklerose (MS) ist in Europa eine der häufigsten neurologischen Erkrankungen. Pro 10 000 Einwohner sind etwa fünf Menschen betroffen. Die Erkrankung ist durch die Entstehung zahlreicher Entmarkungsherde in Gehirn und Rückenmark gekennzeichnet. Entmarkung heißt, daß die Nervenbahnen das Mark, also die Myelinscheide, die der elektrischen Isolierung dient, verlieren. Aufgrund des Ausfalls dieser Nerven kommt es in den betroffenen Regionen zum Ausfall der nervösen Steuerung. Dies kann sich in Seh-, Sprachstörungen und anderen spastischen Symptomen, Blasenstörungen sowie Harn- und Stuhlinkontinenz und auch in Querschnittslähmungen äußern. Die Krankheit verläuft meistens schubweise.

Im Tierexperiment läßt sich bei Ratten durch die Injektion von basischem Myelin experimentell eine akute autoimmune Encephalomyelitis erzeugen. Im Gegensatz zur multiplen Sklerose ist dies jedoch eine akute Reaktion. Dabei kommt es zu einer verstärkten Präsentation von MHC-Molekülen, vor allem MHC-II, auf den Astrocyten. Das deutet auf eine Beteiligung von IFN-γ hin. *In vitro* kann man in Astrocyten die MHC-II-Expression durch IFN-γ steigern. Tatsächlich findet man auch bei multipler Sklerose eine verstärkte Expression von MHC-I- und MHC-II-Molekülen auf den Astrocyten.

Blutleukocyten von Patienten mit MS zeigen jedoch eine erniedrigte Synthese von IFN-γ nach Mitogenstimulation. Diese beiden Befunde scheinen sich zu widersprechen, die Situation im Blut ist jedoch nicht unbedingt mit Gehirn oder Rückenmark vergleichbar. In der Cerebrospinalflüssigkeit von MS-Patienten findet man eine Verschiebung des Verhältnisses von T_{H1}- zu T_{H2}-Zellen zugunsten des Anteils der T_{H1}-Zellen; damit ist der Anteil der IFN-γ-produzierenden Zellen erhöht. Als weiterer Hinweis für die Bedeutung von IFN-γ mag gelten, daß sich das Krankheitsbild von MS bei einem Versuch, mit IFN-γ zu therapieren, verschlimmerte. In einigen Fällen konnte eine Verschlechterung des Krankheitszustandes durch Injektion von IFN-β in die Cerebrospinalflüssigkeit aufgehalten werden. Der Grund hierfür ist nicht geklärt. Möglicherweise reagiert IFN-β über seinen antiviralen Effekt aber auch direkt gegen den bis heute unbekannten Auslöser der MS.

3.4 Insulinabhängiger Diabetes mellitus

Man unterscheidet zwei Typen der Zuckerkrankheit, den Typ 1 oder insulinabhängigen Diabetes (IDDM) und den Typ 2 oder nicht-insulinabhängigen Diabetes. Typ 1 beruht auf einer Autoimmunreaktion gegen die β-Inselzellen der Bauchspeicheldrüse (Pankreas), die für die Synthese des Insulins verantwortlich sind. Der Ausfall der Insulinsynthese macht diese Form der Diabetes insulinabhängig. Zerstört werden die Inselzellen sowohl durch Autoantikörper als auch durch autoreaktive T-Zellen. Für diese Erkrankung gibt es eine starke genetische Prädisposition; die Wahrscheinlichkeit steigt mit Vorliegen der HLA-Typen DR3 oder DR4.

Kurz nach der Manifestation von IDDM findet man erhöhte Serumspiegel von IFN-α. Des weiteren läßt sich IFN-α im Pankreasgewebe nachweisen. Diese gesteigerten Werte sind wahrscheinlich die Ursache für die Überexpression von MHC I in den β-Inselzellen. Da IFN-α durch Viren induziert wird, könnte dem Typ-1-Diabetes eine virale Genese zugrunde liegen. Vom Mumpsvirus, Rötelnvirus und Coxsackie-Typ-B4-Virus (das Muskel- und Fettgewebsentzündungen hervorruft) ist bekannt, daß sie den Pankreas befallen können, Zellen zerstören und dabei IFN-α induzieren. Die Manifestation von Diabetes korreliert zudem jahreszeitlich (Sommer und Herbst) mit dem Auftreten von Coxsackie-Viren. Auch bei IDDM steigt die MHC-II-Expression der β-Inselzellen, was sicherlich einen negativen Einfluß auf den Krankheitsverlauf hat. In vitro wirkt IL-1β, aber nicht IFN-γ, cytotoxisch auf β-Inselzellen. Möglicherweise aktiviert IFN-γ die Monocyten im Pankreas zur Produktion des für die Inselzellen cytotoxischen IL-1β.

3.5 Theoretische Konzepte

Anhand der aufgeführten Beispiele kann man drei Wege der Pathogenese von Autoimmunkrankheiten durch Cytokine unterscheiden, wobei diese jedoch häufig gleichzeitig auftreten. Zum einen führt eine gesteigerte MHC-Expression durch Interferon zu einer verstärkten Antigenpräsentation und einer erhöhten T-Zell-Cytotoxizität. Zum anderen führen die Cytokine IL-6, TNF-α und IFN-α zu einer gesteigerten B-Zell-Differenzierung und Antikörperproduktion. Letztlich können die Cytokine auch direkte Effekte haben, wie die Schädigung der β-Inselzellen durch IL-1.

Die Wirkung der Cytokine läßt sich mit dem Krankheitsbild in Einklang bringen. Neben den aufgeführten Beispielen gibt es weitere Autoimmunkrankheiten, die ebenfalls mit Cytokinen assoziiert sind. So tritt bei der Behcet-Krankheit (einer chronische Entzündung der Iris des Auges) wie beim systemischen Lupus erythematodes, im Blut säurelabiles IFN-α auf mit den entsprechenden Folgen. Die gesteigerte MHC-II-Expression ist sicherlich auch bei diesem Krankheitsbild auf das vorhandene IFN-γ zurückzuführen. Die Kawasaki-Krankheit ist eine akut beginnende und langanhaltende Erkrankung des lymphoretikulären Systems, die vor allem durch Lymphknotenschwellungen gekennzeichnet ist. Der Auslöser der Krankheit ist noch unbekannt, es wird die Beteiligung eines Superantigens bei der Pathogenese diskutiert, da Vβ-spezifisch vermehrte T-Zellen vorkommen. Das Auftreten von IL-1, TNF-α und IFN-γ würde dazu passen und könnte gleichzeitig die starken Immunreaktionen in den Lymphknoten erklären. Beim Morbus Basedow, einer Schilddrüsenüberfunktion kommt es durch die Zerstörung von Augenmuskelzellen auch zu pathologischen Veränderungen im Auge. Dabei tritt ebenfalls eine gesteigerte MHC-II-Expression auf, die wahrscheinlich auf der Wirkung von IFN-γ beruht. Die Lungensarkoidose beginnt mit knotigen Wucherungen des lymphoretikulären Zellsystems und endet in einer Lungenfibrose mit einer Vernarbung des Gewebes. Das nachgewiesene TNF-α kann die Alveolarmakrophagen aktivieren und damit die Infiltration der Lunge durch Leukocyten steigern.

Ein ganz anderes Konzept ist die Fremdregulation von Cytokingenen. Die Gene für TNF-α und TNF-β liegen innerhalb des MHC-Genlocus auf dem Chromosom 6. Dies könnte für die TNF-vermittelte Pathogenese einiger Autoimmunkrankheiten von entscheidender Rolle sein. Es ist denkbar, daß die TNF-Gene unter die Kontrolle der MHC-Gene gelangen, indem die Gene nicht mehr selbstständig, sondern über die Promotoren der MHC-Gene reguliert werden. Eventuell ist dies bei einigen HLA-Genen wahrscheinlicher als bei anderen, was die genetische Prädisposition, neben dem Molecular Mimicry, erklären würde. Für die pathologische Bedeutung einer Kontrolle der TNF-Gene spricht die starke MHC-II-Assoziation bei Lupus-Nephritis, bei der TNF-α eine entscheidende Rolle spielt. Als weiterer Hinweis kann die Produktion von TNF-β im Jejunum (Teil des Dünndarms) bei Zöliakie, einer Glutenunverträglichkeit, gewertet werden. Diese Krankheit ist ebenfalls mit MHC assoziiert.

4. Zusammenfassung und Perspektiven

Bei Autoimmunkrankheiten reagiert das Immunsystem gegen den eigenen Körper. Auslöser hierfür können hormonelle, infektionsbedingte oder das „Selbst" verändernde Faktoren sein. Daneben spielen genetische Prädispositionen eine Rolle. Den infektionsbedingten Faktoren ist dabei die größte Bedeutung beizumessen. Es treten Molecular Mimicry, gesteigerte HLA-Expression, polyklonale B- und T-Zell-Aktivierung und Kreuzreaktivitäten von anti-idiotypischen Antikörpern auf.

Wenn man die Ursachen der verschiedenen Autoimmunkrankheiten kennen würde, könnte man eventuell mit einer Immuntherapie die Erkrankung heilen beziehungsweise ihnen vorbeugen. Es wäre denkbar, bei genetischer Prädisposition die entsprechenden cytotoxischen T-Zellen anhand ihres T-Zell-Rezeptors zu selektionieren, zum Beispiel durch superantigenvermittelte Cytotoxizität. Das gleiche könnte für kreuzreaktive B- und T-Zellen, die durch Molecular Mimicry aktiviert werden, gelten. Polyklonale Zellaktivierung und HLA-Expression könnten durch entsprechende Cytokine inhibiert werden. Wenn man Wege findet, um eine erneute Toleranz bei einem veränderten „Selbst" zu generieren, so könnte dies auch bei Transplantationen hilfreich sein.

Literatur

Adorini, L.; Barnaba, V.; Bona, C.; Celada, F.; Lanzavecchia, A.; Sercarz, E.; Suciu-Foca, N.; Wekerle, H. *New perspectives on immunointervention in autoimmune diseases.* In: *Immunology Today* 11 (1990). S. 383–386.

Cohen, I. R.; Young, D. B. *Autoimmunity, microbial immunity and the immunological homunculus* In: *Immunology Today* 12 (1991). S. 105–110.

Demaine, A. G. *The molecular biology of autoimmune disease.* In: *Immunology Today* 10 (1989). S. 357–361.

Gill, R. G.; Haskins, K. *Molecular mechanisms underlying diabetes and other autoimmune diseases.* In: *Immunology Today* 14 (1993). S. 49–51.

Goldman, M.; Druet, P.; Gleichmann, E. *T$_{H2}$ cells in systemic autoimmunity: Insights from allogeneic diseases and chemically–induced autoimmunity.* In: *Immunology Today* 12 (1991). S. 223–227.

Jacob, C. O. *Tumor-necrosis-factor alpha in autoimmunity: Pretty girl or old witch?* In: *Immunology Today* 13 (1992). S. 122–125.

Kingsley, G.; Panayi, G.; Lanchbury, J. *Immunotherapy of rheumatic diseases – practice and prospects.* In: *Immunology Today* 12 (1991). S. 177–179.

Kroemer, G.; Wick, G. *The role of interleukin 2 in autoimmunity.* In: *Immunology Today* 10 (1989). S. 246–251.

Marguerie, C.; Lunardi, C.; So, A. *PCR-based analysis of the TCR repertoire in human autoimmune diseases.* In: *Immunology Today* 13 (1992). S. 336–338.

Nygard, N. R.; Mccarthy, D. M.; Schiffenbauer, J.; Schwartz, B. D. *Mixed haplotypes and autoimmunity.* In: *Immunology Today* 14 (1993). S. 53–56.

Robey, E.; Urbain, J. *Tolerance and immune regulation.* In: *Immunology Today* 12 (1991). S. 175–177.

Shoenfeld, Y.; Isenberg, D. A. *The mosaic of autoimmunity.* In: *Immunology Today* 10 (1989). S. 123–128.

Sinha, A. M.; Lopez, T.; McDevitt, H. O. *Autoimmune diseases: The failure of self tolerance.* In: *Science* 248 (1990). S. 1380–1388.

Theofilopoulos, A. N.; Kofler, R. *Molecular aspects of autoimmunity.* In: *Immunology Today* 10 (1989). S. 180–183.

Yeatman, N.; Sachs, J.; Bottazzo, G. F. *Autoimmunity – towards the year 2001.* In: *Immunology Today* 13 (1992). S. 239–240.

11. Allergien

1. Einleitung

Allergien gewinnen zunehmend an Bedeutung. Normalerweise harmlose Bestandteile unserer Umwelt wie Pflanzenpollen und Hausstaub führen zu Heuschnupfen oder Asthma, Nahrungsmittel zu juckenden Hautausschlägen und Medikamente, gegen die Menschen allergisch reagieren, schaden mehr, als daß sie nützen. Selbst Erkrankungen wie Migräne oder Neurodermitis werden mit Allergien in Zusammenhang gebracht. Mittlerweile leiden in den westlichen Industrienationen jeder zehnte Erwachsene und jedes siebte Kind an einem dieser Symptome.

Was versteht man unter einer Allergie? Der Begriff „Allergie" ist griechischen Ursprungs und bedeutet „Andersreagieren". Er wurde Anfang dieses Jahrhunderts von dem Wiener Arzt Clemens Johann von Pirquet eingeführt, als im Zuge von Impfungen nach wiederholter Injektion bei bestimmten Patienten unerwartete, heftige Reaktionen auftraten – hierfür verwendet man in der Medizin heute auch den Begriff der Überempfindlichkeit oder Hypersensibilität. Darunter versteht man eine unangemessene und überschießende Immunreaktion, deren Auslösung verschiedene Ursachen zugrunde liegen können. Man kennt vier Typen der Überempfindlichkeit (Typ I, II, III, IV), die sich in ihrer Wirkungsweise und den daran beteiligten Komponenten unterscheiden.

Die *Typ-I-Reaktion* oder „Überempfindlichkeitsreaktion vom Sofortyp" tritt unmittelbar nach wiederholtem Antigenkontakt auf. Sie wird durch IgE-Antikörper vermittelt, die sich auf Mastzellen oder basophilen Granulocyten befinden. Werden diese Antikörper durch das Antigen vernetzt, kommt es zu einer Degranulation der Zellen, also zu einer Freisetzung ihrer biologisch hochaktiven Substanzen. Diese führen zu einer Kontraktion der glatten Muskulatur, zu einer erhöhten Gefäßdurchlässigkeit, zu Schwellung, Rötung und Juckreiz. Es treten die typischen Symptome der Allergie auf wie Niesen, laufende Nase, Asthma oder Hautausschlag.

Die *Typ-II-Reaktion* wird durch die Antikörper IgG und IgM vermittelt. Sie sind gegen Antigene auf Zellen und Geweben einer Person gerichtet. Es kommt zu antikörperabhängigen Cytotoxizitätsreaktionen, an denen Makrophagen, NK-Zellen und das Komplementsystem beteiligt sind. Die Typ-II-Reaktionen umfassen Transfusionsreaktionen, Transplantatabstoßungen und bestimmte Autoimmunerkrankungen.

Die *Typ-III-Reaktion* wird durch Antigen-Antikörper-Komplexe, die auch als Immunkomplexe bezeichnet werden, ausgelöst. Diese treten dabei in solch großer Zahl auf, daß sie durch Makrophagen und Granulocyten nicht vollständig beseitigt werden können. Überschüssige Immunkomplexe werden im Gewebe abgelagert. In diesen Bereichen kommt es zur Einwanderung von Immunzellen, Produktion von Sauerstoffradikalen und Cytokinen sowie Aktivierung des Komplementsystems. Die Folge sind chronische Entzündungen und Gewebeschädigungen.

Die *Typ-IV-Reaktion* wird durch T-Lymphocyten vermittelt. Sie tritt frühestens ein bis drei Tage nach wiederholtem Antigenkontakt auf und wird deshalb auch als „Überempfindlichkeit vom verzögerten Typ" (*delayed-type hypersensitivity*, DTH) bezeichnet. Die T-Zellen produzieren Cytokine, durch die wiederum andere Immunzellen, vor allem Makrophagen, angelockt und aktiviert werden. Es treten lokale Gewebeschädigungen auf. Die bekannteste Typ-IV-Reaktion ist die Kontaktallergie (Tabelle 11.1).

Tabelle 11.1: Überempfindlichkeitsreaktionen. Unter einer Überempfindlichkeit oder Hypersensibilität versteht man eine unangemessene, überschießende Immunreaktion, die dem Körper Schaden zufügen kann. Man kennt vier Typen der Hypersensibilität, die sich in Ursache, Wirkungsweise und den beteiligten Komponenten unterscheiden. (Nach Schmolke, Immuno Biological Laboratories, 1991.)

Hypersensibilität	Antigen	Immunantwort	Beispiele
Typ I Sofortreaktion	Pollen, Milben, Bienengift, Nahrungsmittel	IgE	Asthma, Heuschnupfen, Hautekzem, Anaphylaxie
Typ II antikörper-abhängige Cytotoxizität	Zelloberflächen-moleküle	IgM IgG	Transfusions-reaktionen, Transplantat-abstoßung
Typ III Immunkomplexe	DNA, Fremdprotein	IgG	Immunkomplex-erkrankungen
Typ IV verzögerte Reaktion	*Mycobacterium tuberculosis*, Chromate, Nickel	T-Zellen, Makrophagen	Kontaktallergie

Die vier Typen der Hypersensibilität dürfen nicht isoliert betrachtet werden. Oftmals treten sie gleichzeitig auf oder überlagern sich. Ihnen gemeinsam ist, daß sie eine übersteigerte Form normaler Immunreaktionen darstellen, die zu Gewebeschädigungen, Schleimhautschwellungen, Ekzemen und in seltenen Fällen auch zum Tod führen können. Im folgenden soll auf die verschiedenen Typen der Überempfindlichkeit genauer eingegangen werden.

2. Hypersensibilität-Typ-I-Reaktion

1902 beschrieben die französischen Forscher Richet und Portier Schockreaktionen bei Hunden, denen wiederholt das Toxin einer Qualle injiziert worden war. Sie hatten erwartet, daß das Immunsystem die Hunde nach der ersten Injektion gegen weitere Toxingaben schützen würde. Statt dessen reagierten die Versuchstiere nach einer Zweitinjektion mit einer unangemessenen, übersteigerten Immunreaktion, von der sich die meisten nicht mehr erholten. In den folgenden Jahrzehnten wurden ähnliche Symptome bei einigen Menschen nach dem Genuß von Nahrungsmitteln oder nach wiederholter Gabe von Medikamenten beschrieben. Diese Personen litten an Atemnot, Ekzemen oder starben an Kreislaufversagen, die Symptome traten unmittelbar nach Kontakt mit dem Antigen auf.

Heute weiß man, daß es sich bei diesem Phänomen um die Überempfindlichkeitsreaktion vom Soforttyp oder die Typ-I-Reaktion handelt. Sie umfaßt allergische Reaktionen gegen Nahrungsmittel, Medikamente, Pflanzenpollen, Hausstaub, Bienengift und viele anderen Substanzen.

2.1 Mechanismen der Typ-I-Reaktion

Die Typ-I-Reaktion wird durch IgE-Antikörper vermittelt. Der erste Kontakt mit einem Antigen, das im Zusammenhang mit Allergien auch als Allergen bezeichnet wird, führt zu keiner Überempfindlichkeitsreaktion. Das Antigen wird an der Eintrittsstelle von Makrophagen phagocytiert und den lokalen T-Helferzellen (T_H-Zellen) und B-Zellen präsentiert. Mit Hilfe von Cytokinen, die im Zuge des Antigenkontakts von Makrophagen und T-Zellen produziert werden, differenzieren die B-Zellen zu IgE-produzierenden Plasmazellen. Dabei spielen vor allem die Cytokine IL-2, IL-4, IL-5, IL-6 und IFN-γ eine entscheidende Rolle: IL-2 und IL-6 fördern die Vermehrung von B-Zellen und deren Differenzierung in antikörperproduzierende Plasmazellen. IL-4 induziert die IgE-Synthese in Plasmazellen. IL-5 steigert die Wirkung von IL-4, IFN-γ wirkt dagegen hemmend.

Das von den Plasmazellen freigesetzte IgE bindet an Rezeptoren auf der Oberfläche der lokalen Mastzellen. Überschüssiges IgE gelangt schließlich in den Blutkreislauf und bindet an basophile Granulocyten und Mastzellen des ganzen Körpers. Die Bindung erfolgt über den Fc-Teil des Antikörpers. Bei diesen Vorgängen handelt es sich um eine normale Immunreaktion gegen ein Antigen.

Der erneute Kontakt mit diesem Antigen führt bei allergischen Personen zu den gefürchteten übersteigerten Immunreaktionen, die lokal auftreten, aber auch den ganzen Körper betreffen können. Gelangt das Antigen nämlich erneut in den Organismus, bindet es an IgE-Moleküle, die sich auf der Oberfläche von Mastzellen und basophilen Granulocyten befinden. Dabei bindet das Antigen in der Regel an viele IgE-Moleküle gleichzeitig und führt zu deren Quervernetzung. Diese Vernetzung bewirkt eine Degranulation der Mastzellen oder basophilen Granulocyten und damit eine Freisetzung präformierter, hochaktiver Mediatoren wie Histamin, Heparin, Enzyme und chemotaktischer Proteine. Weiterhin kommt es zu einer Neubildung von Mediatoren aus Arachidonsäure und so zur Synthese von Prostaglandinen und Leukotrienen. Sämtliche Substanzen haben eine direkte Wirkung auf die lokalen Gewebe und sind für die klinische Manifestation der Allergie verantwortlich (Abbildung 11.1).

2.2 Mediatoren der Typ-I-Reaktion

Sowohl die präformierten als auch die neugebildeten Mediatoren üben hauptsächlich drei Funktionen aus. Sie wirken chemotaktisch auf andere Immunzellen, das heißt, sie veranlassen eine vermehrte Einwanderung von Makrophagen, Granulocyten und Lymphocyten in die betroffenen Gewebe. Sie beeinflussen die lokalen Blutgefäße und führen zu einer Gefäßerweiterung, einer gesteigerten Gefäßdurchlässigkeit und zur Bildung von Mikrothromben. Die Folge ist ein Austritt von Flüssigkeit in das umgebende Gewebe. Es entstehen die für eine allergische Reaktion typischen Ödeme. Weiterhin fördern zahlreiche Faktoren die Kontraktion der glatten Muskulatur und die Schleimsekretion. Betrifft dies den Respirationstrakt, kommt es zu Heuschnupfen und Asthma. Im folgenden sollen die wichtigsten Mediatoren und ihre Rolle bei der Auslösung einer allergischen Reaktion vorgestellt werden.

Histamin und Heparin sind in den Mastzellen und basophilen Granulocyten in Form von Granula gespeichert und werden nach entsprechendem Signal freigesetzt. Die durch diese Mediatoren vermittelten allergischen Symptome treten unmittelbar nach Zweitexposition gegenüber dem Antigen auf.

Histamin wirkt am Zielorgan über mindestens zwei verschiedene Rezeptoren, die H_1- und H_2-Rezeptoren. Im zentralen Nervensystem wird das Vorkommen eines dritten Rezeptors (H_3-Rezeptor) diskutiert. Die Bindung von Histamin an die H_1-Rezeptoren bewirkt eine erhöhte Durchlässigkeit der Gefäße, eine Kontraktion der glatten Muskulatur und der Gefäßendothelzellen und eine erhöhte Darmpermeabilität. Die Folge sind Ödembildungen der Haut und Schleimhäute, Juckreiz, Durchfall und Asthma. Die Bindung von Histamin an die H_2-Rezeptoren bewirkt dagegen eine Hemmung der Einwanderung von Leukocyten, eine verminderte Freisetzung von Histamin aus Mastzellen und basophilen Granulocyten und eine verminderte Produktion von lysosomalen Enzymen aus neutrophilen Granulocyten. Diese entzündungshemmende Wirkung von Histamin scheint nach neueren Untersuchungen bei Allergikern gestört zu sein. Es konnte gezeigt werden, daß die Hemmung der Freisetzung lysosomaler Enzyme durch Histamin bei diesen Personen erniedrigt ist.

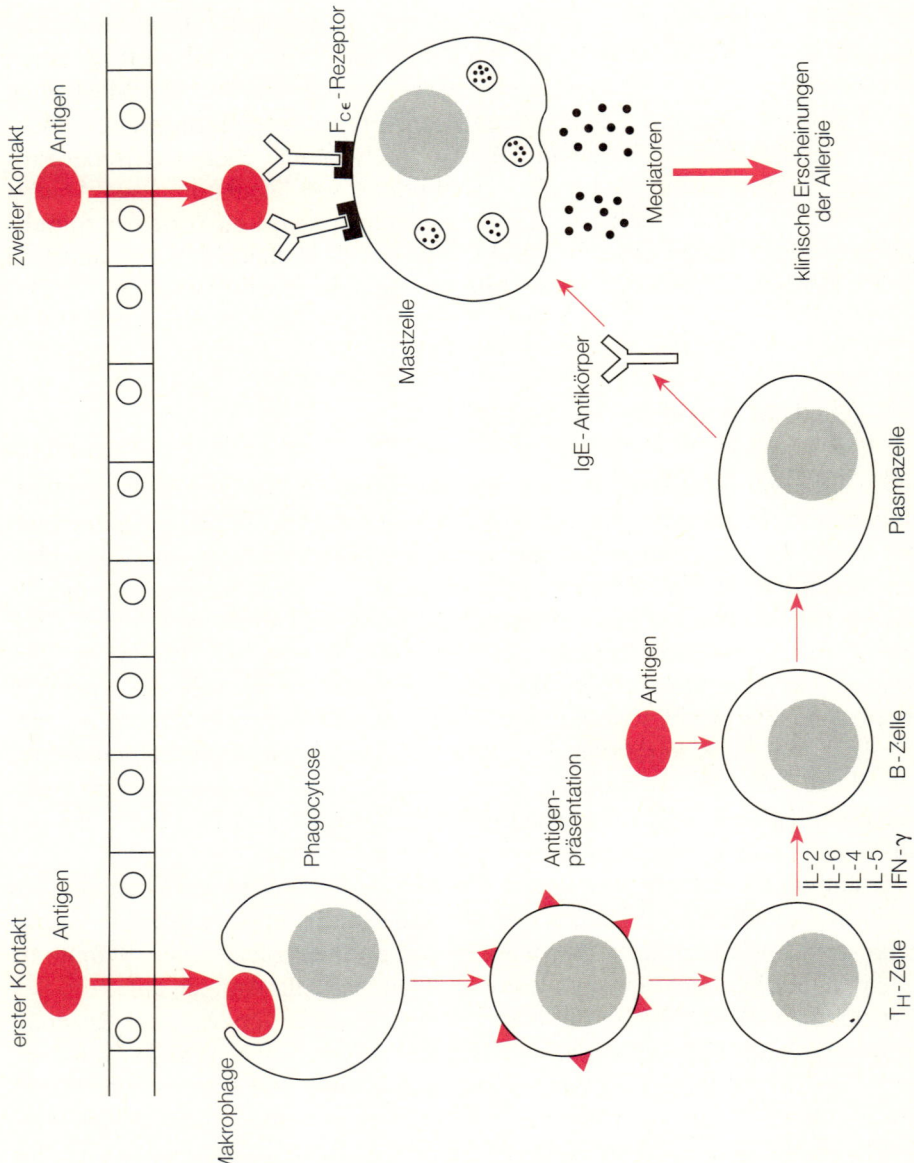

11.1 Schematische Darstellung der Typ-I-Reaktion. Der erste Kontakt mit einem Antigen führt zu keiner Überempfindlichkeitsreaktion. Das Antigen wird von Makrophagen aufgenommen und den T_H-Zellen präsentiert. Die von den T_H-Zellen produzierten Cytokine IL-2, IL-4, IL-5 und IL-6 fördern die Vermehrung der B-Zellen und deren Differenzierung in IgE-produzierende Plasmazellen. Das freige-setzte IgE bindet über Fcε-Rezeptoren an Mastzellen und basophile Granulocyten. Der erneute Kontakt mit dem Antigen führt zu überschießenden Immunreaktionen. Das Antigen bindet an die IgE-Moleküle auf der Oberfläche von Mastzellen und basophilen Granulocyten. Die Quervernetzung mehrerer IgE-Moleküle führt zur Degranulation der Zellen und zur Freisetzung vasoaktiver Mediatoren. (Verändert nach Roitt et al., Georg Thieme Verlag, 1991.)

Heparin kann aufgrund seiner stark negativen Ladung mit vielen positiv geladenen Proteinen, Enzymen und Membranen reagieren und ist dadurch in der Lage die Blutgerinnung und die Komplementaktivierung zu hemmen.

Die Leukotriene (LT), Prostaglandine und der thrombocytenaktivierende Faktor (PAF) gehören zu den neusynthetisierten Mediatoren. Sie greifen erst nach zwei bis acht Stunden in das Entzündungsgeschehen ein und vermitteln die sogenannte Spätreaktion der Allergie. Leukotriene und Prostaglandine zeigen ein sehr ähnliches Wirkungsspektrum. Sie wirken chemotaktisch auf andere Immunzellen, steigern die Gefäßdurchlässigkeit, bewirken die Kontraktion der glatten Muskulatur, führen über die Zusammenlagerung (Aggregation) von Thrombocyten zur Bildung von Mikrothromben und veranlassen Phagocyten zur Freisetzung lysosomaler Enzyme. Die Leukotriene LTC_4 und LTD_4 werden auch als *slow reactive substance of anaphylaxis* (SRS-A) bezeichnet.

Der thrombocytenaktivierende Faktor (PAF) wirkt auf Thrombocyten und induziert dort die Freisetzung weiterer Entzündungsmediatoren. Weiterhin fördert er die Aggregation von Thrombocyten und die Bildung von Mikrothromben.

Die durch die freigesetzten Mediatoren hervorgerufenen Entzündungsreaktionen werden durch die Einwanderung von Makrophagen, Granulocyten und Lymphocyten noch verstärkt. Im allgemeinen sind die Reaktionen, die durch diese Faktoren hervorgerufen werden, lokal begrenzt und betreffen nur bestimmte Gewebe oder Organe. In seltenen Fällen können sie sich jedoch über den ganzen Körper ausbreiten und zum lebensbedrohlichen anaphylaktischen Schock führen.

2.3 Die Wirkung anderer Immunzellen

Neben basophilen Granulocyten und Mastzellen sind noch zahlreiche andere Immunzellen an Überempfindlichkeitsreaktionen beteiligt, wie Monocyten, neutrophile und eosinophile Granulocyten, Thrombocyten und Lymphocyten. Durch die Produktion von Cytokinen, Sauerstoffradikalen, Enzymen, Prostaglandinen und Leukotrienen führen sie zu einer Verstärkung der allergischen Reaktion und zu Gewebezerstörungen. Eine wichtige Schlüsselrolle besitzen die eosinophilen Granulocyten. Durch Freisetzung von Enzymen wie Histaminase und Arylsulfatase sind sie an der Begrenzung überschießender Immunreaktionen maßgeblich beteiligt. Diese Faktoren sind in der Lage, Mastzellprodukte wie Histamin und die *slow reactive substance of anaphylaxis* zu inaktivieren.

Die meisten dieser Zellen tragen auf ihrer Oberfläche Rezeptoren für IgE (Fcε). Man unterscheidet zwei Klassen von IgE-Rezeptoren (FcεR). Mastzellen und basophile Granulocyten tragen Fcε-Rezeptoren, die eine hohe Affinität für IgE aufweisen (FcεRI). Eosinophile Granulocyten, Thrombocyten, 30 Prozent der B-Zellen, ein Prozent der T-Zellen und zwei Prozent der Monocyten exprimieren dagegen IgE-Rezeptoren mit schwacher Affinität für IgE (FcεRII). Der schwachaffine Rezeptor für IgE trägt auch die Bezeichnung CD23. Die Anzahl der FcεRII-tragenden Zellen steigt bei Personen mit einer Allergie gegen Pollen während der Pollenflugsaison an und ist bei der Manifestation allergischer Symptome stark erhöht.

2.4 Ursachen von Allergien

Die Entwicklung von Allergien kann viele Ursachen haben. Da Allergien in einigen Familien gehäuft vorkommen, scheinen genetische Faktoren eine Rolle zu spielen. Aber auch Umwelteinflüsse und Viruserkrankungen tragen zur Auslösung von Allergien bei.

Genetische Faktoren

Schon Anfang der zwanziger Jahren wiesen die Wissenschaftler Cooke und Coca darauf hin, daß die Neigung zu allergischen Erkrankungen erblich bedingt ist. Zahlreiche Studien an Familien und Zwillingen unterstützen mittlerweile diese Beobachtung. So entwickeln Kinder von allergischen Eltern häufig ebenfalls Überempfindlichkeitsreaktionen, wobei sie oft auf andere Allergene reagieren als ihre Eltern. Das Risiko an einer Allergie zu erkranken, ist in den einzelnen Bevölkerungsgruppen unterschiedlich hoch. Es gelten folgende Wahrscheinlichkeiten:

kein Elternteil Allergiker	10–20 %
ein Elternteil Allergiker	30–50 %
beide Elternteile Allergiker	40–75 %

Zudem stellt die Veranlagung zur Bildung erhöhter IgE-Spiegel einen weiteren Risikofaktor für die Entwicklung von Allergien dar. Die vermehrte Produktion von IgE muß aber nicht zwangsläufig zu Überempfindlichkeitsreaktionen führen.

Umwelteinflüsse

Stoffe, die Allergien auslösen, sind in der Regel harmlose Bestandteile unserer Umwelt. Der größte Anteil der klinisch relevanten Symptome wird durch Inhalation von Allergenen ausgelöst. Dabei spielen vor allem Pflanzenpollen, der Kot von Hausstaubmilben, Chemikalien, Haare und Schuppen von Tieren sowie Schimmelpilze eine Rolle. Aber auch Medikamente, Nahrungsmittel und deren Zusätze wie Konservierungsstoffe und Farbstoffe können Überempfindlichkeitsreaktionen hervorrufen.

Die zunehmende Luftverschmutzung in Industriegebieten reizt die Schleimhautepithelien zusätzlich und fördert Symptome wie Asthma und Heuschnupfen. Epidemiologischen Untersuchungen zufolge leiden Kinder in Großstädten weitaus häufiger an Asthma als Kinder, die in ländlichen Gebieten leben.

Auch berufsbedingte Allergien haben in den letzten Jahren drastisch zugenommen. Es sind mittlerweile über 200 verschiedene Formen von Industriestaub oder -dämpfen bekannt, die berufsbedingtes Asthma auslösen können.

Zur Zeit wird untersucht, inwieweit Viren an der Auslösung von Allergien beteiligt sind. Es ist bekannt, daß Virusinfektionen des Respirationstraktes allergische Symptome wie Asthma und Heuschnupfen verstärken. Man nimmt an, daß Viren das Eindringen von Allergenen in die geschädigte Schleimhaut fördern oder wie im Falle von Herpes-simplex-Viren, direkt mit Mastzellen und basophilen Granulocyten interagieren und zur Freisetzung von Histamin führen.

2.5 Behandlung von Allergien

Als erster Schritt zur Behandlung von Allergien ist es wichtig, die Ursache für die allergischen Symptome herauszufinden. Hilfreich sind sogenannte Allergietests, bei denen das Allergen beispielsweise in die Haut appliziert wird (Prick-Test). Reagiert der Patient auf diesen Stoff, treten an dieser Stelle Schwellung, Rötung und Juckreiz auf (Abbildung 11.2). Eine weitere Möglichkeit bietet die Suche nach allergenspezifischem IgE im Serum mit Hilfe des Radio-Allergo-Sorbent-Test (RAST) oder der ELISA-Technik.

Ist der Auslöser der Allergie ein Medikament, Nahrungsmittel, Haustier oder eine bestimmte Chemikalie, müssen diese Faktoren gemieden werden. Heuschnupfen und Hautausschläge werden in leichten Fällen durch abschwellende Salben, Tropfen und Tabletten oder durch Gabe von Antihistaminika behandelt und gelindert. Antihistaminika hemmen die Wirkung von Histamin, indem sie dessen Rezeptoren blockieren. Eine weitere Möglichkeit ist die Gabe von Medikamenten, die die Freisetzung von Histamin aus Mastzellen verhindern. Die schnellste und wirksamste Behandlung, vor allem von schweren, den ganzen Körper betreffenden Reaktionen, besteht in der Gabe von Corticosteroiden. Sie werden auch lokal angewendet zur Linderung von Heuschnupfen, allergischen Augenentzündungen und Asthma. Corticosteroide eignen sich jedoch nicht für eine Langzeittherapie, da sie beträchtliche Nebenwirkungen hervorrufen. Eine weitere Therapiemöglichkeit stellt die Desensibilisierung dar. Bei dieser Behandlung injiziert man dem Patienten über einen längeren Zeitraum kleinste Mengen des Allergens, dessen Dosis langsam ge-

Spätreaktion	Sofortreaktion

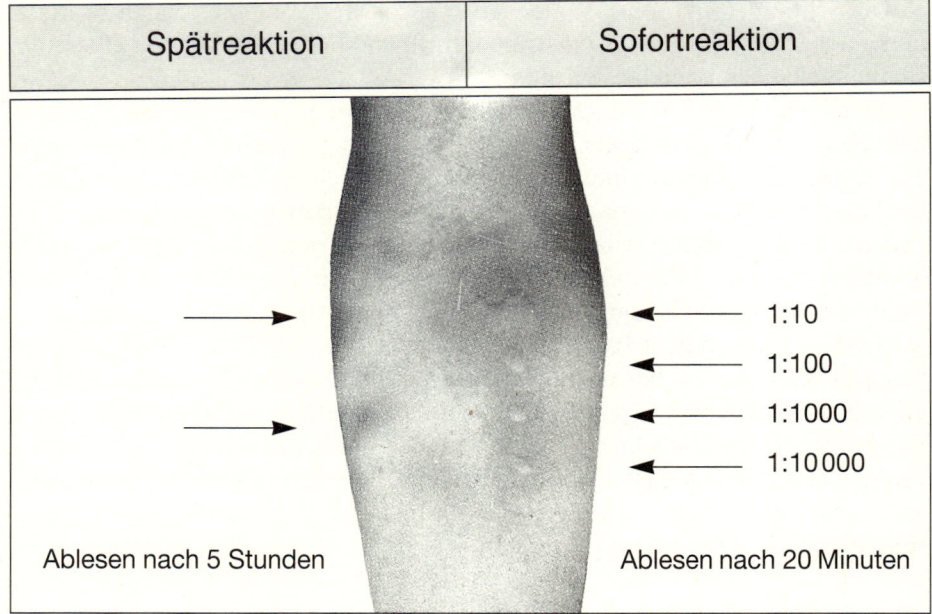

Ablesen nach 5 Stunden   Ablesen nach 20 Minuten

1:10
1:100
1:1000
1:10000

11.2 Prick-Test bei einem Patienten mit Gräserpollenallergie. Die Sofortreaktion (rechts) äußert sich bereits nach 20 Minuten mit Rötung und Quaddelbildung. Die Spätreaktion (links) ist nach fünf Stunden zu erkennen. Im rechten Test wurden verschiedene Verdünnungsstufen des Allergens ausgetestet. (Mit freundlicher Genehmigung von Roitt et al., Georg Thieme Verlag, 1991.)

steigert wird. Die Desensibilisierung zeigt gute Erfolge bei Bienen- und Wespenstichallergien sowie beim Heuschnupfen. Die genauen Mechanismen, die zu einer Desensibilisierung führen, sind noch nicht vollständig geklärt. Hinsichtlich der Bienengiftallergie nimmt man an, daß es im Zuge der Desensibilisierung zur Bildung von IgG-Antikörpern kommt, die das Bienengift neutralisieren und somit eine Schutzwirkung hervorrufen.

3. Hypersensibilität-Typ-II-Reaktion

Die Hypersensibilität vom Typ II umfaßt Reaktionen, bei denen Antikörper gegen Antigene auf der Oberfläche von Zellen und Organen gerichtet sind. Sie tritt seltener auf als die besprochene Typ-I-Reaktion. Es handelt sich aber auch hier um überschießende Immunreaktionen, die zur Schädigung des Körpers führen. Zu den Typ-II-Reaktionen gehören Transfusionsreaktionen, hyperakute Transplantatabstoßungen und bestimmte Autoimmunerkrankungen.

3.1 Mechanismen der Typ-II-Reaktion

Bei der Typ-II-Reaktion binden Antikörper der Klasse IgG und IgM an Antigene, die sich auf Zelloberflächen befinden. Dieser Vorgang löst eine Reihe von Reaktionen aus, wie man sie auch bei normalen Immunreaktionen gegen Bakterien, Parasiten und Viren findet.

Die an zellständige Antigene gebundenen Antikörper aktivieren den klassischen Weg des Komplementsystems und führen damit zur Schädigung der Zellmembran und Lyse der Zellen. Einige Proteine, die infolge der Komplementreaktion gebildet werden, wirken chemotaktisch auf Immunzellen und locken Granulocyten, Makrophagen und Lymphocyten an den Ort der Entzündung. Aktivierte T-Zellen produzieren Cytokine wie IFN-γ, IL-6 und koloniestimulierende Faktoren, die Granulocyten und Makrophagen aktivieren und deren Fähigkeit zur Phagocytose fördern. Die Phagocyten tragen Fc-Rezeptoren auf ihrer Oberfläche, mit denen sie die an Zellen oder Gewebe fixierten IgG-Antikörper binden. Die Zellen werden phagocytiert oder lysiert; Gewebe werden durch Ausschüttung von Enzymen und Sauerstoffradikalen zerstört. Die von den Immunzellen freigesetzten Prostaglandine und Leukotriene verstärken die Reaktion (Abbildung 11.3).

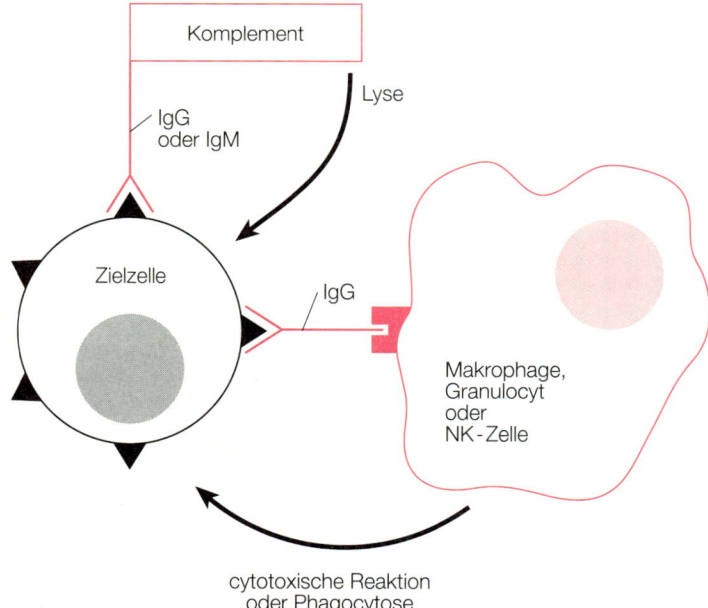

11.3 Mechanismen der Typ-II-Reaktion. Bei der Typ-II-Reaktion binden Antikörper der Klasse IgG oder IgM an Antigene, die sich auf Zelloberflächen befinden, aktivieren so das Komplementsystem und führen damit zur Lyse der Zellen. Gebundene IgG-Antikörper werden auch von Phagocyten über Fc-Rezeptoren erkannt. Die Zielzellen werden dann entweder phagocytiert oder durch Ausschüttung von Enzymen und Sauerstoffradikalen zerstört. (Verändert nach Roitt et al., Georg Thieme Verlag, 1991.)

Im Gegensatz zu normalen Abwehrreaktionen gegen Infektionserreger handelt es sich bei der Überempfindlichkeitsreaktion vom Typ II um eine überschießende Immunreaktion gegen körpereigene Antigene, gegen transfundierte Blutzellen oder gegen Organtransplantate. Die Folge sind Gewebeschädigungen, Zerstörung von Blutzellen oder Abstoßungsreaktionen.

3.2 Transfusionsreaktion

Ein Beispiel für eine Typ-II-Reaktion ist die Transfusionsreaktion. Dabei handelt es sich um Transfusionszwischenfälle, bei denen ein Mensch Blut einer nicht verträglichen Blutgruppe empfängt. Es sind zahlreiche Blutgruppensysteme beim Menschen identifiziert worden. Eine besondere Bedeutung für die Transfusionsreaktion hat jedoch das ABO-System. Es handelt sich dabei um Antigene auf der Oberfläche von roten Blutkörperchen. Schwach ausgeprägt findet man ABO-Antigene auch auf Thrombocyten und Endothelzellen. Die Entdeckung dieses Systems geht auf Landsteiner zurück. Er definierte um 1900 vier verschiedene Gruppen, die heute auch als „klassische Blutgruppen" bezeichnet werden: A, B, AB und 0. Die Blutgruppen A, B und AB besitzen antigene Eigenschaften, die Blutgruppe 0 keine.

Da diese Blutgruppenantigene auch auf vielen Mikroorganismen der Darmflora und Umwelt vorkommen, besitzt der Mensch Antikörper gegen diese Antigene, sofern sie nicht zu seiner Blutgruppe gehören. Ein Mensch mit der Blutgruppe A hat Antikörper gegen B (anti-B), Menschen mit der Blutgruppe B Antikörper gegen A (anti-A) und bei Angehörigen der Blutgruppe 0 existieren Antikörper gegen A und B. Bei der Blutgruppe AB sind keine Antikörper vorhanden (Tabelle 11.2).

Tabelle 11.2: Die ABO-Blutgruppen. Es sind zahlreiche Blutgruppensysteme beim Menschen identifiziert worden. Eine besondere Bedeutung für die Bluttransfusion hat das ABO-System. Es handelt sich dabei um Antigene auf der Oberfläche von Erythrocyten. Da diese Blutgruppenantigene auch auf Mikroorganismen vorkommen, besitzt der Mensch Antikörper gegen diese Antigene, sofern sie nicht zu seiner Blutgruppe gehören. Wegen der vorhandenen Antikörper ist darauf zu achten, daß nur gruppengleiches Blut übertragen wird.

Blutgruppe Phänotyp	Genotyp	Antigene auf Erythrocyten	Antikörper im Serum
A	A0 AA	A	anti-B
B	B0 BB	B	anti-A
AB	AB	A und B	–
0	00	–	anti-A, anti-B

Wegen der vorhandenen Antikörper ist darauf zu achten, daß hinsichtlich des ABO-Systems nur gruppengleiches Blut übertragen wird. Erhält ein Mensch eine unverträgliche Blutgruppe, kommt es meistens noch während der Transfusion zu einem hämolytischen Transfusionszwischenfall, der tödlich enden kann. Die Antikörper gegen das ABO-System gehören zur IgM-Klasse. Sie binden an die fremden, nicht kompatiblen Erythrocyten, führen zu deren Agglutination, zur Komplementaktivierung und zur Hämolyse. Auch gegen andere Blutgruppensysteme sind derartige Reaktionen möglich, sie verlaufen aber in der Regel nicht so dramatisch wie ein ABO-Transfusionszwischenfall.

3.3 Hyperakute Transplantatabstoßung

Hypersensibilitätsreaktionen vom Typ II liegen oftmals auch bei der hyperakuten Transplantatabstoßung vor. Sie setzt wenige Minuten bis zwei Tage nach der Transplantation eines Organs ein. Ursache sind auch hier bereits vorhandene Antikörper im Körper des Empfängers, die mit Antigenen des Transplantats reagieren. Die meisten Reaktionen beruhen auf ABO-Unverträglichkeiten, aber auch Antikörper gegen Gewebeantigene des MHC-Komplexes können eine hyperakute Abstoßung auslösen.

4. Hypersensibilität-Typ-III-Reaktion

Die Überempfindlichkeitsreaktionen vom Typ II und Typ III sind sehr schwer voneinander abzugrenzen. Die Typ-III-Reaktion wird durch Antigen-Antikörper-Komplexe, die auch als Immunkomplexe bezeichnet werden, ausgelöst. Bei dieser Reaktion binden Antikörper der Klasse IgG an lösliche Antigene. Normalerweise werden die Immunkomplexe durch Zellen des phagocytären Systems entfernt. Als Folge von chronischen Infektionen oder Autoimmunerkrankungen können sie jedoch in solch großer Zahl auftreten, daß das Phagocytensystem überlastet ist. Überschüssige Immunkomplexe werden dann im Gewebe abgelagert, vor allem in der Haut, in den Gelenken, in der Lunge und in den Nierenkörperchen. Die dort auftretenden Immunreaktionen führen zu Symptomen wie Hautausschlag, Gelenkschwellungen, Entzündungen der Nieren und der Lunge. Man spricht bei diesen Reaktionen auch von Immunkomplexerkrankungen.

4.1 Mechanismen der Typ-III-Reaktion

Die immunologischen Vorgänge, die zur Entwicklung der Typ-III-Reaktion führen, sind denen der Typ-II-Reaktion sehr ähnlich. Im Gewebe abgelagerte Immunkomplexe aktivieren das Komplementsystem und stimulieren Granulocyten und Makrophagen zur Ausschüttung von Enzymen und Sauerstoffradikalen. Lösliche Komplementkomponenten bewirken die Einwanderung weiterer Immunzellen in das entzündete Gewebe und regen die örtlichen Mastzellen zur Freisetzung vasoaktiver Mediatoren wie Histamin, Heparin, Prostaglandinen und Leukotrienen an. Die Folge sind Zerstörung des Gewebes und chronische Entzündungen (Abbildung 11.4).

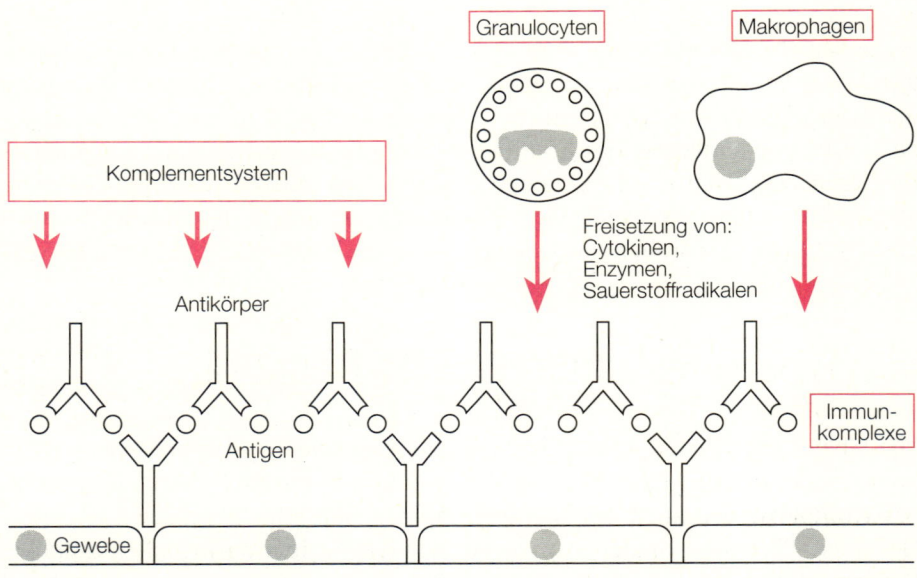

11.4 Mechanismen der Typ-III-Reaktion. Im Gewebe abgelagerte Immunkomplexe aktivieren das Komplementsystem und stimulieren Granulocyten und Makrophagen zur Ausschüttung von lysosomalen Enzymen und Sauerstoffradikalen. (Verändert nach Roitt et al., Georg Thieme Verlag, 1991.)

5. Hypersensibilität-Typ-IV-Reaktion

Während die Überempfindlichkeitsreaktionen vom Typ I, Typ II und Typ III auf der Wechselwirkung von Antigenen mit Antikörpern beruhen, handelt es sich bei der Typ-IV-Reaktion um eine zellvermittelte Hypersensibilität. Darunter versteht man Immunreaktionen, die insbesondere durch sensibilisierte T-Lymphocyten vermittelt werden. Die Typ-IV-Reaktion entwickelt sich sehr langsam und erreicht frühestens ein bis drei Tage nach wiederholtem Antigen-kontakt ihr Maximum. Sie wird deshalb auch als Überempfindlichkeit vom verzögerten Typ (*delayed-type hypersensitivity*, DTH) bezeichnet. Bei dieser Überempfindlichkeit handelt es sich um eine lokale Reaktion. Die bekannteste Typ-IV-Reaktion ist die Kontaktallergie.

5.1 Mechanismen der Typ-IV-Reaktion

Verzögerte Überempfindlichkeitsreaktionen werden hauptsächlich durch T-Zellen und Makrophagen hervorgerufen. Die an dieser Reaktion beteiligten T-Zellen werden auch als T_{DTH}-Zellen bezeichnet. Beim ersten Kontakt wird das Antigen von Makrophagen und anderen antigenpräsentierenden Zellen pha-gocytiert und den T-Zellen präsentiert. Die Bindung des Antigens an die T-Zelle bewirkt deren Teilung und Vermehrung. Es entstehen viele T-Zellen mit der gleichen Antigenspezifität. Diese Vorgänge finden in den lymphatischen Organen statt, und die sensibilisierten T_{DTH}-Lymphocyten zirkulieren dann im Körper. Bei erneutem Kontakt mit dem gleichen Antigen werden diese T-Zellen reaktiviert und bilden eine Vielzahl von Cytokinen, die vor allem die Einwanderung von Makrophagen bewirken. Es kommt zu überschießenden Immunreaktionen.

Eine wichtige Rolle spielen dabei vor allem die Cytokine IL-2, IFN-γ und IL-6. IL-2 fördert die Vermehrung der reaktivierten T_{DTH}-Zellen. IFN-γ und IL-6 wirken dagegen auf die eingewanderten Makrophagen und steigern deren Phagocytosefähigkeit, die Freisetzung lysosomaler Enzyme und ermöglichen die Sekretion von IL-1, TNF-α, IL-6, Prostaglandinen und Leukotrienen. Die-se Mediatoren verstärken die Reaktion, indem sie ebenfalls aktivierend auf T-Zellen und Makrophagen wirken oder die Gefäßdurchlässigkeit erhöhen. TNF-α und die lysosomalen Enzyme verursachen außerdem Nekrosen im Gewebe. Die zelluläre Infiltration und die Nekrosen führen zu einer Schwellung und Verhärtung der betroffenen Gewebe (Abbildung 11.5).

5.2 Kontaktallergie

Eine Kontaktallergie äußert sich beim Menschen in einem Hautekzem, das an der Kontaktstelle mit dem Antigen entsteht. Substanzen, die häufig eine Kontaktallergie auslösen, sind Nickel, Chromate, Harze, Bestandteile von Salben und Kosmetika sowie verschiedene Pflanzenstoffe. Bei diesen Stof-fen handelt es sich um sehr kleine Moleküle, die als solche keine Immunreak-tion auslösen. In der Haut werden sie jedoch an körpereigene Proteine ge-bunden. Diese Komplexe aus Allergen und Protein werden von den Langer-

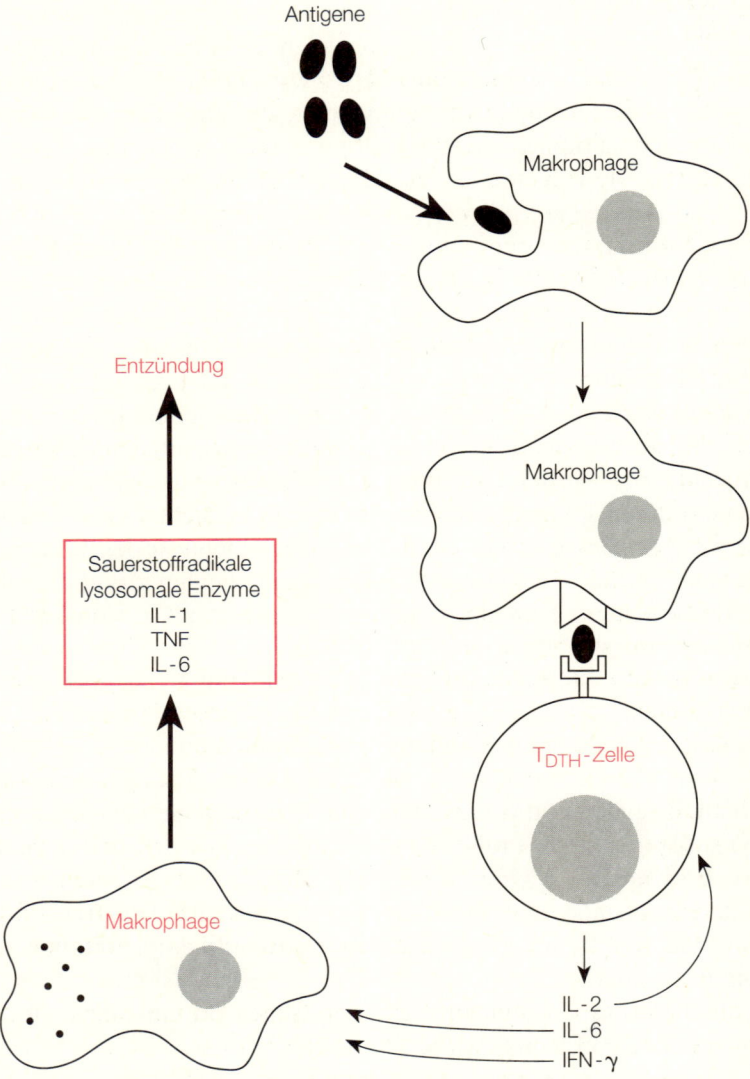

11.5 Mechanismen der Typ-IV-Reaktion. Verzögerte Überempfindlichkeitsreaktionen werden haupt-sächlich durch T-Zellen und Makrophagen hervorgerufen. Bei einem zweiten Kontakt mit dem glei-chen Antigen setzen sensibilisierte T_{DTH}-Zellen Cytokine frei. Eine besondere Rolle spielen die Cytoki-ne IL-2, IFN-γ und IL-6. IL-2 fördert die Vermehrung der T_{DTH}-Zellen. IFN-γ und IL-6 aktivieren Makrophagen und steigern deren Fähigkeit zur Phagocytose und die Sekretion von IL-1, IL-6, TNF-α, Prostaglandinen und Leukotrienen. Die Folge sind überschießende Immunreaktionen, die zu Verhär-tung, Schwellung und Nekrosen der Gewebe führen.

hans-Zellen der Haut aufgenommen und den T-Zellen präsentiert. Die Kontaktallergie erreicht ihre maximale Ausprägung nach 48 bis 72 Stunden und äußert sich in Symptomen wie starkem Juckreiz, Rötung und Schwellung der Haut.

6. Zusammenfassung und Perspektiven

Unter einer Überempfindlichkeit oder Hypersensibilität versteht man eine unangemessene, überschießende Immunreaktion, die dem Körper Schaden zufügt. Sie kann durch harmlose Umweltantigene, durch Infektionserreger, durch Gewebeantigene, die von einer anderen Person stammen, oder durch Antigene des Individuums selbst ausgelöst werden. Lange Zeit gab es keine einheitliche Terminologie hinsichtlich der beobachteten Reaktionen, bis Coombs und Gell vorschlugen, die Überempfindlichkeitsreaktionen in vier Typen zu unterteilen. Diese Klassifikation berücksichtigt die Ursachen, die Mechanismen und die Komponenten, die an den einzelnen Reaktionen beteiligt sind.

Den Überempfindlichkeitsreaktionen liegen grundsätzlich die gleichen Mechanismen zugrunde, wie man sie auch bei normalen Immunreaktionen gegen Bakterien, Parasiten und Viren findet. Bei einer Hypersensibilität schießen sie jedoch über ihr Ziel hinaus und führen zur Schädigung des Körpers. Die vier Grundtypen erfassen nicht alle möglichen immunologischen Reaktionen. Auch ist *in vivo* keine klare Trennung der einzelnen Typen möglich, da sie meistens gleichzeitig und sich überlagernd ablaufen.

Überempfindlichkeitsreaktionen sind das Ergebnis außerordentlich komplizierter Mechanismen, über deren Hintergründe noch wenig bekannt ist. Es ist jedoch hervorzuheben, daß viele Cytokine an der Entwicklung von überschießenden Immunreaktionen beteiligt sind. Dies wird besonders deutlich bei der Typ-I-Reaktion, die durch die Bindung von IgE-Antikörper an Mastzellen und basophile Granulocyten ausgelöst wird. Bei vielen Allergikern findet man einen erhöhten IgE-Spiegel im Serum. Eine entscheidende Rolle für die vermehrte Bildung von IgE-Antikörpern spielen die Cytokine IL-2, IL-4, IL-5 und IL-6. IL-2 und IL-6 fördern die Vermehrung von B-Zellen und deren Differenzierung in antikörperproduzierende Plasmazellen. IL-4 ist für die Induktion der IgE-Synthese in diesen Zellen verantwortlich, die durch IL-5 noch verstärkt wird.

Hinsichtlich der starken Zunahme an allergischen Erkrankungen ist die Entwicklung von neuen Therapien, die dauerhafte Erfolge bringen, erforderlich. Ein wichtiger Ansatzpunkt wäre, durch gezielte Eingriffe in das Immunsystem die Produktion von IgE zu vermindern. Diese Möglichkeit wird in der Forschung zur Zeit durch den Einsatz von monoklonalen Antikörpern gegen IL-4 untersucht. Angesichts der bisher erzielten Ergebnisse hofft man in Zukunft auch *in vivo* die IgE-Synthese hemmen zu können. Bis jetzt liegen allerdings noch keine klinisch anwendbaren Therapieformen vor.

Literatur

Croner, S.; Kjellman, N. *Development of atopic disease in relation to familiy history and cord blood IgE levels. Eleven-year follow-up in 1654 children.* In: *Pediatr. Allergy Immunol.* 1 (1990). S. 14.

Druet, P.; Glotz, D. *Experimental autoimmune nephropathies: Induction and regulation.* In: *Advances in Nephrology* 13 (1984). S. 115.

Inman, R.D. *Immune complexes in SLE.* In: *Clin. Res. Dis* 8 (1982). S. 49.

Lauener, R.P. *Grundlagen der Allergologie.* In: *mta* 8 (1993). S. 69–74.

Pene, J.; Rousset, F. et al. *IgE production by normal human lymphocytes is induced by IL-4 and suppressed by interferon-gamma and alpha and PGE2.* In: *Proc. Natl. Acad. Sci. USA* 85 (1988). S. 6880.

Platt, J.L.; Grant, B.W.; Eddy, A.A.; Michael, A.F. *Immune cell populations in cutaneous delayed hypersentivity.* In: *J. Exp. Med.* 158 (1983). S. 1227.

Schifferli, J.A.; Ng, Y.C.; Peters, D.K. *The role of complement and its receptor in the elimination of immune complexes.* In: *N. Engl. J. Med.* 315 (1986). S. 488.

Vercelli, D.; Jabara, H.H.; Lauener, R.; Geha, R. *IL-4 inhibits the synthesis of interferon-gamma and induces the synthesis of IgE in human mixed lymphocyte cultures.* In: *J. Immunol.* 144 (1990). S. 570.

12. Tumorimmunologie

1. Einleitung

Dank der medizinischen Fortschritte sind Infektionskrankheiten, die noch vor 150 Jahren zu den Haupttodesursachen zählten, erfolgreich bekämpft worden. Dadurch ist die durchschnittliche Lebenserwartung erheblich gestiegen, sie liegt heute bei etwa 80 Jahren (vor gut 200 Jahren betrug sie noch circa 30 Jahre).

Heute ist Krebs nach den Herz-Kreislauf-Erkrankungen die häufigste Todesursache. Allein in der Bundesrepublik sterben jährlich 160 000 Menschen an Krebs. Daher stellt Krebs heute ein großes medizinisches Problem dar, und viele Wissenschaftler befassen sich mit der Erforschung molekularer Grundlagen der Krebsentstehung sowie der Etablierung therapeutischer Maßnahmen, um Krebs medizinisch zu bekämpfen. Zwar gibt es Krebsarten, die heute rückläufig sind – wie Magenkrebs oder Krebs des Gebärmutterhalses –, jedoch nehmen andere auf alarmierende Weise zu, etwa Lungen- und Dickdarmkrebs. Lungenkrebs steht in direkter Korrelation zum Zigarettenkonsum und ist eine typische Erkrankung des 20. Jahrhunderts (Abbildung 12.1). Unaufhörlich werden große Anstrengungen unternommen, um Diagnose und Behandlung von Krebserkrankungen zu erweitern. Ein Durchbruch in der Krebstherapie wird wohl erst möglich sein, wenn die Biologie der einzelnen Krebsarten grundlegend verstanden ist.

Krebszellen ändern im Vergleich zu gesunden Zellen im Zuge ihrer Entartung viele morphologische und physiologische Eigenschaften. Eine zentrale Frage ist deshalb, ob das Immunsystem Krebszellen als fremd erkennen kann. Daraus entwickelte sich eine neue Disziplin der Immunologie, die Tumorimmunologie. Ihre Aufgabe ist es, die Rolle des Immunsystems bei der Entstehung von Tumoren zu untersuchen und gegebenenfalls Wege zu finden, das Immunsystem gegen Tumorzellen zu mobilisieren.

2. Tumoren und das Immunsystem

Die Transformation einer gesunden Zelle in eine Tumorzelle beinhaltet verschiedene Merkmale, vor allem den Verlust der Proliferationskontrolle (die Zellen teilen sich fortlaufend), Nichterreichen eines Differenzierungsgrades

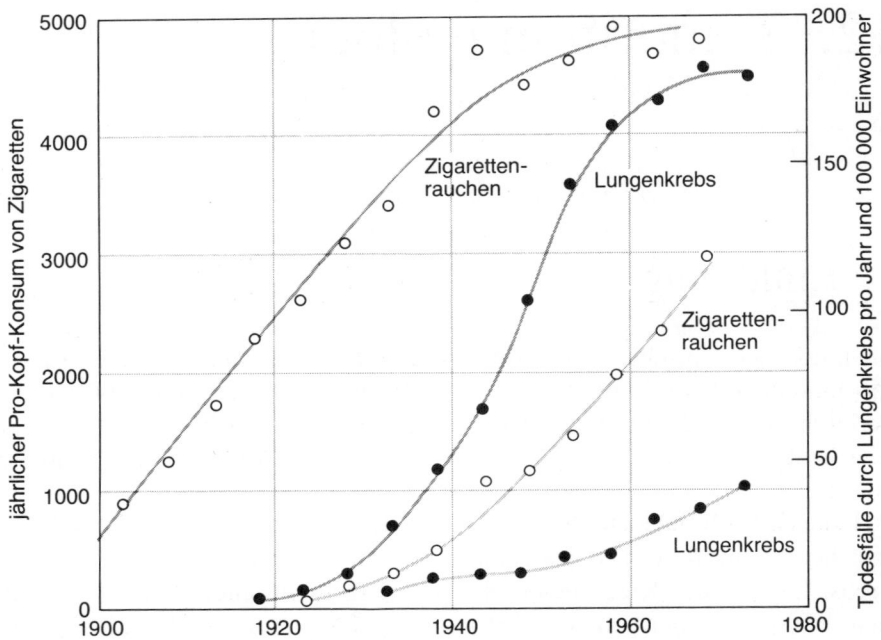

12.1 Zigarettenrauchen und Lungenkrebs stehen in direkter Beziehung zueinander. Unter der männlichen Bevölkerung (schwarze Kreise) nahm das Rauchen zu Beginn des 20. Jahrhunderts zu. Frauen (weiße Kreise) begannen später mit dem Rauchen. In dieser Grafik wird deutlich, daß ein erhöhtes Lungenkrebsrisiko mit einer 20-jährigen Verzögerung nach Zigarettenkonsum auftritt. (Mit freundlicher Genehmigung von Cairns, Spektrum der Wissenschaft, 1987.)

(die Zellen erreichen nicht die dem Zellverband angemessene Aufgabe) sowie eine Instabilität des Chromosomensatzes (Brüche in Chromosomen treten neben anderen aberranten Formen auf). Außerdem zeigen transformierte Zellen abweichende biochemische Reaktionen, die unter anderem den Zellzyklus betreffen. Zudem ist bei Tumorzellen die Kommunikation mit benachbarten Zellen verändert. Aus diesen Resultaten wurde gefolgert, daß in Tumorzellen Moleküle gebildet werden, die in gesunden Zellen nicht vorkommen. Befinden sich derartige Moleküle auf der Oberfläche einer Zelle, könnten sie von dem Immunsystem als „fremd" erkannt werden, da sie ja nicht in einem gesunden Organismus vorkommen.

Man vermutet, daß in einem Individuum im Laufe seines Lebens viele Zellen zu Tumorzellen transformieren. Etliche sterben spontan ab, da die molekularen Veränderungen lebenswichtige Prozesse in den Zellen stören. In anderen Fällen dürfte das Immunsystem eine Tumorzelle als „fremd" erkennen und durch eine effiziente Immunantwort eliminieren. Sobald ein Tumor jedoch heranwächst und möglicherweise metastasiert, ist das Immunsystem offensichtlich nicht in der Lage, eine ausreichende Abwehr gegen die Tumorzellen zu bilden. Zwar wurden vereinzelt Fälle beschrieben, in denen sich Krebs im fortgeschrittenen Stadium vollständig zurückbildete; dies sind jedoch Ausnahmefälle. Menschen, die an Krebs erkranken, bedürfen einer intensiven Behandlung.

Die Tumorimmunologie scheint hier vielversprechende Ansätze zu bieten, da mit Hilfe einer immunologischen Diagnostik die Früherkennung von Krebserkrankungen verbessert werden könnte. Sollte es zudem gelingen, eine Immuntherapie gegen Krebs zu etablieren, wäre das ein enormer Fortschritt. Im Gegensatz zu den konventionellen Therapieformen mit Cytostatika und Bestrahlung richtet sich die Immuntherapie selektiv gegen die Tumorzellen. Außerdem würde durch sie eine erneute Krebserkrankung als Folge der Chemo- oder Strahlentherapie verhindert. Denkbar ist auch, daß Impfungen gegen bestimmte Krebsformen (beispielsweise in Familien mit erblicher Anlage) entwickelt werden.

3. Tumorantigene

Eine zentrale Frage ist, ob sich Tumorzellen hinsichtlich ihrer Oberflächenstrukturen von gesunden Zellen unterscheiden. Wäre dies der Fall, könnten Tumorzellen einer immunologischen Abwehr zugänglich gemacht werden. Mittlerweile sind einige sogenannte tumorassoziierte Antigene gefunden worden. Je nachdem, ob sie eine zelluläre oder humorale Immunantwort auslösen, teilt man sie in zwei Gruppen ein:

1. Als tumorassoziierte Transplantationsantigene (TATA) bezeichnet man Antigene, die nach Immunisierung in genetisch identischen (syngenen) Tieren eine Tumortransplantat-Abstoßung induzieren können. Sie werden zusammen mit MHC vom T-Zell-Rezepter der T-Zellen erkannt. Demzufolge ist die Immunantwort gegenüber den Transplantationsantigenen zellulärer Natur.
2. Die zweite Gruppe der Antigene ist serologisch durch Antikörper nachweisbar. Sie werden als tumorassoziierte serologische Antigene (TASA) bezeichnet und induzieren eine antikörpervermittelte humorale Immunantwort.

Einige tumorassoziierte Antigene sind onkofetaler Natur, wie das a-Fetoprotein. Hierbei handelt es sich um ein Protein, das normalerweise von der fetalen Leber in großen Mengen produziert wird. Nach der Geburt sinkt der Spiegel in der Regel rapide ab. Das Antigen erscheint erneut bei Patienten mit Pankreas- und Leberkarzinomen. Ein erhöhter a-Fetoproteinspiegel wurde auch bei akuter Virushepatitis gefunden.

Ein weiteres Beispiel ist das karzinoembryonale Antigen, das in Feten von Zellen des Darms, des Pankreas und der Leber gebildet wird. Dieses Antigen wurde auch auf Colonkarzinomzellen nachgewiesen. Ursprünglich hoffte man, dieses Antigen bei der Diagnose von Colonkarzinomen einsetzen zu können. Wie sich jedoch herausstellte, weisen viele gesunde Menschen und Patienten mit nicht-neoplastischen Erkrankungen häufig ebenfalls höhere Serumspiegel des karzinoembryonalen Antigens auf. Deshalb wird dieses Antigen nur noch als Parameter in der postoperativen Überwachung von Colonkarzinompatienten eingesetzt. Auch Tumoren der Lunge und der Brust können gewebespezifische karzinoembryonale Antigene aufweisen. Manche Tumoren besitzen Differenzierungsantigene, die eigentlich gewebeuntypisch sind und bei Gesunden in ganz anderen Geweben gebildet werden.

Tumorantigene können zum einen die Diagnostik verbessern, zum anderen bieten sich auch therapeutische Ansatzpunkte: Würde man ein spezifisches Antigen finden, das nur auf Tumorzellen vorkommt, wäre es denkbar, das Immunsystem gegen diese Zellen gezielt zu aktivieren.

4. Immunologische Abwehrmechanismen gegen Tumoren

Arbeiten der letzten Jahre haben gezeigt, daß es immunologische Abwehrmechanismen gegen Tumorzellen gibt. Verschiedene Zellen des Immunsystems sind dazu befähigt, Tumorzellen zu zerstören.

Natürliche Killerzellen sind in der Lage, Tumorzellen abzutöten. Welche Strukturen sie auf der Zielzelle erkennen, ist noch weitgehend unbekannt. Ihre Aktivität wird durch verschiedene Faktoren erhöht, insbesondere durch IL-2 und IFN-γ, aber auch durch IFN-α. Durch die Freisetzung dieser Cytokine differenzieren sich Vorläufer der Natürlichen Killerzellen zu reifen, aktivierten Zellen mit einem hohen cytolytischen Potential.

Auch aktivierte Makrophagen können durch Abtöten von Zellen das Tumorwachstum begrenzen. Die makrophageninduzierten antitumoralen Effekte können entweder cytostatischer oder cytolytischer Natur sein. Bei der Cytostase ist die Proliferation der Tumorzellen gehemmt, während es bei der Cytolyse zu einer Zerstörung der Tumorzellen kommt. Bislang ist nicht geklärt, wann die Makrophagen cytolytische beziehungsweise cytostatische Effekte ausüben.

Eine weitere Zellpopulation, die zur Zerstörung von Tumorzellen befähigt ist, sind die lymphokinaktivierten Killerzellen (LAK-Zellen). Bei ihnen handelt es sich weder um T-Zellen noch um B-Zellen. Wahrscheinlich gehören sie einer Subpopulation der Natürlichen Killerzellen (NK-Zellen) an. Die LAK-Zellen sind somit Bestandteil eines unspezifischen Überwachungssystems und wurden bei allen daraufhin untersuchten Säugetieren nachgewiesen.

LAK-Zellen kommen in größerer Menge im Tumorgewebe vor. In Gegenwart von IL-2 können sie bestimmte Tumorzellen selektiv zerstören. Kultiviert man operativ entferntes Tumorgewebe mehrere Tage in Gegenwart von IL-2, so sterben die Krebszellen allmählich ab. Die LAK-Zellen werden durch IL-2 zur Proliferation angeregt und aktiviert. Infundiert man diese Zellpopulation dem Patienten, dem zuvor das Tumorgewebe entnommen wurde, dann bildeten sich Tumor und Metastasen in vielen Fällen zurück (Abbildung 12.2). Diese Ergebnisse belegen, daß die kultivierten LAK-Zellen nicht unmittelbar in den Tumor gebracht werden müssen, um ihre Wirkung gezielt zu entfalten. Befinden sie sich erst einmal in der Blutbahn, spüren sie Krebszellen auf. Dennoch reagieren LAK-Zellen antigenunspezifisch. Wie sie ihre Zielzelle erkennen, ist noch ungeklärt.

Kultiviert man das Tumorgewebe über einen Zeitraum von ungefähr zehn Tagen, sterben auch die LAK-Zellen ab. Jedoch wächst eine andere Zellpopu-

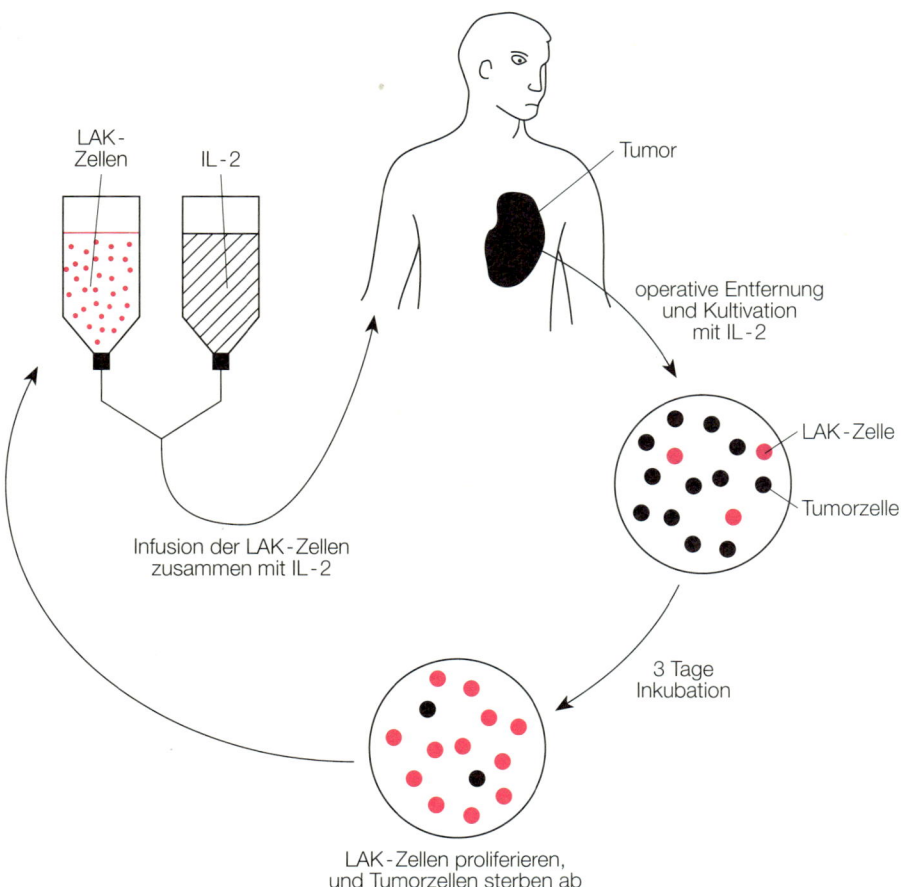

12.2 Isolierung und Aktivierung von LAK-Zellen. Tumorgewebe wird einem Krebspatienten operativ entfernt und in Zellkultur überführt. Unter dem Einfluß des Wachstumsfaktors IL-2 proliferieren die LAK-Zellen (rot), während die übrigen Zellen (schwarz) allmählich absterben. Die Zellsuspension, die überwiegend aus LAK-Zellen besteht, wird dem Patienten zusammen mit IL-2 intravenös infundiert. (Mit freundlicher Genehmigung von Rosenberg, Spektrum Akademischer Verlag, 1991.)

lation unter dem Einfluß des Wachstumsfaktors IL-2 weiter. Dieser Zelltyp erwies sich als eine klassische cytotoxische T-Zell-Population, die als tumorin-filtrierende Lymphocyten (TIL) bezeichnet wurde. Im Gegensatz zu den LAK-Zellen ist die Wirkungsweise der TILs hochspezifisch, da sie ein bestimmtes Antigen erkennen, das auf MHC-I-Molekülen der Tumorzellen präsentiert wird. Eine Aktivierung der LAK-Zellen und TILs durch IL-2 stellt momentan eine sehr vielversprechende Form der Immuntherapie dar.

Wie eine Form der immunologischen Abwehr gegen Tumorzellen auf zellu-lärer Ebene aussieht, wird mit dem sogenannten Vier-Zell-Modell (Abbildung 12.3) beschrieben. Dies stellt die Wechselwirkungen zwischen Tumorzellen und immunkompetenten Zellen dar. Grundvoraussetzung für die Interaktion ist, daß die Tumorzellen ein Molekül produzieren, das in gesunden Zellen nicht vorkommt und deshalb von dem Immunsystem als Antigen erkannt wird: Eine Tumorzelle bildet ein Antigen, das auf der Tumorzelle zusammen mit MHC-I-Molekülen den cytotoxischen T-Zellen präsentiert wird. Zudem wird

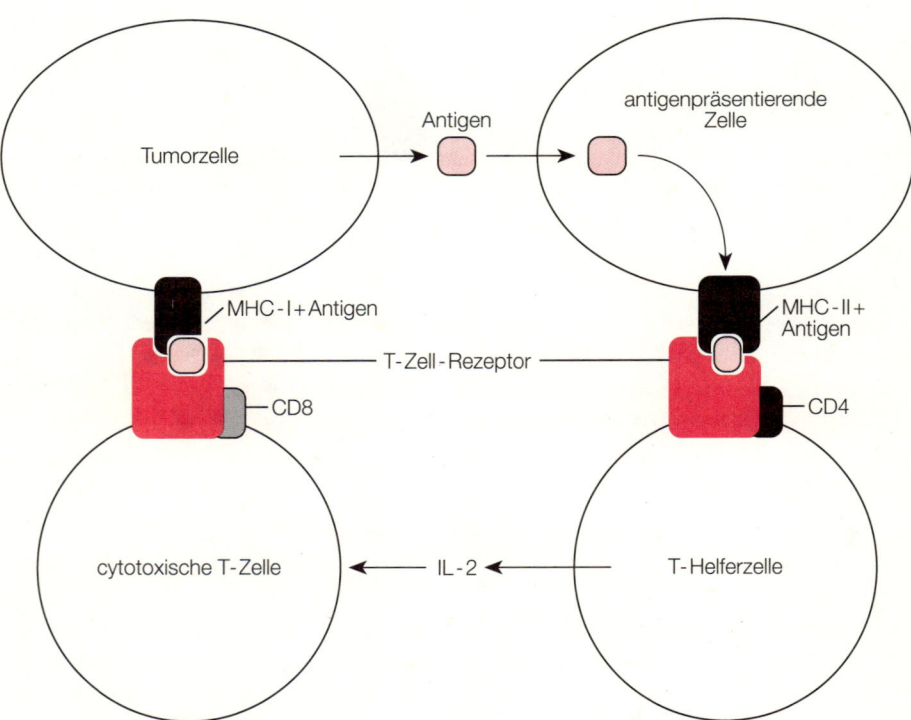

12.3 Das Vier-Zell-Modell zur Immunabwehr von Tumorzellen. Tumorzellen bilden ein Antigen, das sie zusammen mit MHC-I auf der Zellmembran präsentieren. Gleichzeitig wird das Antigen von antigenpräsentierenden Zellen phagocytiert und zusammen mit MHC-II-Molekülen den T-Helferzellen präsentiert. Diese vermögen den Komplex mit ihrem T-Zell-Rezeptor zu binden und sezernieren auf diesen Stimulus IL-2. IL-2 wiederum aktiviert cytotoxische T-Zellen, die unter dem Einfluß von IL-2 mit ihrem T-Zell-Rezeptor den Komplex aus MHC-I und Antigen auf der Tumorzelle binden können. Aktivierte cytotoxische T-Zellen können die Tumorzelle dann lysieren.

das Antigen von antigenpräsentierenden Zellen phagocytiert, dort verdaut und zusammen mit MHC-II-Molekülen den T-Helferzellen präsentiert. T-Helferzellen, deren T-Zell-Rezeptor diesen Komplex (bestehend aus dem Antigen und dem MHC-II-Molekül) zu binden vermag, produzieren verschiedene Cytokine, unter anderem IL-2. IL-2 wiederum aktiviert cytotoxische T-Zellen, die das Antigen plus MHC-I auf der Oberfläche der Tumorzellen erkennen. Dies befähigt sie zur Lyse der Tumorzelle. So können Krebszellen gezielt durch das Immunsystem eliminiert werden.

Viele Tumoren bilden jedoch kein Antigen, das die Voraussetzung für eine Immunantwort nach dem Vier-Zell-Modell darstellt. Es wurde überlegt, ob man Tumorzellen nicht künstlich ein Antigen „aufsetzen" kann, um sie einer immunologischen Abwehr zugänglich zu machen. Derartige Studien wurden bereits experimentell an Mäusen durchgeführt. Dazu wurden Krebszellen aus dem Tumorgewebe der Tiere operativ entfernt. Sie wurden kultiviert und mit einem Virus, zum Beispiel dem *Newcastle-Disease-Virus* (NDV), stimuliert. Durch diese Infektion verbleiben einige virale Antigene auf der Oberfläche der Tumorzellen.

In anderen Experimenten wurden Tumorzellen mit der chemischen Substanz Dinitrophenol (DNP) oder dem Tuberkulose-Impfstoff BCG (*Bacillus-Calmette-Guerin*) inkubiert; diese Stoffe werden dann in die Membran der Tumorzellen eingebaut. Reimplantiert man die Zellen den krebskranken Tieren, so bilden die viralen Moleküle oder chemischen Substanzen starke Antigene. Das Immunsystem wird auf diese Weise zunächst gegen die modifizierten Tumorzellen mobilisiert. Die darauffolgenden molekularen und zellulären Ereignisse sind noch nicht geklärt, aber plötzlich erkennt das Immunsystem auch die nichtmodifizierten Tumorzellen als „fremd" und tötet sie ab (Abbildung 12.4).

Das alles sind vielversprechende Ansatzpunkte, um eine Immuntherapie gegen Krebs zu etablieren. Die experimentellen Studien haben bewiesen, daß eine Immunabwehr gegen Tumorzellen prinzipiell möglich ist. Häufig scheint die Immunantwort eines Individuums gegen die Tumorzellen nicht ausreichend zu sein. Dies mag zum einen daraus resultieren, daß Tumorzellen kein Antigen produzieren, das sie von gesunden Zellen unterscheidet. Sie sind somit einer immunologischen Abwehr nicht zugänglich.

Zum anderen sind einige Strategien beschrieben worden, die man als Immune-Escape-Mechanismen bezeichnet und mit deren Hilfe Tumorzellen einer Bekämpfung durch das Immunsystem entgehen können. So können Tumorantigene beispielsweise durch Substanzen wie Sialomucin maskiert werden. Einige Tumoren bilden keine MHC-Moleküle mehr auf ihrer Oberfläche aus, andere induzieren eine immunologische Toleranz, wie das *Mammary-Tumor-Virus* (MTV). Wiederum andere Tumoren bilden konkurrierende Wachstumsfaktoren, indem sie zum Beispiel einen IL-2-Rezeptor herstellen. Dadurch erfolgt eine Anheftung von IL-2-Molekülen, wodurch eine Aktivierung der Natürlichen Killerzellen, LAK-Zellen und TILs gehemmt wird. Andere Tumoren produzieren Substanzen, die eine Immunsuppression zur Folge haben.

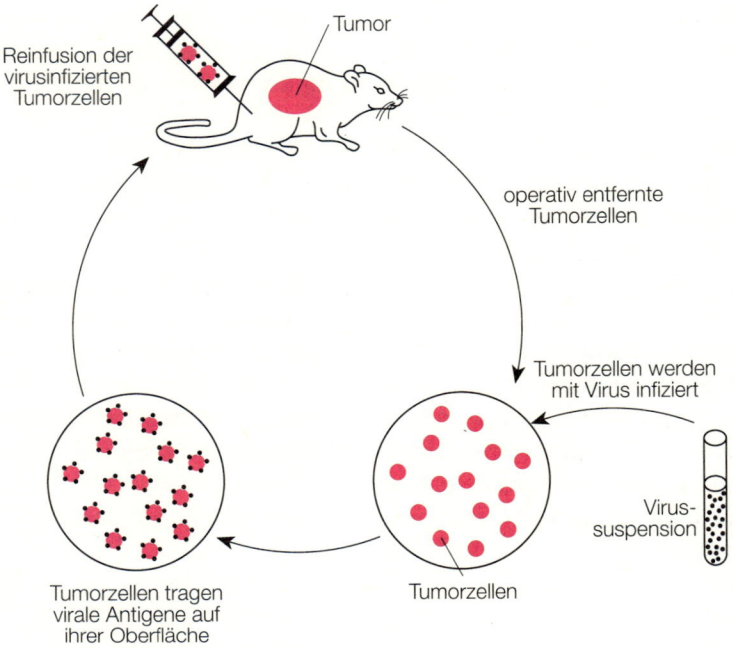

Reinfusion der
virusinfizierten
Tumorzellen

Tumor

operativ entfernte
Tumorzellen

Tumorzellen werden
mit Virus infiziert

Virus-
suspension

Tumorzellen tragen
virale Antigene auf
ihrer Oberfläche

Tumorzellen

12.4 Mechanismen zur Modifizierung von Tumorzellen, die selbst keine Antigene tragen. Tumorzellen werden operativ entfernt und in Zellkultur genommen. Dort erfolgt eine Infektion mit einem Virus. Als Folge tragen die Tumorzellen virale Substanzen auf ihrer Oberfläche. Die modifizierten Tumorzellen werden dem krebskranken Tier nun reimplantiert. Dies ermöglicht einen Angriff von Seiten des Immunsystems, da die Tumorzellen nun Fremdantigene tragen.

4.1 Der Tumor-Nekrose-Faktor

Bereits Ende des 19. Jahrhunderts war es einigen Ärzten aufgefallen, daß Tumoren sich teilweise zurückbilden, wenn die Patienten gleichzeitig an einer bakteriellen Infektion litten. Insbesondere der Mediziner W. B. Coley konnte nachweisen, daß die Revision des Tumors nicht durch die Bakterien selbst, sondern durch einen von den Bakterien im Körper freigesetzten Faktor initiiert wurde. Diesen bezeichnet man als Tumor-Nekrose-Faktor (TNF), der seitdem eingehend untersucht wurde. Es handelt sich dabei um ein typisches Makrophagenprodukt, das einige Gemeinsamkeiten mit Interleukin (IL-1) aufweist und viele Entzündungsreaktionen beeinflußt.

Über die antitumoralen Eigenschaften dieses Faktors herrscht noch weitgehend Unklarheit. Inkubiert man verschiedene Krebszellen zusammen mit TNF, so wurde teils Zelltod oder Hemmung des Zellwachstums, teils aber auch gar keine Wirkung beobachtet. Besonders effektiv scheint die Hemmwirkung von TNF auf Brustkrebszellen zu sein, auf gesunde Zellen wurde diese Wirkung dagegen nicht beobachtet. Wie man im Tierversuch zeigen konnte, werden Blutgefäße, die den Tumor versorgen, durch den Einfluß von TNF geschädigt.

Da sich dadurch die Versorgung der Tumorzellen mit Stoffwechselprodukten und Sauerstoff verringert, werden die Zellen regelrecht ausgehungert und sterben ab. Im Gegensatz dazu scheint TNF in gesundem Gewebe eine wichtige Rolle bei der Angiogenese (der Bildung neuer Blutgefäße) zu spielen. Ein Grund für die antitumorale Aktivität des TNF liegt in der Aktivierung von Immunzellen wie Granulocyten und Monocyten, aber auch B- und T-Lymphocyten, die gezielt auf Tumorzellen reagieren.

Die antitumorale Wirkung des TNF wird vermutlich dadurch erreicht, daß gesunde Zellen ein Reparatursystem besitzen, welches die toxischen Reaktionen dieses Cytokins unschädlich macht. Setzt man Zellen Substanzen aus, die wesentliche Zellfunktionen, wie bestimmte Schritte vor der Proteinbiosynthese, hemmen, werden sie wesentlich empfindlicher gegenüber den toxischen Effekten des TNF. Zellen, die vorher resistent gegenüber den Wirkungen dieses Faktors waren, wurden danach für die zellschädigenden Reaktionen empfänglich und starben ab.

4.2 Interferone

Interferone zeigen ähnlich dem Tumor-Nekrose-Faktor antitumorale Effekte. Diese Wirkungen werden teilweise indirekt dadurch eingeleitet, daß Interferone wichtige Mediatoren im Immunsystem sind: Sie wirken stimulierend auf Makrophagen, Granulocyten, NK-Zellen, B- und T-Lymphocyten. Des weiteren wird die Zahl der MHC-Moleküle auf der Zelloberfläche durch die Einwirkung von Interferonen stark erhöht. Dadurch werden immunkompetente Zellen mobilisiert, die nun wesentlich sensitiver auf Fremdmoleküle, wie sie teilweise auf Tumorzellen vorkommen, reagieren.

Experimentelle Studien haben gezeigt, daß die antitumorale Wirkung von Interferonen am höchsten ist, wenn sie lokal angewandt werden. In einigen Fällen hat man wachstumshemmende Funktionen, wie sie von der Interferoneinwirkung gegenüber empfindlichen Zellen bekannt sind, auch in Tumorzellen beobachtet. Die Wachstumshemmung der Interferone ist jedoch relativ unspezifisch: Die meisten Zellen, die einer lokalen Interferoneinwirkung zugänglich sind, sind betroffen. Da jedoch Krebszellen eine wesentlich höhere Zellteilungsrate aufweisen als gesunde Zellen, treffen sie die antitumoralen Effekte der Interferone in höherem Maß.

Bislang ist nicht geklärt, ob die Interferone noch weitere toxische Effekte auf Tumorzellen ausüben. Interessant ist in diesem Zusammenhang die synergistische Wirkung von Interferonen und dem Tumor-Nekrose-Faktor. Setzt man Krebszellen beiden Cytokinen gleichzeitig aus, so werden mehr Zellen zerstört, als das aus der Summe ihrer jeweiligen Einzeleffekte zu erwarten wäre.

5. Tumoren und Wachstumsfaktoren

Bereits 1863 beschrieb Rudolf Virchow, daß Tumoren von Leukocyten infiltriert sein können. Er folgerte daraus, daß Tumoren bevorzugt an Orten mit chronischen Entzündungen entstehen. Wie sich jedoch in den letzten Jahren herausgestellt hat, haben Leukocyten in Tumorgeweben sehr unterschiedliche Wirkungen. Neben den immunologischen Abwehrfunktionen können diese Zellen auch das Tumorwachstum fördern. Das beruht darauf, daß der Stoffwechsel von Tumorzellen gegenüber gesunden Zellen verändert ist. So ist der Bedarf von Tumoren an Zellbausteinen und Energie wesentlich höher als der anderer Zellen, da transformierte Zellen eine hohe Zellteilungsrate aufweisen. Deshalb ist ein Fortschreiten des Tumorwachstums ab einer bestimmten Größe immer von einer verstärkten Ausbildung von Blutgefäßen (Angiogenese) begleitet. Die hohe Proliferationsrate wird häufig durch extrazelluläre Signale angeregt, es handelt sich dabei um Wachstumsfaktoren, häufig um Cytokine. Entweder produzieren Tumorzellen die Wachstumsfaktoren selbst, oder sie sezernieren andere Signalstoffe, die benachbarte Immunzellen zur Bildung dieser Wachstumsfaktoren anregen.

Demzufolge scheint die Infiltration des Tumorgewebes mit Leukocyten ein Zustand der Balance zwischen positiven und negativen Einflüssen auf das Tumorwachstum auszuüben. Viele Tumorzellen scheinen auf die Anwesenheit von Wachstumsfaktoren angewiesen zu sein. Als wichtige Faktoren sind an der Transformation von Zellen beispielsweise IL-2, Platelet-Derived Growth-Factor (PDGF), IL-1, IL-6, Epithelial-Growth-Factor (EGF), Fibroblast-Growth-Factor (FGF), Transforming-Growth-Factor (TGF) sowie die koloniestimulierenden Faktoren (CSFs) beteiligt. Sie werden entweder autokrin von den Tumorzellen selbst oder parakrin, etwa von infiltrierten Leukocyten, produziert.

In einigen Fällen läßt sich das Tumorwachstum durch Zugabe von Antikörpern, die gegen eines dieser Cytokine gerichtet sind, vollständig hemmen. Bei vielen T-Zell-Leukämien wird ein dem IL-1 ähnliches Cytokin gebildet. Behandelt man diese Tumorzellen mit einem Antikörper, der gegen IL-1α gerichtet ist, so verlieren die Zellen ihre Proliferationstätigkeit. Transformierte myeloische Zellen (eine Zellreihe des hämatopoetischen Systems), aber auch Sarkomzellen (transformierte Zellen des Bindegewebes) produzieren häufig CSF, und zwar sowohl M-CSF als auch G-CSF und GM-CSF.

Diese Wachstumsfaktoren können zum einen autokrin, zum anderen chemotaktisch auf Makrophagen wirken. Die eingewanderten Makrophagen produzieren dann häufig übermäßig viel c-fms, ein Onkogen, das den M-CSF-Rezeptor codiert. Ferner wurden in Tumoren der Brust, des Ovars, der Blase und des Colons beziehungsweise Rectums Zellen gefunden, die IL-1, TNF-α und TGF-β als typische Makrophagenprodukte produzieren. Bei bestimmten Tumoren ermöglicht somit die Infiltration von Leukocyten erst die Proliferation der Krebszellen. Ferner fördern Makrophagen die für das Tumorwachstum essentielle Angiogenese.

Viele Tumoren locken Makrophagen regelrecht an, indem sie Substanzen sezernieren, die chemotaktisch auf Makrophagen und Monocyten wirken. Solche Substanzen sind TDCF (*tumor derived chemotactic factor*) und MCP-1 (*Monocyten chemotaktisches Protein*), das zu der Familie der Cytokine zählt. Kürzlich wurden zwei weitere Substanzen, MCP-2 und MCP-3, beschrieben, denen vermutlich eine ähnliche Aufgabe zukommt. Die Makrophagen/Monocyten produzieren dann die erforderlichen Wachstumsfaktoren für den Tumor.

Der negative Effekt der tumorinfiltrierten Makrophagen besteht in ihrer cytotoxischen Wirkung auf Tumorzellen. Nach ihrer Aktivierung sind Makrophagen in der Lage, Tumorzellen zu phagocytieren oder durch cytotoxische Mechanismen abzutöten. Außerdem sezernieren sie größere Mengen an IL-1 und IL-6. Diese Cytokine wirken wiederum chemotaktisch auf andere Immunzellen, die die Abwehrreaktionen unterstützen.

Der Einfluß von Makrophagen auf das Tumorwachstum ist also eine Balance zwischen positiven Einflüssen wie der Freisetzung von Wachstumsfaktoren und der Förderung der Angiogenese einerseits und hemmenden Aktivitäten wie Cytolyse und Cytostase, andererseits. Die Zahl der infiltrierten Monocyten/Makrophagen sowie ihr Differenzierungs- und Aktivierungsgrad scheint diese Balance maßgeblich zu bestimmen (Abbildung 12.5).

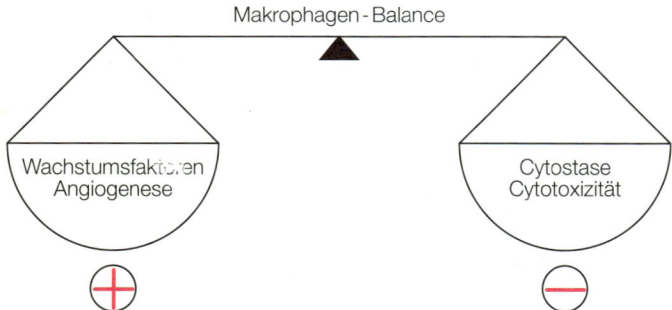

12.5 Die Infiltration von Makrophagen in Tumorgewebe scheint von einem Gleichgewicht zwischen wachstumshemmenden und -fördernden Einflüssen geprägt zu sein. Einerseits wirken die Makrophagen wachstumsfördernd auf den Tumor, indem sie Wachstumsfaktoren sezernieren und die Angiogenese im Tumorgewebe fördern. Andererseits können aktivierte Makrophagen das Tumorwachstum hemmen, indem sie cytostatisch oder cytotoxisch wirken. (Mit freundlicher Genehmigung von Mantovani et al., Immunology Today, 1992.)

6. Zusammenfassung und Perspektiven

Die Behandlung von Tumorerkrankungen ist nach wie vor außerordentlich schwierig. Gesteigert wird die Krebsrate dadurch, daß wir aufgrund unserer Lebensgewohnheiten einer Vielzahl von Umweltkarzinogenen – zum Teil, wie beim Tabakkonsum, freiwillig – ausgesetzt sind. Doch bedeutet die Diagnose

Krebs heute bei weitem kein sicheres Todesurteil mehr, wie das noch um die Mitte dieses Jahrhunderts der Fall war. So beträgt die Heilungsrate bei Leukämie von Kindern nach Knochenmarktransplantation beinahe 90 Prozent.

Dank der heute üblichen Diagnostik kann ein Tumor bereits in einem sehr frühen Stadium festgestellt werden. Auch die therapeutischen Möglichkeiten sind so sehr verbessert worden, daß die Überlebensrate von Krebskranken, sofern die Erkrankung frühzeitig erkannt wird, gestiegen ist. Auch die Immuntherapien erscheinen vielversprechend, da sie das körpereigene Abwehrsystem aktivieren, bestimmte Zellen selektiv auszuschalten.

Fortschritte in der Cytokinforschung haben dazu beigetragen, die molekularen Mechanismen der Krebsentstehung besser zu verstehen. Die verschiedenen Effekte der Cytokine auf Tumorzellen – Wachstumsförderung einerseits und Aktivierung immunkompetenter Zellen andererseits – bieten vielversprechende Ansatzpunkte für die Etablierung neuer Therapieformen bei Krebs. Allerdings unterscheiden sich die vielen verschiedenen Krebsarten in ihrer Biologie, so daß keine einheitliche Behandlung möglich ist. Die Heilungsraten bei Tumorerkrankungen werden sich in den nächsten Jahren unter anderem durch die Fortschritte der Cytokinforschung und dem immer größer werdenden Verständnis der immunologischen Zusammenhänge verbessern.

Literatur

Cairns, J. *Das Krebsproblem.* In: *Krebs – Tumoren, Zellen, Gene.* Heidelberg (Spektrum der Wissenschaft) 1987. S. 10–21.

Lang, R.A.; and Burgess, A.W. *Autocrine growth factors and tumorigenic transformation.* In: *Immunology Today* 11 (1990). S. 244–249.

Mantovani, A.; Bottazzi, B.; Colotta, F.; Sozzani, S.; and Rugo, L. *The origin and function of tumor-associated macrophages.* In: *Immunology Today* 13 (1992). S. 265–270.

Old, L.J. *Tumorimmunologie.* In: *Krebs – Tumoren, Zellen, Gene.* Heidelberg (Spektrum der Wissenschaft) 1987. S. 162–176.

Old, L.J. *Der Tumor-Nekrose-Faktor.* In: *Spektrum der Wissenschaft* Juli (1988). S. 42–51.

Rosenberg, S.A. *Adoptive Immuntherapie von Krebs.* In: *Spektrum der Wissenschaft* Juli (1990). S. 56–64.

Schirrmacher, V. *Krebsimpfung mit Tumorzellen.* In: *Spektrum der Wissenschaft* Januar (1990). S. 38–50.

13. AIDS

1. Einleitung

Das *Acquired Immune Deficiency Syndrome* ist besser unter der Abkürzung AIDS bekannt. Es hat sich in den letzten Jahren aufgrund verschiedener Ursachen zu einem großen Gesellschaftsproblem entwickelt. Glücklicherweise ist die „AIDS-Hysterie" der 80er Jahre gewichen, doch hat sich leider in der Bevölkerung noch kein normales Verhältnis zu dieser Erkrankung eingestellt. Es besteht nach wie vor eine tiefsitzende Angst vor einer Ansteckung, doch hat auf der anderen Seite ein geistiger Verdrängungsprozeß eingesetzt, der vielfach zu einem verantwortungslosen Verhalten führt. Die Folge sind die unbegründete gesellschaftliche Ausgrenzung von Infizierten und der mangelnde Selbstschutz vor Ansteckung.

AIDS kann bis heute nicht geheilt werden, aber man hat in den letzten Jahren viel über die Krankheit gelernt. Durch diese Krankheit wurde großen Teilen der Bevölkerung die Bedeutung des Immunsystems für den Körper bewußt. AIDS führt im Endstadium zu einem totalen Ausfall des Immunsystems und macht dadurch den Körper wehrlos gegen alle Krankheitserreger. Heute ist bekannt, daß die Ursache von AIDS eine Infektion mit dem *Human Immunodeficiency Virus* (HIV) ist. Genaugenommen sterben die Infizierten jedoch nicht an dem Virus, sondern an einer anderen Infektion, die als Folge der Zerstörung des Immunsystems durch HIV auftritt.

2. Geschichte der AIDS-Erkrankung

Das Krankheitsbild AIDS beziehungsweise die HIV-Infektion hat bereits eine längere Geschichte. Zunächst setzte man den Beginn der HIV-Epidemie auf 1981 fest, da erst zu diesem Zeitpunkt Fälle von AIDS, die ein neues Krankheitsbild darstellten, beschrieben wurden. Doch stellte sich heraus, daß man die Krankheit bis ins Jahr 1978 zurückverfolgen konnte. Die AIDS-Todesfälle wurden bis dahin noch mit anderen Ursachen in Zusammenhang gebracht oder als ungeklärte Todesfälle abgehandelt. Mit Hilfe von HIV-Antikörpertests ließ sich in Serumbänken verschiedener Universitätskliniken nachvollziehen, daß die Krankheit schon wesentlich früher aufgetreten war. Durch den Einsatz molekularbiologischer Methoden konnte man das Erbgut des HIV in Zellen pathologischer Präparatesammlungen nachweisen. Die Befunde ließen sich so immer weiter rückdatieren. Letztlich wird eine genaue Rückdatierung allerdings an fehlendem Untersuchungsmaterial scheitern. Dies zeigt jedoch eindeutig, daß das HIV nicht, wie gelegentlich behauptet, ein Produkt der Gentechnologie ist. Vielmehr ist es ein in der Evolution der Retroviren natürlich entstandenes Virus, dessen Ursprung in Afrika liegt.

Zunächst wurden durch die Arbeitsgruppe von Robert Gallo 1980 in den USA die HTLV-Viren I und II (*Human T-Zell-Leukämie Viren*) beschrieben und für AIDS verantwortlich gemacht. Dies stellte sich jedoch als falsch heraus. 1983 fand die Arbeitsgruppe von Luc Montagnier am Pasteur-Institut in Paris das LAV (*Lymphadenopathie assoziiertes Virus*), das sie aus krankhaften Lymphknoten von Patienten mit Lymphadenopathie, einem Krankheitsbild bei AIDS, isolierten. Danach beschrieben Robert Gallo und Mitarbeiter das HTLV-III, das, wie sich herausstellte, mit LAV identisch war. Um die Verwirrung der Bezeichnungen (LAV und HTLV-III) zu beseitigen und dem Krankheitsbild AIDS gerecht zu werden, einigte man sich auf den Namen HIV.

In den folgenden Jahren entdeckte man, daß AIDS-Patienten aus Westafrika zwar das klinische Bild von AIDS zeigten, die serologischen Befunde aber nicht mit denen von Patienten aus Amerika und Europa übereinstimmten. Sie zeigten nicht das typische Spektrum von Antikörpern gegen HIV, zu deren Nachweis man Antikörpertests entwickelt hatte. Den Wissenschaftlern um Luc Montagnier gelang es 1986, ein zweites Virus zu isolieren, das dem zuerst isolierten HIV sehr ähnlich war und sich nur in einigen Strukturen unterschied. Dieses wurde zunächst als LAV-II bezeichnet. Nach der Umbenennung des Virus in HIV wurde dieses als HIV-II, das zuerst entdeckte als HIV-I bezeichnet. In jüngster Zeit wird diskutiert, ob es ein weiteres HIV gibt, unter Umständen handelt es sich allerdings nur um eine Variante eines der beiden bekannten Viren.

3. Epidemiologie und Übertragungswege vom HIV

Die ersten Fälle von AIDS wurden 1981 in New York und Kalifornien beschrieben. Nachfolgend wurden in verschiedenen Ländern AIDS-Fälle diagnostiziert, was jedoch nicht mit der Ausbreitungsgeschwindigkeit der Virusinfektion gleichgesetzt werden darf. Heute weiß man, daß sich der Erreger nicht so schnell ausbreitet wie zunächst vermutet; die großen Aufklärungskampagnen haben die Ausbreitungsgeschwindigkeit nochmals gesenkt.

Die Weltgesundheitsorganistion (WHO) veröffentlicht jährlich eine AIDS-Statistik, die aber nur Anhaltspunkte geben kann. Die Handhabung der AIDS-

Meldung ist in allen Ländern unterschiedlich. So haben einige Länder eine Meldepflicht und andere nicht. Gerade die früheren Ostblockländer haben aus politischen Gründen das AIDS-Problem bis zur Öffnung gegenüber dem Westen totgeschwiegen und behauptet keine AIDS-Fälle zu haben.

Letztlich muß man noch berücksichtigen, daß in der Dritten Welt, wo es weder eine genügende ärztliche Versorgung noch ein richtiges Meldewesen gibt, die Durchseuchung zwar am höchsten ist, aber keine verläßlichen Zahlen zur Verfügung stehen. Die WHO kann deswegen auch nur Anhaltswerte geben. Der WHO sind zur Zeit circa 600 000 AIDS-Fälle gemeldet. Hinzu kommen über eine Million Patienten, die am *AIDS Related Complex* (ARC), der Vorstufe von AIDS, erkrankt und gemeldet sind. In Deutschland sind ungefähr 7 000 Menschen an AIDS erkrankt. Die WHO schätzt jedoch die Zahl der AIDS-Kranken auf 2,5 Millionen. HIV-Infizierte können über mehrere Jahre völlig symptomfrei leben, ohne von ihrer Krankheit zu wissen. So kann deren Zahl nur geschätzt werden. Nach Vermutung der WHO liegt der Wert bei 13 Millionen HIV-Infizierten.

Die HIV-I-Infektion scheint aus Ostafrika zu stammen und ist von dort aus nach Europa und Amerika gelangt. Die HIV-II Infektion hat ihren Ursprung in Westafrika, hat dann aber die gleichen Verbreitungswege wie HIV-I genommen (Abbildung 13.1). In Deutschland spielt die HIV-II-Infektion eine untergeordnete Rolle. So wurden bis 1991 nur circa 120 Fälle von HIV-II gemeldet, gegenüber 50 000 Meldungen von HIV-I-Infektionen. Dies ist jedoch nicht typisch für Europa, sondern spiegelt wohl nur den stärkeren Austausch mit Ostafrika als mit Westafrika wider. In Frankreich und Portugal, die in Westafrika Kolonialgebiete besaßen, ist die Häufigkeit von HIV-II wesentlich höher als in Deutschland. In West- und Mittelafrika sowie Indien ist bis zu einem Drittel der AIDS-Fälle auf HIV-II zurückzuführen.

Die Übertragungsmöglichkeiten von HIV sind relativ beschränkt. HIV wird durch Geschlechtverkehr, durch direkte Übertragung von Blut oder Blutbestandteilen oder von der infizierten Mutter vor oder während der Geburt auf das Kind übertragen. Allen drei Möglichkeiten ist der direkte Kontakt von Körperflüssigkeiten gemeinsam. Durch die verbesserten Nachweisverfahren kann eine HIV-Übertragung durch Blutpräparate in Deutschland heutzutage nahezu ausgeschlossen werden. Jedoch spielt die Übertragung von HIV durch gemeinsame Benutzung von Spritzen infizierter Drogenabhängiger – ebenso wie die Übertragung bei Geschlechtsverkehr – eine wichtige Rolle.

Diese Einschränkung der Übertragungswege spiegelt sich auch in der Epidemiologie der Krankheit wider. In Afrika ist das Verhältnis zwischen infizierten Männern und Frauen 1 : 1. Dies ist auf ein traditionell anderes Sexualverhalten zurückzuführen, indem, je nach Religion oder Stammeszugehörigkeit Polygamie oder Homosexualität zur Gesellschaftsform gehören. Aus diesem Grund war die Verteilung in Amerika und Europa anfänglich vollkommen anders. Das Verhältnis von infizierten Männern zu Frauen betrug anfänglich noch 19 : 1, mittlerweile hat sich das Verhältnis aber schon auf 13 : 1 verschoben.

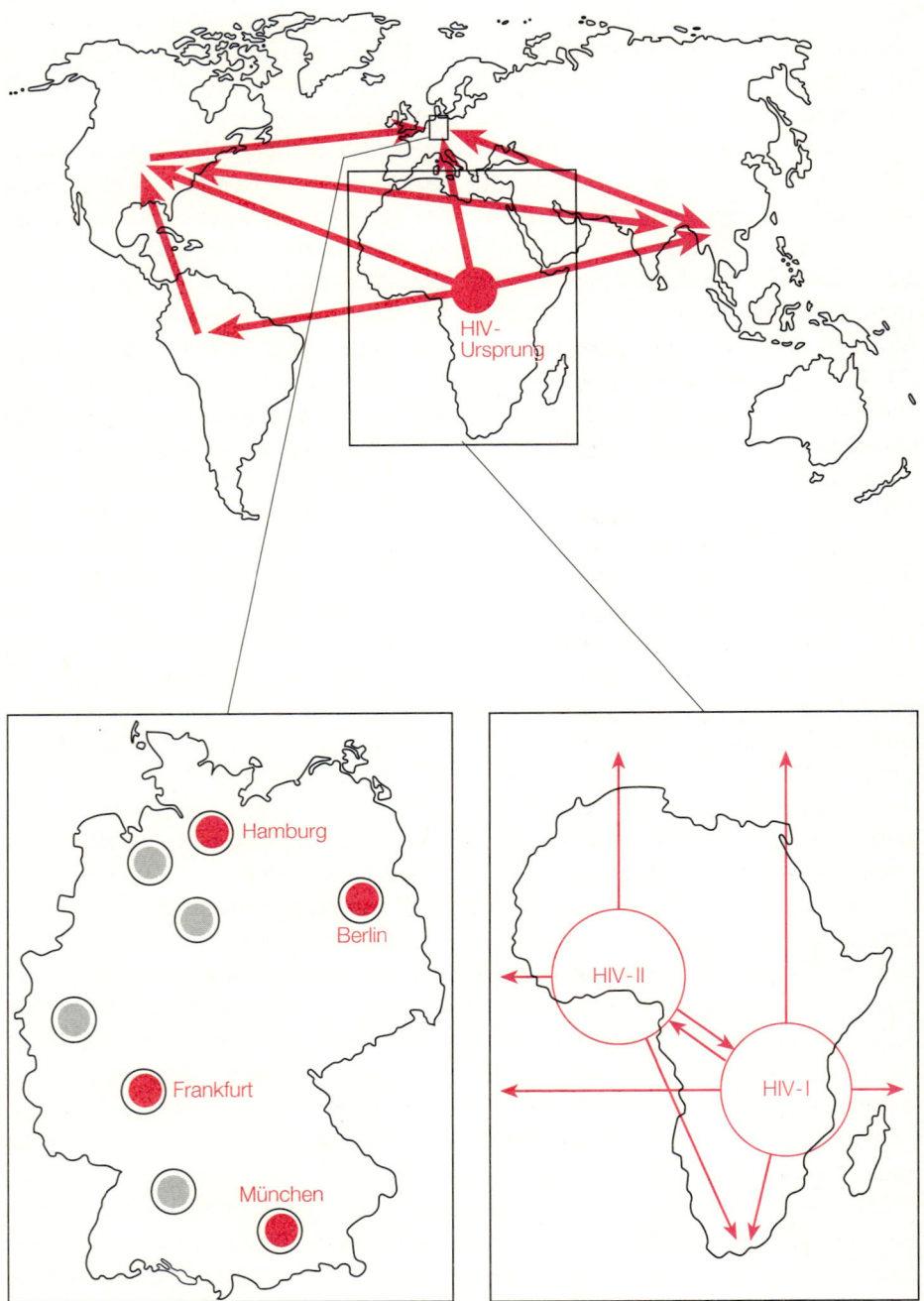

13.1 HIV-I hat seinen Ursprung in Ostafrika, HIV-II in Westafrika. Zwischen diesen beiden Gebieten gibt es einen Austausch, so daß in beiden Gebieten beide Virusformen vorkommen. Von Afrika aus hat sich das Virus in der ganzen Welt verbreitet. In den Industrieländern erkennt man eine klare Häufung in den Ballungszentren mit Häfen und Flughäfen, also an Orten mit hohem Bevölkerungsaustausch, in ländlichen Gebieten ist die Durchseuchung dagegen eher gering.

Dieses Verhältnis spiegelt die Tatsache wieder, das AIDS in den westlichen Industrieländern vor allem in drei Risikogruppen auftritt: homo- oder bisexuelle Männer, intravenös Drogenabhängige und Prostituierte. In diesen drei Risikogruppen ist die Durchseuchung und Ansteckungsgefahr besonders groß. Die Ansteckungsgefahr ist größer als in der Normalbevölkerung, da in diesen Bevölkerungsgruppen die Sexualpraktiken beziehungsweise der Austausch von Spritzen die Übertragung von HIV begünstigen. Die Verschiebung des Verhältnisses von 19 : 1 auf 13 : 1 zeigt aber auch, daß AIDS zwar immer noch hauptsächlich innerhalb der Risikogruppen auftritt, daß es aber immer mehr aus diesen herausgetragen wird, wodurch vor allem Frauen gefährdet sind. Beim Geschlechtsverkehr ist die Ansteckungsgefahr für Frauen größer als die für Männer, da die Samenflüssigkeit von HIV-Infizierten sehr viele Viren enthält und zudem in der Scheide der Frau häufig kleine Verletzungen vorkommen, durch die das Virus in die Blutbahn eindringen kann.

4. Das Virus

Viren haben keinen eigenen Stoffwechsel und können sich nur innerhalb von lebenden Zellen vermehren. Zur Vermehrung bedienen sich die Viren des Stoffwechsels und des Syntheseapparates der Wirtszellen. Weiterhin haben Viren im Gegensatz zu allen anderen Lebensformen nur eine Form von Nucleinsäuren, also entweder DNA oder RNA aber nie beide. Während normalerweise die DNA als Erbgut dient und die RNA als Übersetzung des Erbgutes zur Synthese von Proteinen, können Viren auch RNA als Erbgut benutzen. Aufgrund dieser molekularbiologischen Grundlage werden Viren heute in zwei große Gruppen eingeteilt, die DNA-Viren (Erbgut aus DNA) und die RNA-Viren (Erbgut aus RNA). Innerhalb dieser beiden großen Gruppen werden die Viren dann nach ihrer Gestalt und biochemischen Eigenschaften weiter unterteilt.

Die Erbsubstanz von HIV ist RNA (Ribonucleinsäure), es gehört also zur Gruppe der RNA-Viren. Als typisches Retrovirus (Tabelle 13.1) besitzt es zwei identische +-Strang-RNA-Moleküle, die bei Eintritt in die Wirtszelle in DNA umgeschrieben werden. Diesen Vorgang bezeichnet man als reverse Transkription, da er eine Umkehrung des normalen zellulären Vorgangs der Transkription von DNA in RNA ist. Das Viruscapsid hat eine ikosahedrale Form und ist von einer Hülle umgeben. Allen Retroviren ist weiterhin gemeinsam, daß sie die drei Strukturgene *gag* für das Nucleocapsid, *pol* für die reverse Transkriptase und *env* für die virale Hülle haben sowie zwei LTR-Regionen (*long terminal repeats*), die der Integration in die Chromosomen der Wirtszelle dienen (Abbildungen 13.2 und 13.3). Der Durchmesser der Retroviren beträgt 80 bis 120 nm – sie gehören somit zu den Viren mittlerer Größe. Innerhalb der drei Untergruppen der Retroviren – Oncoviren, Lentiviren und

13.1: Übersicht über die Viren mit Beispielen und den wichtigsten Merkmalen.

Virusfamilie	ein Virus der (Unter-)Familie	Viruscapsid	Merkmale Virushülle	Erbgut
Unterfamilie				
Parvoviren	Adeno-assoziierte Viren (AVV)	ikosahedral	fehlt	DNA-Viren
Papavoviren	Papillomavirus			
Adenoviren				
nicht klassifiziert	Hepatitis B			
Herpesviren	Epstein-Barr-Virus (EBV)			
Poxviren	Variola (Pocken)	komplex	vorhanden	
Rhabdoviren	Rabies (Tollwut)			
Coronaviren				
Arenaviren		helical		
Bunyaviren				
Paramyxoviren	Masernvirus			RNA-Viren
Orthomyxoviren	Influenzavirus			
Togaviren	Gelbfiebervirus			
Retroviren Oncoviren	Human-T-Zell-Leukämie -Viren (HTLV)	ikosahedral		
Spumaviren	Rinder-Syncytienvirus (BSV)			
Lentiviren	**Human Immuno- deficiency Virus (HIV)**			
Picornaviren	Hepatitis A		fehlt	
Reoviren	Rotavirus			

Spumaviren – gehört das HIV zu den Lentiviren (*lente* ist lateinisch für „langsam"). Typisch für Viren dieser Gruppe ist ihre Eigenschaft, sehr lange in der Wirtszelle zu persistieren, bevor sie sich vermehren und damit die Krankheit auslösen.

Der Lebenszyklus eines HIV-Virus (Abbildung 13.4) besteht in der Anheftung an eine Wirtszelle und dem anschließenden Eindringen in diese Zelle. Dort erfolgt die Umschreibung der Virus-RNA in DNA mit Hilfe der reversen Transkriptase. Die so gebildete Virus-DNA wird dann in die DNA der Wirtszelle eingebaut. Das Virus kann sich entweder latent verhalten, das heißt, es wird ein normaler Bestandteil der Wirtszell-DNA und wird bei jeder Zelltei-

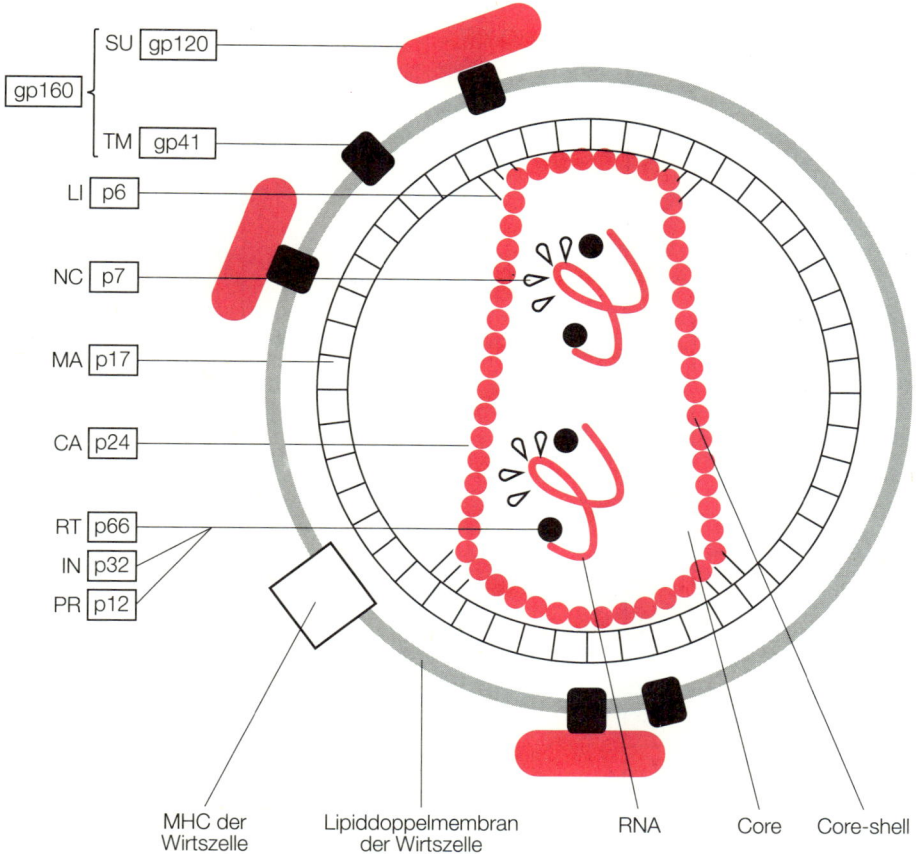

13.2 Schematische Darstellung des HIV-Virus. Die Virusproteine sind durch die Zusätze p für Protein, gp für Glykoprotein und einer Zahl, die das Molekulargewicht in Kilodalton angibt, bezeichnet. SU = Oberflächen-(*surface*)Protein [*knob*]; TM = Transmembranprotein; MA = Matrixprotein; Li = Verbindungsprotein (Link) [CEL *core envelope linker*]; CA = Capsidprotein; NC = Nucleocapsidprotein; PR = Protease; RT = Reverse Transkriptase; IN = Integrase.

lung gemeinsam mit der DNA der infizierten Zelle repliziert, oder das Virus vermehrt sich nach einer Aktivierung. Dabei kommt es zuerst zu einer Transkription der viralen Gene und zu deren Translation in die virusspezifischen Proteine sowie einer anschließenden Aggregation, dem „Assembly", von Proteinen und RNA. Wenn die Partikel die Zelle verlassen, benutzen sie einen Teil der Zellmembran als Virushülle (Knospung). Die so entstandenen Viren können weitere Zellen infizieren und sich somit verbreiten.

HIV-I

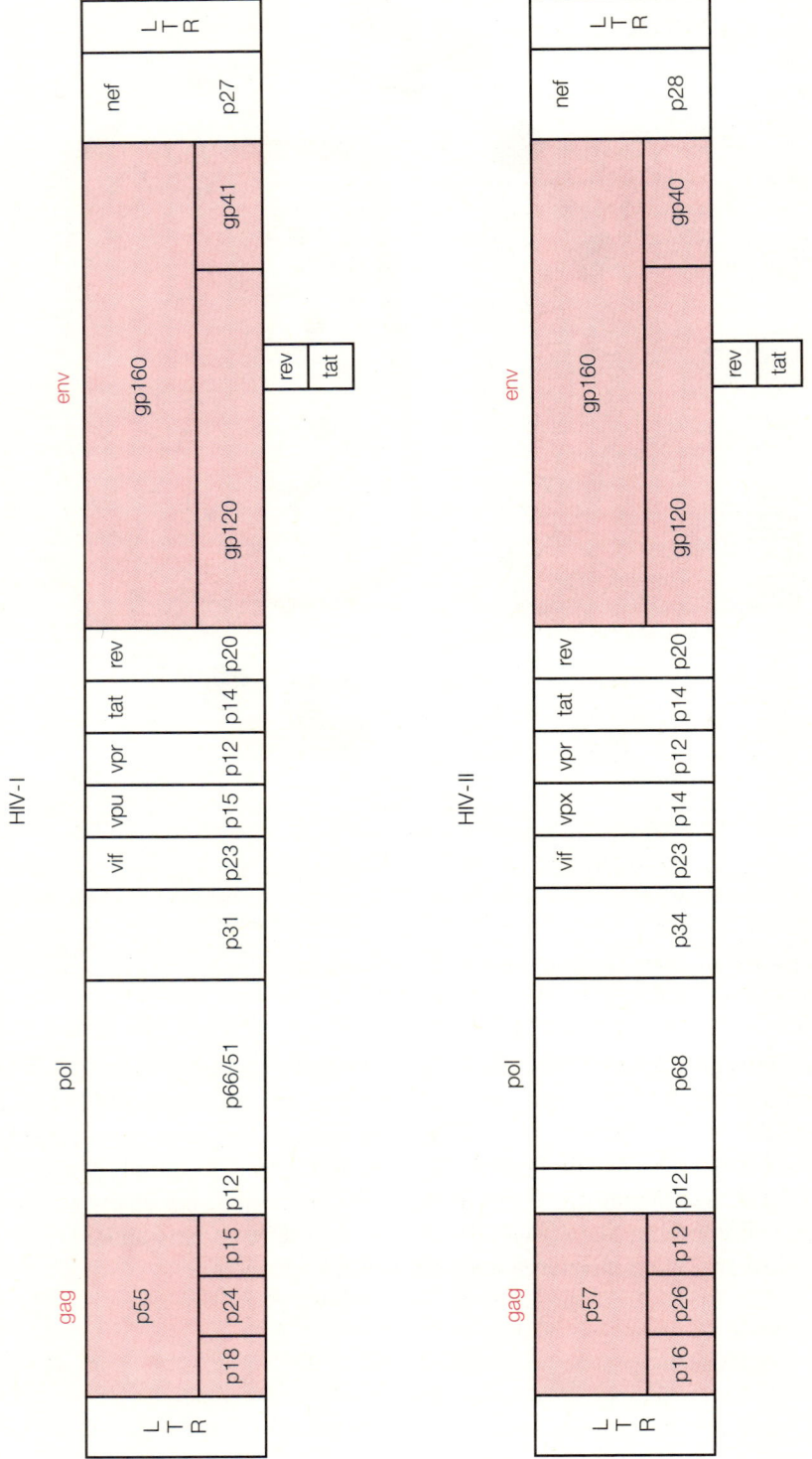

HIV-II

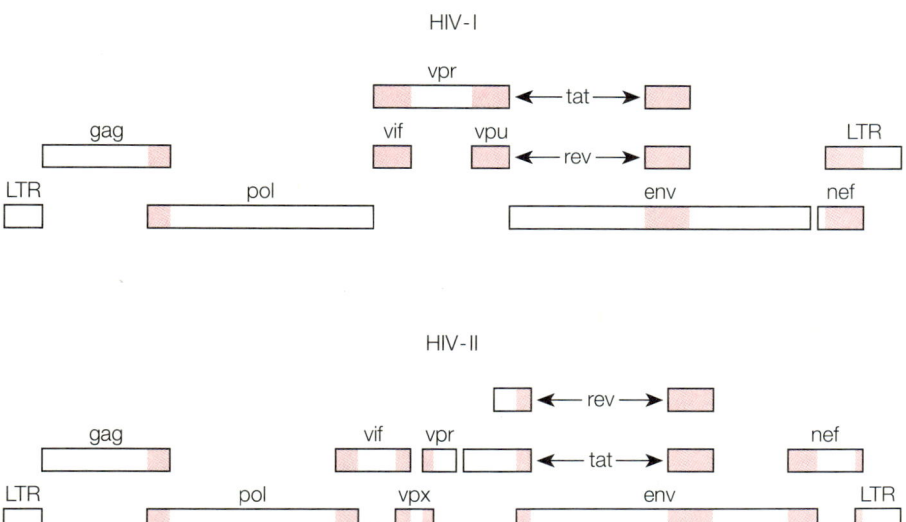

13.3 Genkarten von HIV-I und HIV-II. Theoretische Genkarten, bei denen die von HIV exprimierten Proteine schematisch nebeneinandergesetzt sind (linke Seite). Die Abbildung unten zeigt Genkarten der circa neun Kilobasen großen Genome der beiden HIV-Viren, in denen die entsprechenden Gene geschachtelt vorliegen, wodurch das Virus mit einem kleineren Genom auskommt, als es theoretisch erforderlich wäre. (Verändert nach Rübsamen-Waigmann und Hampel, Abbot Schriftenreihe.)

5. HIV und das Immunsystem

Um in die Zelle einzudringen, heftet sich HIV an das CD4-Molekül auf der Oberfläche dieser Zellen. Das Oberflächenprotein gp120 von HIV dient dabei als spezifischer Ligand für das CD4-Molekül. Es gibt auch CD4-unabhängige Infektionen von Zellen und eine Zell-Zell-Übertragung des Virus, doch können diese Wege im allgemeinen vernachlässigt werden. Das CD4-Molekül ist für das Immunsystem von entscheidender Bedeutung. Es kommt vor allem auf T_H-Zellen vor und restringiert die Interaktion mit MHC-II-Molekülen. Aber auch Monocyten/Makrophagen und die übrigen akzessorischen Zellen tragen CD4 und sind damit Zielzellen für das HIV.

Warum wird HIV nicht wie andere Viren durch Antikörper und cytotoxische T-Zellen aus dem Körper eliminiert, und warum zerstört es das Immunsystem? Wie im vorigen Abschnitt beschrieben, integriert sich das Virus in das Erbgut der Wirtszelle und verhält sich dort wie ein zelleigenes Gen. Durch diese Strategie ist das Virus für die Zellen des Immunsystems unsichtbar. Es befällt die beiden für die Steuerung des Immunsystems wichtigsten Zelltypen, die akzessorischen Zellen und die T_H-Zellen (Abbildung 13.5). Die akzessorischen Zellen stehen am Anfang nahezu aller immunologischen Prozesse. Die T_H-Zellen steuern alle spezifischen Immunreaktionen der B- und T-Zellen. Fallen diese beiden Zellpopulationen durch die HIV-Infektion aus, da es deren Funk-

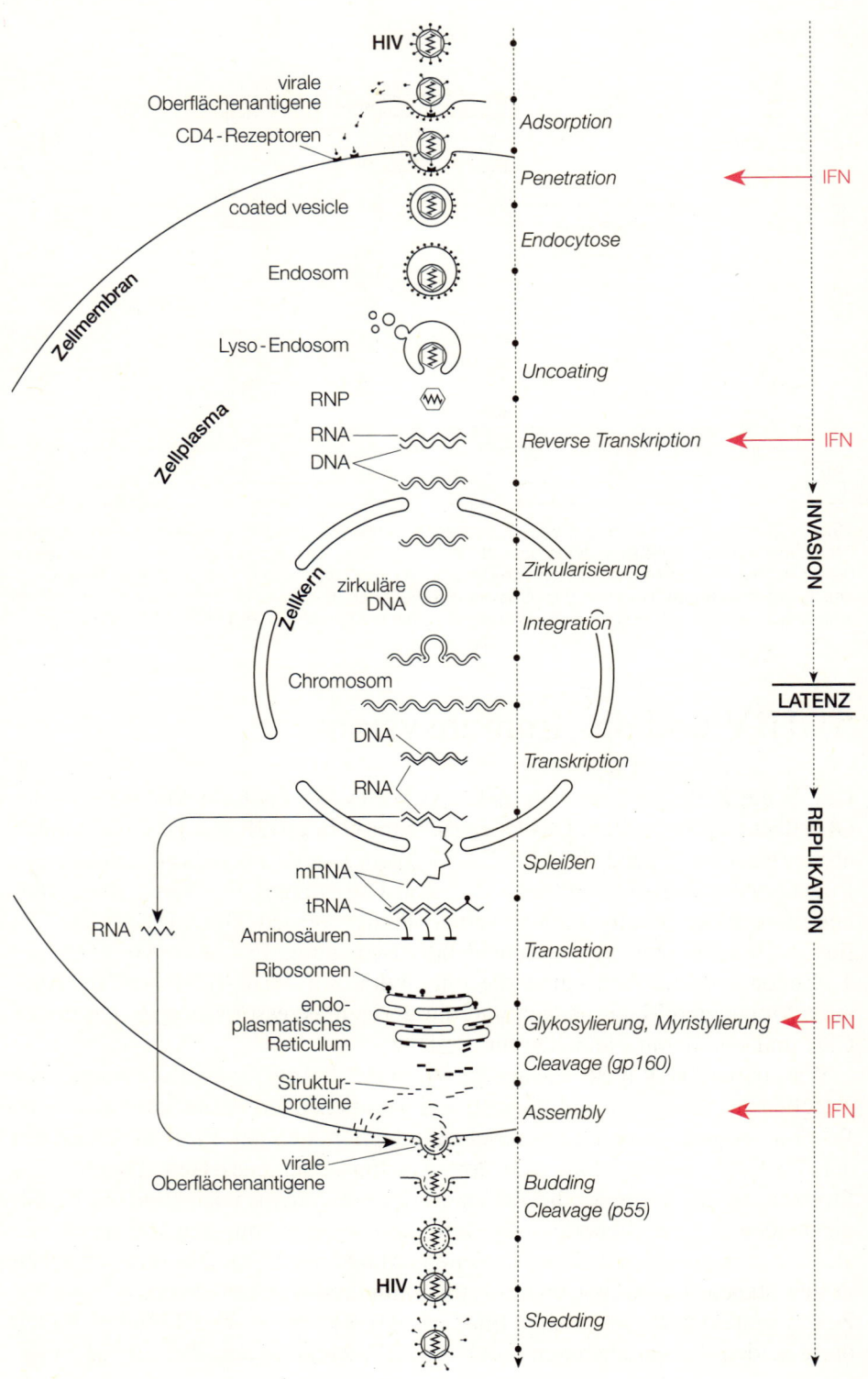

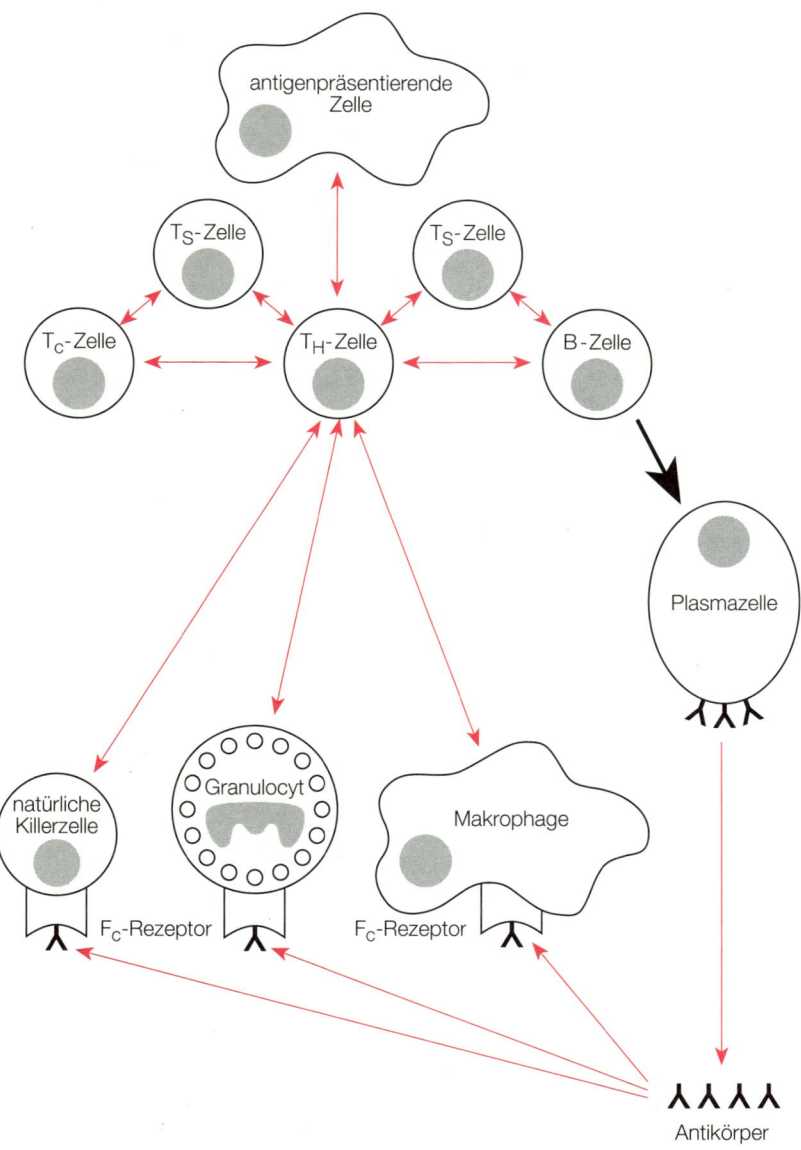

antigenpräsentierende Zelle

T_S-Zelle

T_S-Zelle

T_C-Zelle

T_H-Zelle

B-Zelle

Plasmazelle

natürliche Killerzelle

Granulocyt

Makrophage

F_C-Rezeptor

F_C-Rezeptor

Antikörper

13.5a

◄ **13.4** Lebenszyklus des HIV. Die Latenzphase ist zeitlich unbegrenzt, sie hängt von der Aktivierung der Wirtszelle ab. Interferone können an verschiedenen Stellen den Lebenszyklus des HIV unterbrechen. Deswegen wurden Interferone in verschiedenen Studien zur Eindämmung der AIDS-Erkrankung getestet. (Mit freundlicher Genehmigung von Koch, Spektrum der Wissenschaft, 1989.)

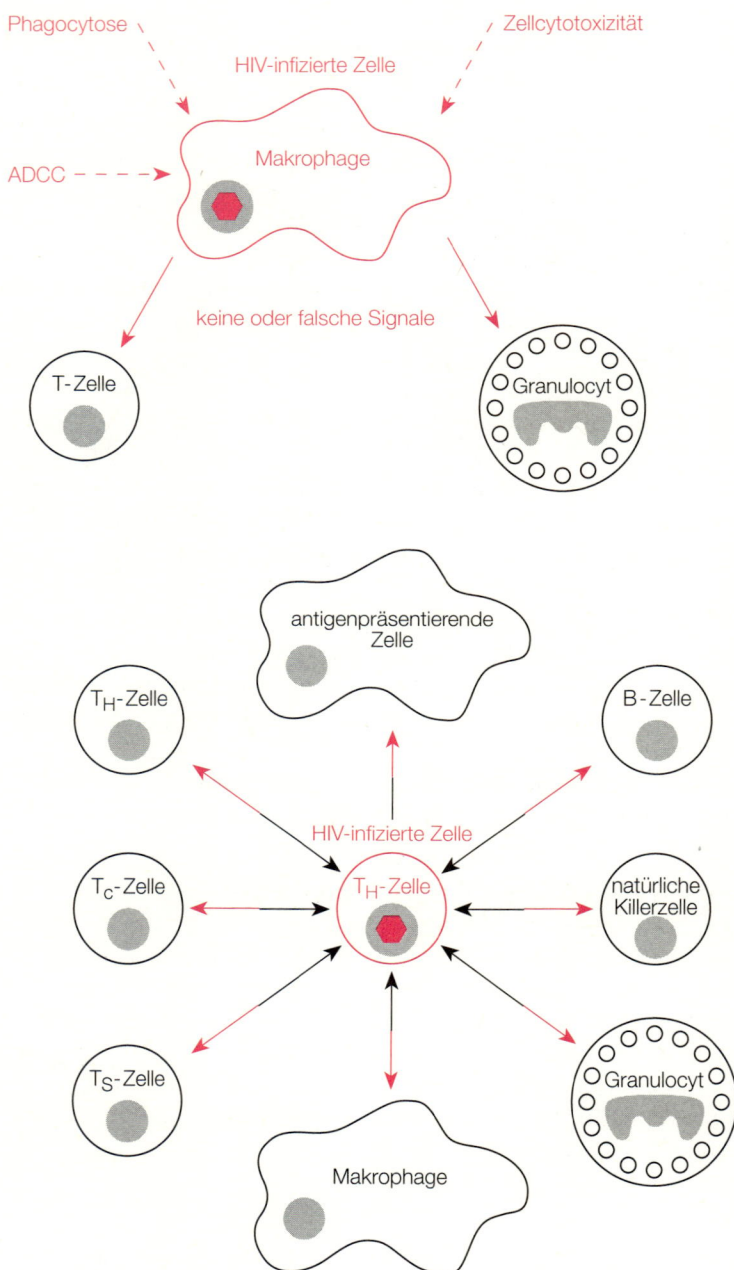

13.5 a) Übersicht über die normale Zusammenarbeit der Zellen im Immunsystem. b) Fallen T_H-Zellen beziehungsweise Makrophagen als zentrale Steuerzellen durch eine HIV-Infektion aus, so sind die von ihnen abhängigen Prozesse gestört, oder sie fehlen völlig. Schwarzer Pfeil zeigt normale Funktionen, gestrichelter Pfeil sympolisiert gestörte Funktionen, roter Pfeil bedeutet keine oder falsche Signale.

tion hemmt (Latenzphase) beziehungsweise diese Zellen zerstört (Vermehrungsphase), so kann die Immunantwort weder richtig beginnen (über die akzessorischen Zellen) noch richtig gesteuert werden (über die T_H-Zellen). Dadurch bringt das HIV das gesamte Immunsystem zum Erliegen, wodurch dieses nicht mehr gegen das HIV selbst oder gegen andere Erreger reagieren kann. Während der Latenzphase hemmt das HIV die natürlichen Funktionen dieser Zellen, bis es die Zellen zerstört, wenn das Virus anfängt sich zu vermehren. T_H-Zellen besitzen wesentlich mehr CD4-Moleküle als akzessorische Zellen und werden so häufiger befallen, das heißt die Frequenz infizierter Zellen ist höher. Klinisch ist bei HIV-Infizierten ein fortschreitender Abfall der T_H-Zellzahl festzustellen. Das Verhältnis von CD4$^+$- zu CD8$^+$-T-Zellen wird auch als diagnostischer Parameter für das Fortschreiten der AIDS-Erkrankung benutzt.

Warum eliminieren Antikörper das HIV nicht, sobald es aus Zellen in die Blutbahn gelangt? Zum einen kann sich das Virus sehr schnell verändern, indem es seine Antigenspezifitäten ändert und es so den Körper zur Bildung ständig neuer Antikörper anregt, da die zuvor gebildeten nicht mehr auf die veränderten Antigene reagieren. Ein noch größeres Problem ist aber die Eigenschaft des HIV, seine Oberflächenantigene abzuwerfen (*shedding*), wenn ein Antikörper an sie bindet. Dadurch sind Antikörper nahezu wirkungslos gegen das Virus. Das Virus schützt sich jedoch nicht nur gegen die Antikörper, sondern geht auch gegen die B-Zellen vor, indem es sie polyklonal, das heißt unspezifisch aktiviert. Im Blut kommen so erhöhte Werte von Immunglobulinen vor, die aber nicht gegen HIV gerichtet sind.

Der *Epstein-Barr-Virus* (EBV) spielt bei der Infektion der B-Zellen durch HIV eine wichtige Rolle. Über 90 Prozent der Bevölkerung sind positiv für EBV. Normalerweise verhält sich das Virus in unserem Körper latent. Bei immunsupprimierten HIV-Infizierten kann EBV wieder aktiv werden. Seine Wirtszellen sind B-Zellen, die nunmehr den Rezeptor für HIV, das Molekül CD4, exprimieren. Somit sind im Endstadium von AIDS alle spezifischen Immunzellen von HIV befallen.

Als Virusreservoir benutzt HIV die infizierten akzessorischen Zellen in allen Organen. Eine ganz wesentliche Rolle bei AIDS spielen die akzessorischen Zellen im Gehirn, die Mikroglia. Diese werden ebenfalls vom HIV befallen, da sie CD4 exprimieren. Der Befall des Gehirns ist bei AIDS sehr unterschiedlich, in den schlimmsten Fällen kann aber über die Hälfte des Gehirns durch das Virus zerstört werden.

Die hier beschriebenen Ausfälle treten mit fortschreitender AIDS-Erkrankung auf. Zuerst ist der HIV-Infizierte symptomlos, dann kommt es zu Lymphknotenschwellungen, dem Lymphadenopathiesyndrom (LAS). Die nächste Stufe ist der ARC (*AIDS Related Complex*), der durch Bakterien, Pilze, Protozoen und Viren hervorgerufene opportunistische Erkrankungen charakterisiert ist. Im letzten Stadium von AIDS kommen verschiedene Tumoren hinzu, von denen das Kaposi-Sarkom besonders häufig auftritt. Die verschiedenen Erkrankungen zehren den Körper nach und nach aus, was einen erheblichen Gewichtsverlust mit sich bringt. Letztlich ist der Patient so geschwächt, daß er an einer für gesunde Menschen harmlosen Infektion sterben kann.

6. Die Rolle von Cytokinen bei AIDS

Da die T_H-Zellen und Makrophagen das Immunsystem über Cytokine steuern, spiegelt sich also die geschwächte Funktion beziehungsweise der Ausfall dieser Zellen in der erniedrigten Produktion dieser Mediatoren wider. Einige Cytokine spielen bei AIDS eine entscheidende Rolle in der Progression, Diagnostik und Pathologie der Erkrankung.

HIV-infizierte T-Zellen mit ihrer verringerten Proliferationsrate bilden nur sehr wenig Cytokine und haben weniger IL-2-Rezeptoren (IL-2R) auf ihrer Oberfläche als nichtinfizierte T-Zellen. Entsprechend reagieren sie nicht so rasch auf IL-2. Dies hat für den Körper Vor- und Nachteile – vor allem aber ist die Immunantwort gestört. Wird die infizierte T-Zelle durch IL-2 zur Proliferation angeregt, entstehen viele, ebenfalls infizierte Tochterzellen, außerdem kann das latente HIV zur Replikation angeregt werden (Abbildung 13.6). Neu produzierte und freigesetzte Viren infizieren weitere Zellen. Jede Reaktion des Immunsystems bedeutet somit auch eine Vermehrung und Verbreitung des

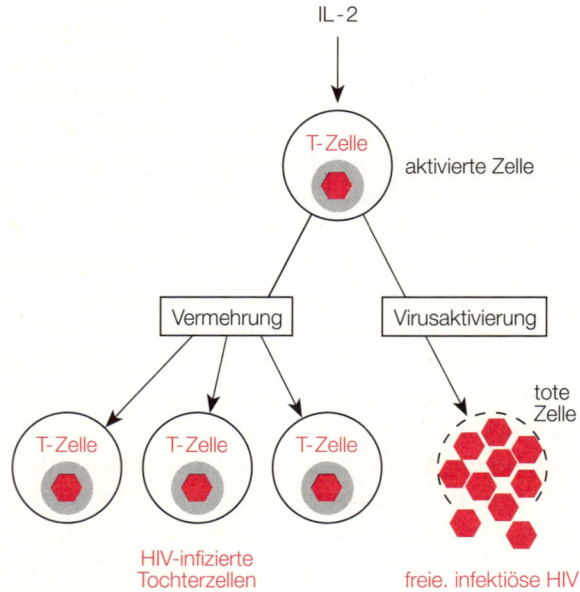

13.6 T-Helferzellen sind bei einer HIV-Infektion die hauptsächlich infizierte Zellpopulation. Durch IL-2 werden sie zur Vermehrung angeregt. Das Virus vermehrt sich so sowohl durch die Entstehung neuer Tochterzellen indirekt als auch direkt durch die Replikation, wodurch neue infektiöse Viren entstehen.

Virus im Körper. Angeregt wird die Virusvermehrung zudem durch die Mono-kine IL-1 und TNF, die vorwiegend von akzessorischen Zellen gebildet wer-den. Beide Cytokine aktivieren *HIV-Enhancer-Binding-Protein* (Abbildung 13.7), das für den Beginn der Virusreplikation sorgt.

In den akzessorischen Zellen (hauptsächlich Monocyten und Makrophagen), die vorwiegend als Virusreservoir dienen, ist die Replikationsrate geringer als in infizierten T-Zellen. Vermutlich unterdrückt endogenes Interferon in den Monocyten die HIV-Replikation. Verschiedene Cytokine fördern dagegen die Replikation in HIV-infizierten Makrophagen. Dies sind die Wachstumsfakto-ren für Monocyten, wie M-CSF, G-CSF, GM-CSF, IL-3 und TNF-α (Abbil-dung 13.8). Erstaunlicherweise wirkt Interleukin-4 noch wesentlich stärker als Virusaktivator in Monocyten, obwohl es eigentlich ein T-Zell-Stimulans ist. Alle drei Interferontypen können jedoch die HIV-Replikation beziehungswei-se das Virus-Assembly stören, je nach dem Zeitpunkt der Interferongabe und dem zeitlichen Zusammenhang mit der Infektion (Abbildung 13.4). Auch für TGF-β, das viele Cytokine supprimiert, konnte *in vitro* eine Hemmung der HIV-Replikation in bereits infizierten Zellen nachgewiesen werden. Werden Zellen dagegen mit TGF-β vorinkubiert oder während der Infektion mit HIV gleichzeitig mit TGF-β stimuliert, so erhöht auch TGF-β die HIV-Replikati-onsrate. Interessanterweise induziert HIV selbst TGF-β. Es ist sogar im Serum und in der Cerebrospinalflüssigkeit von HIV-Infizierten nachweisbar.

Unter den Cytokinen treten bei einer HIV-Infektion einige Besonderheiten auf. So findet man im Serum von HIV-Infizierten erhöhte Spiegel von säurelabilem IFN-α, einer abnormalen Variante des normalerweise säurestabilen IFN-α. Säu-relabiles IFN-α wurde bisher fast nur bei Lentivirusinfektionen beobachtet und scheint für diese ein charakteristisches Merkmal zu sein. Die Höhe des Spie-gels an säurelabilem IFN-α korreliert mit dem Fortschreiten der AIDS-Erkran-kung. Dieses Cytokin erhöht die TNF-α-Produktion von Monocyten.

TNF-α kommt offenbar bei der Pathogenese der HIV-Infektion eine große Rolle zu. HIV induziert die Ausschüttung von TNF-α in Monocyten. HIV-infizierte Zellen exprimieren mehr TNF-Rezeptoren auf ihrer Oberfläche, rea-gieren also auf TNF sensibler. Der TNF-Spiegel im Serum von HIV-Infizier-ten ohne Krankheitssymptome ist normal, bei Patienten mit dem klinischen Bild von AIDS dagegen stark erhöht. Die TNF-Konzentration in HIV-infizier-ten Zellen erhöht sich auch nach Stimulation mit LPS oder IFN-γ. Es wird vermutet, daß ein wesentlicher Teil der neuropathologischen Effekte von HIV auf die Wirkung von TNF zurückzuführen ist. Hierfür spricht der Nachweis von TNF in Gewebeschnitten aus dem Gehirn von verstorbenen Patienten mit schweren Formen von Neuro-AIDS.

Die Monokine IL-1 und IL-6 werden durch HIV ebenfalls induziert. IL-1 wirkt als T-Zellwachstumsfaktor fördernd auf die Virusvermehrung. IL-6 hin-gegen scheint ebenso wie TNF eine Rolle in der Neuropathologie von AIDS-Patienten zu spielen. Es kann bei AIDS-Patienten im Serum sowie in der Cerebrospinalflüssigkeit nachgewiesen werden.

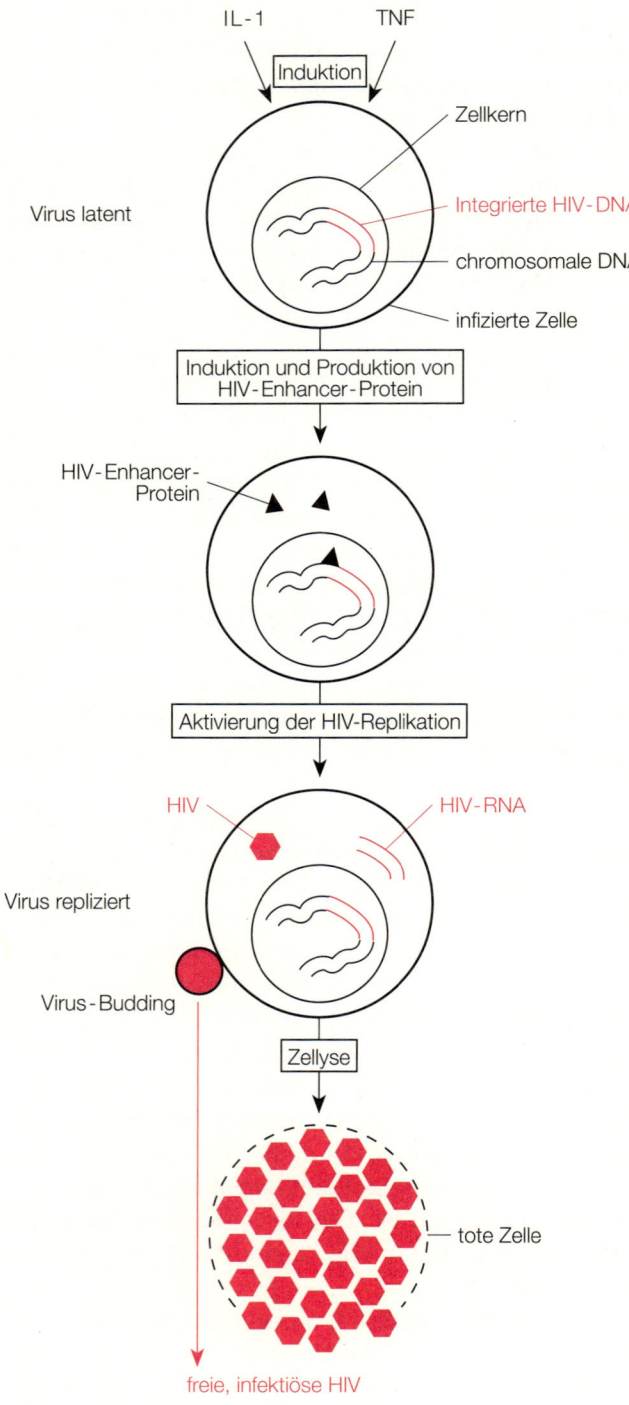

IL-1   TNF

Induktion

Virus latent

Zellkern

Integrierte HIV-DNA

chromosomale DNA

infizierte Zelle

Induktion und Produktion von HIV-Enhancer-Protein

HIV-Enhancer-Protein

Aktivierung der HIV-Replikation

HIV   HIV-RNA

Virus repliziert

Virus-Budding

Zellyse

tote Zelle

freie, infektiöse HIV

13.7 HIV hat sich so gut an das Immunsystem angepaßt, daß es dessen Abwehrsignale zu seinem eigenen Vorteil nutzt. Die Monokine IL-1 und TNF, die am Anfang vieler immunologischer Abwehrprozesse stehen, stimulieren die HIV-Replikation über die Aktivierung des HIV-Enhancer-Proteins.

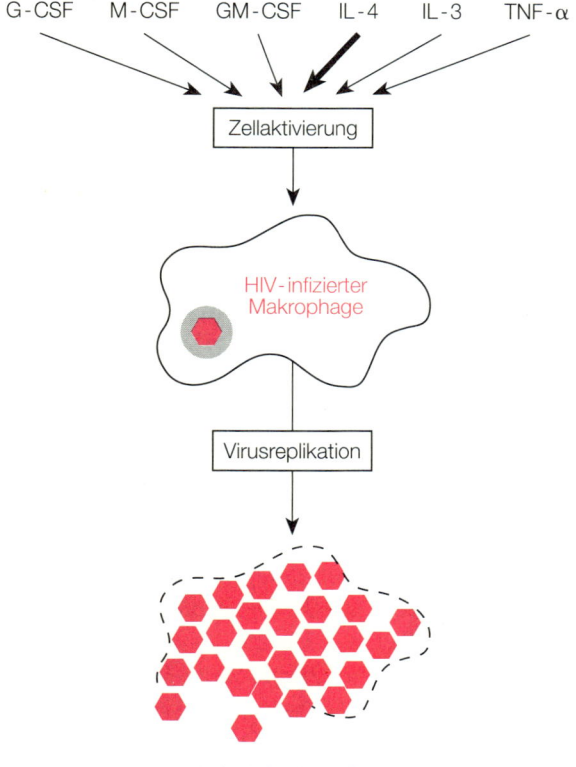

13.8 Akzessorische Zellen bilden ein Reservoir für HIV in allen Organen; die Replikationsrate ist allerdings nur gering. Sie exprimieren den Rezeptor für das Virus (CD4). Monocyten/Makrophagen, die Hauptvertreter der akzessorischen Zellen, können durch verschiedene Stimulantien zur Aktivierung des latenten HIV gebracht werden.

7. Zusammenfassung und Perspektiven

Leider steckt die Cytokinforschung bei HIV noch in den Anfängen. Therapieversuche mit IFN haben bisher nur geringen Erfolg gebracht. Allerdings muß man anmerken, daß das einzige bei AIDS wirksame Medikament, das AZT (3′-Azido-2′,3′-Dideoxythymidin), den Krankheitsverlauf nur verlangsamt und zudem starke Nebenwirkungen aufweist. Möglicherweise gelingt es in Zukunft durch Unterdrückung der Cytokinproduktion, das Virus an seiner Replikation in den Wirtszellen zu hindern. Durch Kombinationstherapien könnte dieser Effekt gesteigert, und eventuell eine T-Zell-Cytotoxizität gegen HIV-infizierte Zellen erreicht werden.

Diese Immuntherapie wird dem Ziel dienen, bereits infizierte Menschen symptomfrei zu halten. Ziel der HIV-Forschung muß es jedoch bleiben, einen Impfstoff gegen das Virus zu entwickeln.

Literatur

Ameisen, J. C.; Capron, A. *Cell dysfunction and depletion in AIDS: The programmed cell death hypothesis.* In: *Immunology Today* 12 (1991). S. 102–105.

Bundesgesundheitsamt (Herausg.). *Die HIV-Infektion (AIDS)* In: *Schleswig-Holsteinisches Ärzteblatt* 12 (1991). S. 29–34.

Eiden, L.E.; Lifson, J. D. *HIV interactions with CD4: A continuum of conformations and consequences.* In: *Immunology Today* 13 (1992). S. 201–206.

Farrar, W. L.; Korner, M.; Clouse, K. A. *Cytokine regulation of human immunodeficiency virus expression.* In: *Cytokine* 3 (1991). S. 531–542.

Fox, C. H.; Cottler-Fox, M. *The pathobiology of HIV infection.* In: *Immunology Today* 13 (1992). S. 353–356.

Goebel, F.-D. *HIV-Infektion und AIDS.* In: *Deutsches Ärzteblatt* 88 (1991). S. A-475–A-488

Habeshaw, J. A.; Dalgleish, A. G.; Bountiff, L.; Newell, A. L.; Wilks, D.; Walker, L. C.; Manca, F. *AIDS pathogenesis: HIV envelope and its interaction with cell proteins.* In: *Immunology Today* 11 (1990). S. 418–425.

Janossy, G. *Immune parameters in HIV infection – A practical guide.* In: *Immunology Today* 12 (1991). S. 255–256.

Maass, G. *Was wir heute über den Erreger der AIDS-Infektion wissen.* In: *Deutsches Ärzteblatt* 88 (1991). S. A-466–A-472.

Meltzer, M. S.; Skillman, D. R.; Hoover, D. L.; Hanson, B. D.; Turpin, J. A.; Kalter, C.; Gendelman, H. E. *Macrophages and the human immunodeficiency virus.* In: *Immunology Today* 11 (1990). S. 217–223.

Miedema, F.; Tersmette, M.; Lier, R. A. W. van. *AIDS pathogenesis: A dynamic interaction between HIV and the immune system.* In: *Immunology Today* 11 (1990). S. 293–297.

Pinching, A. J.; Nye, K. E. *Defective signal transduction – A common pathway for cellular dysfunction in HIV infection?* In: *Immunology Today* 11 (1990). S. 256–259.

Rosenberg, Z. F.; Fauci, A. S. *Immunopathogenic mechanisms of HIV infection: Cytokine induction of HIV expression.* In: *Immunology Today* 11 (1990). S. 176–180.

Sonigo, P.; Girard, M.; Dormont, D. *Design and trials of AIDS caccines.* In: *Immunology Today* 11 (1990). S. 465–471.

14. Transplantation

1. Einleitung

Der menschliche Körper besteht aus einer Vielzahl von hochspezialisierten Organen, von denen jedes einzelne eine wichtige Funktion ausübt. Der Ausfall von Organen hat für den Betroffenen unterschiedliche Konsequenzen: Bei einigen ist lediglich die Lebensqualität eingeschränkt, zum Beispiel bei Verlust des Augenlichtes. Dahingegen bedeutet das Versagen anderer Organe, zum Beispiel der Niere, die Abhängigkeit von technischen Hilfsmitteln (Dialysegerät). Einige Organe sind lebenswichtig und können nicht durch technische Hilfsmittel ersetzt werden. Der Ausfall dieser Organe, zum Beispiel Herz oder Leber, bedeutet für die betroffene Person den sicheren Tod. Um das Leben dieser Menschen zu retten oder deren Lebensqualität zu steigern, hilft nur eine Organtransplantation. Bei einer Transplantation wird das kranke Organ gegen ein gesundes ausgetauscht. Wächst das fremde Organ im Körper an, so übernimmt es dort alle Funktionen so wie früher das körpereigene Organ.

Die Organspenden stammen dabei von Lebenden oder von Verkehrsopfern, deren Angehörige einer Organspende zugestimmt haben. Die Lebendorganspende läßt sich nur für die Haut, das Knochenmark oder eine Niere durchführen, um den Spender nicht in seiner eigenen Lebensqualität zu beeinflussen. Aus ethischen Gesichtspunkten ist in Deutschland, im Gegensatz zu anderen Ländern, eine Lebendorganspende von Nieren nur unter Blutsverwandten erlaubt, damit ein Handel mit menschlichen Organen unterbunden wird. Knochenmark- und Hautspenden beeinträchtigen dagegen den Spender gesundheitlich nicht. Sie werden in kurzer Zeit vom Körper nachgebildet.

Der Ersatz eines defekten Organs durch ein intaktes von Mensch oder Tier wurde schon um 800 bis 750 Jahre vor unserer Zeitrechnung vorgenommen. In überlieferten Schriften kann man den Versuch der Hauttransplantation durch Hinduchirugen nachlesen. Erst über 2000 Jahre später finden wir Hinweise auf ähnliche Erfahrungen in Europa. Von diesen ursprünglichen Versuchen bis zur heutigen Transplantationsimmunologie und -chirurgie war es jedoch ein langer Weg. 1954 gelang in Boston (USA) die erste erfolgreiche Nierentransplantation zwischen Zwillingen und 1967 die erste Herztransplantation. Heute sind Nierentransplantationen eine Routineoperation. Die Zahl der Organübertragungen steigt von Jahr zu Jahr und wird heutzutage nicht mehr durch die technischen Probleme bei den Operationen, sondern durch die nicht in genügender Zahl zur Verfügung stehenden Spenderorgane limitiert. Weltweit sind wesentlich mehr Patienten auf den Wartelisten der Transplantationszentren als Organspenden zur Verfügung stehen. Aus diesem Grund wird eine Dringlichkeitseinstufung bei den Patienten vorgenommen, die auf eine Organspende warten.

Heute werden Organtransplantationen weltweit durchgeführt. Es gibt dafür verschiedene Organisationen, zum Beispiel Eurotransplant, die die Zusammenführung von Spenderorganen und passenden Organempfängern auch über Landesgrenzen hinweg organisieren. Übertragen werden Niere, Herz, Leber, Bauchspeicheldrüse (Pankreas), Lunge (immer zusammen mit dem Herzen als Herz-Lungen-Transplantation), Teile der Haut, Hornhaut (Cornea) und Knochenmark (Tabelle 14.1). An erster Stelle stehen Nierentransplantationen. Hier sind sowohl die Operationstechnik als auch die immunologische Behandlung soweit fortgeschritten, daß über 90 Prozent der Organe über ein Jahr im Körper des Empfängers funktionsfähig bleiben und von diesem nicht abgestoßen werden (Ein-Jahr-Überlebensrate). Die Ein-Jahr-Überlebensrate für ein transplantiertes Herz liegt mittlerweile bei 80 Prozent und die für eine transplantierte Leber bei über 70 Prozent. Bei der Hornhauttransplantation hängt die Ein-Jahr-Überlebensrate sehr stark davon ab, ob die Cornea vaskularisiert (mit Äderchen durchsetzt) ist oder nicht. Die nicht-vaskularisierte Cornea hat eine Ein-Jahr-Überlebensrate von 85 Prozent, die vaskularisierte hingegen nur eine von 33 Prozent.

Tabelle 14.1: Organe, die heutzutage transplantiert werden und die häufigsten Ursachen für die Notwendigkeit einer Transplantation. (Verändert nach Roitt et al., Georg Thieme Verlag, 1991.)

transplantiertes Organ	Ursache
Knochenmark	Leukämie (Blutkrebs)
Herz	mehrfacher Herzinfarkt, schwere, nicht operative Herzfehler
Leber	Hepatome (Leberkrebs)
Bauchspeicheldrüse (Pankreas)	Diabetes
Haut	Verbrennungen
Hornhaut (Cornea)	Schädigungen der Hornhaut
Lunge (Herz-Lungen-Paket)	Lungenschädigungen (Wasseransammlung, Kollabierung)
Nieren	Dialysepatienten (Nierenkrebs, Diabetes)

Voraussetzung für das Überleben eines Transplantats ist das Anwachsen im Körper und die Akzeptanz durch das Immunsystem. Die Abstoßungsgefahr für ein Organ ist um so größer, je mehr fremde Gewebeantigene (MHC-Moleküle) auf den Zellen exprimiert werden. Für eine Abstoßungsreaktion muß das Immunsystem aber erst mit dem neuen Organ in Kontakt kommen. Bei Organen, die abgeschirmt vom Immunsystem sind, spricht man von priviligierten Organen. Diese können transplantiert werden, ohne daß es zu Immunreaktionen kommt. Wie sich jedoch bei der Hornhaut zeigt, kann ein eigentlich priviligiertes Organ diese Eigenschaft verlieren und durch Vaskularisierung mit dem Immunsystem in Kontakt treten.

2. Immunologische Grundlagen der Organtransplantation

Die zellulären und löslichen Komponenten des Immunsystem haben die Aufgabe, alle körperfremden Stoffe abzutöten oder unschädlich zu machen und aus dem Körper zu eliminieren. Für die Erkennung von Fremdantigenen sind spezielle Zellen mit spezifischen Rezeptoren (T-Zell-Rezeptor und Antikörper) verantwortlich. Gegenüber körpereigenen Strukturen bildet das Immunsystem eine Toleranz aus, daß heißt, gegen den eigenen Körper reagiert das Immunsystem normalerweise nicht.

Vor einer Organübertragung werden die Blutgruppe und der Gewebetypus bestimmt. Beide sollten bei Spender und Empfänger weitgehend übereinstimmen, um die Gefahr einer Abstoßung möglichst gering zu halten. Der Gewebetypus eines Menschen wird durch den Haupthistokompatibilitätskomplex (MHC) bestimmt. Aufgrund der komplexen genetischen Grundlage gibt es für die zwei MHC-Klassen jeweils eine Vielzahl von Kombinationsmöglichkeiten. Die Wahrscheinlichkeit, daß zwei nicht verwandte Menschen einen vollkommen identischen MHC der Klasse I aufweisen, ist nach dem heutigen Wissensstand circa 1 : 400 000. Für die Organtransplantation ist auch der MHC II entscheidend, und somit ist die Wahrscheinlichkeit für zwei MHC-identische Menschen noch geringer.

Eine Organtransplantation stellt eine künstlich herbeigeführte Situation dar, bei der das Immunsystem entgegen der natürlichen Bedingungen mit Geweben anderer Menschen in Kontakt kommt (Abbildung 14.1). Die Abstoßung – oder, besser, die Immunreaktion des Körpers gegen das Transplantat – ist deswegen auch keine spezielle Eigenschaft des Immunsystems für diesen Fall, sondern eine unerwünschte Begleiterscheinung. Die Reaktion des Empfängers gegen das Spenderorgan nennt man Host-versus-Graft-Reaktion (HvGR). Dabei reagiert das Immunsystem gegen die fremden Gewebeantigene. Der körperfremde MHC des Transplantats hat für die T-Zellen das Aussehen des Komplexes von „Selbst" und „Fremd" und wird deswegen von diesen angegriffen. Das Transplantat kann auch von Antikörpern erkannt werden, welche die vom eigenen MHC abweichenden Strukturen des Spender-MHC erkennen.

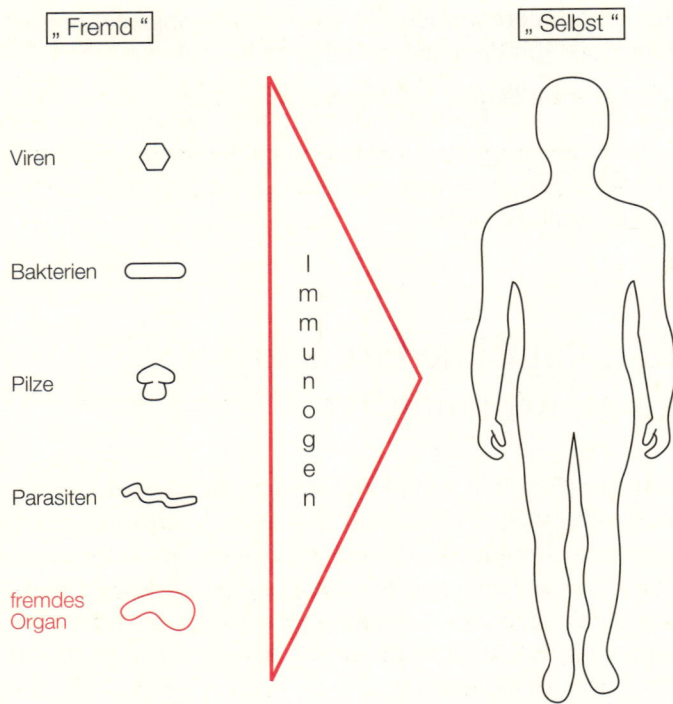

„ Fremd "   „ Selbst "

Viren

Bakterien

Pilze

Parasiten

fremdes
Organ

Immunogen

14.1   Die meisten Stoffe außerhalb unseres Körpers („Fremd") wirken immunogen. Unser Immunsystem schützt vor Krankheiten, kann aber auch bei Überreaktion Allergien oder bei Fehlreaktionen Autoimmunität auslösen. Die Transplantatabstoßung bedeutet nur eine genaue Arbeitsweise des Immunsystems.

Voraussetzung für das Überleben eines Transplantates im Empfänger ist deswegen neben der Blutgruppenübereinstimmung die weitestgehende Übereinstimmung des MHC vom Spender und Empfänger. Beim Menschen werden die Genprodukte des MHC als HLA (*human leukocyte antigen*) bezeichnet. Das HLA-System wird in verschiedene Untergruppen eingeteilt, von denen man vor einer Organtransplantation die Subtypen HLA-B und HLA-DR typisiert, da diese die höchste Immunogenität haben (Tabelle 14.2). HLA-A, HLA-B und HLA-C sind Subtypen des MHC I und HLA-DR, HLA-DQ und HLA-DP sind Subtypen von MHC II. Die Gewebetypisierung wird klinisch in der Regel mit Antiseren gegen die verschiedenen HLA-Antigene durchgeführt.

Eine Bestimmung auf genetischer Ebene, daß heißt die direkte Analyse der vorhandenen HLA-Gene, wird heutzutage aus Zeitgründen nur bei Lebendorganspenden und damit vor allem bei der Knochenmarktransplantation durchgeführt. Die Knochenmarkspende ist in vielerlei Hinsicht ein Sonderfall, da jeder – vergleichbar der Blutspende – auch Knochenmark spenden kann, die Zeit in der Regel nicht limitiert ist und so Spender und Empfänger untersucht werden können. Ungünstig gegenüber anderen transplantierten Organen ist, daß es zu starken Reaktionen gegen den Empfänger kommen kann (siehe

Tabelle 14.2: Voraussetzungen, welche die Überlebensrate eines Transplantats erhöhen, also die Wahrscheinlichkeit für eine HvGR oder GvHR erniedrigen. Je nach Transplantat können die einzelnen Punkte begünstigende Faktoren oder zwingende Voraussetzungen sein. (Verändert nach Roitt et al., Georg Thieme Verlag, 1991.)

Blutgruppenübereinstimmung
HLA-Übereinstimmung
MLC negativ
Alter des Empfängers
Vorerkrankungen des Empfängers
Bluttransfusion vom Spender

unten). Weltweit erfolgt die genetische Typisierung mit der zeitaufwendigen (bis zu zwei Tagen) RFLP-Methode (*Restriction Fragment Length Polymorphism*). Diese Methode kann bei toten Organspendern nicht angewandt werden, da die Organe nach der Durchführungszeit nicht mehr verwendungsfähig wären. Eine Möglichkeit, die genetische Typisierung zeitlich zu verkürzen, bietet seit kurzem die PCR-Methode (*Polymerase Chain Reaction*), eine neue molekularbiologische Technik um schnell geringste DNA-Mengen zu analysieren. Die genetische Typisierung hat auch gezeigt, daß es genetisch mehr HLA-Typen gibt, als bisher serologisch erkannt wurden.

Die Untersuchung hinsichtlich der Verträglichkeit von Spender- und Empfängergeweben wird Matching genannt, bei der fehlenden Übereinstimmung eines Antigens spricht man von einem Mismatch. Tritt ein Mismatch bei HLA-B oder HLA-DR auf, so sinkt die Ein-Jahr-Überlebensrate für transplantierte Nieren unter 90 Prozent. Mit jedem Mismatch in diesen beiden Genloci sinkt die Ein-Jahr-Überlebensrate. Bei vier Mismatchen liegt sie nur noch bei 70 Prozent.

Es gibt durchaus auch den Fall, daß das Spenderorgan gegen den Wirt reagiert. Diese GvH-Reaktion (*Graft versus Host Reaction*) (Abbildung 14.2) kann theoretisch bei jeder Organtransplantation auftreten. GvHR bedeutet jedoch, daß das Organ des Spenders oder genauer das Immunsystem des Spenders gegen den Wirt, also den Empfänger, reagiert. In den meisten transplantierten Organen ist die Anzahl von Immunzellen sehr limitiert, so daß die GvHR in den meisten Fällen vernachlässigt werden kann. Ganz anders ist dies bei der Transplantation von Knochenmark, dem Bildungsort aller Immunzellen des Blutes. Vor einer solchen Transplantation wird deswegen die Verträglichkeit zwischen Immunzellen des Spenders und des Empfängers überprüft. Dabei mischt man Leukocyten des Spenders mit denen des Empfängers in einem Zellkulturansatz (MLC oder MLR für *Mixed Lymphocyte Culture/Reaction*). Der Testansatz für die Kultur dauert mindestens zwei Tage und kann deswegen nicht, wie die genetische Typisierung, bei jeder Organspende durchgeführt werden.

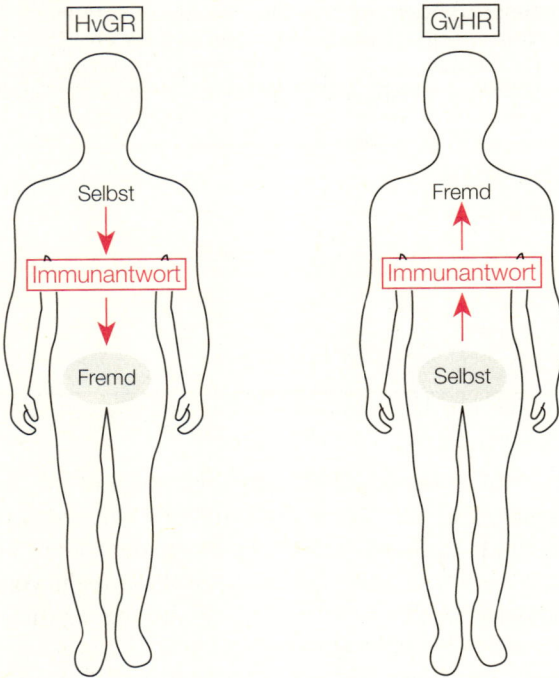

14.2 Das Transplantat, also das Spenderorgan, kann vom Empfänger abgestoßen werden (HvGR). Umgekehrt kann aber auch das Organ gegen den Empfänger reagieren (GvHR). Beide Reaktionen bedeuten eine Gefahr für den Organempfänger.

In der MLC sieht man, ob Lymphocyten des Spenders gegen Zellen des Empfängers oder umgekehrt reagieren. Die Reaktionen in der MLC werden ebenfalls von Cytokinen gesteuert, vor allem von IL-2 und IFN-γ, die für eine Vermehrung und Bildung der cytotoxischen T-Zellen verantwortlich sind. Der Abstoßung des Transplantats beziehungsweise der Reaktion der Immunzellen des Organspenders gegen den Körper des Empfängers geht somit immer eine Aktivierung des Immunsystems voran. Dies ist auch der Grund, warum alle Organempfänger mit Immunsuppressiva behandelt werden, und ihr Immunsystem damit in seinen Funktionen soweit unterdrückt wird, daß eine immunologische Reaktion gegen das Transplantat unwahrscheinlicher wird. Allerdings darf das Immunsystem nicht völlig unterdrückt werden, da der Körper sich sonst nicht gegen Infektionen zur Wehr setzen könnte – man hätte gewissermaßen einen Ausfall des Immunsystems wie bei AIDS.

Für die Immunsuppression stehen heutzutage drei verschiedene Möglichkeiten zur Verfügung, die chemische Immunsuppression, die Behandlung mit monoklonalen Antikörpern und die Bestrahlung. Die Bestrahlung wird nur noch selten angewandt, da die Nebenwirkungen zu groß sind. Allerdings wird das Knochenmark von Empfängern vor einer Knochenmarktransplantation bestrahlt, wodurch neben den Leukämiezellen auch das Immunsystem abgetötet wird. Die Immunsuppression mit monoklonalen Antikörpern gegen T-Zellen wird vor allem bei akuten Abstoßungskrisen angewandt, um die angelaufene Immunreaktion schnell zu unterdrücken. Verwendet werden Antikörper gegen CD3, LFA-1 und den IL-2-Rezeptor. Am besten funktioniert die chemische Immunsuppression durch Azathioprin, Corticosteroide, FK506 und vor allem Cyclosporin. Cyclosporin ist zur Zeit das am meisten verwendete und am besten wirkende Immunsuppressivum nach Transplantationen.

3. Rolle der Cytokine in der Transplantationsimmunologie

Wie erwähnt, treten in den Abstoßungsreaktionen GvHR- beziehungsweise HvGR-Cytokine auf, die für die T-Zell-Aktivierung zuständig sind. Diese Reaktionen sind für den Körper somit normale immunologische Vorgänge gegen Fremdkörper. Man versucht heute bei der Immunsuppression spezifisch die Aktivierung von cytotoxischen T-Zellen durch Cytokine zu unterbinden.

Die immunsuppressive Wirkung der Corticosteroide beruht unter anderem auf einer Hemmung der Aktivität der akzessorischen Zellen, da sie die Ausschüttung von IL-1 vermindern; sie wirken also auf den Anfangspunkt von immunologischen Reaktionen vor allem bei bakteriellen Infektionen (Abbildung 14.3). Diese wirkungsvolle Immunsuppression ist allerdings sehr unspe-

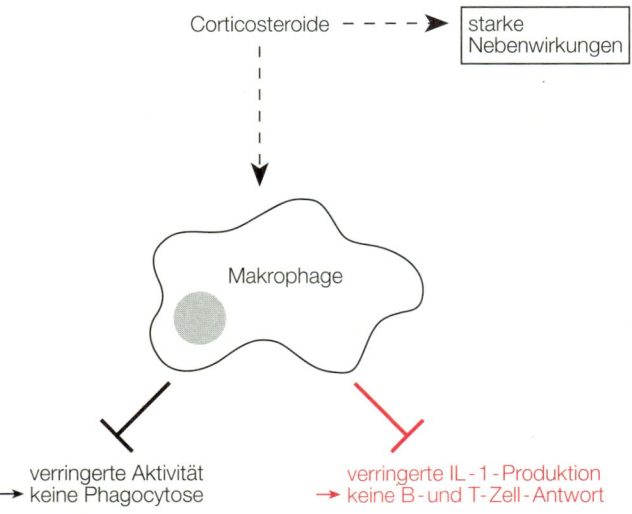

14.3 Corticosteroide hemmen die Aktivität von akzessorischen Zellen, vor allem die der Makrophagen. Außerdem senken diese Substanzen deren IL-1-Freisetzung. Damit wird eine mögliche Immunreaktion von Anfang an unterdrückt.

zifisch und unterdrückt auch die T-Zell- und B-Zell-Antwort. Die Corticosteroide inhibieren also durch Hemmung der Signalwege am Anfang der Immunreaktion die gesamte Immunantwort. Zudem haben die Substanzen sehr starke Nebenwirkungen und können dadurch nicht als Langzeittherapie angewandt werden.

Azathioprin ist ein Analogon zu Bausteinen der DNA und hemmt die Zellteilung und somit die für eine Immunantwort notwendige Vermehrung der B- oder T-Zellen (Abbildung 14.4). Diese Substanz unterdrückt somit sämtliche Immunreaktionen und beeinflußt durch die Inhibierung der Zellteilung auch andere Organe.

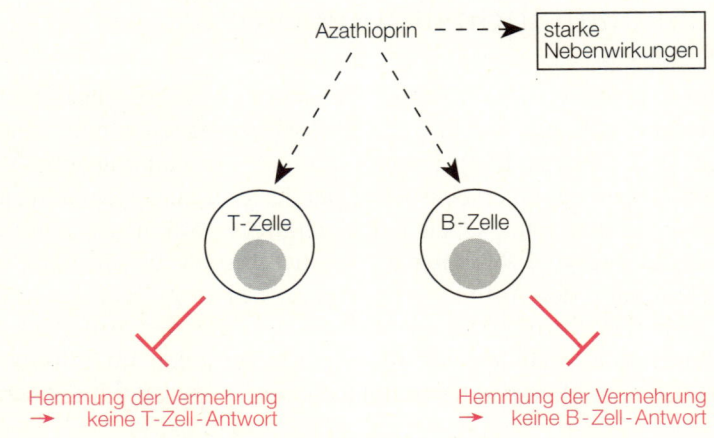

14.4 Azathioprin verhindert die Zellteilung und -vermehrung. Da das Immunsystem eines der stärksten proliferativen Zellsysteme ist, ist es besonders stark betroffen.

Cyclosporin A und FK506 hemmen die Freisetzung von IL-2 (Abbildung 14.5). Damit unterdrücken diese beiden Substanzen spezifisch die T-Zell-Vermehrung und somit vor allem die T-Zell-Antwort. Das Immunsystem des Körpers wird dadurch nicht vollkommen ausgeschaltet. Dies ist auch der Grund, warum Cyclosporin heute ein oft verwendetes Immunsuppressivum nach Transplantationen ist.

Den gleichen Signalweg spricht die Therapie mit Antikörpern gegen den IL-2-Rezeptor (IL-2R) an. IL-2R kommt vor allem auf T-Zellen vor und hier zunächst auch nur in der niedrigaffinen Form. Erst durch Aktivierung wird der hochaffine IL-2R auf der Oberfläche exprimiert – er ist somit ein Marker für aktivierte T-Zellen. Antikörper gegen den hochaffinen IL-2R sind deshalb spezifisch für aktivierte T-Zellen und können so die T-Zell-Aktivierung stoppen.

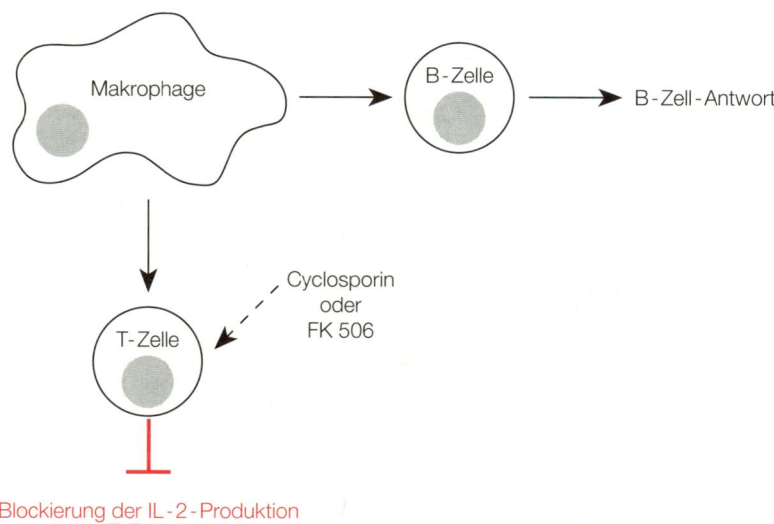

14.5 Cyclosporin und FK506 hemmen die IL-2-Produktion, wodurch unter anderem die Vermehrung von T-Zellen inhibiert wird.

4. Zusammenfassung und Perspektiven

Eine Transplantation ist bei Ausfall bestimmter Organe oftmals die letzte Rettung für die betroffenen Personen. Voraussetzung für eine erfolgreiche Organübertragung sind die Übereinstimmung des Gewebetypus und der Blutgruppe von Spender und Empfänger. Des weiteren ist eine Immunsuppression von großer Bedeutung, die das Immunsystem nur soweit unterdrückt, daß es funktionsfähig bleibt, aber das neue Organ nicht angreift. Neue molekularbiologische Techniken werden es bald ermöglichen, Gewebetypisierungen durch Analyse der HLA-Gene vorzunehmen und so eine genauere Bestimmung als mit Antiseren zu erzielen. Ähnliche Verfahren werden auch die Dauer der Zellkulturverfahren so verkürzen, daß man auch diese bei jeder Organspende durchführen kann. Durch die MLC lassen sich Inkompatibilitäten erfassen, die man auf genetischer Ebene nur schwer oder nicht bestimmen kann. Diese Verfahren werden dazu führen, daß man das Spenderorgan noch besser auf den Empfänger abstimmen kann.

Wenn man die Aktivierungswege im Immunsystem noch besser versteht, wird es möglich sein, diese noch spezifischer zu blockieren. Eine gezielte Therapie gegen cytotoxische T-Zellen würde dann nur diese Zellen hemmen, und andere T-Zellen (zum Beispiel T_H-Zellen) nicht beeinflussen. Denkbar wäre auch eine Ausschaltung der T_{H1}-Zellen, um die cytotoxische T-Zell-Antwort zu vermindern. Der Einsatz von antagonistisch zu IFN-γ wirkenden Cytokinen könnte hier eine Möglichkeit sein.

Literatur

Accolla, R. S.; Auffray, C.; Singer, D. S.; Guardiola, J. *The molecular biology of MHC genes.* In: *Immunology Today* 12 (1991). S. 97–99.

Bos, G. J.; Majoor, G. D.; Vriesman, P. J. C. v.B. *Graft-versus-host disease: The need for a new terminology.* In: *Immunology Today* 11 (1990). S. 433–436.

Bradley, J. A.; Mowat, A. McI.; Bolton, E. M. *Processed MHC class I alloantigen as the stimulus for CD4+ T-cell dependent antibody-mediated graft rejection.* In: *Immunology Today* 13 (1992). S. 434–438.

Erlanger, B.F. *Do we know the site of action of cyclosporin?* In: *Immunology Today* 13 (1992). S. 487–490.

Lechler, R. I.; Lombardi, G; Batchelor, J. R.; Reinsmoen, N.; Bach, F. H. *The molecular basis of alloreactivity.* In: *Immunology Today* 11 (1990). S. 83–88.

Lechler, R.; Gallagher, R. B.; Auchincloss, H.. *Hard graft? Future challenges in transplantation.* In: *Immunology Today* 12 (1991). S. 214–216.

Platt, J. L.; Vercellotti, G. M.; Dalmasso, A. P.; Matas, A. J.; Bolman, R. M.; Najarian, J. S.; Bach, F. H. *Transplantation of discordant xenografts: A review of progress.* In: *Immunology Today* 11 (1990). S. 450–457.

Riley, E.; Olerup, O. *HLA polymorphisms and evolution.* In: *Immunology Today* 13 (1992). S. 333–335.

Thomson, A. W. *FK-506 enters the clinic.* In: *Immunology Today* 11 (1990). S. 35–36.

15. Therapie mit Cytokinen

1. Einleitung

Die pharmazeutische Forschung hat dank der molekularen Grundlagenforschung einen drastischen Wandel durchlaufen. Früher fand man neue Medikamente dadurch, daß man chemische Verbindungen oder Naturstoffe in ausgefeilten pharmakologischen Testsystemen auf ihre Wirkung hin überprüfte. Dieses sogenannte Screening – Erkennen der Wirkung durch methodisches Sieben – ist ein extrem aufwendiges Verfahren. Ein klassisches Beispiel für diese Screening-Methode stellen die Digitalispräparate (Zuckerverbindungen, die aus dem Fingerhut gewonnen werden) dar. Sie erwiesen sich als wirksame Substanzen bei der Behandlung der Wassersucht (Ödembildung vor allem in den unteren Extremitäten als Folge einer Herzschwäche). Heute ist die molekulare Wirkungsweise der Digitalispräparate sehr detailliert verstanden.

Immer noch aufwendig, aber dennoch wesentlich einfacher als das Screening ist das Entwickeln neuer Medikamente sozusagen nach Vorlage. Vielfach ist die Pathophysiologie von Krankheiten auf molekularer Ebene bereits recht gut verstanden. Kennt man die Ursache einer Erkrankung, so kann man Substanzen einsetzen, die ganz gezielt an diesem molekularen Defekt eingreifen. Bei dieser als rationelle Pharmaforschung oder auch „Drug Design" bezeichneten Methode geht man von bekannten chemischen Reaktionen aus und versucht, Substanzen so zu synthetisieren, daß sie den bei einer Krankheit auftretenden Defekt ausgleichen. Ein bekanntes Beispiel dieser Art der Medikamententwicklung sind die Beta-Blocker, die bei Bluthochdruck und Durchblutungsstörungen des Herzmuskels Anwendung finden.

Eine Reihe von Krankheiten basieren direkt auf einer Fehlfunktion des Immunsystems. Dies trifft beispielsweise auf Allergien und Autoimmunerkrankungen zu. Andere Krankheiten, vor allem viele Tumorerkrankungen, weisen eine Immunsuppression als Folgeerscheinung auf. In manchen Fällen ist es bislang gelungen, durch therapeutische Anwendung von Cytokinen eine Erkrankung oder eine Begleiterscheinung zu behandeln. Da es sich hierbei noch um einen sehr jungen pharmazeutischen Forschungszweig handelt, werden Cytokine bei vielen Krankheiten noch experimentell erprobt. In einzelnen Fällen sind Cytokine jedoch als Medikament zugelassen und finden in der Klinik Anwendung. Ziel dieses Kapitels ist es, nach einer kurzen Einführung in die Etablierung und Zulassung von Medikamenten einen Überblick über die therapeutische Anwendung von Cytokinen zu vermitteln.

2. Etablierung und Zulassung von Medikamenten

In der Regel dauert es viele Jahre, ehe eine Substanz als Medikament zugelassen wird, und die Kosten für nur ein neues Präparat liegen durchschnittlich bei 450 Millionen DM. Prinzipiell unterscheidet man die rein experimentelle Prüfungsphase von der klinischen. In der experimentellen Prüfungsphase wird ausschließlich am Tiermodell und an Zellkulturen gearbeitet. Es wird vor allem der Erfolg der Behandlung ausgetestet, aber auch die optimale Dosierung und das Auftreten von Nebenwirkungen. Hat ein Präparat diese Phase erfolgreich bestanden, gelangt es in die nächste, wo man Tiere, die einen höheren Verwandtschaftsgrad zum Menschen aufweisen, damit behandelt. Dies sind zunächst Hunde, Katzen, Schweine, später aber auch Primaten. Auch in dieser Phase stehen Erfolg der Anwendung, Dosierung und Nebenwirkungen im Vordergrund. Nach erfolgreicher Beendigung dieser Phase gelangt das Präparat in die klinische Prüfung, die man in vier Phasen unterteilt.

In Phase I wird das Medikament an einer kleinen Gruppe von etwa 50 bis 200 freiwilligen, gesunden Versuchspersonen ausgetestet. Die Versuchspersonen berichten über die Verträglichkeit des Präparates. Ferner wird durch intensive ärztliche Überwachung der Personen das Auftreten von Nebenwirkungen kontrolliert. In Phase II findet das Präparat erstmalig Anwendung an einem kleinen Patientenkreis, der an den entsprechenden Krankheiten leidet. Die therapeutische Wirkung der Substanz wird in Blindstudien getestet, bei denen die Probanden nicht wissen, ob sie das Medikament, ein herkömmliches Präparat oder ein Placebo erhalten. Teilweise werden Doppelblindstudien durchgeführt, bei denen auch der Versuchsleiter nicht weiß, welcher Patient welches Präparat erhält. Phase-II-Studien werden ebenfalls an einem kleinen Patientenkreis von 50 bis 300 Personen durchgeführt. In Phase III untersucht man die Wirksamkeit der Substanz an einem größeren Patientenkreis von einigen hundert bis zu mehreren tausend Personen. Der erfolgreiche Abschluß dieses Abschnitts dient als Grundlage für die Zulassung des neuen Medikaments durch das Bundesgesundheitsamt. Phase IV stellt eine Langzeitstudie nach Zulassung dar, die über mehrere Jahre läuft. Im Vordergrund dieser Phase steht das Auftreten von Nebenwirkungen bei langfristigen Anwendungen des Präparates (Abbildung 15.1).

3. Therapie mit Interferonen

Zu den wichtigsten Eigenschaften der Interferone zählen ihre antivirale Aktivität, ihre immunmodulatorische Funktion sowie antiproliferative Effekte. Besonders die antiviralen und antiproliferativen Eigenschaften dieser Cytokine

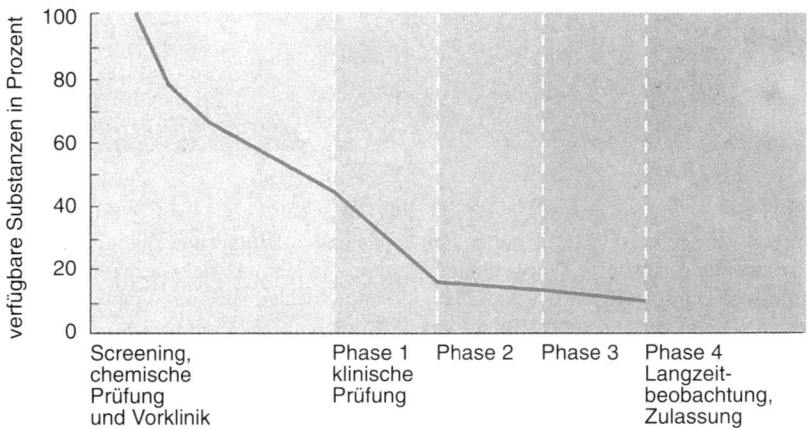

15.1 Die Entwicklung eines neuen Arzneimittels dauert heute von der Synthese des Wirkstoffs bis zur Zulassung durch das Bundesgesundheitsamt im Durchschnitt zwölf Jahre. Von 6000 bis 10 000 Substanzen, die am Anfang einer Medikamentenentwicklung untersucht werden, erreichen nur etwa zehn die klinische Prüfung, meist wird nur eine schließlich als neues Medikament zugelassen.

lassen sich in beeindruckender Weise an Zellkulturen demonstrieren: Infiziert man Zellkulturen mit einem Virus, so werden die Zellen innerhalb weniger Tage im Zuge der Virusvermehrung lysiert. Setzt man dem Zellkulturmedium jedoch interferonhaltige Proben hinzu, so sind die Zellen gegenüber Zerstörung geschützt, und die Überlebensrate steigt in Abhängigkeit von der Interferonkonzentration. Die antiproliferativen Effekte der Interferone lassen sich an Zellkulturen beobachten. Durch Anwesenheit von Interferon ist die Zellteilungsrate im Vergleich zur Kontrolle reduziert. Diese Eigenschaften haben dazu geführt, Interferone als Therapeutikum bei Virusinfektionen und Tumorerkrankungen zu untersuchen. Die anfängliche Euphorie, Interferon stelle das Mittel der Wahl bei Krebserkrankungen und Virusinfektionen dar, mußte allerdings revidiert werden, jedoch wird es bei vielen Erkrankungen mit Erfolg eingesetzt und befindet sich bei anderen in der experimentellen Phase.

Als Medikamente sind Substanzen aus allen drei Klassen von Interferonen erhältlich: IFN-α, IFN-β und IFN-γ. Über die mindestens 20 verschiedenen Subtypen von IFN-α hat man bisher nur wenige Informationen, inwieweit sie Unterschiede in ihrer medizinischen Wirkung aufweisen. Als Medikamente sind die IFN-α-Präparate IFN-α2a und IFN-α2b kommerziell erhältlich, des weiteren IFN-β und IFN-γ. Bei diesen Präparaten handelt es sich um gentechnisch hergestellte rekombinante Interferone. Ein weiteres biochemisch aus einer Lymphoblastenkultur aufgereinigtes Interferon ist im Gegensatz zu den rekombinanten Interferonen glykosyliert und entspricht damit genau der biologischen Struktur des Interferons, das unser Körper bei einem Infekt selbst herstellt. Diese Interferonpräparate sind bereits bei einigen Krankheiten durch das Bundesgesundheitsamt zugelassen, bei weiteren Erkrankungen wird der Einsatz von Interferonpräparaten in experimentellen und klinischen Studien intensiv untersucht.

3.1 Therapieformen der Interferone

Ein Maß für die Wirkung der Interferone sind die Internationalen Einheiten (IU). In biologischen Parametern ausgedrückt wird eine Internationale Einheit definiert als diejenige Menge, die benötigt wird, um 50 Prozent der Zellen einer Indikatorkultur vor einer Lyse durch das Stomatitis-vesicularis-Virus zu schützen.

Die pharmakokinetischen Eigenschaften der Interferone ermittelt man an freiwilligen Probanden, je nach Darreichungsform – subcutan, intramuskulär und intravenös – treten erhebliche Schwankungen auf. Nach subcutaner und intramuskulärer Gabe kommt es zu einer langsamen Aufnahme ins Blut, wobei die maximale Konzentration im Serum zwischen drei und sieben Stunden nach Applikation erreicht wird. Die intravenöse Gabe führt zu einer frühen und hohen Spitzenkonzentration, die jedoch schnell wieder sinkt. Interferone werden in der Regel mehrmals wöchentlich entweder intravenös oder intramuskulär verabreicht.

Die Nebenwirkungen einer Interferontherapie sind im allgemeinen gering. Anfangs treten häufig grippeähnliche Beschwerden wie Fieber, Glieder- und Kopfschmerzen auf, die durch Gaben von Paracetamol gedämpft werden können. Bei langfristiger Anwendung werden häufig Appetitlosigkeit, Leuko- und Thrombopenie beobachtet. In sehr seltenen Fällen treten zentralnervöse Veränderungen sowie depressive Verstimmungen auf. Alle Nebenwirkungen gehen nach Absetzen der Interferonmedikation rasch und vollständig zurück.

3.2 Anwendungen einer Interferontherapie bei Virusinfektionen

Hepatitis

Seit 1991 ist Interferon für die Behandlung der chronischen Hepatitis B und der chronischen Hepatitis C zugelassen. Beide Formen der akuten Virushepatitis neigen in hohem Maße zur Selbstheilung. Etwa 90 Prozent der Fälle von akuter Hepatitis B und schätzungsweise 50 Prozent aller Fälle von Hepatitis C heilen in einem Zeitraum von sechs Monaten spontan aus, erst danach ist von einem chronischen Verlauf zu sprechen und damit eine Interferonbehandlung sinnvoll. Nur Patienten mit eindeutig kompensierten Lebererkrankungen dürfen behandelt werden. Bei fortgeschrittener Zirrhose eignet sich die Interferontherapie nicht, es kann zu einer erheblichen Verschlechterung der Lebererkrankung kommen. Die Erfolgsaussichten einer Interferontherapie bei Hepatitis B und C sind relativ gut. Etwa 35 Prozent der Patienten mit chronischer Hepatitis B und 50 Prozent mit Hepatitis C sprechen auf die Therapie an. Die Rückfallraten betragen etwa fünf Prozent bei der chronischen Hepatitis B und 50 Prozent bei der Hepatitis C. Teilweise sprechen Patienten mit einem Rezidiv auf eine Wiederholungstherapie an. Die Heilungschancen bei einer Interferontherapie sind vor dem Hintergrund des bisher unbeeinflußbaren Spontanverlaufs mit einer hohen Rate an irreversibler und lebensbegrenzender Leberzirrhoseentwicklung zu betrachten.

Condylomata acuminata

Condylomata acuminata (Genitalwarzen) werden durch Papillomaviren hervorgerufen. Die Erkrankung hat in den letzten 20 Jahren drastisch zugenommen und kommt heute dreimal so häufig vor wie Herpes genitalis, eine Infektion der primären Geschlechtsorgane mit Herpes-simplex-Viren. Sie tritt am häufigsten bei 20- bis 30jährigen und bei immunsupprimierten Patienten auf. Die Genitalwarzen können Penis, Vulva, Vagina, aber auch zervikale Bereiche befallen.

Die Krankheit wird herkömmlich mit Podophyllin (einem harzigen Wurzelextrakt von dem Hahnenfußgewächs *Podophyllum*) oder Podophylltoxin, dem gereinigten, aktiven Wirkstoff therapiert. Beide Substanzen erzielen eine befriedigende anfängliche Ansprechquote, jedoch ist die Rezidivrate recht hoch. Recht gute Erfolge wurden mit einer Kombinationstherapie, bestehend aus Podophyllum-Präparaten und IFN-α, erzielt. IFN-α wird als Salbe direkt auf die betroffenen Körperregionen aufgetragen.

Herpeskeratitis

Die Herpeskeratitis wird durch das Herpes-simplex-Virus verursacht und äußert sich in einer Infektion der Hornhaut des Auges. Sie kann verschieden verlaufen, von oberflächlichen Formen bis zu tiefen Entzündungen, die das ganze Auge befallen. Am häufigsten kommt die oberflächliche Herpeskeratitis, die Keratitis dentritica vor. Sie ist in den meisten Fällen eine rezidivierende Infektion, die immer wieder endogen ausgelöst wird. Nur die Keratitis dentritica wird erfolgreich mit IFN-α enthaltenden Präparaten therapiert, bei den schwereren Formen sind Interferonpräparate wirkungslos. Als Augentropfen wird IFN-α kombiniert mit Aciclovir verabreicht.

3.3 Interferontherapien bei Tumorerkrankungen

Da viele Krebserkrankungen heute noch immer nicht ausreichend therapiert werden können, haben Wissenschaftler und Ärzte große Hoffnungen in eine Therapie mit Interferonen gesetzt. Doch entgegen der anfänglichen Euphorie ist Interferon kein allgemein anwendbares Mittel gegen Krebs. Gegenwärtig wird untersucht, inwieweit die Progression eines Tumors durch eine Interferontherapie, gegebenenfalls auch kombiniert mit anderen Medikamenten oder Therapieformen, gehemmt werden kann.

Die Haarzell-Leukämie

Erfolgreich wird Interferon bei der Haarzell-Leukämie angewendet. Bei der Haarzell-Leukämie handelt es sich um eine bösartige lymphoproliferative Erkrankung. Typisch für die Haarzell-Leukämie sind entartete Lymphocyten, meist B-Zellen, die haarförmige cytoplasmatische Zellfortsätze besitzen (Abbildung 15.2). Zwei Prozent der Leukämieerkrankungen sind diesem Typ zuzurechnen. Die entarteten Lymphocyten infiltrieren Knochenmark, Milz, Le-

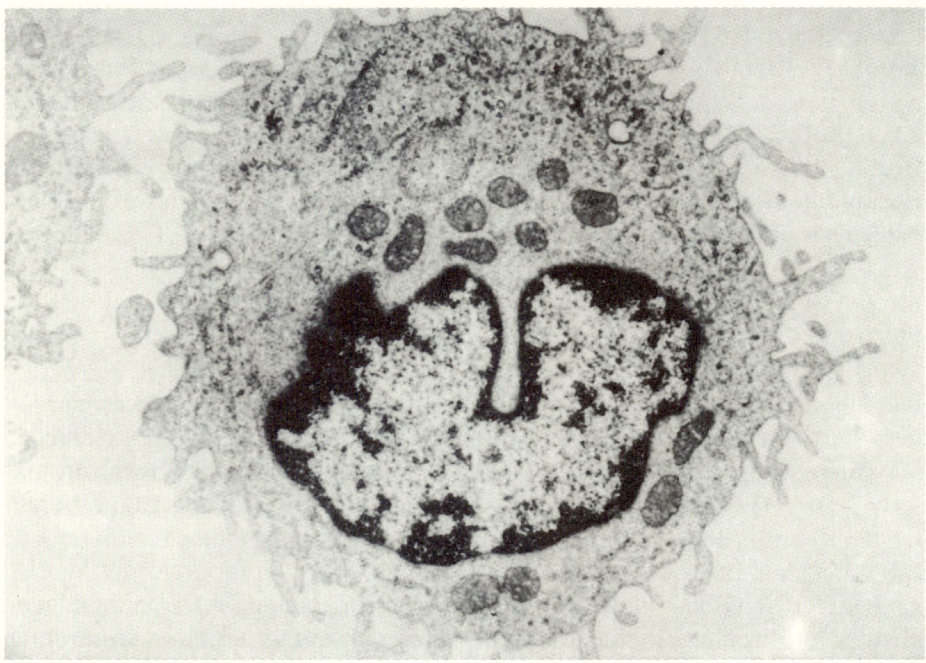

15.2 Elektronenmikroskopische Aufnahme einer Haarzelle. Ihren Namen tragen diese entarteten Lymphocyten aufgrund charakteristischer haarförmiger Zellfortsätze, die deutlich erkennbar sind. (Foto: Bildarchiv Hoffmann-LaRoche AG, Basel)

ber und verursachen eine Verminderung sämtlicher Blutzellen (Pancytopenie). Der Verlauf der Haarzell-Leukämie ist sehr unterschiedlich, circa 50 Prozent der Patienten leiden unter Erscheinungen wie allgemeine Müdigkeit, Blutungsneigung, erhöhte Infektanfälligkeit und Milzvergrößerung. Bei diesen Patienten wird eine Interferontherapie in einer relativ niedrigen Dosierung von 2 bis 3×10^6 IU pro Tag mit Erfolg angewendet: 80 bis 95 Prozent der Patienten sprechen auf die Behandlung an, ihre Blutwerte normalisieren sich, und sie können ein weitestgehend beschwerdefreies Leben führen; allerdings sind sie langfristig auf eine Behandlung mit Interferon angewiesen.

Die chronisch myeloische Leukämie

Die chronisch myeloische Leukämie ist durch eine ausgeprägte Vermehrung der Zellmasse im Knochenmark gekennzeichnet. Die Krankheit beruht auf einer Entartung von pluripotenten hämatopoetischen Stammzellen, die zu einer unkontrollierten Proliferation mit nachfolgendem Überschuß an weißen Blutkörperchen (Leukocytose) führt. Der Anteil der chronisch myeloischen Leukämie an allen Leukämiearten beträgt 14 Prozent. Oft wird die Krankheit nur bei Routineuntersuchungen entdeckt; die Frühsymptomatik beinhaltet Müdigkeit, Gewichtsverlust, Appetitlosigkeit, Beschwerden im linken Oberbauch durch Milzvergrößerung und gelegentlich auch Fieber. Im fortgeschrittenem Stadium kommt es bei den Patienten oft zu Anämie, Thrombocytopenie, Knochenmarkfibrose und zu Schmerzen im Bereich des Brustbeins. Verantwortlich für die Symptome ist die Ausdehnung des hyperzellulären Marks. Unreife Leukocyten der myeloischen Zellreihe vermehren sich schubweise und gehen ins Blut über. Während dieses sogenannten Blastenschubs verschlechtert sich der Zustand der Patienten rapide, und die meisten sterben innerhalb weniger Monate. Die chronisch myeloische Leukämie ist in 95 Prozent aller Fälle mit einem verkürzten Chromosom 22 (dem sogenannten Philadelphia-Chromosom) assoziiert, das durch Translokation mit Chromosom 9 entsteht. 60 bis 80 Prozent aller Patienten mit chronisch myeloischer Leukämie, die gleichzeitig ein Philadelphia-Chromosom aufweisen, sprechen auf eine Interferontherapie an. Die Blutwerte normalisieren sich innerhalb weniger Wochen. Bei etwa 20 Prozent der Patienten, die auf die Therapie ansprechen, verschwinden die Blutzellen mit einem Philadelphia-Chromosom. Prinzipiell ist die Interferonbehandlung von Patienten in einem frühen chronischen Stadium vorzunehmen.

Es würde den Rahmen dieses Buches sprengen, auf alle Tumorerkrankungen einzugehen, bei denen eine Interferontherapie bereits klinische Anwendung findet oder erprobt wird. Günstig durch eine Interferontherapie scheinen Leukämieerkrankungen, wie das multiple Myelom, eine Entartung von B-Zellen, sowie das Non-Hodgkin-Lymphom, eine Entartung von B-, T-Zellen oder

Monocyten, beeinflußt zu werden. Des weiteren ist eine Interferontherapie beim malignen Melanom, einer extrem bösartigen Form des Hautkrebses, dem Kaposi-Sarkom, einem Neoplasma der Haut und des subcutanen Gewebes, sowie dem Nierenzellkarzinom bereits erprobt.

3.4 Chronische Granulomatose

Auch bei der chronischen Granulomatose werden Interferonpräparate angewendet. Dabei handelt es sich um einen Defekt der neutrophilen Granulocyten und Monocyten/Makrophagen. Eine sehr wichtige Eigenschaft dieser Zellen ist ihre Fähigkeit, Mikroorganismen zu phagocytieren und abzutöten. Bei der chronischen Granulomatose sind die Zellen zwar zur Aufnahme der potentiellen Krankheitserreger befähigt, jedoch mangelt es ihnen an der Fähigkeit, ausreichende Mengen toxischer Sauerstoffmetaboliten für die Abtötung solcher Erreger herzustellen. Als Folge davon neigen die Patienten zu einer hohen, rezidivierenden Infektanfälligkeit; teilweise hat die Krankheit einen tödlichen Ausgang. Die herkömmliche Therapieform beschränkt sich auf Gabe von Antibiotika. Seit einiger Zeit ist IFN-γ als Kombinationstherapie mit Antibiotika zugelassen. Zumindest teilweise scheint sich dadurch eine günstige Prognose zu ergeben.

4. Immuntherapie von Krebs

Cytokine spielen bei der Krebsentstehung eine Rolle, dies ist in den letzten Jahren deutlich geworden. Welche Funktion den Cytokinen dabei zukommt scheint jedoch so vielseitig zu sein wie das Krebsproblem an sich. Einerseits repräsentieren sie wichtige Wachstumsfaktoren, die für das Wachstum bestimmter Tumoren zwingend notwendig sind. Andererseits fungieren Cytokine als Botenstoffe innerhalb des Immunsystems und sind wichtige Mediatoren, um eine Immunantwort gegen Tumorzellen zu mobilisieren. Dank der molekularbiologischen Fortschritte sind die meisten Cytokine gentechnisch herstellbar und somit in größeren Mengen problemlos zu erhalten. Sie können dann als Wachstumsfaktoren eingesetzt werden, um die entnommenen Immunzellen eines Krebskranken zu kultivieren. Als sehr effektiv hat sich mittlerweile eine Immuntherapie mit IL-2 erwiesen. IL-2 ist ein Cytokin, das Wachstum, Proliferation und Differenzierung von T-Zellen fördert. Viele Tumoren sind von einer T-Zell-Population infiltriert, den tumorinfiltrierenden Lymphocyten (TILs). Bei dieser Zellpopulation handelt es sich um cytotoxische T-Zellen, deren T-Zell-Rezeptor Antigene auf Tumorzellen erkennt und diese daraufhin eliminiert. Eine anfängliche Therapieform mancher Tumoren hat sich darauf gestützt, dem Patienten IL-2 zu infundieren. Man erhoffte sich davon, daß das IL-2 unter anderem in die Gefäße des Tumors gelangt und die dort vorhandenen TILs aktiviert. Die Erfolge dieser Methode hielten sich jedoch in Grenzen, eine Remission der Tumoren war nur beim Nierenkrebs und Melanomen beobachtet worden. Die Zahl der Patienten, die auf diese IL-2-Therapie ansprachen, lag lediglich bei circa 15 Prozent.

Steven A. Rosenberg und seine Mitarbeiter vom National Institute of Health in Bethesda (Maryland) waren maßgeblich an der Weiterentwicklung der Immuntherapie beteiligt. Ihre anfänglichen Überlegungen stützten sich darauf, IL-2 selektiv den tumorinfiltrierenden Immunzellen zugänglich zu machen. Sie entwickelten eine Methode, um dies praktisch durchzuführen: Durch Kultivierung operativ entfernten Tumorgewebes in Medium unter Zugabe von IL-2 proliferieren einige Immunzellen, während die Tumorzellen allmählich absterben. In den ersten Tagen der Kultivation wachsen vornehmlich die lymphokinaktivierten Killerzellen (LAK-Zellen). Diese Zellpopulation ist phänotypisch noch recht wenig charakterisiert, es sind jedoch gewisse Ähnlichkeiten mit den NK-Zellen vorhanden. Unter dem Einfluß von IL-2 proliferieren die LAK-Zellen und werden aktiviert. Auf bislang ungeklärte Weise können sie einige Tumoren von gesundem Gewebe unterscheiden, und selektiv Krebszellen zerstören. Nach vier bis fünf Tagen Kultivierung des operativ entfernten Tumorgewebes sterben auch die LAK-Zellen allmählich ab. Nun wächst eine andere Zellpopulation heran, die tumorinfiltrierenden Lymphocyten (TILs).

Ist eine Zellpopulation durch Kultivierung erst einmal angereichert worden, kann sie dem Krebskranken zusammen mit IL-2 verabreicht werden (Abbildung 15.3). Die aktivierten Zellen – die LAK-Zellen oder TILS – zirkulieren durch den Organismus und spüren Tumorzellen auf. Diese adoptive Immuntherapie erscheint gegenüber konventionellen Therapieformen in vielerlei Hinsicht vorteilhaft. Die aktivierten Immunzellen sind prinzipiell auch in der Lage, Metastasen zu erkennen, und die Selektivität der Immunzellen kann eine sekundäre Tumorerkrankung als Folge einer Strahlen- oder Chemotherapie verhindern. Bislang gibt es geringgradige Erfolge mit dieser Immuntherapie, jedoch ist die Rezidivrate relativ hoch.

Es bleibt abzuwarten, wie sich die Immuntherapie mit TILs bei den einzelnen Krebserkrankungen in der Klinik etablieren wird, und vor allem, wie sie sich effektiver gestalten läßt. Von zentraler Bedeutung bei der Krebstherapie ist, inwieweit sich Tumorzellen phänotypisch von gesunden Zellen unterscheiden. Dies setzt die Expression von speziellen Antigenen und deren Präsentation auf MHC-Molekülen voraus. Viele Arbeitsgruppen suchen – mit einigem Erfolg – nach derartigen Strukturen. Jedoch werden diese tumorassoziierten Antigene meist nur bei einem kleinen Prozentsatz bestimmter Krebserkrankungen synthetisiert, so daß die Immuntherapie erst am Anfang ihrer Möglichkeiten steht.

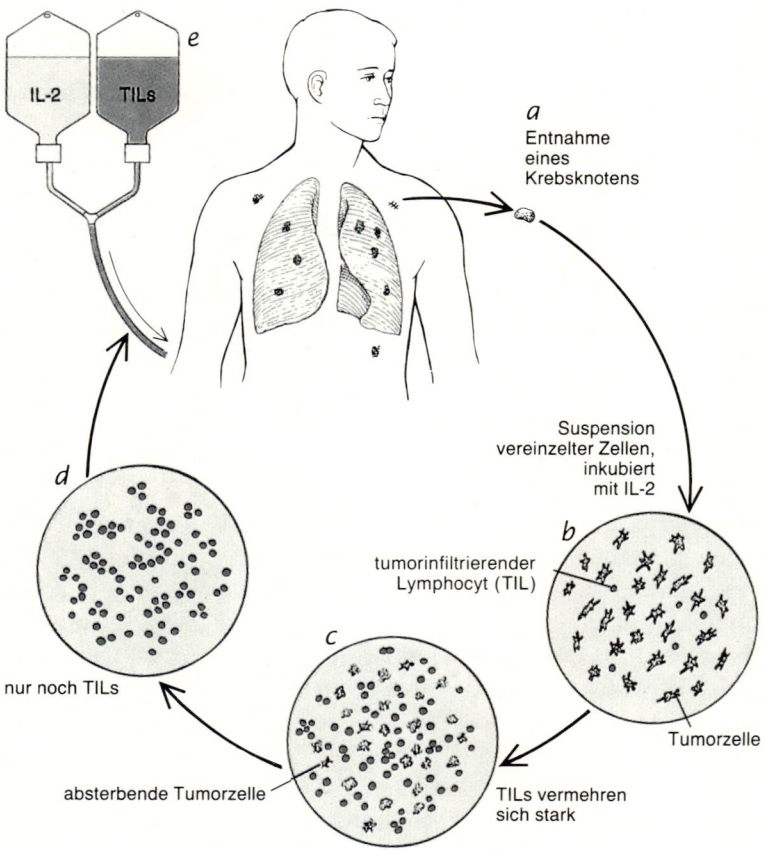

15.3 Schematische Darstellung einer Immuntherapie mit tumorinfiltrierenden Lymphocyten (TILs). Durch operative Entnahme von Tumorgewebe und dessen Kultivierung werden die TILs herangezüchtet. Die Anwesenheit des Wachstumsfaktors IL-2 stimuliert ihre Vermehrung und Aktivierung, während die Tumorzellen nach wenigen Tagen absterben. Nach Reinfusion der TILs zusammen mit IL-2 spüren sie Krebszellen im Patienten auf und vernichten sie. (Mit freundlicher Genehmigung von Rosenberg, Spektrum der Wissenschaft, 1990.)

5. Therapie mit hämatopoetischen Wachstumsfaktoren

5.1 Wachstumsfaktoren und ihre Bedeutung für die Blutzellbildung

Rote (Erythrocyten) und weiße Blutzellen (Leukocyten) erfüllen wichtige Funktionen im Organismus. Die Erythrocyten sind für den Sauerstofftransport verantwortlich, die Leukocyten spielen eine entscheidende Rolle bei der Ab-

wehr von Infektionserregern und der Vernichtung von Tumorzellen. Die Blutzellen haben aber nur eine kurze Lebensdauer und existieren nur wenige Stunden oder Wochen, bevor sie zerstört oder abgebaut werden. Sie müssen deshalb ständig vom Organismus nachgebildet werden. Diesen Prozeß der Blutzellbildung bezeichnet man als Hämatopoese.

Die Hämatopoese findet beim erwachsenen Menschen im Knochenmark
statt. Alle Zellen des peripheren Blutes entstehen aus einem Pool von 10^6 bis
10^7 undifferenzierten, pluripotenten Stammzellen, die die Fähigkeit zur Selbst-
erneuerung besitzen. Von den hämatopoetischen Stammzellen leiten sich zwei
Hauptlinien ab, die lymphatische und die myeloische Zellinie. Aus der lymphatischen Reihe entstehen T- und B-Lymphocyten, aus der myeloischen Reihe Monocyten, Granulocyten, Megakaryocyten, Mastzellen und Erythrocyten.
Die Reifung der Stammzellen zu Zellen der myeloischen Reihe wird von einer
Gruppe von Wachstumsfaktoren kontrolliert, die unter dem Namen koloniestimulierende Faktoren (CSF) zusammengefaßt werden.

Beim Menschen sind vier CSF charakterisiert worden, die sich hinsichtlich
ihrer Zielzellen unterscheiden und als Granulocyten-Makrophagen-CSF (GM-
CSF), Granulocyten-CSF (G-CSF), Makrophagen-CSF (M-CSF) und Multi-
CSF (IL-3) bezeichnet werden. G-CSF und M-CSF wirken auf relativ weit
entwickelte Vorläufer der Blutzellen, die schon in Richtung Granulocyten
beziehungsweise Makrophagen differenziert sind, GM-CSF und Multi-CSF
sind dagegen breit wirkende Wachstumsfaktoren, welche die Vermehrung und
Reifung von frühen Vorläuferzellen stimulieren.

Die CSF werden durch Erythropoietin ergänzt, das die Entwicklung der
roten Zellreihe, die Erythropoese, beeinflußt. Die Bedeutung von Erythropoietin beruht auf der schnellen Anpassung der Erythropoese an den Sauerstoffbedarf des Körpers. Die Wirkung der Wachstumsfaktoren wird durch zahlreiche
Interleukine unterstützt. Auf die Entwicklung der lymphatischen Zellen haben
die CSF keinen direkten Einfluß. Hier erfolgt die Regulation allein durch
Interleukine (Abbildung 15.4).

5.2 Wachstumsfaktoren als Medikamente

Durch die schnelle Entwicklung neuer biochemischer, molekularbiologischer
und gentechnologischer Methoden ist es in den letzten 15 Jahren gelungen, die
im Körper nur in Spuren vorkommenden Wachstumsfaktoren zu reinigen, zu
sequenzieren und in großen Mengen als rekombinante Proteine herzustellen.
Dadurch wurden zahlreiche *in vitro*- und *in vivo*-Studien möglich, die zu
einem besseren Verständnis der CSF und von Erythropoietin führten. Neben
der ständigen Erneuerung gealterter und abgebauter Erythrocyten und Leukocyten ermöglichen die Wachstumsfaktoren auch eine Anpassung der Hämatopoese an Notfallsituationen wie Blutverlust durch Verletzungen und Infek-

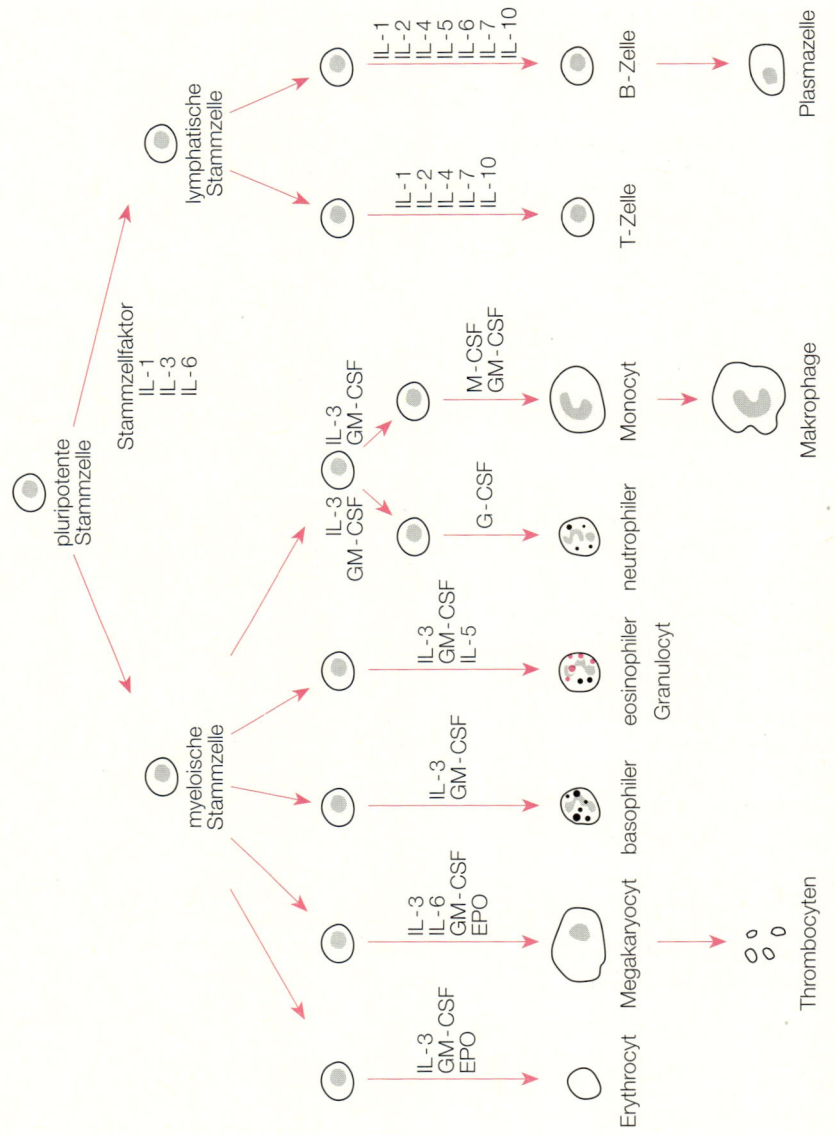

15.4 Die Hämatopoese. Leukocyten und Erythrocyten leiten sich von einer pluripotenten Stammzelle ab. Die Entwicklung der Zellen wird durch hämatopoetische Wachstumsfaktoren (CSF), Interleukine und Erythropoietin reguliert.(Verändert nach Golde und Gasson, Spektrum der Wissenschaft, 1988.)

tionen. Fehlfunktionen in diesem komplexen Prozeß führen oftmals zu schweren Erkrankungen wie Anämie und Leukämie.

Da die Wachstumsfaktoren mit Hilfe gentechnischer Methoden in großer Menge zur Verfügung stehen, stellte sich die Frage, ob sie zur Therapie bestimmter Erkrankungen, die mit einer verminderten Zahl von Blutzellen einhergehen, herangezogen werden können. Mittlerweile haben die rekombinanten Formen von Erythropoietin, G-CSF, GM-CSF, M-CSF und Multi-CSF (IL-3) zahlreiche Anwendungsmöglichkeiten gefunden und werden in klinischen Studien geprüft. Die Indikationen sind beispielsweise Anämien, Leukämien, Myelodysplastische Syndrome, schwere Infektionen, AIDS und die Regeneration der Hämatopoese nach Chemotherapie und Knochenmarktransplantationen.

Rekombinantes GM-CSF, G-CSF und Erythropoietin sind bereits als Medikamente zugelassen: GM-CSF zur Behandlung der Cytopenie (Verringerung der Blutzellen) nach Knochenmarktransplantation und Chemotherapie, G-CSF zur Therapie der chemotherapie-induzierten Neutropenie (Verringerung der neutrophilen Granulocyten) und Erythropoietin bei der renalen Anämie.

5.3 Dosierung und Verabreichung

Wie Studien zeigen, ist bei einer Therapie mit Wachstumsfaktoren ein relativ konstanter Spiegel im Körper notwendig, um eine optimale Aktivierung der Hämatopoese zu erreichen. Einmalige, kurzdauernde Infusionen sind in der Regel weniger wirksam als Dauerinfusionen oder regelmäßig wiederholte intravenöse oder subcutane Gaben von Wachstumsfaktoren.

Die üblichen beim Menschen angewandten Dosierungen liegen bei GM-CSF im Bereich von 125 bis 250 $\mu g/m^2$ Körperoberfläche und bei G-CSF zwischen 40 und 2 400 $\mu g/m^2$. Hinsichtlich der Gabe von Erythropoietin bei der Behandlung der renalen Anämie werden intravenös oder subcutan Initialdosen von 50 bis 100 Units/kg Körpergewicht dreimal pro Woche und eine Erhaltungsdosis von 25 bis 100 Units/kg gegeben.

Zum Einsatz von IL-3 und M-CSF sind bisher nur wenige klinische Daten vorhanden. In einer klinischen Phase-I-Studie wurde Patienten mit fortgeschrittenen neoplastischen Erkrankungen oder Knochenmarkversagen IL-3 subcutan in Dosen von 60 bis 500 $\mu g/m^2$ über 15 Tage injiziert. M-CSF wurde in ersten klinischen Studien in Japan getestet. Kindern mit Neutropenie wurde natürliches M-CSF in einer Dosis von 200 000 Units/kg über sieben Tage verabreicht.

5.4 Nebenwirkungen

Generell ist die Therapie mit Wachstumsfaktoren gut verträglich, Nebenwirkungen treten nur sehr selten auf. Nach Gabe von GM-CSF klagen Patienten gelegentlich über allgemeine Erschöpfung, Gelenk-und Knochenschmerzen oder Übelkeit, nach Behandlung mit G-CSF werden lediglich Knochenschmerzen beobachtet. Nur bei einem geringen Prozentsatz der Patienten tritt Fieber auf. Diese unerwünschten Begleiterscheinungen sind in der Regel so gering, daß die Therapie nicht unterbrochen werden muß (Tabelle 15.1).

Tabelle 15.1: Dargestellt sind die möglichen Nebenwirkungen von GM-CSF bei einer Dosierung von 250 µg/m² Körperoberfläche nach der Häufigkeit des Auftretens (n=106). Bei diesen Patienten wurde eine 24 Stunden Dauerinfusion mit GM-CSF vorgenommen. (Mit freundlicher Genehmigung von Klingemann, Die Gelben Hefte, 1989.)

Nebenwirkungen	Häufigkeit in Prozent
Knochenschmerzen	17
Fieber	12
allgemeine Erschöpfung	12
Schwitzen	12
Appetitmangel, Übelkeit	8
Durchfall	8

Auch rekombinantes Erythropoietin wird im allgemeinen gut toleriert, wie klinische Untersuchungen an über 1200 erwachsenen Prädialyse- und Dialyse-Patienten gezeigt haben. Es wurden weder toxische noch schwere allergische Reaktionen beobachtet. Die am häufigsten berichteten Nebenwirkungen bei der Behandlung der renalen Anämie mit Erythropoietin waren Bluthochdruck, Kopfschmerzen, Übelkeit, Thrombosebildung und Tachykardie. Die Mehrzahl der unerwünschten Symptome sind jedoch Folgeerscheinungen der chronischen Niereninsuffuzienz und deshalb nicht unbedingt der Behandlung mit Erythropoietin zuzuschreiben.

5.5 Der klinische Einsatz von Wachstumsfaktoren bei bestimmten Krankheitsformen

Aplastische Anämie

Die aplastische Anämie ist durch Versagen der Knochenmarkfunktion und eine starke Verminderung der peripheren Blutzellen gekennzeichnet. Sie kann angeboren sein oder durch sekundäre Mechanismen wie Chemikalien, Medikamente oder Bestrahlungsunfällen ausgelöst werden. In ihrer schweren Form verläuft die aplastische Anämie innerhalb weniger Monate tödlich. Die klinische Symptomatik wird dabei hauptsächlich durch eine starke Neigung zu Infektionen geprägt. Eine Therapie der aplastischen Anämie erfolgt hauptsächlich durch Knochenmarktransplantation, sofern ein gewebeverträglicher Spender vorhanden ist. Neuerdings ergeben sich interessante Therapieansätze durch die Gabe von GM-CSF und Erythropoietin. Klinische Studien haben gezeigt, daß diese Faktoren bei Patienten mit aplastischer Anämie zu einem Anstieg der Leukocyten führen und somit das Infektionsrisiko vermindern. Es zeigte sich weiterhin, das Erythropoietin neben der Erythropoese dosisabhängig auch die Thrombocytenbildung stimuliert und damit die Gefahr von erhöhten Blutungsneigungen vermindert. Allerdings führt die Behandlung mit GM-CSF oder Erythropoietin nicht zu einer Heilung der aplastischen Amänie, kann aber die kritische Phase überbrücken, bis eine Knochenmarktransplantation durchgeführt werden kann.

Anämie bei chronischer Niereninsuffizienz (renale Anämie)

Die Bildung der roten Blutzellen wird im Knochenmark durch Erythropoietin reguliert. Erythropoietin wird beim Erwachsenen überwiegend in den Nieren gebildet. Bei Patienten mit chronischer Niereninsuffizienz tritt häufig eine Anämie auf, die auch als renale Anämie bezeichnet wird. Der Grund liegt in der Zerstörung des Nierengewebes, die mit einer verminderten Produktion von Erythropoietin einhergeht. Die renale Anämie ist gekennzeichnet durch eine verkürzte Überlebenszeit der Erythrocyten, Hemmung der Erythropoese, Eisen- und Folsäuremangelzustände und vermehrten Blutverlust. Bevor rekombinantes Erythropoietin zur Verfügung stand, mußte ein großer Teil der Dialysepatienten durch Bluttransfusionen behandelt werden. Durch Gabe von rekombinantem Erythropoietin konnte die Anämie bei chronischem Nierenversagen therapiert werden. Das Knochenmark wird zur Produktion normaler Erythrocyten angeregt, die Zahl der peripheren roten Blutzellen steigt an, und die Symptome der Anämie verschwinden. Durch Behandlung mit Erythropoietin kann bei diesen Patienten auf Bluttransfusionen weitgehend verzichtet werden.

Akute Leukämien

Akute Leukämien sind maligne Erkrankungen, die die Hämatopoese der weißen Blutzellen im Knochenmark betreffen. Hämatopoetische Vorläuferzellen oder die Stammzellen selbst können sich nicht mehr differenzieren. Durch die starke Vermehrung dieser Zellen wird die normale Hämatopoese und damit die Bildung von reifen, funktionstüchtigen Leukocyten verdrängt. Akute Leukämien können sowohl die myeloische als auch die lymphatische Reihe betreffen. Man spricht deshalb entweder von der akuten myeloischen Leukämie (AML) oder von der akuten lymphatischen Leukämie (ALL). Unbehandelt sterben die Patienten innerhalb weniger Monate. Die Krankheit ist durch Infektionen und Blutungen geprägt. Die Behandlung erfolgt vorwiegend durch die Gabe von Cytostatika, die zu einer Proliferationshemmung und Abtötung der malignen Zellen führen. In der Therapie der akuten myeloischen Leukämie (AML) wird derzeit der Wachstumsfaktor GM-CSF erprobt, der eine stimulierende Wirkung auf leukämische Vorläuferzellen zeigt. GM-CSF bringt diese

Zellen in die Synthesephase des Zellzyklus, in der sie sensibler gegenüber Cytostatika reagieren. Zunehmende Bedeutung bei der Heilung von akuten Leukämien erlangen auch Knochenmarktransplantationen von gewebeverträglichen Spendern.

Myelodysplastische Syndrome (MDS)

Die Myelodysplastischen Syndrome (MDS) stellen ein Vorstadium der akuten Leukämien dar und werden häufig auch als Präleukämien bezeichnet. Ausgangspunkt für MDS scheinen Proliferations- und Differenzierungsstörungen der pluripotenten, hämatopoetischen Stammzellen zu sein. Es handelt sich um eine fast immer tödlich verlaufende Erkrankung, sofern nicht Knochenmarktransplantationen vorgenommen werden. Die meisten Patienten können nur symptomatisch mit Bluttransfusionen und Antibiotika behandelt werden oder müssen sich einer aggressiven Chemotherapie unterziehen, deren Erfolg meist nur von kurzer Dauer ist. Klinisch wurden mittlerweile zahlreiche Patienten mit GM-CSF erfolgreich behandelt. Bei mehr als 80 Prozent dieser Patienten stieg die Zahl der neutrophilen Granulocyten an, und das Risiko an Infektionen zu erkranken sank.

Nach Gabe von IL-3 konnte bei Patienten mit MDS ein Anstieg der Thrombocytenzahlen beobachtet werden. Die Perspektive des Einsatzes von IL-3 dürfte bei der MDS in der Kombination mit anderen hämatopoetischen Wachstumsfaktoren liegen.

HIV-Infektionen

Bei vielen Patienten mit AIDS (*Acquired Immune Deficiency Syndrome*) wird eine Knochenmarkdepression beobachtet, die vor allem die Granulopoese betrifft und zu einer Verminderung der neutophilen Granulocyten (Neutropenie) im Blut führt. Die Behandlung dieser Patienten mit einem Virostatikum verstärkt die Neutropenie. Wie in klinischen Studien gezeigt wurde, kann die Gabe von GM-CSF bei AIDS die Zahl der Leukocyten, vor allem der Granulocyten erhöhen und damit das ohnehin hohe Infektionsrisiko bei diesen Patienten vermindern. Allerdings bestehen gegen eine GM-CSF-Therapie bei AIDS-Patienten Bedenken, da dieser Faktor auch die Stimulation von Monocyten anregt und somit die Zahl der potentiell infizierbaren Zellen steigt. Es könnte sich allerdings als nützlich erweisen, daß GM-CSF die Hemmung der HIV-Vermehrung durch Virostatika verstärkt. Der mögliche Einsatz von GM-CSF zur Behandlung von Patienten mit AIDS wird zur Zeit in klinischen Studien geprüft (Abbildung 15.5).

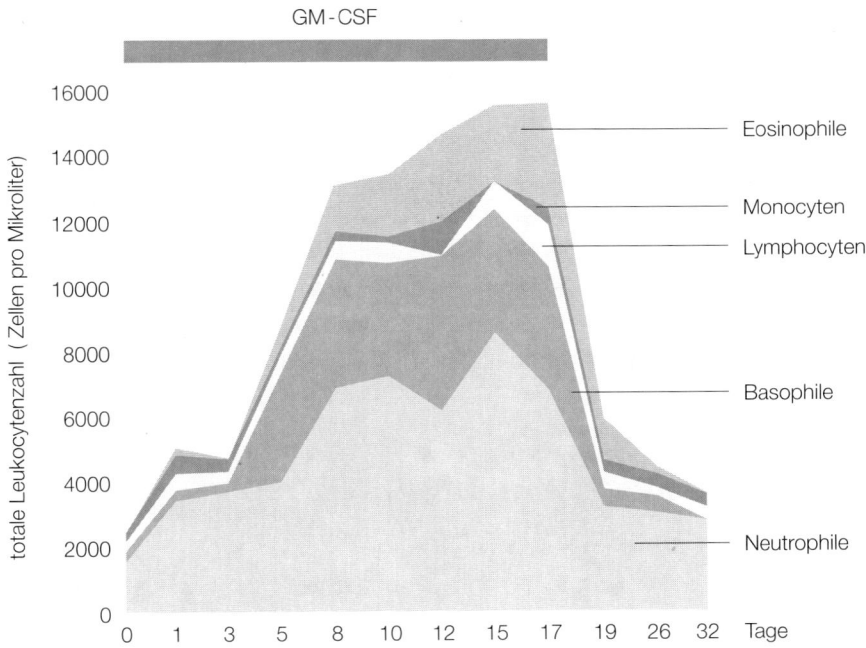

15.5 Wirkung von GM-CSF auf die Leukocytenzahl bei einem Patienten mit AIDS. (Mit freundlicher Genehmigung von Klingemann, Die Gelben Hefte, 1989.)

Regeneration der Hämatopoese nach Chemotherapie und Knochenmarktransplantation

Die zahlenmäßig größte Indikation für den Einsatz von Wachstumsfaktoren ist die durch Chemotherapie induzierte Suppression der Hämatopoese. Eine Therapie mit Cytostatika führt in der Regel zu einem zehn bis 14 Tage dauernden Absinken der Granulocyten. Die Patienten zeigen in dieser Zeit eine starke Anfälligkeit gegenüber bakteriellen Infektionen und müssen mit Antibiotika behandelt werden. Durch die Gabe von GM-CSF oder G-CSF kann die Regeneration der Granulopoese beschleunigt werden. Eine Studie ergab, daß 50 Prozent der Patienten, die nach einer Chemotherapie mit GM-CSF behandelt wurden, bereits nach fünf Tagen keine Neutropenie mehr zeigten. Bei Patienten ohne GM-CSF Behandlung wurde dieser Zustand erst nach 13 Tagen erreicht.

Durch die Möglichkeit, gesundes Knochenmark von einem gewebeverträglichen Spender zu transplantieren, sind heute viele hämatopoetische Erkrankungen zu einem hohen Prozentsatz heilbar. Dies betrifft vor allem die akuten Leukämien, die chronisch myeloischen Leukämien, die aplastische Anämie, Plasmocytome und eine Anzahl angeborener hämatologischer Erkrankungen. Nach einer Transplantation vergehen jedoch gewöhnlich zwei bis drei Wochen, bis das Knochenmark anwächst und seine Funktion aufnehmen kann. Während dieser Zeit zeigen die Patienten eine stark verminderte Zahl an Blutzellen (Cytopenie) und erkranken an bakteriellen Infektionen, die trotz Antibiotikatherapie oft tödlich verlaufen. Die Phase der Cytopenie konnte bei transplantierten Patienten durch Gabe von GM-CSF deutlich vermindert werden. Es kommt bei der Therapie mit GM-CSF im Durchschnitt eine Woche früher zum Anwachsen des Knochenmark. Auch die Behandlung mit G-CSF führt zu einer beschleunigten Regeneration der Granulopoese. Bei Patienten, die GM-CSF oder G-CSF erhielten, konnte eine Verringerung der Zahl und Stärke von Infektionen und eine Verkürzung des Krankenhausaufenthaltes erzielt werden.

6. Therapiemöglichkeiten bei Sepsis und septischem Schock

Unter einer Sepsis, die allgemein auch als „Blutvergiftung" bezeichnet wird, versteht man eine den ganzen Körper betreffende Infektion mit pathogenen Bakterien. Dabei dringen die Bakterien oder deren Produkte von einem lokal begrenzten Infektionsherd über die regionalen Lymphbahnen und Lymphknoten in die Blutbahn und somit in alle Organe ein. Eine Sepsis ist gekennzeichnet durch Fieber, einer veränderten Leukocytenzahl, Blutdruckabfall, Störungen der Blutgerinnung bis hin zur irreversiblen Schädigung von Geweben. Die prognostisch ungünstigste Form der Sepsis ist der septische Schock, der durch Kreislaufkollaps und multiples Organversagen begleitet wird und in 30 bis 80 Prozent der Fälle tödlich verläuft. Betroffen sind vor allem abwehrgeschwächte Patienten auf Intensivstationen mit Polytraumen oder nach großen operativen Eingriffen. Schätzungen gehen davon aus, daß allein in den USA jedes Jahr ungefähr 250 000 Patienten einen septischen Schock entwickeln.

Auslöser für eine Sepsis oder einen septischen Schock sind zum einen Gifte (Exotoxine), die von einigen Bakterien ausgeschieden werden, wie beispielsweise das Schocksyndromtoxin bestimmter *Staphylococcus aureus*-Stämme. Die größte Bedeutung kommt jedoch den Zellwandbestandteilen der Bakterien zu, die bei deren Vermehrung oder nach deren Abtötung freigesetzt werden. Eine charakteristische Komponente der Zellwand von gramnegativen Bakterien ist das sogenannte Endotoxin. Endotoxine sind von ihrer chemischen Struktur Lipopolysaccharide. Die wesentlich dickere Zellwand grampositiver Erreger enthält kein Endotoxin, ist aber durch das Vorkommen von Teichonsäuren gekennzeichnet. Die aus der Zellwand freigesetzten Endotoxine und Teichonsäuren sind in der Lage, direkt mit den Immunzellen des Körpers, vor allem des mononukleären Phagocytensystems, zu reagieren; was vor allem beim Endotoxin gut untersucht ist. Die Interaktion von Lipopolysaccharid (Endotoxin) mit Monocyten und Makrophagen führt zur Freisetzung einer Reihe biologisch hochaktiver Substanzen, die nachweislich an der Schockentstehung beteiligt sind. Eine besondere Rolle spielen dabei vor allem die Cytokine TNF-α, IL-1, IL-6 und der thrombocytenaktivierende Faktor (PAF), aber auch die aus der Arachidonsäure gebildeten Prostaglandine und Leukotriene. Diese Faktoren wirken direkt auf Stoffwechsel, Gerinnungssystem, Temperatur-Regulationszentrum im Gehirn, Herzfunktion und Immunzellen. Sie induzieren heftige, überschießende Entzündungsreaktionen und hohes Fieber. TNF-α und die durch TNF bewirkte Freisetzung von reaktiven Sauerstoffradikalen aus Monocyten und Granulocyten führen außerdem zu starken Gewebezerstörungen.

Immer noch stellt der septische Schock eine schwer therapierbare Komplikation dar. Trotz der Fortschritte in der Intensivmedizin und der Einführung neuer Antibiotika und Sulfonamide konnte die Sterblichkeit nach einem septischen Schock kaum gesenkt werden. Zwar ist das Abtöten der Bakterien eine unabdingbare Voraussetzung für einen optimalen Therapieerfolg, reicht aber als alleinige Behandlung nicht aus. Das Wissen über die pathophysiologischen Vorgänge, die der Sepsis und dem septischen Schock zugrunde liegen, ermöglicht jedoch die Entwicklung neuer Therapieformen.

So hat sich beispielsweise der Einsatz von Glucocorticoiden als erfolgreich erwiesen. Diese Substanzen hemmen die Produktion von TNF-α, IL-1 und anderen an der Auslösung der Sepsis beteiligten Cytokinen und können bei rechtzeitiger Anwendung eine überschießende Immunreaktion verhindern. Ein weiterer therapeutischer Ansatz, der heute bereits in der klinischen Erprobung ist, beruht auf der Blockierung der biologischen Aktivität von bereits gebildetem IL-1 mit Hilfe von IL-1-Rezeptor-Antagonisten, die eine Bindung des Cytokins an seinen Rezeptor verhindern. Durch Gabe von IL-1-Rezeptor-Antagonisten konnte bei Patienten mit Sepsis die Mortalität signifikant gesenkt werden. Im Tiermodell wird zur Zeit der Einsatz von neutralisierenden Antikörpern gegen TNF und Lipopolysaccharide erprobt. So konnte eine Infusion von Anti-TNF-Antikörpern zwei Stunden vor Gabe einer letalen Dosis von *Escherichia coli*-Bakterien bei Primaten den vaskulären Kollaps und Tod verhindern. Ob sich diese Antikörper auch zur Therapie bei Patienten mit Sepsis eignen, ist noch nicht geklärt.

7. Gentherapie

Eine völlig neue Behandlungsform ist die Gentherapie. Dabei werden Gene in einen Vektor (meist Retroviren) eingebaut, der dann auf Zellen übertragen (transfiziert) wird (Abbildung 15.6). Durch Transfektion solcher genetisch manipulierter Zellen in den menschlichen Organismus ist es möglich, einen genetischen Defekt auszugleichen, da die Zellen nunmehr das Protein herstellen, welches dem Körper fehlt. Die bahnbrechenden Experimente hierfür wur-

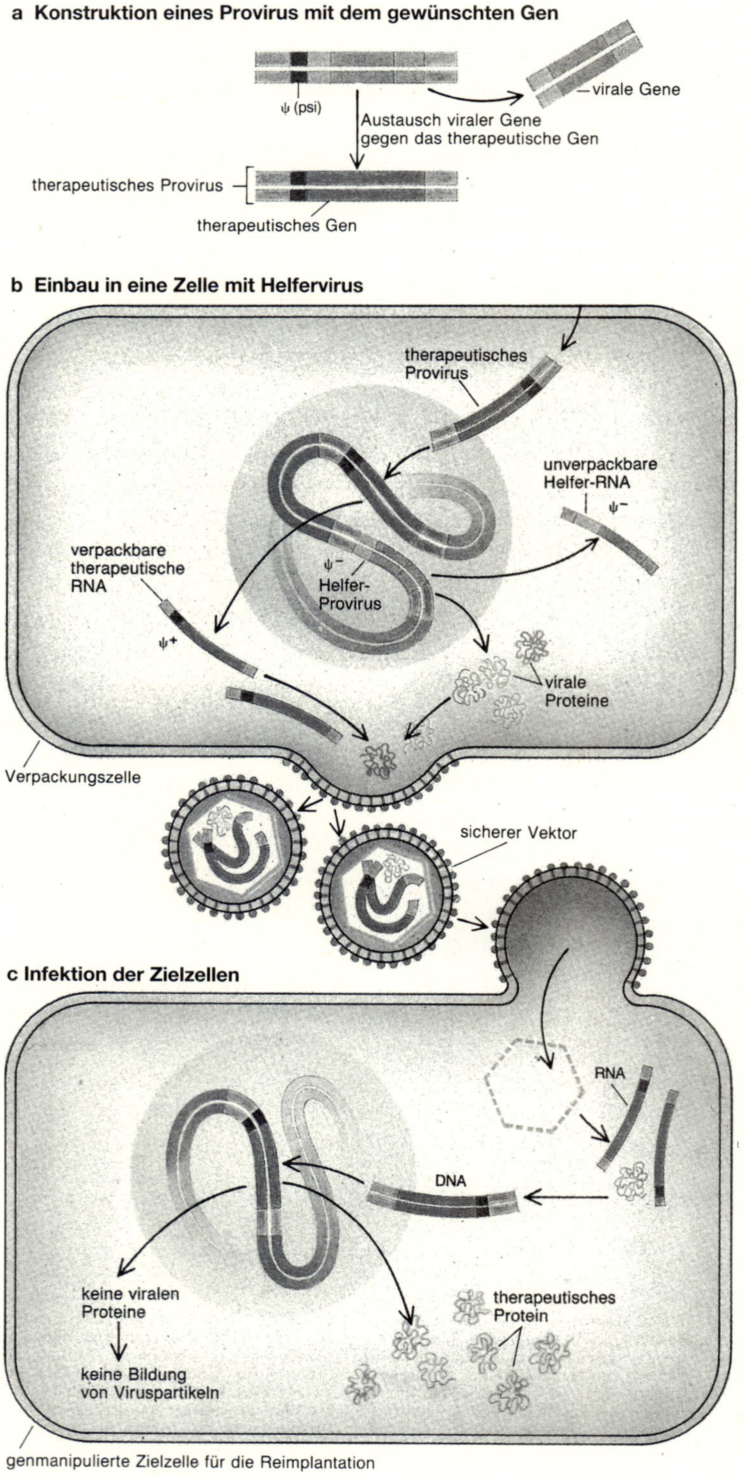

a Konstruktion eines Provirus mit dem gewünschten Gen

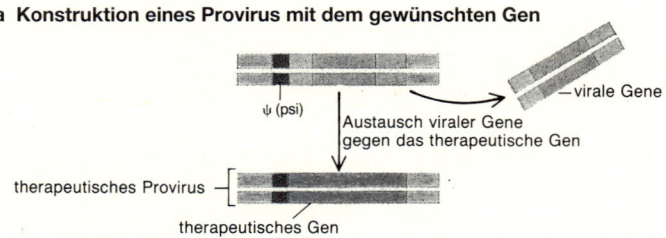

ψ (psi)

virale Gene

Austausch viraler Gene
gegen das therapeutische Gen

therapeutisches Provirus

therapeutisches Gen

b Einbau in eine Zelle mit Helfervirus

therapeutisches
Provirus

unverpackbare
Helfer-RNA
ψ⁻

verpackbare
therapeutische
RNA

ψ⁻
Helfer-
Provirus

ψ⁺

virale
Proteine

Verpackungszelle

sicherer Vektor

c Infektion der Zielzellen

RNA

DNA

keine viralen
Proteine

therapeutisches
Protein

keine Bildung
von Viruspartikeln

genmanipulierte Zielzelle für die Reimplantation

den von R. M. Blaese, W. French und ihren Mitarbeitern an den National Institutes of Health in Bethesda (Maryland) durchgeführt. Sie haben das Gen für das Enzym Adenosindesaminase in die Leukocyten eines vierjährigen Mädchens geschleust, das an einem angeborenen schweren kombinierten Immundefekt (im Englischen *severe combined immunodeficiency*, kurz SCID genannt) leidet. Bei diesen seltenen Erkrankungen beeinträchtigt ein angeborener Defekt meist das gesamte Immunsystem, also die zell- sowie die antikörpervermittelte Immunantwort in extremen Maße. Etwa ein Viertel aller SCID-Fälle wird durch ein gestörtes Adenosindesaminase-Gen und den daraus resultierenden Enzymmangel verursacht.

Als Krebstherapie versucht man das Gen für den Tumor-Nekrose-Faktor (TNF) beziehungsweise für IL-2 in Leukocyten einzuschleusen. Man erhofft sich von dieser Methode, daß die genetisch manipulierten Leukocyten diese Cytokine gezielt im Tumorgewebe produzieren und somit eine Regression hervorrufen. Die Gentherapie erscheint sehr vielversprechend, der Einsatz dürfte sich insbesondere bei Krankheiten rechtfertigen, die auf einem genetischen Defekt beruhen. Allerdings existieren noch viele Probleme bei der Etablierung der Gentherapie, und bei dieser genetischen Manipulation am Menschen sind ethische Aspekte zu berücksichtigen. Ein Problem sind die Vektoren: Prinzipiell ist es denkbar, daß sie oder Bestandteile davon in das Genom des Individuums eingeschleust werden können. Die Gentherapie bedarf einer äußerst kritischen Abwägung von Vor- und Nachteilen, und es wird noch einiger Verbesserungen bedürfen, bis sie eines Tages als etablierte Methode Anwendung findet.

8. Zusammenfassung und Perspektiven

Ziel dieses Kapitels war es, die klinische Bedeutung von Cytokinen als Therapeutika vorzustellen. Es bleibt abzuwarten, wie erfolgreich sie sich in der Praxis durchsetzen werden. Was die Therapie mit Interferonen betrifft, so werden sie hoffentlich dazu beitragen, die Prognose vieler Virus- und Krebserkrankungen zu verbessern. Ihre Hauptanwendungsform in einer Kombinationstherapie unterstreicht ihre Bedeutung für viele Krankheiten.

◄ **15.6** Schematische Darstellung der Gentherapie. Als Vektor dient in der Regel ein Retrovirus. Zunächst ersetzt man einige virale Gene durch das therapeutisch erwünschte Gen (a) und baut dieses Konstrukt in eine Zelle ein, die zugleich provirale DNA eines Helfervirus mit fehlender psi-Region enthält (b). In der Zelle entsteht dann RNA als Kopie der DNA, aber nur das Helferprovirus kann die zur Verpackung notwendigen Proteine liefern. Seine eigene RNA wird nicht in Viruspartikel eingebaut, da die dafür nötige psi-Region fehlt. Die Partikel, die die Zelle verlassen, enthalten alle die RNA des therapeutischen Gens, flankiert von den viralen Enden einschließlich der psi-Region, aber keine Virusgene. Sie können andere Zellen infizieren und das therapeutische Gen in deren Genom einbauen, sich aber nicht mehr vermehren. (Mit freundlicher Genehmigung von Verma, Spektrum der Wissenschaft, 1991.)

Eine Immuntherapie von Krebserkrankungen ist noch neu. Der Grundgedanke ist jedoch vielversprechend, denn das Immunsystem besitzt die Kapazität zu einer äußerst massiven und vor allem selektiven Eliminierung von Zellen. Dies ist ein entscheidender Vorteil gegenüber anderen Therapieformen: Die Selektivität ermöglicht ein Aufspüren von Metastasen, und die Effektivität mag zu einer vollständigen Beseitigung der Tumorzellen aus dem Körper führen. Insofern darf man mit gewisser Hoffnung den Innovationen einer Immuntherapie gegenüberstehen.

Hämatopoetische Wachstumsfaktoren werden erfolgreich bei verschiedenen hämatologischen und onkologischen Erkrankungen eingesetzt. Sie vermögen die durch Chemotherapie, Bestrahlung oder Tumorzellen hervorgerufene Knochenmarksuppression entscheidend zu beeinflussen und damit die Infektanfälligkeit bei diesen Patienten zu vermindern. Rekombinantes Erythropoietin ist bereits das Mittel der Wahl bei der Behandlung der renalen Anämie.

Bisher sind nur wenige klinische Daten zum Einsatz von IL-3 und M-CSF vorhanden. Ihre Bedeutung dürfte vor allem in der Kombination mit anderen hämatopoetischen Wachstumsfaktoren liegen. Die Kombinationsbehandlung wird aber auch bei GM-CSF, G-CSF und Erythropoietin immer mehr in den Vordergrund rücken. Die Kombination dieser Faktoren erlaubt es weiterhin, die Dosierung insgesamt niedriger zu halten. Zur Zeit wird auch die Anwendung von GM-CSF und Interferonen zur Therapie von Tumorerkrankungen geprüft (Abbildung 15.7). Auch bei großflächigen Verbrennungen mit ihren hohen Infektionsrisiken und großem Leukocytenverlust könnten hämatopoetische Wachstumsfaktoren neue Möglichkeiten der Therapie eröffnen.

Der septische Schock stellt noch immer eine schlecht vorhersehbare und schwer therapierbare Komplikation der Sepsis dar. Auslöser der Sepsis sind

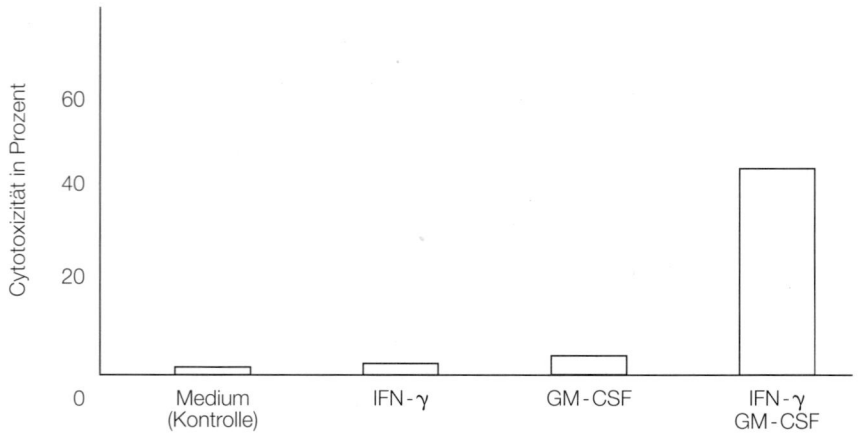

15.7 Cytotoxizität von Monocyten gegenüber einer Tumorzelline (WEHI 164). Die Monocyten wurden entweder mit GM-CSF, Interferon-γ oder mit einer Kombination von beiden Faktoren stimuliert. (Mit freundlicher Genehmigung von Klingemann, Die Gelben Hefte, 1989.)

Zellwandbestandteile der Bakterien oder von den Bakterien produzierte Toxine, die zu einer Überreaktion des Immunsystems führen, an der vor allem Cytokine wie TNF, IL-1 und IL-6 beteiligt sind. Trotz des Einsatzes neuer Antibiotika und Sulfonamide konnte die Sterblichkeit nach Entwicklung des septischen Schocks kaum gesenkt werden. In der klinischen Erprobung befindet sich die Therapie mit IL-1-Rezeptor-Antagonisten, die die biologische Aktivität von bereits gebildetem IL-1 blockieren. Im Tiermodell wird zur Zeit der Einsatz von neutralisierenden Antikörpern gegen TNF und Lipopolysaccharide, einer Zellwandkomponente gramnegativer Bakterien, untersucht. Ob sich diese Antikörper auch zur Therapie bei septischen Patienten eignen, bleibt abzuwarten.

Eine Gentherapie mag das Mittel der Wahl sein, wenn es darum geht, einen genetischen Defekt auszugleichen. Im Falle der Krebserkrankungen ist die Methode momentan noch umstritten. Es bedarf noch einer Vielzahl von Studien, die sich mit den Auswirkungen einer Gentherapie auf den Organismus beschäftigen müssen. Im Vordergrund der Gentherapie wird sicherlich die ethische Problematik stehen.

Literatur

Bäumler, F. *Die meisten Medikamente von morgen sind heute schon in der klinischen Prüfung.* In: *Spektrum der Wissenschaft* 2 (1993). S. 96–102.

Freund, M.; Kleine, H.-D.; Wilke, H.; Link, H.; Poliwoda, H. *Immunmodulatoren und Cytokine.* In: *Innere Medizin Sonderdruck* 19 (1992). S. 79–87.

Golde, D.W.; Gasson, J.C. *Blutbildende Hormone.* In: *Spektrum der Wissenschaft* 9 (1988). S. 70–78.

Hall, M.J.; Schleuninger, U.; Zahn, F. *Roferon-A.* In: *Produktmonographie der Firma Hoffmann LaRoche*, Basel (1992).

Heinrichs, H.; Oster, W. *Zur Therapie der Anämie bei malignen Erkrankungen.* In: *Die Gelben Hefte* XXXI (1991). S. 172–179.

Klingemann, H.-G. *Rekombinante Wachstumsfaktoren: Klinischer Einsatz von GM-CSF.* In: *Die Gelben Hefte* XXIX (1989). S. 118–126.

McCullough, J. *A new generation of blood components.* In: *Transfusion* 32 (1992). S. 299–301.

Mertelsmann, R. *Hämatopoetische Cytokine: Möglichkeiten ihres Einsatzes in der Krebstherapie.* In: *Die Gelben Hefte* 32 (1992). S. 141–148.

Müller, R. *Interferon-alpha bei chronischer Hepatitis.* In: *Arzneimitteltherapie* (1992). S. 69–702.

Nemunaitis, J. *Granulocyte-macrophage-colony-stimulating factor: a review from preclinical development to clinical application.* In: *Transfusion* 33 (1993). S. 70–83.

Peters, H.-D. *Erythropoietin human, rekombinant.* Herausgeber: Cilag GmbH, Sulzbach, Fresenius AG, Bad Homburg.

Rietschel, E.T.; Brade, H. *Bakterielle Endotoxine.* In: *Spektrum der Wissenschaft* 1 (1993). S. 34–42.

Rosenberg, S.A. *Adaptive Immuntherapie von Krebs.* In: *Spektrum der Wissenschaft* 7 (1990). S. 56–66.

Rosenthal, F.M.; Lindemann, A.; Herrmann, F.; Mertelsmann, R. *Cytokine in der Tumortherapie.* In: *Die Gelben Hefte* XXXI (1991). S. 51–60.

Schulze-Osthoff, K.; Fiers, W. *Die Rolle des Tumor-Nekrose-Faktors im septischen Schock.* In: *Die Gelben Hefte* XXXI (1991). S. 61–67.

Smith, K.A. *Interleukin 2: Ein Hormon im Immunsystem.* In: *Spektrum der Wissenschaft* 5 (1990). S. 72–82.

Verma, I.M. *Gentherapie.* In: *Spektrum der Wissenschaft* 1 (1991). S. 48–57.

Zabel, P.; Schade, F.U. *Therapiestrategien gegen Mediatoren beim septischen Schock.* In: *Immun. Infekt.* 2 (1993). S. 45–50.

16. Psychoneuroimmunologie

1. Einleitung

Noch bis vor wenigen Jahren galten das Immunsystem und das Nervensystem als zwei völlig voneinander getrennt arbeitende Systeme. Das Immunsystem dient der Abwehr und Eliminierung von Fremdmolekülen und Krankheitserregern. Das Nervensystem hingegen reguliert eine Vielzahl von Reaktionen im Körper: Neben dem Schmerzempfinden und den Sinneswahrnehmungen steuert es physiologische Prozesse wie Muskelkontraktion, Herzschlagfrequenz und Verdauung. Außerdem sind kognitive Prozesse sowie Emotionen die Summe einer äußerst komplex ablaufenden Verarbeitung des Nervensystems.

Mittlerweile sind vielfältige Interaktionen zwischen dem Immunsystem und dem Nervensystem beschrieben worden, was zu der Annahme führte, daß zwischen diesen beiden Systemen ein reger Informationsaustausch stattfindet. Dieser Befund hat zu der Gründung einer neuen Disziplin geführt, der Psychoneuroimmunologie. Die Psychoneuroimmunologie befaßt sich mit der Beschreibung von Wechselwirkungen zwischen dem Immunsystem, dem Nervensystem und der Psyche. Da Humanisten schon von alters her aus anthroposophischer Sichtweise auf derartige Verknüpfungen hingewiesen haben, wird diese Disziplin neben Immunologen, Neurochemikern und Physiologen auch von Geisteswissenschaftlern und Psychologen vertreten.

Wie eng Immunsystem und Nervensystem zusammenarbeiten, zeigt das folgende Beispiel: Ist das Immunsystem durch Fremdkörper aktiviert worden, setzen die Immunzellen eine Vielzahl von chemischen Botenstoffen frei, wie Cytokine, aber auch Histamin, Prostaglandine und Leukotriene. Als primäre Aufgabe leiten diese Botenstoffe eine Immunantwort ein, die zu einer Eliminierung der Fremdkörper führt. Dieselben Substanzen vermögen gleichzeitig das Nervensystem zur Freisetzung von Neurotransmittern und Neuropeptiden zu stimulieren. Diese Mediatoren des Nervensystems sind ihrerseits für eine Vielzahl von Reaktionen im Körper verantwortlich. Unter anderem induzieren sie die Ausschüttung von Cortisol, einem Hormon aus den Nebennierenrinden. Cortisol und andere Glucocorticoide hemmen eine Immunantwort, indem sie zum Beispiel die Cytokinfreisetzung durch Immunzellen vermindern.

Auf den ersten Blick mag es paradox erscheinen, daß das Immunsystem selbst eine Reaktion heraufbeschwört, durch die es in seiner Effizienz gehemmt wird. Diese Gegenreaktion kann jedoch lebensrettend sein, wie das an folgendem Beispiel deutlich wird: Bei der Blutvergiftung (Sepsis) produzieren die Makrophagen derart große Mengen an IL-1, IL-6 und Tumor-Nekrose-Faktor (TNF), daß das Individuum an den von diesen Cytokinen eingeleiteten überschießenden Immunreaktionen sterben kann. IL-1 bewirkt aber auch eine vermehrte Freisetzung von Glucocorticoiden, die ihrerseits die weitere Cytokinproduktion von Makrophagen hemmen. Im Tierexperiment hat man die Gegenreaktionen dadurch verhindert, daß die Nebennieren entfernt wurden. Auf diese Tiere wirkt schon die kleinste septische Dosis tödlich. Dieses Beispiel und weitere Befunde legen nahe, daß das Nervensystem und das Immunsystem zusammen mit dem Hormonsystem sehr eng kooperieren. Über das Ausmaß dieser gegenseitigen Beeinflussung ist aber bis heute nur wenig bekannt.

2. Morphologische Grundlagen für Interaktionen zwischen Nervensystem und Immunsystem

Morphologisch betrachtet besteht das Immunsystem im wesentlichen aus dem Knochenmark, wo sich die Stammzellen befinden, aus denen sämtliche Immunzellen hervorgehen, aus dem lymphatischen Gewebe, was hauptsächlich die Lymphbahnen und die Lymphknoten beinhaltet, aus Thymus, Milz, sowie aus den Immunzellen (Makrophagen, Lymphocyten, Natürlichen Killerzellen, Mastzellen und Granulocyten), die im ganzen Körper zirkulieren.

Das Nervensystem besteht aus dem Zentralnervensystem mit Gehirn und Rückenmark, wo sich fast sämtliche Zellkörper der Nervenzellen befinden, sowie den Nervenfasern, die das periphere Nervensystem bilden und Bündel von Zellfortsätzen darstellen. Die zum Teil meterlangen Nervenfasern enden überall im Körper und machen die Gewebe und Organe somit einer Regulation durch das Zentralnervensystem zugänglich. Die Reizleitung vollzieht sich über die als Axone bezeichneten Zellfortsätze. Je nachdem, ob ein Reiz von einem Körperteil in das Zentralnervensystem geleitet wird oder umgekehrt zu einem Körperteil, werden die Axone als afferent oder efferent bezeichnet.

Nervenzellen nehmen von anderen Nervenzellen über sogenannte Dendriten Erregung auf. Die Kontaktstellen, an denen der Austausch stattfindet, werden als Synapsen bezeichnet. Eine einzelne Nervenzelle kann Tausende solcher Dendriten besitzen, jedoch nur ein Axon (Abbildung 16.1). Die Nervenzellen mit ihren Verschaltungen bilden die zelluläre Grundlage für alle nervösen Funktionen, vom einfachen Reiz bis zu höchsten mentalen Leistungen. Nervenzellen produzieren verschiedene Botenstoffe, die Neurotransmitter und Neuropeptide, über die sie untereinander und mit anderen Zellen kommunizieren. Wichtige Neurotransmitter sind zum Beispiel Adrenalin, Noradrenalin, Acetylcholin, Dopamin und Serotonin. Insgesamt sind etwa 1 000 verschiedene Neurotransmitter und Neuropeptide bekannt.

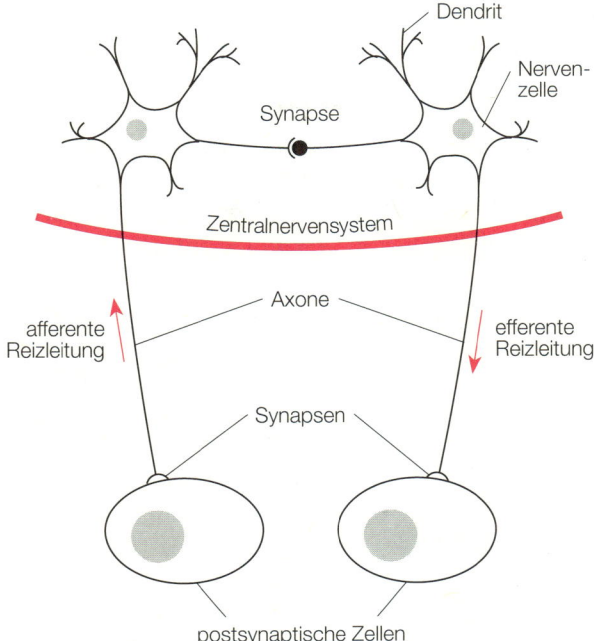

16.1 Schematische Darstellung der Funktionsweise von Nervenzellen. Die Zellkörper der meisten Nervenzellen sind im Zentralnervensystem lokalisiert. Dort sind sie über ihre Dendriten mit zum Teil Tausenden von anderen Nervenzellen verschaltet. Das periphere Nervensystem besteht vorwiegend aus den Axonen der Nervenzellen, die über Synapsen mit Zellen des Körpers in Kontakt treten. Somit findet ein reger Informationsaustausch zwischen dem Nervensystem und allen anderen Zelltypen statt, und zwar leiten afferente Nervenfasern Erregungen in das Zentralnervensystem, während die Zielzellen über efferente Nervenfasern Signale vom Zentralnervensystem erhalten.

Sämtliche Organe des Immunsystems sind innerviert, das betrifft den Thymus und die Milz aber auch jeden einzelnen Lymphknoten. Somit ist die morphologische Grundlage geschaffen, über welches das Immunsystem einer Beeinflussung von Seiten des Nervensystems zugänglich ist. Zudem besitzen viele Immunzellen Rezeptoren für Neurotransmitter und Neuropeptide und können so neuronal beeinflußt werden.

Das Nervensystem seinerseits ist von Immunzellen infiltriert. Monocyten und Makrophagen können in das Zentralnervensystem einwandern und dort über längere Zeiträume verweilen. Die Blut-Hirn-Schranke, die einen selektiven Transport von Stoffen zwischen Gehirn und Blut aufrecht erhält, kann von diesen Zellen passiert werden, Makrophagen können sogar selbst Bestandteil der Blut-Hirn-Schranke werden. Auch T-Zellen wandern in das Zentralnervensystem ein. Die meisten T-Zellen verlassen jedoch das Nervensystem innerhalb weniger Stunden wieder, sie können dort aber auch über längere Zeiträume verweilen.

Diese morphologischen Befunde bilden die Basis für das Zusammenspiel dieser beiden Systeme.

3. Einfluß von Cytokinen auf das Nervensystem

Viele Cytokine wirken auf Nervenzellen, die entsprechende Cytokinrezeptoren besitzen. Insbesondere das limbische System, ein Teil des Gehirns, das beim Menschen Erregung, Furcht und Erinnerung beeinflußt, weist eine hohe Dichte an Rezeptoren für Neuropeptide und Cytokine auf.

Die Interleukine IL-1 und IL-2 üben sehr vielfältige Effekte auf das Nervensystem aus, die Wirkung dieser beiden Cytokine ist in einigen Fällen additiv, in anderen Fällen antagonistisch. Sowohl IL-1 als auch IL-2 wirken stimulierend auf die Ausschüttung des Hypophysenhormons ACTH (dem adenocorticotrophen Hormon). ACTH fördert zum Beispiel die Freisetzung von Cortisol, einem typischen „Streßhormon".

IL-1, IL-2 und IL-3 sind in der Lage, das Auswachsen von Nervenfasern zu fördern. Die Monocyten- und Makrophagen-Produkte IL-1 und Interferon-α, sowie die T-Zell-Produkte IL-2 und Interferon-γ üben direkte Effekte auf Bereiche des Hypothalamus und der Hypophyse aus, die ihrerseits an der Ausschüttung einer Vielzahl von Hormonen beteiligt sind.

Die Monocyten/Makrophagen-Produkte IL-1 und Tumor-Nekrose-Faktor (TNF) haben eine zentrale stimulatorische Funktion, indem sie die Vermehrung von Astrogliazellen (Zellen, die im Zentralnervensystem vorkommen, und neben Stützfunktionen auch zur Phagocytose befähigt sind) und Nervenzellen fördern. Ferner stimulieren sie die Freisetzung des Nervenwachstumsfaktors (NGF) aus Nervenzellen, der das Auswachsen von Nervenfasern fördert. IL-6 und Interferon-γ können die Vermehrung von Nervenzellen ebenfalls positiv beeinflussen. IL-1 vermag die Synthese einiger Neurotransmitter in Nervenzellen zu erhöhen.

Neben den Effekten, die Cytokine auf das Nervensystem ausüben, sind sogar Zellen des Nervensystems selbst zur Cytokinproduktion befähigt. So vermögen Gliazellen (Zellen, die im Nervensystem unter anderem Stütz- und Stoffwechselfunktion ausüben) die Cytokine IL-1 und IL-6 zu bilden (Abbildung 16.2)

4. Einflüsse von Neuropeptiden und Neurotransmittern auf das Immunsystem

Interaktionen zwischen Nervensystem und Immunsystem finden ebenfalls in der Weise statt, daß Neuropeptide und Neurotransmitter Einflüsse auf das Immunsystem ausüben. Dies zeigt sich bereits auf morphologischer Ebene darin, daß sämtliche Organe des Immunsystems innerviert sind. Botenstoffe

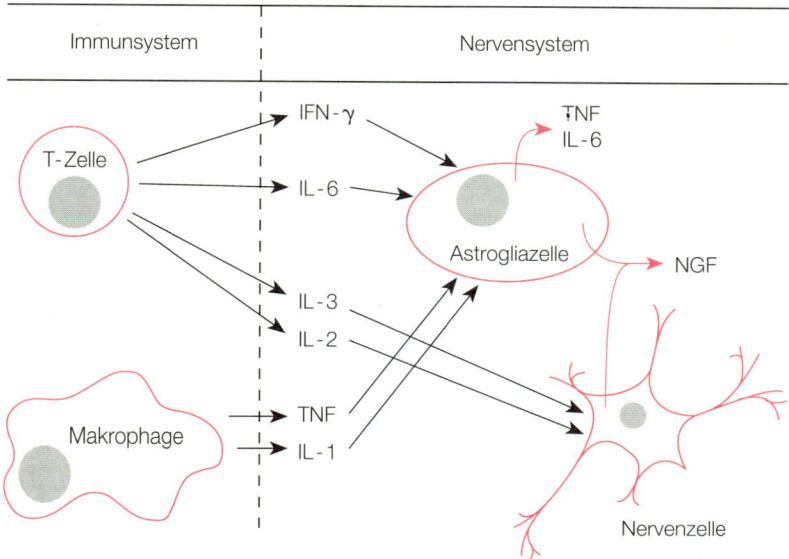

16.2 Wirkung von Cytokinen auf das Nervensystem. Im Zuge einer Immunantwort setzen die Immunzellen eine Vielzahl von Cytokinen frei. Neben den stimulatorischen Funktionen, die Cytokine auf das Immunsystem ausüben, beeinflussen sie die Funktionsweise des Nervensystems. Zusätzlich zu wachstumsfördernden Effekten beinhaltet dies die Freisetzung von Neuropeptiden und Neurotransmittern. Zum Teil produzieren die Nervenzellen unter dem Einfluß der Cytokine diese Mediatoren auch selbst. Nach IFN-γ-Einwirkung werden zum Beispiel IL-6 und Tumor-Nekrose-Faktor (TNF) von den Astrogliazellen freigesetzt. (Verändert nach Goetzl und Sreedharan, FASEB, 1992.)

des Nervensystems können so direkt auf das Immunsystem einwirken und dieses modifizieren. Auf chemischer Ebene äußert sich dies in der Wirkung von Neuropeptiden und Neurotransmittern auf Immunzellen, die entsprechende Rezeptoren auf ihrer Zelloberfläche tragen. An der Anheftung von Nervenzellen unter anderem an Zellen des Immunsystems ist das Adhäsionsmolekül N-CAM (*neural cellular adhesion molecule*) beteiligt. Mittlerweile hat sich herausgestellt, daß das Vorkommen von N-CAM keineswegs auf Zellen des Nervensystems beschränkt ist. Natürliche Killerzellen und T-Zellen tragen dieses Molekül ebenfalls auf ihrer Oberfläche.

Viele Neuropeptide beeinflussen Effektorfunktionen des Immunsystems wie die Produktion von Immunglobulinen und die Freisetzung von Histamin, Prostaglandinen und Leukotrienen aus Mastzellen (Abbildung 16.3). β-Endorphin, ein Neurotransmitter, der an Opiatrezeptoren bindet und euphorische Zustände auslöst sowie die Schmerzempfindung beeinflußt, wird neben der Hirnanhangdrüse auch von peripheren Lymphocyten gebildet. Die Substanz P, ein Neuropeptid, das an der Weiterleitung von Schmerzreizen im Zentralnervensystem beteiligt ist, wird unter anderem von den eosinophilen Granulocyten produziert. Substanz P vermag die Freisetzung von IL-1 aus Monocyten anzuregen und die Bildung von Immunglobulinen zu stimulieren.

Der Nervenwachstumsfaktor NGF wird hauptsächlich von Nervenzellen gebildet und ist ein potenter T-Zell-Stimulator. NGF fördert Wachstum, Differenzierung sowie den spezifischen Immunglobulin-Klassenwechsel von IgM nach IgA in B-Zellen.

Das vasoaktive Intestinalpolypeptid (VIP) reguliert die Wasser- und Elektrolytabgabe sowie die Gefäßerweiterung (Vasodilatation) im Magendarmtrakt. Es wird sowohl von Nervenzellen als auch von polymorphkernigen Leukocyten und Mastzellen freigesetzt. Daneben vermag es wie NGF und das im Hypothalamus gebildete Somatostatin, die Mediatoren Histamin, Prostaglandine und Leukotriene aus Mastzellen freizusetzen.

Sehr viele Immunzellen besitzen Rezeptoren für Adrenalin, ein Neurotransmitter des sympathischen Nervensystems, das den Körper sozusagen in Alarmbereitschaft oder in Leistungsbereitschaft versetzt. Durch dessen Einwirkung erhöht sich die Herzschlagfrequenz, und der Stoffwechselumsatz wird gesteigert. Die Tatsache, daß Rezeptoren für Adrenalin auch auf Zellen des Immunsystems vorkommen, legt nahe, daß auch diese von einer Adrenalinausschüttung beeinflußt werden.

Insgesamt zeichnet sich ab, daß die biochemischen Reaktionen, die auf der Übertragung von Botenstoffen zwischen Nervensystem und Immunsystem beruhen, so komplex sind wie die Zahl der Zelltypen und Substanzen, die an diesem psychoneuroimmunologischen Netzwerk beteiligt sind. Die molekular-

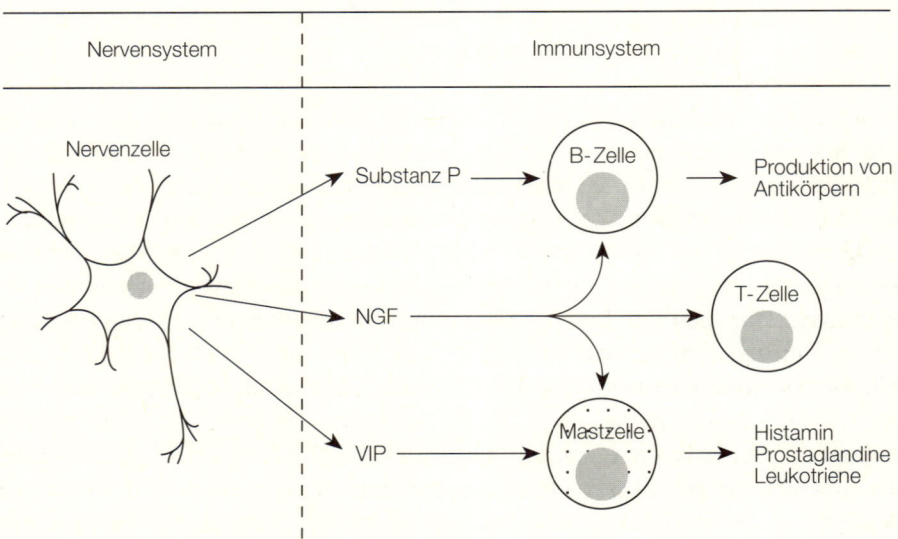

16.3 Der Einfluß von Neurotransmittern und Neuropeptiden auf das Immunsystem. Viele Neurotransmitter und Neuropeptide, die primär regulatorische Funktionen bei nervösen Prozessen übernehmen, beeinflussen auch die Funktionsweise des Immunsystems. Dieser Einfluß beinhaltet neben fördernden und hemmenden Einflüssen auf die Zellteilungsrate der Immunzellen auch deren Fähigkeit, Cytokine zu produzieren. Auch die Antikörperproduktion der B-Zellen wird durch nervöse Prozesse beeinflußt. (Verändert nach Goetzl und Sreedharan, FASEB, 1992.)

biologischen Erkenntnisse über derartige Wechselwirkungen werden dazu beitragen, eine andere Ebene der Psychoneuroimmunologie, nämlich die Ebene der Emotionen und deren Einflüsse auf das Immunsystem, zu verstehen.

5. Der Einfluß von Streß auf das Immunsystem

Ein Fernziel der Psychoneuroimmunologie besteht darin, unmittelbare Zusammenhänge zwischen Emotionen und der Effizienz des Immunsystems zu belegen. Bislang stehen die Wissenschaftler hier noch vor einer Reihe ungelöster Probleme: Wie beschreibt man Gefühle und wie macht man das Immunsystem quantitativen Analysen zugänglich. Erst dann ist eine exakte wissenschaftliche Analyse möglich. Untersuchungen, die sich mit den Auswirkungen von Gefühlen wie Freude, Angst oder Trauer auf das Immunsystem befassen, sind momentan noch keiner auf naturwissenschaftlichen Methoden basierenden Analyse zugänglich.

Streß dagegen kann für experimentelle Studien künstlich induziert werden. Einige psychoimmunologische Untersuchungen befassen sich mit den Wechselbeziehungen zwischen Streß und dem Immunsystem. Streß wird von Menschen sehr unterschiedlich aufgenommen und beeinflußt offensichtlich auch das Immunsystem. Er ist als nichtspezifische Antwort eines Organismus auf beliebige Reize hin definiert. Es handelt sich dabei also nicht um einen Zustand, sondern um einen Prozeß der Anpassung, an dem Psyche und Körper beteiligt sind. Streß kann sich sowohl positiv als auch negativ auf ein Individuum auswirken.

Bindeglied zwischen Streß und seinen Auswirkungen auf den Organismus bilden kognitive Prozesse im Gehirn, von denen wir heute wissen, daß sie von Signalstoffen wie Neuropeptiden und Hormonen gesteuert werden. Da die Wissenschaftler von einem Verständnis der kognitiven Prozesse auf molekularer Ebene noch weit entfernt sind, wird versucht, Einflüsse von Stressoren auf das Immunsystem zu messen. Ein gängiges Verfahren zur Quantifizierung des Immunsystems beruht auf der Fähigkeit von Immunzellen, Cytokine zu produzieren. Periphere mononukleäre Zellen des Menschen werden dazu aus dem Blut isoliert und beispielsweise mit Mitogenen behandelt. Mitogene sind Substanzen, welche die Zellteilung anregen. Sie induzieren aber auch die Produktion von Cytokinen in peripheren mononukleären Zellen. Deren Menge läßt sich mit den heute gängigen labortechnischen Meßverfahren im Pikogramm-Bereich genau bestimmen. Man vergleicht nun die Cytokinproduktion von Zellen gestreßter mit denen nicht-gestreßter Individuen. Ein Individuum mit einer geringen Cytokinproduktion ist potentiell infektanfälliger als eines mit hohen Cytokinspiegeln.

Quantifizieren lassen sich auch die Oberflächenproteine auf Immunzellen gestreßter und nicht-gestreßter Individuen. Hierbei wird häufig die Zahl der

IL-2-Rezeptoren bestimmt. Dabei geht man davon aus, daß Zellen mit einer hohen IL-2-Rezeptor-Dichte sensitiver sind und deshalb eine Immunantwort schneller einleiten können als Zellen mit einer geringen Dichte an IL-2-Rezeptoren.

Die Resultate sind beim Menschen jedoch kontrovers. Es ist zwar allgemein bekannt, daß Streß sich in einem erhöhten ACTH-Spiegel im Blut äußert und daß dieser tendentiell zu einer Immunsuppression führt, jedoch weiß man noch nicht, ob die Immunsuppression durch eine verminderte Produktion eines Cytokins oder eines anderen Mediators zustande kommt. Die extrem schwankenden, teilweise sogar widersprüchlichen Daten unterstreichen die multifaktorielle Problematik der Auswirkungen von Stressoren auf den Menschen. Eine Vielzahl genetischer und sozialer Komponenten spielt eine Rolle, so daß sich die Werte von Probanden nur schwer miteinander vergleichen lassen.

Ganz anders sieht das im Tiermodell aus. Mäuse und Ratten, die vielfach für experimentelle Studien verwendet werden, sind in der Regel Inzuchtstämme. Ihre Erbsubstanz ist also identisch, und die sozialen Faktoren sind direkt beeinflußbar. Entsprechend ist die interindividuelle Variationsbreite im Tiermodell wesentlich geringer als beim Menschen. Streß kann zum Beispiel durch Haltung auf sehr engem Raum oder durch Variation des Geschlechterverhältnisses erzeugt werden. In derartigen Experimenten beobachtet man häufig signifikante Unterschiede zur Kontrollgruppe, und zwar tendieren die gestreßten Tiere zur Immunsuppression, was sich in einer verminderten Cytokinproduktion widerspiegelt.

In jüngster Zeit wurden Experimente zum Einfluß von Streß auf das Immunsystem am Menschen durchgeführt. Vielfach untersucht werden Fallschirmspringer, deren Catecholamin-, Cortisolspiegel und Herzschlagfrequenz während des Sprunges drastisch ansteigen und damit massiven physischen Streß während des Sprunges belegen. Ihnen wurde ein venöser Katheter gelegt, und Blut wurde in kurzen Zeitabständen gesammelt. Zahlreiche Parameter veränderten sich, man stellte fest, daß im Blut von diesen Personen insbesondere die Zahl der Natürlichen Killerzellen rapide sank.

Eine Studie befaßte sich mit dem Einfluß von Streß auf die Cytokinproduktion des Menschen. Gut trainierte, aber nicht-professionelle Läufer absolvierten einen 20 Kilometer-Dauerlauf. Blut und Urin wurden vor und bis zu 24 Stunden nach dem Lauf gemessen. Nach dem Lauf zeigten alle Probanden einen Anstieg von Granulocyten. Plasma-Neopterin, ein Indikator für die Aktivierung von T-Zellen und Makrophagen, war bis zu 24 Stunden lang erhöht. Mit Ausnahme von IL-6 ließen sich Cytokine nicht im Plasma, sondern nur im Urin nachweisen. Unmittelbar nach dem Lauf waren Interferon-γ und TNF-α erhöht, allerdings sanken die Konzentrationen rasch wieder auf die Ausgangswerte ab. Ein Anstieg der Interleukine IL-1β und IL-6 war ebenfalls nachweisbar. Mit dieser Studie konnte erstmals dokumentiert werden, daß starker, jedoch nicht exzessiver physischer Streß das Immunsystem stimulieren kann.

Ein Problem dieser Studien ist, daß die Probanden nur sehr kurzzeitig Streß ausgesetzt sind, während bei der Entstehung von Krankheiten eher langandauernder Streß relevant sein dürfte. Deshalb können derartige Experimente lediglich dahingehend interpretiert werden, daß eine prinzipielle Beeinflussung des Immunsystems durch Streß vorhanden ist. Abhängig dürfte die Art der Beeinflussung auch davon sein, ob es sich um positiven oder um negativen Streß handelt. Dauerlauftraining dürfte eher der Kategorie positiver Streß zugeordnet werden, während zum Beispiel ständige Überforderung am Arbeitsplatz zweifellos negativ ist. Je nachdem, ob ein Mensch den Streß als positiv oder als negativ empfindet, ist die Anfälligkeit für Krankheiten sehr unterschiedlich.

6. Weitere psychoneuroimmunologische Wechselwirkungen

Zwischen Immunsystem, Nervensystem und Hormonsystem findet ein kontinuierlicher reger Informationsaustausch statt. Das Ausmaß dieser Kommunikation können wie heute allenfalls erahnen, was das folgende Beispiel deutlich macht: Pheromone sind Geruchsstoffe, die von jedem Individuum in Spuren freigesetzt werden. Diese auch als Soziohormone bezeichneten Substanzen werden von den Mitmenschen unterbewußt wahrgenommen und spielen eine große Rolle bei der zwischenmenschlichen Sympathie, Antipathie und der sexuellen Attraktivität. Mittlerweile häufen sich Hinweise darauf, daß MHC-Moleküle bei dem geruchsdeterminierten Verhalten von Bedeutung sind: Spuren löslicher MHC-Moleküle lassen sich in menschlichen Körpersekreten wie Urin, Speichel, Schweiß und Tränenflüssigkeit nachweisen. Bei Frauen unterliegt die Konzentration der MHC-Moleküle sogar zyklischen Schwankungen. Die aus den verschiedenen Ursprungsgeweben stammenden löslichen MHC-Moleküle determinieren ganz charakteristische Geruchsprofile.

7. Zusammenfassung und Perspektiven

Die sehr junge Disziplin Psychoneuroimmunologie hat auf molekularer Ebene bereits wissenschaftliche Befunde geliefert, die nicht mehr daran zweifeln lassen, daß es Wechselwirkungen zwischen Nervensystem, Hormonsystem, Immunsystem und Psyche gibt. Neuroendokrine Botenstoffe wirken auch auf das Immunsystem, und Cytokine beteiligen sich an der Regulation hormoneller und nervöser Prozesse. Notwendigerweise ist ein Netzwerk bestehend aus derartig vielen Komponenten, wie wir es bei der Vereinigung von Immunsystem, Nervensystem, Hormonsystem und Psyche vorfinden, sehr komplex. Wie in diesem Kapitel vorgestellt wurde, stehen wir heute erst am Anfang, dieses komplexe Netzwerk und die Physiologie des Immunsystems als integrierten Bestandteil des Menschen zu verstehen.

Das Geflecht immunoneuroendokriner Interaktionen erlaubt die Annahme, daß die Aktivität dieses Netzwerks durch Faktoren verändert werden kann, die von einem der beteiligten Systeme gebildet werden und auf ein anderes einwirken. Auf immunologischer Ebene sind das die Antigene, welche eine Immunantwort einleiten und dadurch die Ausschüttung von Cytokinen induzieren. Auf der Ebene des Zentralnervensystems modifizieren psychosoziale Faktoren die normalen Funktionen. Logischerweise dürfen wir daraus folgern, daß ein derartiger Stimulus, sei es ein Antigen oder ein psychischer Faktor, Auswirkungen auf den gesamten Organismus nach sich zieht (Abbildung 16.4).

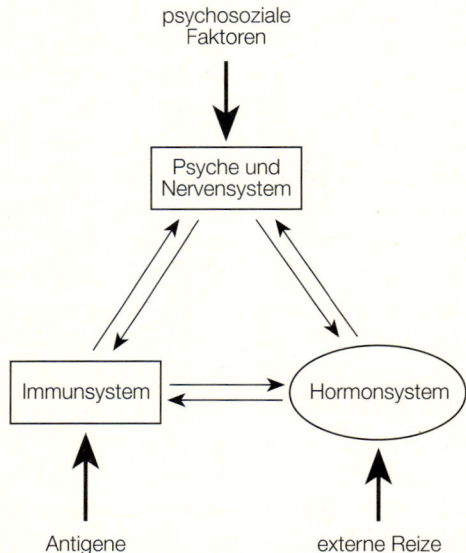

16.4 Immunsystem, Nervensystem und Hormonsystem als integrierte Bestandteile des Menschen. Aufgrund der vielfältigen Interaktionen, die zwischen diesen Systemen auf molekularer Ebene beschrieben sind, dürfen wir erwarten, daß einzelne Faktoren wie Antigene, aber auch psychosoziale Komponenten das gesamte System beeinflussen. Ziel der Psychoneuroimmunologie ist es, die Disziplinen Immunologie, Neurologie, Endokrinologie und Psychologie zu vereinen.

Erkenntnisse molekularer Interaktionen zwischen diesen Systemen sind bisher rein deskriptiver Natur und noch nicht in ihrer Bedeutung für den Organismus abgesichert. Um diese Befunde zu deuten, stellt sich nämlich die Frage, wie sich Infekte auf das Zentralnervensystem und auf die Psyche auswirken, aber auch, inwieweit neurologische und psychische Veränderungen das Immunsystem betreffen. Diesen zentralen Fragen der Psychoneuroimmunologie gehen Wissenschaftler der verschiedenen Fachrichtungen nach: Psychologen untersuchen dies durch anamnestische Studien, indem sie emotionale Zustände in Korrelation zum Auftreten bestimmter Krankheitsbilder setzen. Psychosomatiker befassen sich mit der Analyse psychischer Ursachen für Krankheiten. Naturwissenschaftler versuchen, derartige Befunde auf molekularer Ebene durch Tierexperimente und Studien an Zellkulturen zu erfassen.

Literatur

Berczi, I.; Nagy, E.; de Toledo, S.M.; Matusik, R.J.; Friesen, H.G. *Pituitary hormones regulate c-myc and DNA synthesis in lymphoid tissue.* In: *J. Immunol.* 146 (1991). S. 2201–2206.

Bräutigam, W.; Christian, P. *Psychosomatische Medizin.* Thieme-Verlag, Stuttgart, New York (1988).

Chung, I.Y.; Benveniste, E.N. *Tumor necrosis factor-alpha production by astrocytes: induction by lipopolysaccharide, IFN gamma and IL-1 beta.* In: *J. Immunol.* 144 (1990). S. 2999–3007.

Cunningham, B.A.; Hemperly, J.J.; Murray, B.A.; Prediger, E.A.; Brackenbury, R.; Edelman, G.M. *Neural cell adhesion molecule: Structure, immunoglobulin-like domains, cell surface modulation and alternative RNA splicing.* In: *Science* 263 (1987). S. 799–806.

Fagarasan, M.O.; Bishop, J.F.; Rinaudo, M.S.; Axelrod, J. *Interleukin 1 induces early protein phosphorylation and requires only a short exposure for late induced secretion beta-endorphin in a mouse pituitary line.* In: *Proc. Natl. Acad. Sci. USA* 87 (1990). S. 2555–2559.

Goetzl, E.J.; Sreedharan, P. *Mediators of communication and adaption in the neuroendocrine and immune systems.* In: *FASEB J.* 6 (1992). S. 2646–2652.

Karanth, S.; McCann, S.M. *Anterior pituitary hormone control by interleukin 2.* In: *Proc. Natl. Acad. Sci. USA* 88 (1991). S. 2961–2965.

Lanier, L.L.; Chang, C.; Azuma, M.; Ruitenberg, J.J.; Hemperly, J.J.; Phillips, J.H. *Molecular and functional analysis of human natural killer cell-associated neural cell adhesion molecule (N-CAM/CD56).* In: *J. Immunol.* 146 (1991). S. 4421–4426.

Otten, U.; Ehrhard, P.; Peck, R. *Nerve growth factor induces growth and differentiation of human B lymphocytes.* In: *Proc. Natl. Acad. Sci. USA* 86 (1989). S. 10059–10063.

Selmaj, K.W.; Farooq, M.; Norton, W.T.; Raine, C.S.; Brosnan, C.F. *Proliferation of astrocytes in vitro in response to cytokines: a primary role for tumor necrosis factor.* In: *J. Immunol.* 144 (1990). S. 129–135.

Stanisz, A.M.; Befus, D.; Bienenstock, J. *Differential effects of vasoactive intestinal peptide, substance P and somatostatin on immunoglobulin synthesis and proliferation by lymphocytes from Peyer's patches, mesenteric lymph nodes and spleen.* In: *J. Immunol.* 136 (1986). S. 152–159.

17. Perspektiven

In den vorangegangenen Kapiteln wurde jeweils ein kurzer Ausblick gegeben, wofür die Cytokine in Zukunft nützlich werden könnten. Eine besondere Rolle spielen dabei vor allem:

1. die immunologische Grundlagenforschung
2. die klinische Anwendung der Cytokine

1. Die Rolle der Cytokine in der immunologischen Grundlagenforschung

Die Erforschung des Netzwerkes der Cytokine ist zur Zeit ein wesentlicher Bestandteil der immunologischen Forschung. Dabei werden auf der einen Seite immer neue Zusammenhänge zwischen den einzelnen Cytokinen entdeckt und auf der anderen Seite gleichzeitig neue Cytokine beschrieben. Nach dem heutigen Stand unterscheiden wir 12 Interleukine, drei koloniestimulierende Faktoren, zwei Tumor-Nekrose-Faktoren, drei Interferontypen, wobei IFN-α eine Vielzahl von Subtypen besitzt, und eine schon jetzt fast unüberschaubare Anzahl von Wachstumsfaktoren. Die Beschreibung von neuen Zellpopulationen oder die Etablierung neuer Zellsysteme führt oftmals zur Entdeckung neuer Cytokine, die zuvor in den gemischten Zellkulturen nicht oder nur schwer nachweisbar waren. Ein Beispiel hierfür ist der Stammzellfaktor (SCF), der bei intensiver Knochenmarkforschung entdeckt wurde.

Diese Aufzählung berücksichtigt jedoch nicht, daß es von einigen Cytokinen unterschiedlich glykolysierte und phosphorylierte Formen gibt, über deren Bedeutung man sich heute noch nicht ganz im klaren ist. Vermutlich besitzen diese verschiedenen Derivate eine unterschiedliche Aktivität und/oder biologische Halbwertszeit. Hinzu kommen noch die chemotaktischen Cytokine, für die erst kürzlich der Begriff Chemokine eingeführt wurde. Es ist anzunehmen, daß sich die Zahl der Cytokine in den nächsten Jahren erheblich vergrößern wird.

Nachdem man in den letzten Jahren entdeckte, daß es für die jeweiligen Cytokine zum Teil unterschiedliche zellständige Rezeptoren mit verschiedenen Affinitäten beziehungsweise unterschiedliche Rezeptorformen gibt, werden jetzt nach und nach die löslichen Rezeptoren nachgewiesen. Bis heute hat man noch nicht verstanden, warum es für einige Cytokine (zum Beispiel TNF-α und TNF-β) zwei verschiedene Rezeptoren gibt, die beide Subtypen binden, während für andere Cytokine (zum Beispiel IFN-α) nur ein Rezeptor für alle Subtypen vorhanden ist. Man ist jetzt dabei, die Funktion der löslichen Cytokinrezeptoren zu klären. Die meisten löslichen Rezeptoren scheinen immunregulatorische Aufgaben zu erfüllen, indem sie freie Cytokine binden, die dadurch ihre biologische Wirkung verlieren. Allerdings konnte die Bindung von Cytokinen noch nicht für alle löslichen Rezeptoren nachgewiesen werden. Für fast jedes Cytokin wurde mittlerweile auch ein löslicher Rezeptor beschrieben, und die Entdeckung weiterer Rezeptoren geht auch hier schnell voran.

Noch komplizierter wird das System durch Rezeptorantagonisten, von denen man bisher nur den IL-1-Rezeptorantagonisten genauer kennt. Vermutlich gibt es auch hier mehrere. Die Rezeptorantagonisten scheinen eine wichtige Rolle in der Immunregulation zu spielen, deren Aufgabe wahrscheinlich in der Hemmung von Immunfunktionen liegt. Erst wenn nahezu alle Rezeptoren, lösliche wie gebundene, und Rezeptorantagonisten sowie deren Funktionen bekannt sind, wird man die Wirkung der Cytokine *in vivo* besser verstehen.

In den letzten Jahren hat man damit begonnen, das Zusammenspiel verschiedener Hormonsysteme des Körpers mit den Cytokinen zu erforschen. Das Netzwerk der Cytokine ist kein autarkes System innerhalb des Immunsystems, sondern weist vielfältige Wechselwirkungen mit den neurokrinen und endokrinen Systemen des Körpers auf. Für ein richtiges Verständnis der Steuerung des Immunsystem müssen wir auch diese Wechselwirkungen besser verstehen, um so die Abläufe im Körper nachvollziehen zu können.

Die Adhäsionsmoleküle, die als nichtlösliche Faktoren zur Kommunikation der Immunzellen beitragen, stehen mit den Cytokinen in enger Beziehung und sind voneinander abhängig. Doch ist über ihr Zusammenspiel bei der Immunantwort noch viel zu wenig bekannt. Wenn man die Zusammenhänge zwischen Adhäsionsmolekülen und Cytokinen besser versteht, so erklären sich sicherlich einige Diskrepanzen zwischen den Wirkungen der Cytokine *in vivo* und in vitro. Erst wenn alle diese offenen Fragen beantwortet sind, werden wir das Immunsystem mit allen seinen Funktionen und Regelkreisen richtig begreifen und dann auch steuernd eingreifen können. Doch ermöglichen unsere Kenntnisse auch heute schon eine praktische Anwendung.

2. Die klinische Anwendung von Cytokinen

Die Cytokine werden in den nächsten Jahren Einzug in die Routineuntersuchungen der Kliniken halten. Die Erkenntnisse über Veränderungen der Cytokinspiegel im Serum bei verschiedenen Krankheiten und deren pathologische Effekte dürften dazu führen, daß man eine Verlaufskontrolle mit Hilfe dieser

Parameter anstrebt. In der Erprobung sind Messungen von IL-1, IL-6 und TNF-α bei der Sepsis, wo es zu einer Überproduktion dieser Cytokine kommt. Als mögliche Therapieform bei der Sepsis werden zur Zeit in klinischen Studien Stoffe erprobt, welche die Induktion von TNF-α hemmen, wie Pentoxyfillin. Diskutiert wird aber auch der Einsatz von löslichen Rezeptoren beziehungsweise Rezeptorantagonisten und monoklonalen Antikörpern gegen Cytokine. Säurelabiles IFN-α tritt bei HIV-Infektionen und verschiedenen Autoimmunerkrankungen auf und wird zumindest bei AIDS in klinischen Studien als Parameter für den Krankheitsverlauf eingesetzt. Verschiedene Studien befassen sich mit der Erstellung des Immunstatus anhand von Cytokinen, um die Therapie bei verschiedenen Erkrankungen zu verbessern.

Neue Immuntherapien mit Cytokinen, cytokinstimulierten Zellen oder mit Zellen, die mit Cytokingenen gentechnisch verändert wurden, dürften sich in den nächsten Jahren durchsetzen. Bei einigen Krankheiten wird die Cytokintherapie die Therapie der Wahl sein, zum Beispiel hat sich die Behandlung der Haarzelleukämie mit IFN-α als erfolgreich erwiesen. Bei anderen Krankheiten hat man bisher große Probleme mit den Nebenwirkungen oder der Ansprechrate der Cytokintherapie. Anstelle einer systemischen Anwendung hat sich die lokale Cytokintherapie meist als erfolgreicher erwiesen. Es treten zudem weniger Nebenwirkungen auf. Das entspricht auch der Aufgabe der Cytokine als lokale Immunmodulatoren. Fortschritte auf diesem Gebiet sind die IL-2-Aerosoltherapie bei Lungenmetastasen und lokale Injektionen von IFN-α bei Tumoren.

Hoffnungen setzt man auch auf verbesserte Therapieformen, so auf veränderte Operations- und Infusionstechniken sowie pharmazeutische Methoden wie die Verpackung in Liposomen (Lipidmembrankugeln). Wesentliche Fortschritte verspricht man sich auch von neuen Kombinationstherapien, bei denen man Cytokine und Chemotherapeutika kombiniert. So lassen sich die Dosen beider Therapeutika senken und die Nebenwirkungen herabsetzen. Es erscheint daher erforderlich, die Forschung in dieser Hinsicht zu intensivieren. Entsprechend wird die Cytokintherapie die etablierten Methoden nicht verdrängen, sondern sinnvoll ergänzen und verbessern. Man wird eines Tages sogar, wenn man alle Wechselmechanismen des Immunsystems versteht, auf Chemo- und Strahlentherapien vollständig verzichten und Therapien allein mit körpereigenen Stoffen durchführen können.

Neben einer Aktivierung des Immunsystems durch Cytokine könnte man auch Krankheiten mit einer Cytokinüberproduktion durch Anti-Cytokin-Therapien behandeln. In Frage kämen dafür die Schuppenflechte (Psoriasis) und die Sepsis. Ein vielversprechender Ansatz ist auch die Therapie mit cytokinaktivierten Zellen (LAK oder TIL) bei verschiedenen Tumorerkrankungen. Diese Zellen zeigen in vitro eine erhöhte Aktivität gegen Tumoren. Ziel muß es dabei sein, bestimmte Zellpopulationen gezielt zu aktivieren.

Die Gentherapie bietet auch im Bereich der Cytokine neue Möglichkeiten. Studien haben gezeigt, daß durch Cytokingene aktivierte Zellen in vivo eine stärkere Aktivität besitzen. Dies könnte Therapien mit LAK und TIL beschleunigen und vereinfachen; statt die Zellen für längere Zeit mit Cytokinen zu stimulieren, kann man sie mit Cytokingenen transfizieren (das Gen wird in das Erbgut der Zelle eingebaut). Eine andere Chance bieten Tumorzellen, die mit Cytokingenen transfiziert werden. Der Effekt, den man bereits mehrfach im Tiermodell nachgewiesen hat, ist vergleichbar mit denen von LAK und TIL. Dabei werden die Lymphocyten vor Ort und nicht in vitro aktiviert. Eine Krebszelle, die mit einem Cytokingen transfiziert wurde, bewirkt in vivo eine Einwanderung und Aktivierung von Lymphocyten. Somit ist die Reaktion spezifisch auf den Tumor und fördert die Rekrutierung von Leukocyten zum Tumor. Eine Aktivierung durch transfizierte Krebszellen senkt gleichzeitig die Nebenwirkungen, da kaum Kreuzreaktivitäten auftreten und die produzierten Cytokinmengen gering sind.

Die Anwendung von Cytokinen in der Klinik gewinnt zunehmend an Bedeutung. Die Kenntnis über ihre Funktion und klinische Bedeutung hat in den letzten Jahren schnell zugenommen. In den nächsten Jahren ist eine breite Anwendung von Cytokinen in Therapie und Diagnostik zu erwarten.

Wir hoffen, mit diesem Buch Fachwissen, Anregungen und Verständnis für die Bedeutung dieser für die Immunregulation so wichtigen Botenstoffe vermittelt zu haben.

Weiterführende Literatur

Brostoff, J.; Scadding, G.K.; Male, D.; Roitt, I.M. *Clinical Immunology.* London, New York (Cover Medical Publishing) 1991.

Davis, R; Ollier, S. *Allergien. Ursachen – Diagnose – Behandlung.* Heidelberg (Spektrum der Wissenschaft) 1991.

Fleischer, B. *Chemical Immunology. Biological Significance of Superantigens.* Freiburg (Karger) 1992.

Gemsa, D.; Kalden, J.R.; Resch, K. *Immunologie. Grundlagen – Klinik – Praxis.* Suttgart, New York (Georg Thieme Verlag) 1991.

Hamblin, A.S. *Lymphokines.* Oxford, UK (IRL Press) 1988.

Ibelgaufts, H. *Lexikon Zytokine.* München (Medikon Verlag München) 1992.

Klein, J. *Immunologie.* Weinheim, New York, Basel, Cambridge (VCH Verlagsgesellschaft mbH) 1991.

Koch, M.G. *AIDS: Vom Molekül zur Pandemie.* Heidelberg (Spektrum der Wissenschaft) 1989.

Kreuzfelder, E.; Feldmann, H.U.; Rohr, G.; Girgsdies, O.; Dermietzel, R. *Physis Special.* Lünen/Westfalen (Physis Verlagsgesellschaft GmbH) 1990.

Roitt, I.M.; Brostoff, J.; Male, D.K. *Kurzes Lehrbuch der Immunologie.* Stuttgart, New York (Georg Thieme Verlag) 1991.

Solheim, B.C.; Ferrone, S.; Möller, E. *The HLA System in Clinical Transplantation.* Heidelberg (Springer Verlag) 1993.

Tweel, J.G. van den u. a. *Immunologie. Das menschliche Abwehrsystem.* Heidelberg (Spektrum der Wissenschaft) 1991.

Index

Das Grundlagenwerk der Biochemie

Die Biochemie ist eine grundlegende Wissenschaft: Die Prozesse und Strukturen, die sie untersucht, bilden nicht nur die Basis für die vielen auf höheren Ebenen beobachtbaren biologischen Phänomene wie etwa Immunabwehr, Nahrungsstoffwechsel, Bewegung oder Wahrnehmung; sie stehen auch hinter den heute so intensiv diskutierten Fortschritten der molekularen Gentechnik und Gentechnologie.

Lubert Stryers großes, erfolgreiches Lehrbuch liegt nun in neuer, völlig überarbeiteter Auflage vor. Die revidierte Ausgabe spiegelt den aktuellen Stand biochemischen Wissens und den Wandel biochemischer Konzepte wider. In dem Zusammenspiel von Genen und Proteinen, in den Grundmustern der Stoffwechsel-prozesse und in den Wechselwirkungen von Physiologie und Verhalten wird die molekulare Logik des Lebendigen sichtbar. Der neue „Stryer" bietet dem Studenten dank seines geschickten didaktischen Aufbaus, seines klaren, verständlichen Stils und seiner umfangreichen farbigen Bebilderung eine maßgeschneiderte Einführung in die Grundlagen, Theorien und Arbeitsmethoden der modernen Biochemie. Zahlreiche Aufgaben ermöglichen dem Lernenden eine Kontrolle des erworbenen Wissens.

Lubert Stryer
Biochemie
1991, 1168 Seiten
DM 128,- / öS 999,- / sfr 129,-
ISBN 3-86025-005-1

Spektrum
AKADEMISCHER VERLAG

Vangerowstraße 20 · 69115 Heidelberg